技工教育“十四五”规划教材
机械行业技工教育优秀教材

可编程序控制器(PLC)技术与应用

第2版

主　编　陈顺岗
副主编　解林岗　王　云　卢　杰
参　编　范　纯　韩春丽　陈云芳　张　阳
吴　鹤　吴　刚　赵建新　沈淑炫
丁红斌

机械工业出版社

本书依据《国务院关于大力推进职业教育改革与发展的决定》《国家职业教育改革实施方案》《教育部关于全面提高高等职业教育教学质量的若干意见》《关于大力推进技工院校改革发展的意见》等文件中关于大力发展职业教育，改革职业教育课程体系，加强教材建设，改革教学内容和教学方法，提高教学质量等相关要求而编写，主要内容包括 PLC 应用基础、典型环节的 PLC 控制、综合案例基本指令编程控制、步进指令编程控制、常用功能指令编程控制。

本书可作为机械行业技师学院和高职院校电气工程及相关专业的教材，也可作为企业电气自动化控制技术技能人才的培训教材，还可作为电气工程技术人员的自学参考用书。

图书在版编目（CIP）数据

可编程序控制器（PLC）技术与应用/陈顺岗主编. —2版. —北京：机械工业出版社，2024. 2

技工教育“十四五”规划教材 机械行业技工教育优秀教材

ISBN 978-7-111-75327-8

Ⅰ. ①可… Ⅱ. ①陈… Ⅲ. ①可编程序控制器－高等职业教育－教材 Ⅳ. ①TP332.3

中国国家版本馆CIP数据核字（2024）第053791号

机械工业出版社（北京市百万庄大街22号 邮政编码100037）

策划编辑：王振国 责任编辑：王振国

责任校对：高凯月 李小宝 封面设计：陈 沛

责任印制：单爱军

北京虎彩文化传播有限公司印刷

2024年5月第2版第1次印刷

184mm×260mm · 18印张 · 445千字

标准书号：ISBN 978-7-111-75327-8

定价：58.00 元

电话服务 网络服务

客服电话：010-88361066 机 工 官 网：www.cmpbook.com

010-88379833 机 工 官 博：weibo.com/cmp1952

010-68326294 金 书 网：www.golden-book.com

 机工教育服务网：www.cmpedu.com

前　言

党的二十大以来，我国新型工业化建设不断推进，产业基础再造工程和重大技术装备攻关工程加快实施，国家产业转型提档升级，进一步向着网络化、信息化、智能化方向发展。以 PLC 为代表的新技术、新工艺、新设备等在各行各业都得到了更加广泛的应用，企业对精通 PLC 技术等电气控制技术的高素质技术技能型人才需求日益旺盛。PLC 技术是计算机技术与电气控制技术相结合的产物，与机器人技术和 CAD/CAM 技术并称为工业自动化领域的“三驾马车”或“三大支柱”，在工业自动化控制领域发挥着极其重要的作用。加快 PLC 技术的普及应用和人才培养，必然对推动我国新质生产力的发展发挥重要的促进作用。为适应这种新形势、新发展和新要求，很多职业院校的电气类专业都开设了 PLC 技术与应用课程。

本书依据《国务院关于大力推进职业教育改革与发展的决定》《国家职业教育改革实施方案》《教育部关于全面提高高等职业教育教学质量的若干意见》《关于大力推进技工院校改革发展的意见》等文件中关于大力发展职业教育，改革职业教育课程体系，加强教材建设，改革教学内容和教学方法，提高教学质量等相关要求编写，契合了工业 4.0 时代和信息化、网络化、智能化发展的新业态和新要求，着眼于国家社会经济发展对高素质技术技能人才的迫切需要，着力于职业院校电气自动化专业 PLC 技术与应用能力的培养。

编者基于长期的企业实践和职业院校教学与培训实践，从职业院校专业建设和课程教学实际出发，经过反复调研论证，科学构建教材框架，精心选择教材课题，按照“立足基础、重在实用、突出重点”的原则进行编写。本书具有以下鲜明的特色和创新：

一是架构科学合理。本书按照“项目化教学”思路进行架构。内容由浅入深，从易到难，层次分明，逻辑清晰，图文并茂，简明适用，通俗易懂，符合学生认知规律和教育教学规律。

二是各单元以课题为载体，方便教学。本书打破了章节结构的藩篱，坚持问题导向，整合教学内容，使每个课题独立成为一个个亟待解决的问题，将“问题”与“课堂”有机对接，既突出了问题的导向作用，又不失职业院校“课”的本质特征，更加符合职业院校的专业课程特点和教学实践需要，有利于教学的组织和开展。

三是课题体例独具特色。每个课题由“学习目标”“教·学·做”“课题小结”“效果测评”四部分组成。突出问题导向、目标引领和任务驱动，推动教学层层递进的逻辑关系，方便教师备课与学生自主学习；且四部分形成一个闭环，通过“效果测评”检验“学习目标”达成情况，及时反馈教学效果，有利于促进教师及时反思和改进教学，提升教学能力和水平，也有利于提高教学效果和教学质量。

四是内容具有“理实一体化”和“教学做相结合”的特点。在每个课题的“教·学·做”环节中，既有与课题密切相关的基本概念、基本知识及编程指令等相关知识和方法的说明，又有具体的技能训练内容。将理论知识与技能训练无缝对接，突出了学用结合、学以致用和以能力培养为宗旨的思想，充分体现了本书“理实一体化”和在学中做、做中学、教学做相结合的鲜明特点。

五是案例的选择、设计与安排匠心独具。教材中每个课题案例的选择、设计与安排都经过认真研究、深入思考和精心设置。第一，案例选择以编程指令的应用为主线，并突出理实结合、学用结合的特点。课题注重将指令的应用与典型案例有机结合，有效避免了只讲指令用法而缺乏案例实证的弊端。这有利于师生在学用结合的教学中理解指令，掌握指令的编程过程和应用方法。第二，案例设计具有典型性和针对性。每个案例集中针对某条指令或某几条指令的应用，避免简单重复，针对性强。第三，案例的安排有利于编程指令的对比性学习。如三相交流异步电动机星-三角减压起动控制案例，分别通过基本指令、步进指令和功能指令的不同编程应用的鲜明对比，有利于学生更好地进行对比性学习。通过比较不同编程指令和编程方法的区别与联系，从而深化对编程指令、功能和编程方法的深刻理解和认识，促进学生多种编程指令编程应用的融会贯通和综合应用能力的培养。第四，案例的选择对标技能竞赛和要求。部分经典案例选自相关省市和全国职业院校技能大赛的实操案例，旨在使教学对标一流水平，拓展师生的学习视野和专业能力，以增强教学的针对性和适应性。第五，案例选择坚持工学结合和产教融合的原则。所选案例均来源于工农业生产中的典型控制环节或控制场景的实际应用，抑或是在此基础上的提炼与整合。案例源于实践、贴近实践、围绕实践和服务实践。案例选择是学校对接工厂、教室对接车间、教学对接生产、专业对接岗位的具体体现。第六，案例选择、设计和安排全面、系统。案例较为全面系统地涵盖了大部分常用编程指令的应用，使教材体现出系统性和全面性的特点。

六是课题小结简明有效。每个课题后面的“课题小结”，以框图结构的图形化表达方式，对各课题教学的主要内容提纲挈领地进行梳理、总结和复习，有助于增强学生记忆和巩固学习效果。

七是教学评价富有创新。教材在每个课题后都精心设计了一个效果测评表，方便师生对学习过程和学习结果进行及时测评。效果测评表对学习活动具有导向和促进作用，有利于提高教学效果和提高教学质量（效果测评表可到机械工业出版社教育服务网 www.cmpedu.com 免费下载）。一方面，测评表将过程性评价与终结性评价有机结合起来，反映出既重视学习过程又重视学习结果的思想。另一方面，测评表将“自评”“互评”“师评”有机结合起来，将评价的主导权更多地交给学生，这是坚持“学生立场”和“学生为主体”的具体体现，有利于激发学生兴趣，促进学生自主学习、互帮互学，提升学习效果；也有助于学生良好学习习惯的养成和学习能力的培养；对引导学生树立良好的责任意识、自律意识，实现自主学习和自我管理都具有非常重要的作用。这也是本书在改革教学评价体系方面的一种探索与创新。

一书在手，方便教学与自学。本书不仅适用于专业教学的实际需要，也是一本自学 PLC 技术与应用的指导用书。

本书由陈顺岗担任主编，解林岗、王云、卢杰担任副主编，参加编写的人员还有范纯、韩春丽、陈云芳、张阳、吴鹤、吴刚、赵建新、沈淑炫和丁红斌。在课程标准的编写、教材开发可行性研究以及编写过程中，充分咨询了机械制造、冶金、化工、卷烟、印染和建筑等校企合作企业电气工程技术人员的意见，也积极采纳了部分工业与信息化行业专家的建议，还得到了其他职业院校同行专家、同仁的关心指导和大力支持，在本书编写过程中还参考了有关文献资料，在此一并表示诚挚的谢意！

由于编者水平有限，书中难免存在疏漏和不足之处，恳请读者批评指正。

编　者

目　　录

单元一 PLC应用基础

PLC控制技术是每一位电气工程技术人员必须掌握的一项重要技能。本单元为PLC应用技术的入门单元，一是要了解和熟悉PLC的结构和工作原理，二是要了解和熟悉PLC的编程语言和编程方法，三是要了解和熟悉应用PLC进行编程控制的基本原则和实施步骤。学生通过对本单元的学习，可为PLC的深入学习和应用奠定坚实的基础。

课题一　PLC结构和工作原理

从本质上来说，PLC是一种用于工业控制领域的专用计算机。它与传统意义上的计算机有相同和类似的功能，却又有着根本性的区别，它更适用于对工业生产现场的控制；PLC源于接触器-继电器控制系统的控制思路，但又与传统的接触器-继电器控制有着天壤之别。要学习和掌握PLC控制技术，必须首先熟悉和掌握PLC的结构和工作原理。

➤【学习目标】

1. 了解PLC的发展历程，熟悉PLC的基本概念。
2. 了解PLC的主要功能，熟悉PLC的基本特点。
3. 了解PLC的基本构成及其作用。
4. 熟悉和掌握PLC的工作过程和工作原理。
5. 熟悉FX2N-48MR型PLC外部接线端子的排列方式和接线方法。
6. 掌握PLC控制三相交流异步电动机起保停PLC控制接线示意图和梯形图的设计绘制方法。
7. 增强创新能力和合作精神。

➤【教·学·做】

一、相关知识

（一）PLC基本知识简介

1. PLC的发展历程

PLC最早在美国研制成功，是美国汽车工业革命的一项伟大成果。全世界第一台PLC于1968年由美国通用汽车公司（GM）公开招标，美国数字设备公司（DEC）中标并于1969年研制成功。该装置安装在GM公司的汽车装配线上，取得了显著的经济效益。于是，日本、德国等发达国家随即引进和争相研制各自的PLC，由此开启了应用PLC进行电气控制的崭新时代。

早期的PLC是为了取代接触器-继电器控制系统完成顺序控制而设计的，虽然采用了计算机的设计思路，但总体上只能进行逻辑运算，因此称为可编程序逻辑控制器，其英文名称为“Programmable Logic Controller”，简称PLC。随着微电子技术的飞速发展，PLC的功能迅速扩展，远远超出逻辑控制、顺序控制的范围，可进行模拟量控制、位置控制，还可实现网络通信与计算机联网。可编程序逻辑控制器改称为可编程序控制器，英文名称为“Programmable Controller”，简称“PC”。但是，个人计算机（Personal Computer）也简称PC，两者有着本质的区别，不能混为一谈。为了便于区分两者，业界通常将可编程序控制器继续简称为PLC。

2. PLC的基本概念

1985年美国国际电工委员会（IEC）经过修改，对PLC定义为：“PLC是一种专为工业环境下应用而设计的数字运算操作的电子系统，它采用一种PLC的存储器，用来在其内部存储执行逻辑运算、顺序控制、定时、计数和算术运算等操作的指令，并通过数字式或模拟式的输入和输出，控制各种类型的生产机械或生产过程。PLC及其有关设备，都应按易于与工业控制系统形成一个整体，并易于扩充其功能的原则设计。”

简而言之，PLC是以微处理器为基础，综合了计算机技术、自动控制技术和现代通信技术，使用适应工业控制过程、用户易于接受的编程语言编程，操作方便，可靠性高的新一代通用工业控制装置。从本质上讲，PLC是一种专为工业生产控制而设计的工业专用计算机。

3. PLC的主要功能

随着微电子技术和计算机技术的迅猛发展，PLC的功能从最初的逻辑编程功能发展到现在的算术运算、数据传送和处理、通信管理等功能。PLC的功能已经非常强大，应用范围也越来越广泛，如电梯控制、防盗系统的控制、交通信号灯控制、楼宇供水自动控制、消防系统自动控制、供配电自动控制、喷水池自动控制及各种生产流水线的自动控制等。

（1）开关量逻辑控制　这是PLC最基本的功能，应用最为广泛，取代了传统的继电器-接触器控制电路，实现逻辑控制、顺序控制，既可用于单台设备的控制，又可用于多机群控及自动化流水线，如注塑机、印刷机、装订机械、组合机床、磨床、包装生产线和电镀流水线等。

（2）模拟量控制　PLC利用比例积分微分（PID）功能，通过对温度、速度、压力及流量等过程量的检测，实现闭环控制。

（3）运动控制　PLC可以用于圆周运动或直线运动的定位控制。近年来许多PLC厂商在自己的产品中增加了脉冲输出功能，配合原有的高速计数器功能，使PLC的定位控制能力大大增强。而且许多PLC品牌都具有位置控制模块，可驱动步进电动机或伺服电动机的单轴或多轴位置控制模块，使PLC广泛用于各种机械、机床、机器人和电梯等控制场合。

（4）数据处理　现代PLC还具有数学运算、数据传送、数据转换、排序、查表和位操作等数据处理功能，可以完成数据采集、分析及处理。这些数据除可以与存储在存储器中的参考值比较，完成一定的控制操作外，也可以利用通信功能传送到别的智能装置或将它们打印制表。数据处理一般用于造纸、冶金、食品工业中的一些大型控制系统，或用于无人控制的柔性制造等大型控制系统。

（5）通信及联网　PLC通信含PLC间的通信及PLC与其他智能设备之间的通信。随着计算机控制的发展，工厂自动化网络发展很快，各PLC厂商都十分重视PLC的通信功能，纷纷推出各自的网络系统。新近生产的 PLC 无论是网络接入能力还是通信技术指标都得到了很大加强，这使 PLC 在远程及大型控制系统中的应用能力大大增强。随着信息化、网络化、智能化、云计算、大数据和物联网的快速发展，PLC 通信与联网功能必然会随之发生与时俱进的重大变革。

4. PLC 的基本特点

PLC 控制与传统的接触器-继电器控制电路以及单片机控制相比，PLC 控制的性能卓越，特点鲜明，突出特点有：可靠性高，故障率低；控制灵活，调整方便；功能强大，适应性强；编程简单，易学易用；安装容易，调试快捷；体小量轻，能耗低微；运行稳定，寿命长久；故障自诊，维护简便。

由于 PLC 具备上述特点，PLC 的应用非常广泛，发展日新月异，且不断推陈出新。

（二）PLC 基本构成

1. PLC 的外形

PLC 分为整体单元式和模块组合式两种类型，其外形如图 1-1-1 和图 1-1-2 所示。

图 1-1-1 整体单元式 PLC 的外形

图 1-1-2 模块组合式 PLC 的外形

2. PLC 的基本组成

PLC 控制系统及 PLC 基本结构组成如图 1-1-3 所示，可以看出，PLC 主要由 6 个部分组成。

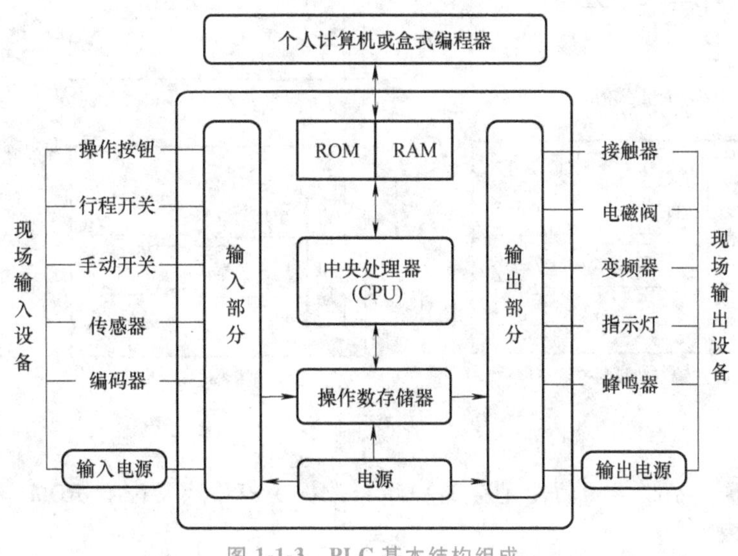

图 1-1-3 PLC 基本结构组成

（1）输入部分　输入部分由输入端子和输入接口电路组成。输入端子用于接收输入信号；输入接口电路用于转换信号，并将其传输至输入继电器。

如图 1-1-4 所示，当按下输入端按钮 SB1 时，光电耦合器中的发光二极管（LED）导通并发光，光电晶体管导通，信号传入，内部电路工作，输入指示灯亮，提示信号输入。光电耦合器可以提高 PLC 的抗干扰能力和安全性能，以及进行高低电平（24V/5V）转换。

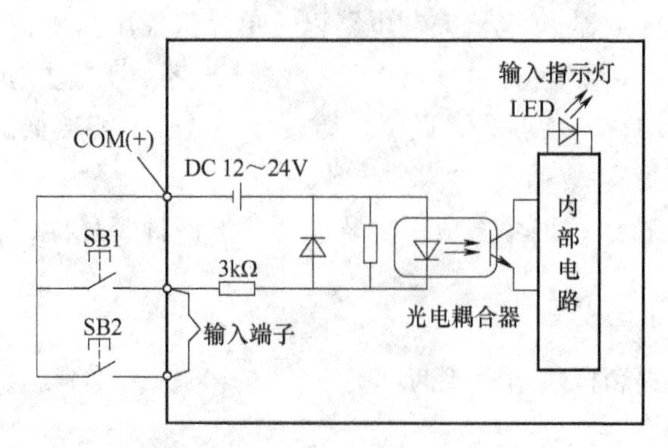

图 1-1-4　内部直流输入接口电路

（2）输出部分　输出部分包括输出接口电路和输出接线端子。

1）输出接口电路：将输出继电器输出的信号进行转换和放大后送至输出端子。如图 1-1-5 所示，输出接口电路分为三类，即继电器输出型、晶闸管输出型和晶体管输出型，晶体管输出型又分为 NPN 型和 PNP 型两种。

2）输出接线端子：与外部负载相连，输出控制信号，驱动负载工作。

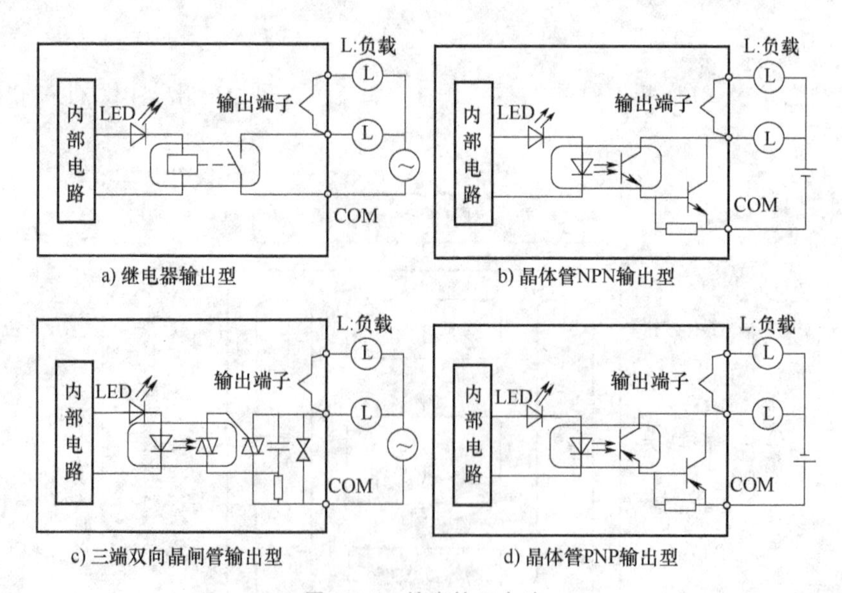

图 1-1-5　输出接口电路

（3）存储器　存储器的功能是存储程序和数据。PLC 通常配有 ROM 与 RAM 两种存储器。

1）ROM：只读存储器，用来存放系统程序。系统程序由厂家编写并固化在 ROM 中，用户无法访问和修改；ROM 的功能是管理 PLC 并让其内部电路有条不紊地工作。

2）RAM：读写存储器，主要用于存储用户程序，也称为用户程序存储器，里面的内容可以读出也可以进行修改。

（4）中央处理器（CPU）　在系统程序的支持下，根据用户程序对输入设备通过输入继电器输入的信号进行加工处理，并将结果送至输出继电器，对外部设备进行控制。

（5）电源　PLC 的内置式电源模块一般产生不同等级的专用电源，一是提供集成电路使用的电源（如 DC 5V、DC 15V）；二是提供接口电路使用的大功率电源（如 DC 24V）。此外，为防止因断电而导致 RAM 中的信息丢失，需要专门配置后备电池为 RAM 供电。

（6）个人计算机和盒式编程器　两者主要用于编制输入用户程序。其中，个人计算机主要采用梯形图语言进行编程，适用于大型控制程序的开发和实验室工作环境，直观快捷，修改方便，对掌握编程知识的要求不高；盒式编程器主要采用指令表语言进行编程，适用于控制不复杂的中小程序的编制和工业控制现场，操作者既要熟悉梯形图语言，又要熟悉指令表语言，对掌握编程知识的要求较高。

（三）PLC 工作过程

PLC 是一种由程序控制运行的设备，其工作过程如图 1-1-6 所示。

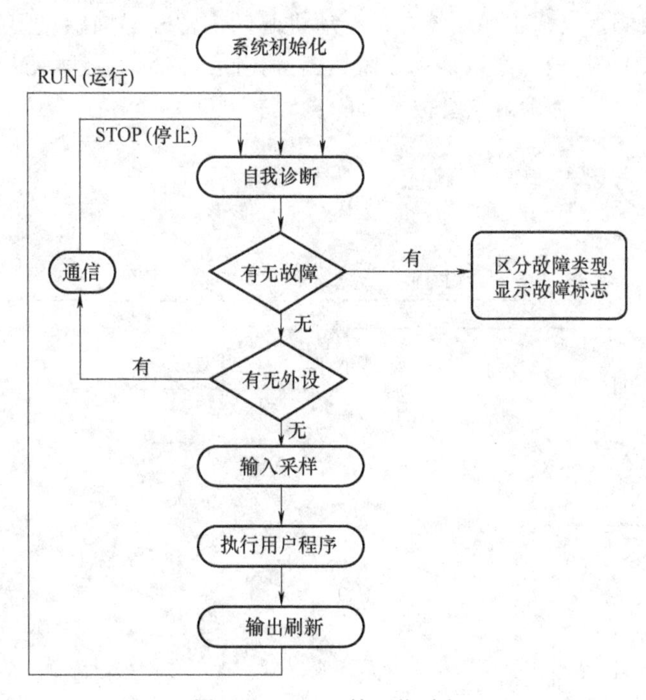

图 1-1-6　PLC 的工作过程

1. PLC 的工作过程

PLC 通电以后，首先进行系统初始化，将内部电路恢复到起始状态；其次进行自我诊断，检测内部电路是否正常，判断有无故障，若有则报警并向外显示故障类型及其标志；诊断结束后对通信接口进行扫描，若接有外部设备则与之通信。通信接口无外设或通信完成后，系统开始进行输入采样，检测设备（开关、按钮和传感器等）的输入状态，然后根据输入采样结果依次执行用户程序，程序运行结束后对输出进行刷新，即向外输出用户程序运行时产生的控制信号。以上过程完成后，系统又返回，重新开始自我诊断，不断重复上述过程。

2. PLC 的工作状态

PLC 有两种工作状态：RUN（运行）状态和 STOP（停止）状态，由 PLC 面板上设置的工作方式开关进行切换。PLC 正常工作时处于 RUN 状态，而在编程和修改程序时，应让 PLC 处于 STOP 状态。

当 PLC 工作在 RUN 状态时，系统按照图 1-1-6 所示的全部路径完整执行全过程。

当 PLC 工作在 STOP 状态时，系统不进行输入采样、不执行用户程序和不向外输出。

3. PLC 的扫描周期

PLC 工作在 RUN 状态时，从头到尾执行完工作流程全过程所需要的时间称为扫描周期，扫描周期的长短主要取决于指令的种类及用户程序的长短，一般在 1~100ms 以内。扫描周期越长，响应速度越慢。

（四）PLC 工作原理

PLC 的用户程序执行过程比较复杂，下面通过对单台电动机起保停控制电路的两种控制方式对比加以说明。图 1-1-7 所示为接触器控制电动机起保停电气原理图。按下起动按钮 SB1，接触器 KM 线圈得电，主触点闭合，电动机起动，常开辅助触点闭合自锁；当按下停止按钮 SB2 或当电动机过载热继电器动作时，断开控制电路，接触器 KM 线圈失电，主触点复位，电动机断电停止，辅助触点复位并解除自锁。

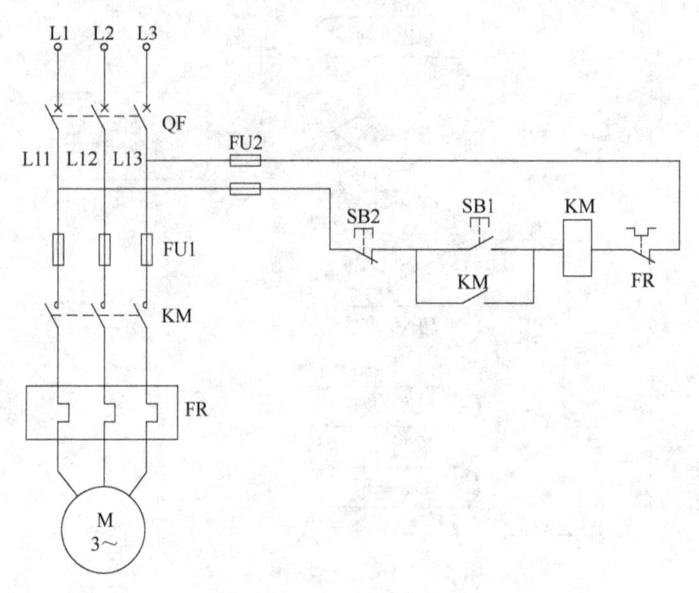

图 1-1-7　接触器控制电动机起保停电气原理图

1. PLC 控制的等效电路

现在维持主电路接线不变，采用 PLC 控制替代原来的接触器控制电路，实现对电动机的起保停控制，其 PLC 控制的等效电路如图 1-1-8 所示，分别由输入电路、内部控制电路和输出电路三部分构成。

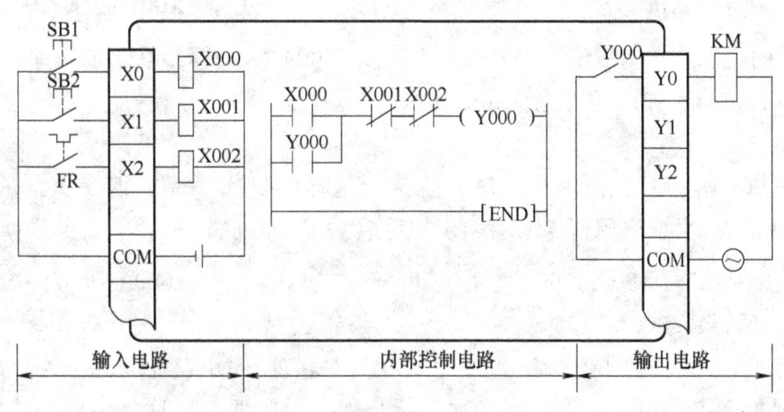

图 1-1-8　PLC 控制的等效电路

（1）输入电路　输入电路由起动按钮 SB1、停止按钮 SB2 以及热继电器常开触点 FR 分别经过接线端子与 PLC 的输入继电器 X000、X001 和 X002 线圈进行连接，通过公共端和内置电源构成回路。当按下起动按钮后 SB1 后，输入继电器线圈 X000 得电，其内部电路中对应的常开触点 X000 闭合；当按下停止按钮 SB2 或者是热继电器 FR 动作，则对应的输入继电器线圈 X001、X002 得电，其内部电路中对应的常闭触点 X001、X002 断开。输入端子 X0～X2 与输入继电器线圈 X000～X002 是一一对应的。

（2）输出电路　输出电路由输出继电器常开触点 Y000 通过输出接线端子 Y0 与接触器 KM 线圈相连，通过公共端和输出电源构成回路。输出继电器常开触点 Y000 受输出继电器线圈控制，当输出继电器线圈得电，则常开触点 Y000 闭合，接触器 KM 线圈得电，串联在主电路中的主触点 KM 闭合，电动机得电起动运转。

（3）内部控制电路　内部控制电路是一个等效于接触器控制电路的特殊电路，它的工作原理也大致与接触器控制电路的相同。当输入继电器 X000 的常开触点闭合时，输出继电器线圈 Y000 得电，常开触点闭合，一方面接触器线圈 KM 得电，KM 的主触点闭合，电动机起动运转；另一方面，与输入继电器常开触点 X000 并联的常开触点 Y000 闭合，形成自锁，保证电动机连续运转。

而当按下停止按钮或出现电动机过载时，内部控制电路中对应的输入继电器 X001、X002 常闭触点断开，输出继电器 Y000 线圈失电，常开触点 Y000 复位断开，一方面接触器 KM 线圈失电，主触点复位断开，电动机电源断开停转；另一方面，自锁触点 Y000 复位断开，解除自锁。

2. 内部控制电路的逻辑关系

从形式上看，PLC 的内部控制电路与接触器控制电路控制功能相同，两者从称谓和动作原理都似乎一致，但本质上是完全不同的。接触器控制电路是硬接线，而 PLC 的内部控制电路则是一种图形化程序，是由反映这种逻辑关系的若干条指令构成的程序。

首先，X000 与 Y000 两个常开触点并联，其逻辑关系属于“或”关系，即“+”的关系。

其次，X001 和 X002 两个常闭触点串联，其逻辑关系属于“与”关系，即“×”的关系。

如果常开触点用 X001 表示，则常闭触点可以用取反后的 X001 表示，其余依此类推。则输出继电器的逻辑关系表达式为 $Y000=(X000+Y000)\times\overline{X001}\times\overline{X002}$，此逻辑关系就是上述内部控制电路的转换形式，两者之间是等效的。

3. PLC 的工作原理

（1）顺序执行　PLC 执行用户程序就是执行这样的逻辑关系。但在执行的过程中它们不是同时进行的，而是按照逻辑关系的先后顺序依次进行的。第一步是执行（X000+Y000），第二步执行 $[(X000+Y000)]\times\overline{X001}$，第三步执行 $[(X000+Y000)\times\overline{X001}]\times\overline{X002}$，第四步输出执行结果 Y000。

（2）串行工作　在接触器控制电路中，两个并联的线圈是同时动作的，即并行工作；而 PLC 的内部控制电路由于存在上述顺序执行步骤，因此两个并联线圈的动作有先后顺序，即串行工作。

（3）循环扫描　PLC 从头到尾执行完所有程序并检测到程序结束指令后，又返回从第一条指令开始，依次执行下去，如此不断循环，直至 PLC 停机。

4. PLC 控制接线示意图与梯形图程序

（1）PLC 控制接线示意图　在上述等效电路中，将 PLC 用一个方框表示，除去框内的所有电路，仅保留输入电路和输出电路在方框外部的电路，就构成了如图 1-1-9 所示的 PLC 控制接线示意图。图中省略了接线端子，使输入设备直接对应于输入继电器，输出继电器直接对应于输出设备。图形简单明了，PLC 的输入输出一目了然，是指导 PLC 控制接线的重要文件，是电气工程技术人员的重要工具和帮手。

（2）PLC 控制梯形图程序　通过对上述 PLC 控制等效电路进行分析，可见 PLC 的控制完全取决于内部控制电路。若单独将反映 PLC 输入与输出控制关系的内部控制电路分离出来，如图 1-1-10 所示，这就是 PLC 控制梯形图。

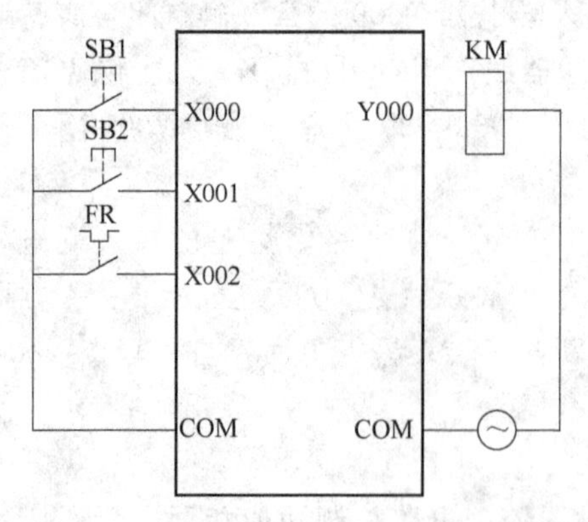

图 1-1-9　PLC 控制接线示意图

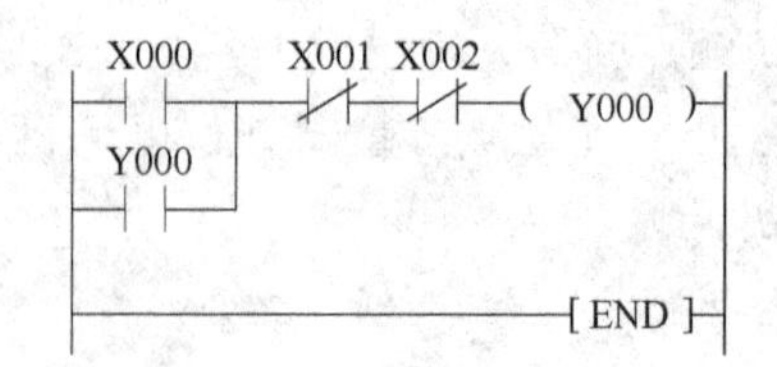

图 1-1-10　PLC 控制梯形图

就功能而言，PLC 控制梯形图是等效于接触器控制电路的工作原理的。但为了将接触器控制电路与 PLC 内部控制关系图形区分开来，把用来等效于接触器控制原理、描述 PLC 控制关系的图形叫作梯形图。

实际上，PLC 内部的输入继电器、输出继电器等元件，是沿用了接触器-继电器电气原理图的叫法而来的，这些元件在 PLC 内部只是一些特殊的寄存单元，没有线圈和触点之分，是一些具有记忆功能的“软继电器”。

二、技能训练

（一）参观 PLC 设备

参观 PLC 实训教室，熟悉 PLC 实物，建立对 PLC 的感性认识。

（二）识别 PLC 接线端子

识别 FX2N-48MR 型 PLC 接线端子，画出 PLC 端子排列图，分析说明各种接线端子的用途。

（三）设计制图训练

1. 设计三相交流异步电动机起保停接触器-继电器控制电气控制原理图。
2. 设计三相交流异步电动机起保停 PLC 控制接线示意图。
3. 设计三相交流异步电动机起保停 PLC 控制梯形图。
4. 分析说明三相交流异步电动机起保停 PLC 控制梯形图工作原理。

➤【课题小结】

本课题的内容结构如下：

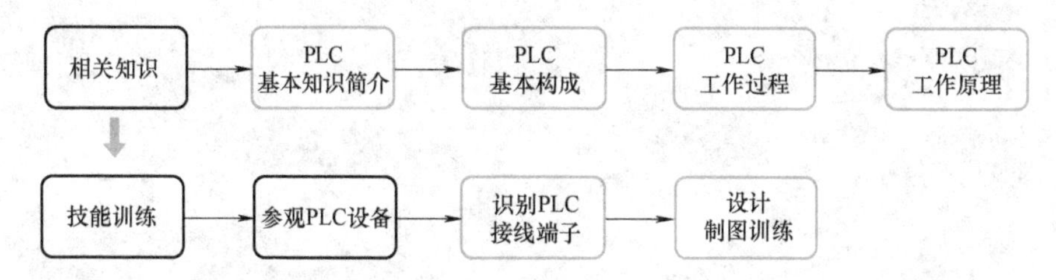

➤【效果测评】

学习效果测评表见表 1-1-1。

表 1-1-1 学习效果测评表

考核目标	考核内容	考核要求	评分标准	配分	自评	互评	师评
学习态度	预习、听课和记笔记情况	课前预习学习内容，上课认真听课、记笔记	课前预习 3 分；听课认真 3 分；记笔记认真 3 分	9			
课堂纪律	遵守课堂纪律情况	没有随便讲话、打瞌睡、玩手机等违纪行为	没有随便讲话 3 分；没有打瞌睡 3 分；没有玩手机等其他违纪行为 3 分	9			
参与活动	小组讨论与其他课堂学习活动参与情况	积极参与小组内讨论及其他课堂学习活动	积极参与小组讨论 3 分；积极回答问题 3 分；积极参与其他课堂学习活动 3 分	9			
思考练习	思考与训练情况	认真完成课题中的思考与训练内容	答题全面、完整、准确，8~9 分；答题较为全面、完整、准确，6~7 分；答题不够全面，完整、准确，1~5 分；没有答题，0 分	9			

（续）

考核目标	考核内容	考核要求	评分标准	配分	自评	互评	师评
课后作业	课后作业情况	认真完成课后作业	全面、认真、正确地完成作业，8~9分；作业完成得较为全面、认真、正确，6~7分；作业完成得不够全面、认真、正确，1~5分；没有做作业，0分	9			
达标情况	学习目标达成情况	对照学习目标要求检查达标情况	全面实现学习目标，50~55分；学习目标实现良好，35~49分；学习目标实现一般，30~34分；学习目标实现较差，0~29分	55			
总分				100			

课题二 PLC 的编程语言和编程方法

PLC 是一种由用户程序驱动的控制设备，通过用户编程的方式对外部电气设备进行控制。每种类型的 PLC 都有自己的技术参数，专门的编程语言、编程工具和编程方法。要让 PLC 实现预定的控制功能，就必须选择技术参数和性能指标符合控制要求的 PLC，根据 PLC 的性能特点，利用其专门的编程语言，编写出符合要求的控制程序。

➤【学习目标】

1. 熟悉 PLC 的主要技术指标，了解 FX2N-48MR 型 PLC 的主要技术参数。
2. 了解和熟悉 PLC 的编程语言和编程方法。
3. 理解和掌握 PLC 控制梯形图的编程原则。
4. 掌握梯形图编程的技巧和方法。
5. 熟悉和掌握三菱 FX2N 系列 PLC 编程软件 FXGP-WIN-C 的使用方法。
6. 增强梯形图识图技能，培养认真研究的工匠精神。

➤【教·学·做】

一、相关知识

（一）FX2N-48MR 主要指标

PLC 种类繁多，功能各异，编程指令和编程方法存在很大差异。学习 PLC 应用技术，宜选择一种类型的 PLC，通过深入系统学习，将功底打牢，再去学习其他型号的 PLC 就容易得多，往往会有事半功倍的效果。三菱 PLC 作为业内的主流产品之一，其 FX 系列 PLC 由于性价比高、功能强大、应用范围广泛，编程语言和编程方法易于学习和掌握，特别适合初学者。其中，FX2N-48MR 是最具代表性的小型 PLC，是开展教学培训和实习实训的首选产品，所以本书结合此型号 PLC 进行说明。

（1）I/O 点数　I/O 点数即 PLC 输入/输出的端子数，是选择 PLC 时很重要的技术参数。I/O 点数决定着 PLC 能够接收和输出信号的路数。PLC 的 I/O 点数包括主机的 I/O 点数和扩展 I/O 点数。当主机的 I/O 点数不够时，可以通过扩展模块增加 I/O 点数。FX2N-48MR 的 I/O 点数为 48 点（其中输入点数 24 点，输出点数 24 点）。

（2）内存容量　内存容量是 PLC 能存放用户程序的数量，PLC 指令以步为单位进行存放，有的指令往往不止一步。一步占用 1 个地址单元，一个地址单元一般占两个字节。FX2N-48MR 内存容量达到 8K 步。

（3）运行速度　运行速度是指 PLC 执行循环扫描的速度，一般用执行一步指令的时间（单位为 μs）来衡量。目前，PLC 的运行速度小于 5μs/指令。FX2N-48MR 的基本指令运行速度为 0.08μs/指令，功能指令的运行速度为 1.52μs/指令至数百 μs/指令。

（4）工作电压　工作电压是支持 PLC 正常工作的外加电源电压。PLC 的工作电压一般有 AC 型和 DC 型两种。AC 型为 100~220V 交流；DC 型为 24V 直流。FX2N-48MR 工作电源为 AC 100~240V，50/60Hz。

（5）额定输入电压　额定输入电压是指提供给PLC输入设备、从输入端子输入信号的电压，一般有AC型和DC型两种。AC型为100~220V交流；DC型为12~24V直流。FX2N-48MR的输入电压为DC 24V；输入隔离为光电绝缘。

（6）额定负载电压（或工作负载电压）范围　额定负载电压（或工作负载电压）是指PLC输出端所驱动负载的电压及其范围。根据输出方式的不同有AC型和DC型。AC型为85~264V交流；DC型为20.4~26.4V直流。FX2N-48MR输出电源为AC 250V，DC 30V以下。

（7）输出方式　PLC的输出方式是指输出信号经过功率放大后向外传输信号的形式。PLC的输出方式有继电器输出型、晶体管输出型和晶闸管输出型三种。

1）继电器输出型（R）：一般用在低速、大功率输出的场合，是利用内部输出端微型继电器常用触点的通断来实现开关特性，从而达到控制负载的目的。

2）晶体管输出型（S）：一般用在直流高速小功率的场合。

3）晶闸管输出型（T）：一般用在交流高速大功率的场合。

采用何种输出方式，用户可根据负载情况和输出要求具体确定。FX2N-48MR为继电器输出型。

（8）结构类型　PLC的结构有整体式和组合式两种。整体式是将PLC的各个部分集中组合在一起，具有结构紧凑、体积小、重量轻、价格低和安装方便的特点。小型的PLC一般采用这种结构。大、中型的PLC一般采用组合式结构。组合式结构的PLC各部分相互分离，都是一些独立的模块，使用时将这些模块拼装组合即可，配置、扩展及更换均十分方便。FX2N-48MR为整体式。

（9）PLC的指令数　为了满足编程需要，PLC内设了三类指令可供用户编程使用。其中，基本指令是以逻辑控制为主的一系列编程指令，是PLC编程的基础；步进指令主要对具有顺序控制特点的控制对象进行编程；功能指令主要用于数据的比较、传送、计算等场合的控制编程。FX2N-48MR拥有基本（逻辑）指令27条，步进指令2条，功能指令128种298条。

（10）PLC安装环境　PLC应安装在环境温度为0~55℃，相对湿度大于35%而小于89%，无粉尘，无腐蚀性及可燃性气体的场合中。

（11）FX2N-48MR的型号意义　FX2N表示系列名称，三菱公司FX系列产品；48表示输入/输出点数为48点（其中输入点数24点，输出点数24点）；M表示基本单元；R表示继电器输出。

（二）PLC编程元件

PLC是在接触器-继电器控制电路和控制原理基础上发展起来的，接触器-继电器控制电路中有接触器、中间继电器、时间继电器等元件，而PLC也有类似的元件，称为编程元件。编程元件是由软件驱动来实现的，是PLC内部的一些特殊寄存单元，称为软元件或软继电器。

PLC的主要编程元件有输入继电器、输出继电器、辅助继电器、定时器、计数器、数据寄存器和常数寄存器等。不同厂家、不同系列的PLC，其编程元件的功能和编号各不相同，用户在设计编写程序时，必须熟悉所选用PLC的编程元件及编号情况。FX2N-48MR型PLC的主要编程元件见表1-2-1。

表 1-2-1　FX2N-48MR 主要编程元件

序号	名称	代号	编　　号	数量	备　　注
1	输入继电器	X	X000～X007，X010～X017，X020～X027	24	只有触点无线圈
2	输出继电器	Y	Y000～Y007，Y010～Y017，Y020～Y027	24	既有触点也有线圈
3	辅助继电器	M	通用型：M0～M499（十进制编排）	500	有线圈但不能驱动外部元件
			断电保持型：M500～M1023	524	可用程序变更
			断电保持专用型：M1024～M3071	2048	不可变更
			特殊型：M8000～M8255	256	满足编程的各种特殊需要
4	定时器	T	通用型：T0～T199（100ms） T200～T245（10ms）	200 46	不具备断电保持功能，输入电路断开时复位
			积算型：T246～T249（10ms） T250～T255（100ms）	4 6	置位端输入断开，当前值可保持；置位端闭合，计时累计；复位端接通，输出触点复位
5	计数器	C	C0～C99	100	16 位通用加计数器
			C100～C199	100	16 位断电保持加计数器
			C200～C255	56	32 位双向计数器
6	数据寄存器	D	D0～D199（通用型）	200	断电时数据清零
			D200～D7999（断电保持型）	7800	具有断电保持功能
			D8000～D8255（特殊型）	256	用来监视 PLC 的扫描时间、电池电压等运行状态
7	常数寄存器	K、H	K		十进制数
			H		十六进制数

FX 系列 PLC 编程元件的编号由字母和数字组成，其中输入继电器和输出继电器用八进制数字编号，其他均用十进制数字编号。下面对这些元件做简要介绍，其中有些元件的功能较难理解，将会在后续的单元和课题中详细说明。

1. 输入继电器（X）

输入继电器用于存放外部输入电路的通断状态。采用八进制编排，用 X 表示，后缀三位数字。输入继电器没有线圈，只有触点（常开及常闭），编程中使用无数量限制。

2. 输出继电器（Y）

输出继电器用于从 PLC 直接输出物理信号，对相关控制对象进行控制。采用八进制编排，用 Y 表示，后缀三位数字。输出继电器既有线圈，也有触点（常开及常闭）；线圈得电被驱动后触点才动作，触点使用无数量限制。

3. 辅助继电器（M）

辅助继电器是 PLC 中数量最多的一种继电器，一般的辅助继电器与继电器控制系统中的中间继电器相似。辅助继电器不能驱动外部负载，只能用于程序中信号的传递和转换。辅助继电器采用十进制进行编号。辅助继电器通常分为三类：通用型、断电保持型和特殊型。

（1）通用辅助继电器　功能特点：当线圈得电时，触点随即动作（常开闭合，常闭断开）；当线圈断电时，触点随即复位（常开恢复断开，常闭恢复闭合）。有线圈，但不能直接驱动外部负载，仅供编程使用；线圈得电被驱动后触点才动作，触点使用无数量限制。

（2）断电保持辅助继电器　功能特点：能记忆电源中断前的状态，并在重新通电后保持断电前的状态。

（3）特殊辅助继电器　FX2N系列PLC中有256个特殊辅助继电器，可分为触点型和线圈型两大类。

1）触点型。线圈由PLC自动驱动，用户只可使用其触点。常用的触点型特殊辅助继电器如下：

M8000和M8001：运行监视器。M8000在PLC运行时始终保持接通，M8001刚好与之相反。

M8002和M8003：初始脉冲特殊辅助继电器。M8002只在PLC开始运行的第一个扫描周期内得电，其余时间均断电；M8003只在PLC开始运行的第一个扫描周期内断电，其余时间均得电。编程时，常用M8002的一对常开触点作为一些软元件或程序的初始化复位信号。

M8011~M8014：时钟脉冲特殊辅助继电器（脉冲闪烁继电器）。有M8011（10ms）、M8012（100ms）、M8013（1s）、M8014（1min）4种时钟。括号内的时间表示时钟脉冲周期，如M8013（1s），表示一个周期中高电位0.5s，低电位0.5s。可用于交通灯闪烁编程。

2）线圈型。由用户程序驱动线圈，使PLC执行特定动作。常用的线圈型特殊辅助继电器有M8033、M8034、M8039和M8040等。

M8033：若该线圈得电，则PLC停止时保持输出继电器和数据存储器中的内容。

M8034：若该线圈得电，则PLC的输出全部禁止。

M8039：若该线圈得电，则PLC执行恒定扫描方式，进行定周期扫描。

M8040：若该线圈得电，则PLC禁止状态转移；若该线圈断电，则禁止状态转移被解除。

4. 状态继电器（S）

状态继电器是编写步进程序的重要元件，按十进制进行编号。有5种类型：初始状态继电器S0~S9共10点；回零状态继电器S10~S19共10点；中间状态继电器S20~S499共480点；断电保持的状态继电器S500~S899共400点；供报警用的状态继电器S900~S999共100点。

5. 定时器（T）

定时器是一种按时间动作的继电器，按十进制进行编号，触点使用不受限制。定时器相当于接触器控制系统中的时间继电器，主要用于对具有时间控制特点的控制任务进行编程。定时器的主要特性说明如下：

1）定时器是根据时钟脉冲累计计时的，时钟脉冲周期有1ms、10ms和100ms三种规格。定时器的工作过程实际上是对时钟脉冲计数。

2）每个定时器都有一个设定值预存器和一个当前值寄存器，数值范围为1~32767。延时时间为设定值乘以定时器的时钟脉冲周期，即 $T=KP$。

例如：控制交流电动机Y/△减压起动，切换时间为5s，若选择T0作为定时器，其时钟脉冲周期为100ms。根据 $T=KP$，已知 $T=5s$，$P=100ms$，则 $K=T/P=5000ms/100ms=50$。

所以，在给定时器进行设定时，设定值为 K50。

3）每个定时器都有常开触点和常闭触点，这些触点可以无限次使用。

4）定时器满足计时条件时开始计时，定时时间到，其触点动作。

5）通用定时器线圈断电时自动复位，不保留当前值寄存器中的数据。

6）积算定时器在计时中途当线圈断电或 PLC 断电时，当前值寄存器中的数据保持不变，当线圈重新得电时，当前值寄存器在原来数据的基础上继续计时。累计定时器的当前值寄存器数据只能用复位指令清零，即积算定时器有置位端和复位端，置位端输入断开时，当前值也可保持；置位端闭合时，计时累计；当复位端接通时，定时器输出触点复位。

6. 计数器（C）

计数器是一种具有计数功能的继电器。这里重点介绍常用的通用计数器 C0～C99，共 100 点。通用计数器有计数端和复位端，预置值为 *K*。当计数端的输入次数达到预置值 *K* 设定的数值时，通用计数器的线圈动作，其常开触点闭合，常闭触点断开。通用计数器不会自动复位，因此使用通用计数器时首先必须考虑复位，使用方法如图 1-2-1 所示。

7. 数据寄存器（D）

数据寄存器是存储数据的器件，符号为 D，按十进制编号。数据寄存器分为通用型、断电保持型和特殊型。数据寄存器为 16 位，最高位为符号位。可用两个数据寄存器来存储 32 位数据，最高位仍然为符号位。

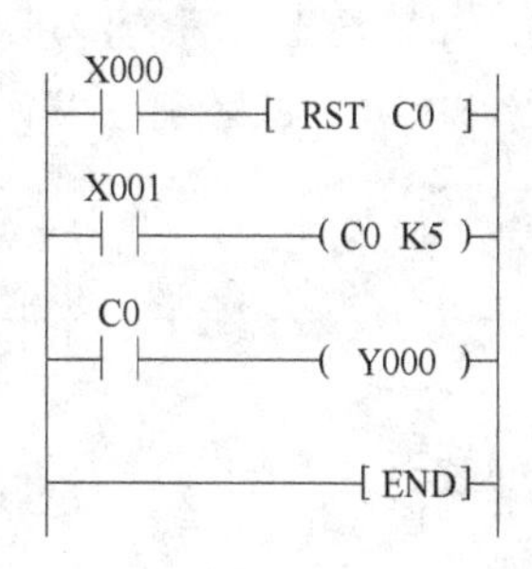

图 1-2-1 计数器的应用

8. 常数寄存器（K、H）

常数寄存器的代号为 K 或 H，其中 K 表示十进制数，H 表示十六进制数。如 K15 表示十进制数 15；H12 表示十六进制数 12，转换为十进制数为 18。常数寄存器通常用来存放定时器或计数器的设定值与当前值。

（三）PLC 编程指令

PLC 的编程指令，按照编程用途及适用范围分为基本指令、步进指令和功能指令三大类，每类指令又根据具体功能特点细分为若干种指令。

（1）基本指令　基本指令主要是以位为单位的逻辑操作指令，有母线开始、触点并联、触点串联和继电器输出，以及置位复位指令、块操作指令和堆栈指令等。此外还包括定时、计数和结束等指令。基本指令是 PLC 编程的基础，可以满足简单的工控要求。

（2）步进指令　步进指令广泛应用于对具有顺序控制特点的控制对象编程。因此，步进指令又称为步进顺序控制指令。具有顺序控制特点的控制对象包括机床的自动加工、生产线的自动运行、电镀生产线的控制及机械手的动作等。其特点是，动作顺序固定，具有不断循环的工作性质。

（3）功能指令　功能指令主要用于数据的传送、比较和计算等场合的控制编程。功能指令采用梯形图和指令助记符相结合的形式直接表达指令的功能，主要由功能指令助记符和操作元件两大部分组成。通过后面的相关学习会发现，完成同样的控制任务，采用功能指令编写的程序要简练得多。

（四）PLC 编程语言

IEC（国际电工委员会）的 PLC 编程语言标准（IEC63131-3）中有 5 种编程语言，分别是顺序功能图（SFC）语言、梯形图（LD）语言、功能模块图（FBD）语言、指令表（BLM）语言和结构文本（ST）语言。其中顺序功能图（SFC）语言、梯形图（LD）语言和功能模块图（FBD）语言是图形编程语言，指令表（BLM）语言和结构文本（ST）语言是文字语言。PLC 常用的编程语言有梯形图语言和指令表语言。

1. 梯形图语言

梯形图语言是 PLC 程序设计中最常用的编程语言，它是与继电器控制电路类似的一种编程语言。由于电气设计人员对继电器控制较为熟悉，因此，梯形图编程语言得到了用户广泛的欢迎和应用。

（1）梯形图语言的基本结构　梯形图语言继承了传统的接触器-继电器控制电气原理图的基本特征。它的特点是：与电气原理图相对应，具有直观性和对应性；与原有继电器控制相一致，易于电气设计人员掌握。电气原理图与梯形图的比较如图 1-2-2 所示。

梯形图由母线、图形符号和操作数据三个部分组成。

1）母线：母线左右各一条，分别称为左母线和右母线。

2）图形符号：图形符号是 PLC 内部各种编程元件的图形代号。不同厂家的 PLC 图形符号有差异，但区别不大，一般有常开触点、常闭触点和线圈三种符号，如图 1-2-3 所示。

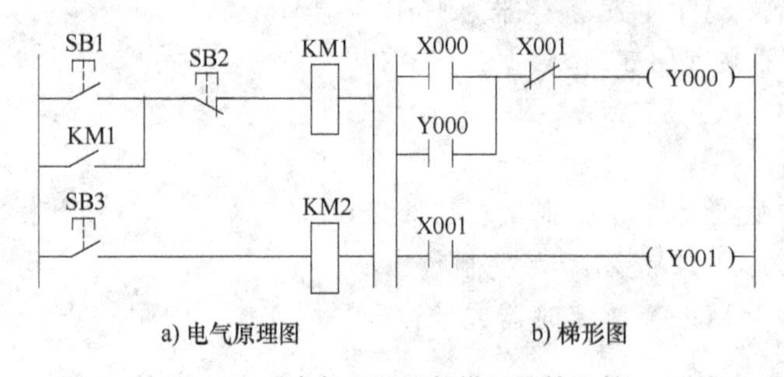

a) 电气原理图　　b) 梯形图

图 1-2-2　电气原理图与梯形图的比较

名称	电气原理图	梯形图
线圈	—▭—	—(　)—
常开触点	—/—	—| |—
常闭触点	—7—	—|/|—

图 1-2-3　图形符号的对比

3）操作数据：操作数据是 PLC 内部各种编程元件的代码编号和设定数值，根据实际控制需要确定并进行设置。

（2）梯形图的编程规则　梯形图编程是人机交互语言。要让 PLC 能够快速识别并正常工作，在进行梯形图编程时，就应遵循一些约定俗成的原则，有效预防编程中出现错误导致 PLC 无法接收和正常运行。梯形图编程一般应遵循以下规则：

1）梯形图每一行都是从左边的母线开始，以右边的母线结束。

2）触点可以任意串并联，但继电器线圈只能并联不能串联。

3）线圈不能直接接在左边母线上，必要时可通过不动作的常闭触点连接线圈，如图 1-2-4 所示。

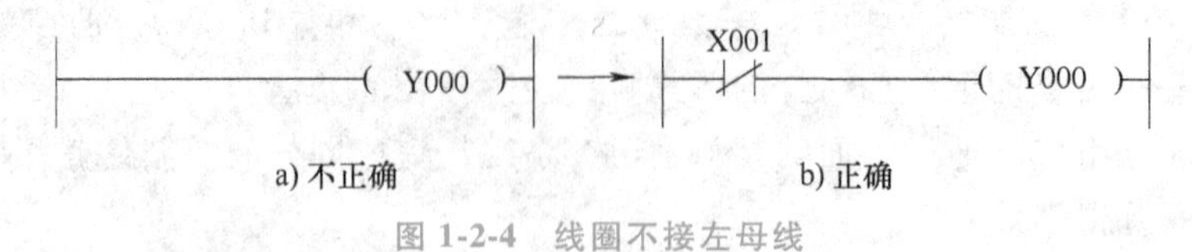

a) 不正确　　b) 正确

图 1-2-4　线圈不接左母线

4）线圈右边要接右母线，线圈右边不允许再有触点，如图 1-2-5 所示。

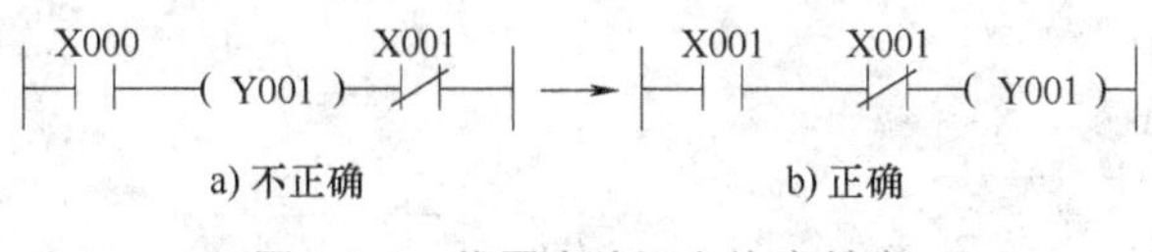

图 1-2-5　线圈右边不允许有触点

5）每一个继电器的线圈和触点均用同一编号，继电器等元件的触点使用时没有数量限制。

6）在同一程序中，同一编号的线圈一般只能使用一次，否则容易引起误操作（步进指令编程除外）。

7）用于对外部设备进行控制的只能是输出继电器。辅助继电器及计数器等不能用作输出控制外部设备使用，只能作为中间结果供 PLC 内部使用。

8）梯形图程序运行时是按照从左到右、从上到下的顺序执行的，因此编写指令表程序时应遵循这个顺序。

9）程序结束时要有结束指令 END。END 指令标志着程序结束，如果没有 END 指令，PLC 就没法进行循环扫描和正常工作。

（3）梯形图的编程技巧　除了上述编程原则需要遵循之外，一些适用的编程技巧也是应该加以学习和借鉴的。掌握这些编程技巧，不仅会让设计编制的程序正确无误，还会使程序更加科学合理，减少程序长度，节省存储空间，提高响应速度。

1）串联触点多的支路应安排在上方，如图 1-2-6 所示。

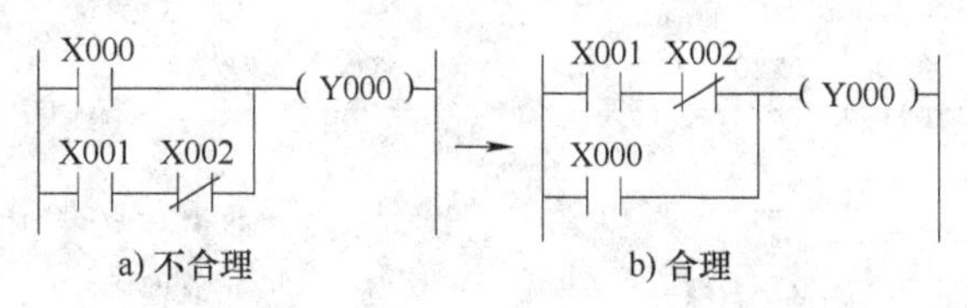

图 1-2-6　串联触点多的支路安排在上方

2）并联触点多的支路应安排在左边，如图 1-2-7 所示。

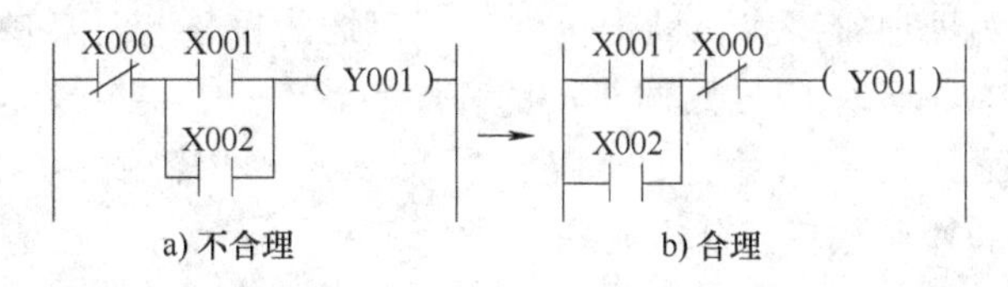

图 1-2-7　并联触点多的支路安排在左边

3）桥式电路不能直接编程。如图 1-2-8a 所示，桥式电路的逻辑关系不明晰，PLC 无法识别，会导致识别错误或控制失误，必须进行调整。由于触点数量在使用中不受限制，因此在调整过程中可通过增加串并联触点的方式，明确逻辑关系，以便于识别，如图 1-2-8b 所示。

4）如果电路较复杂，可以重复使用一些触点改成等效电路，再进行编程。如图 1-2-9 所示，增加触点后，结构关系变得更为简单，编程就容易多了。

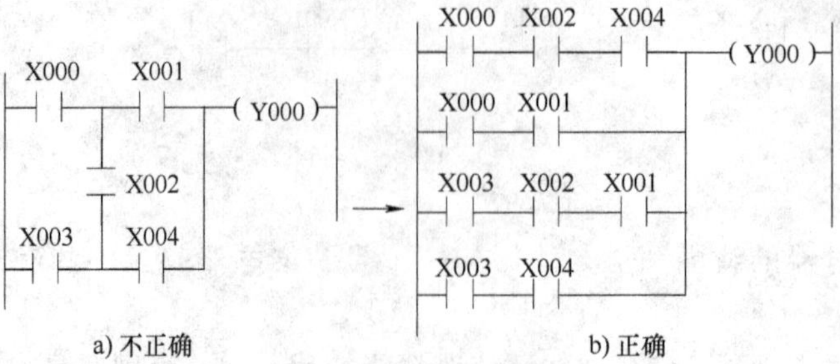

a) 不正确　　b) 正确

图 1-2-8　桥式电路不能直接编程

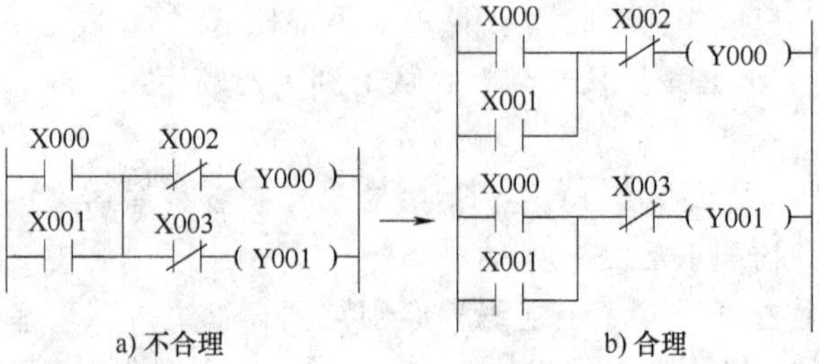

a) 不合理　　b) 合理

图 1-2-9　通过增加触点简化电路

5）对于多重输出电路，应将串有触点或串联触点多的电路放在下边，如图 1-2-10 所示。

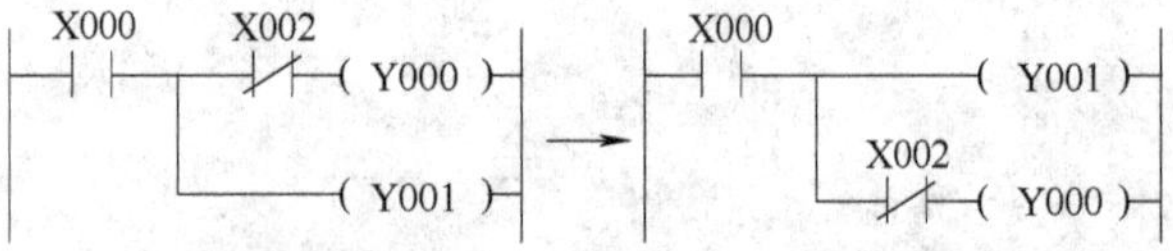

a) 不合理　　b) 合理

图 1-2-10　多重输出电路的处理

2. 指令表语言

指令表语言又称为助记符语言，助记符即帮助记忆的符号，是反映 PLC 各种功能的指令（助记符号）和相应的元件编号共同组成的程序表达方式。指令表语言是梯形图语言的一种转换形式，它们之间是一一对应的。图 1-2-11a 为梯形图，图 1-2-11b 为指令表。指令表语言由地址、指令和操作数三部分组成。

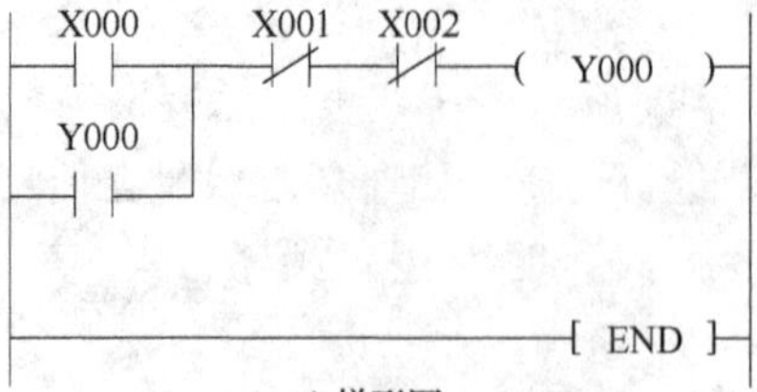

a) 梯形图

地址	指令	操作数
0	LD	X000
1	OR	Y000
2	ANI	X001
3	ANI	X002
4	OUT	Y000
5	END	

b) 指令表

图 1-2-11　梯形图与指令表对应关系

（1）地址　地址是存储单元的具体位置和识别号码，用来规定指令和数据所在存储器的位置。PLC 运行之前，先将要执行的程序逐条放入 RAM 中，然后按摆放程序地址所指位置的先后顺序逐条读取指令并依次执行。

（2）指令　指令也叫作助记符，助记符是用来帮助记忆的符号。指令是反映控制过程中逻辑关系的操作码或助记符，告诉 PLC 执行什么操作，是 PLC 执行程序的命令。

（3）操作数　操作数也叫作操作数据，是编程指令实施操作的对象。操作数主要是 PLC 内部的各种编程元件（即软继电器）及其编号。

指令表编程语言与梯形图编程语言一一对应，在 PLC 编程软件下可以相互转换。

（五）FXGP/WIN-C 使用方法

三菱公司为其 PLC 专门开发了三款编程软件，一是 FX-FCS/WIN-E/-C 和 SWOPC-FXGP/WIN-C，二是 GX Developer，三是 GX Simulator。其中，FX-FCS/WIN-E/-C 和 SWOPC-FXGP/WIN-C 用于 FX 系列 PLC 的汉化软件，可以用梯形图和指令表编程，占用的存储空间少，功能强大；GX Developer（GX 开发器）用于开发三菱公司所有 PLC 程序，可以用梯形图、指令表和顺序功能图（SFC）编程；GX Simulator（GX 模拟器）与 GX Developer（GX 开发器）配套使用，可以在个人计算机中模拟三菱 PLC 的运行，对用户程序进行监控和调试。本书主要介绍 SWOPC-FXGP/WIN-C（简称 FXGP/WIN-C）的使用方法，该软件容易上手，是初学者的最佳选择，掌握该软件以后再学习其他软件能够达到事半功倍的效果。

1. FXGP/WIN-C 软件的主要功能

1）可以用梯形图、指令表创建 PLC 程序，可以给编程元件和程序块加上注释，还可以将程序存储为文件，或用打印机打印出来。

2）通过串行通信，可以将用户程序和数据寄存器中的值下载到 PLC，读出未设置口令的 PLC 中的用户程序，或者检查计算机和 PLC 中的用户程序是否相同。

3）可以实现各种监控和测试功能，例如梯形图监控、元件监控、强制 ON/OFF，以及改变 T、C、D 的当前值等。

2. 计算机与 PLC 的连接

（1）电缆连接　使用编程通信转换接口电缆 SC-09 连接 FX 系列 PLC 和计算机，实现 RS-232C（计算机侧）和 RS-422 接口（PLC 侧）的转换，如图 1-2-12 所示。

图 1-2-12　计算机与 PLC 通信电缆连接

现在的便携式计算机一般没有 RS-232 接口，可以使用带 USB 接口的通信电缆。如果要把带 RS-232C 接口的通信电缆用于便携式计算机，可以使用 USB 与 RS-232C 的转换器。

（2）PLC 通信参数设置　设置路径：计算机→"控制面板"→"系统"→"更改设置"→"设备管理器"，进入"设备管理器"对话框，如图 1-2-13 所示，单击"端口（COM 和 LPT）"→"通信端口（COM1）"，弹出"通信端口（COM1）属性"对话框，单击"端口设置"，如图 1-2-14 所示，设置波特率为"9600"。

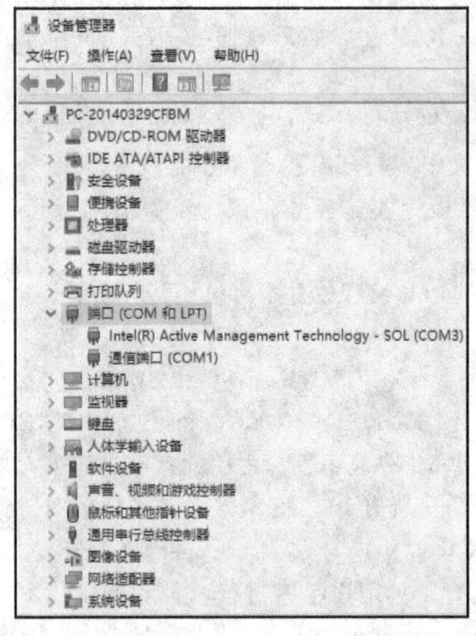

图 1-2-13　选择端口 COM1

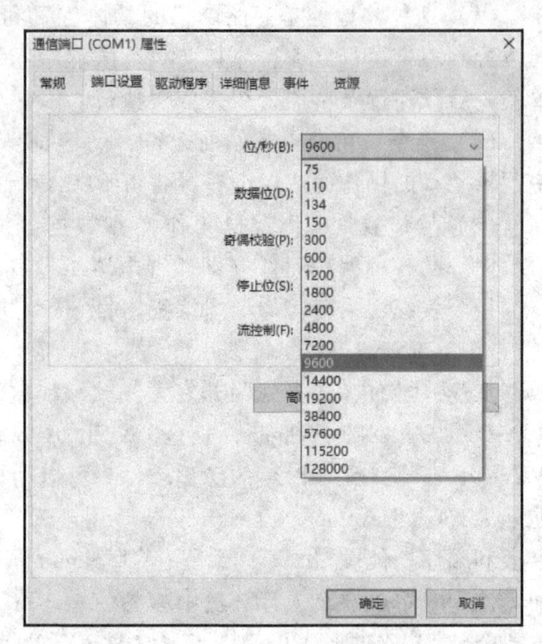

图 1-2-14　波特率设置

3. 软件的安装与开关

（1）安装编程软件　将 FXGP/WIN-C 软件下载或复制到某盘的根目录下（如 E 盘的根目录下），再打开 FXGP/WIN-C 文件夹，在其文件夹中找到“STEUP. exe”文件，用鼠标左键双击，进入安装界面，开始安装软件。按照提示连续单击“下一个”，软件最终安装完毕。

（2）打开和退出编程软件　安装好编程软件后，在计算机桌面上自动生成 FXGP/WIN-C 快捷图标，用鼠标左键双击该图标，打开编程软件。执行菜单命令“文件”→“退出”，退出编程软件。

（3）PLC 类型设置　打开编程软件以后，执行菜单命令“文件”→“新建”，创建一个新的用户程序，弹出“PLC 类型设置”对话框，如图 1-2-15 所示。

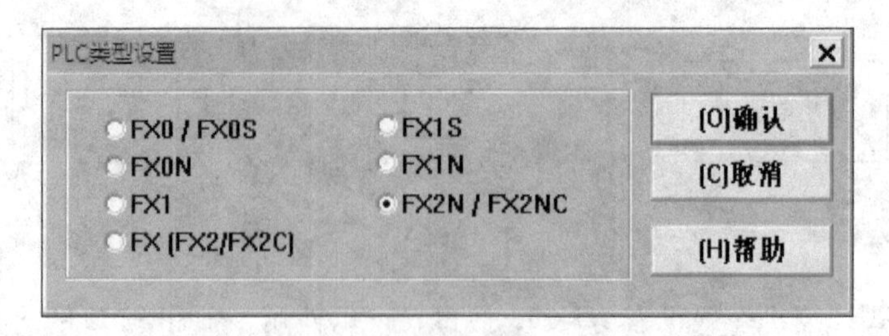

图 1-2-15　“PLC 类型设置”对话框

在弹出的窗口中单击“FX2N/FX2NC”选项，选择所需 PLC 的型号“FX2N”后单击“确认”按钮进入编程软件工作界面，如图 1-2-16 所示。

（4）编程软件工作界面　工作界面最上面依次是标题栏、菜单栏和工具栏，不再赘述。

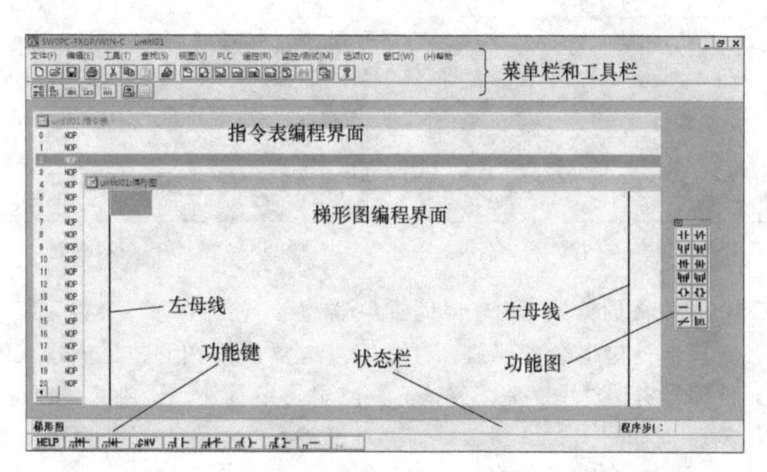

图 1-2-16 编程软件工作界面

在编辑栏一前一后出现两个界面，前面一个为梯形图编程界面，后面一个是指令表编程界面。采用梯形图编程后，后面的指令表程序随即生成，两者一一对应。

在梯形图编程界面，左右两根竖线为梯形图的左、右母线。下面为状态栏，显示程序的基本数据。

工作界面的底端为“功能键”，右边为“功能图”，是专门用于编程的工具箱，里面有若干触点、线圈及相关编程元素。任意选择一个工具箱，根据需要用鼠标单击选择其中的编程元素即可进行编程。

4. 梯形图编程

利用编程软件，可以采用梯形图编程，也可以采用指令表语言编程，两者可以相互转换。在此重点介绍梯形图编程方法。各种元件及其编号的输入方法如下：

（1）触点的输入　单击“功能图”工具箱中的触点如“常开触点”，弹出“输入元件”对话框，如图 1-2-17 所示。左上侧出现常开触点的图形符号，在对话框中输入元件编号如“X0”，单击“确认”按钮，在梯形图中就出现对应的图形和符号；常闭触点的输入方法亦然。同理，输入继电器、输出继电器、中间继电器、时间继电器和计数器等的常开、常闭触点的输入方法都是一样的。触点输入情况如图 1-2-18 所示。

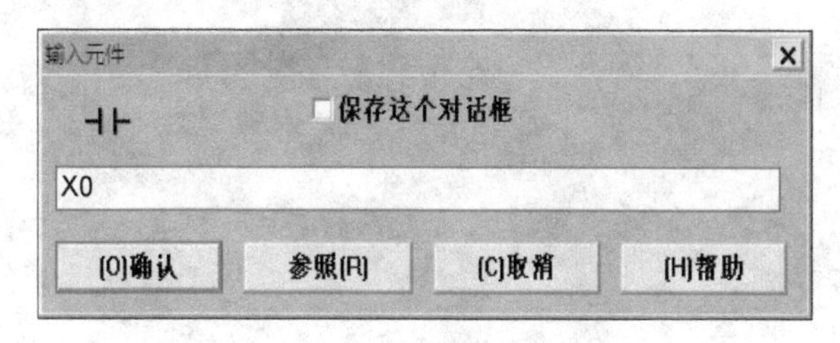

图 1-2-17 输入触点及其编号

（2）输出继电器线圈的输入　单击“功能图”中的圆弧形线圈符号，弹出“输入元件”对话框如图 1-2-19 所示，左上角出现继电器线圈，在对话框中输入需要的继电器编号如“Y0”，单击“确认”按钮，该线圈及编号即进入梯形图。中间继电器线圈均用此法输入。

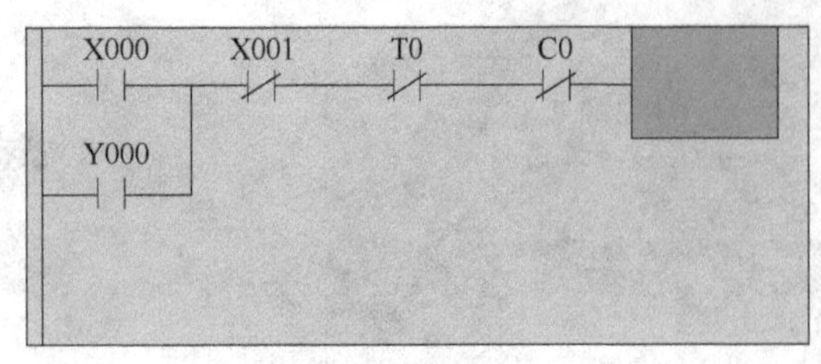

图 1-2-18　触点输入情况

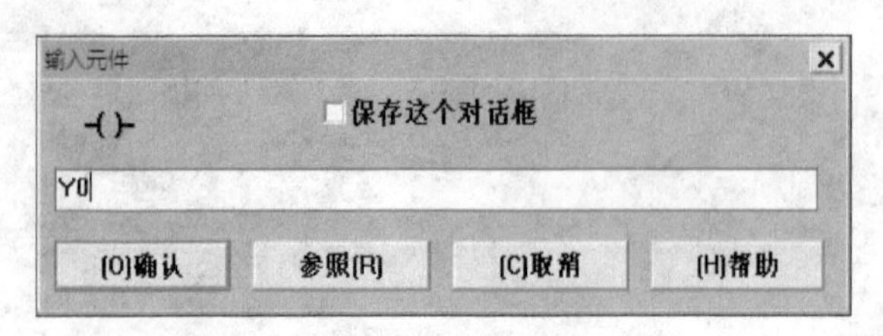

图 1-2-19　输入线圈及其编号

（3）时间继电器线圈的输入　由于时间继电器还带有“时间”参数，所以输入时间继电器线圈时，线圈符号与输出继电器线圈、中间继电器线圈相同，都应输入圆弧形线圈符号。此外，在元件编号对话框中，除了输入时间继电器编号外，还要输入时间参数如K100。其“输入元件”对话框如图1-2-20所示。需要注意的是，元件编号与时间参数之间要有空格，否则无法输入。

注意：计数器线圈的输入方式与时间继电器线圈的输入方式一样，不再赘述。

（4）程序结束指令的输入　程序结束指令的图形为方括号，所以输入时要单击“功能图”中的方括号线圈，并输入结束指令“END”即可，如图1-2-21所示。

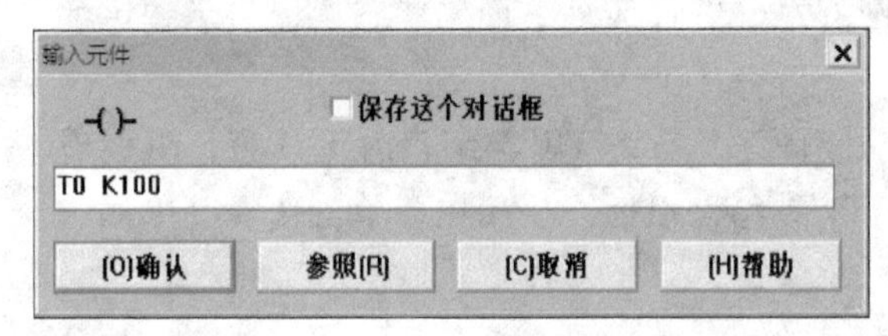

图 1-2-20　时间继电器线圈及其编号

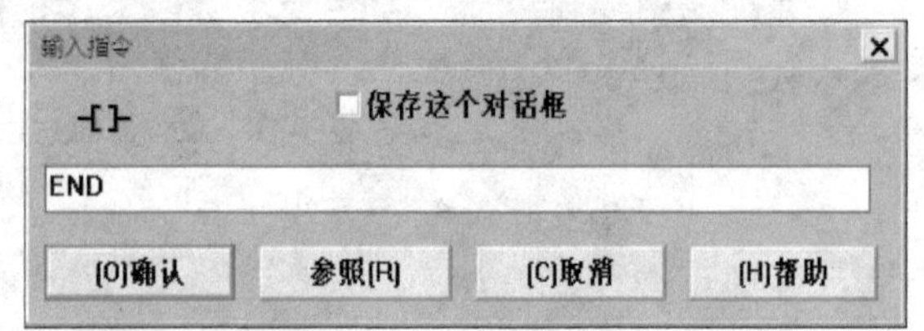

图 1-2-21　程序结束指令的输入

5. 梯形图的转换

（1）转换前　上述触点、线圈输入以后，梯形图中的触点、线圈所处位置的底色都呈灰色，如图1-2-22所示。

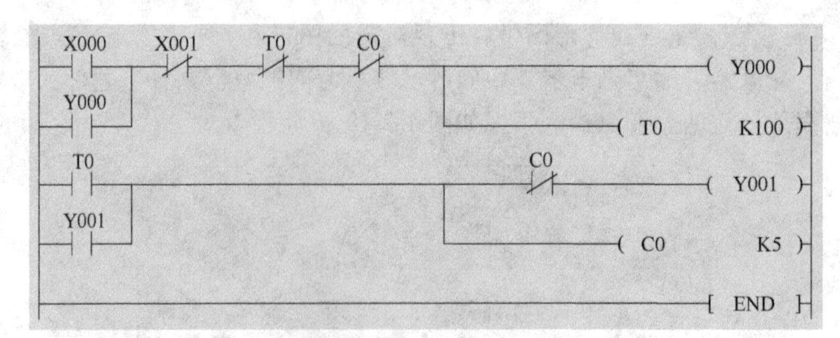

图 1-2-22　梯形图转换前

在此情况下，梯形图尚未被保存在计算机内。若在此情况下关闭梯形图窗口，新创建的梯形图不会保存。

（2）梯形图的转换　要使所编梯形图程序被保存，需要进行转换。单击菜单命令“工具”→“转换”，上述梯形图被转换保存，结果如图1-2-23所示。

（3）程序检查功能　如编程存在错误，在转换时就无法实现转换，并且会提示程序存

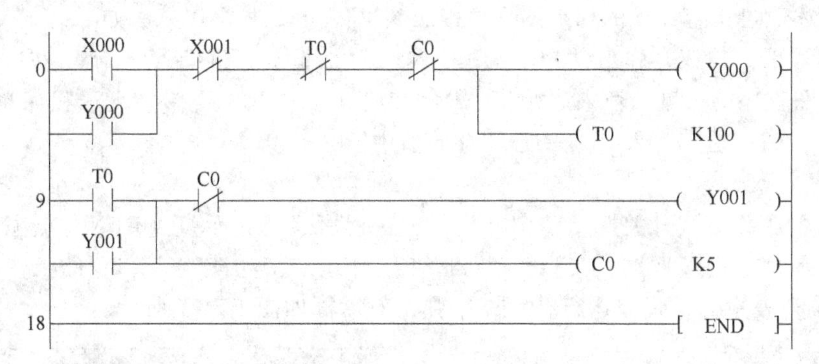

图 1-2-23　梯形图转换后

在错误，需要进行程序检查，直到输入正确为止。所以，“转换”工具具有检查功能。

（4）查看指令表　梯形图程序执行“转换”命令后，如果梯形图符合编程规则，则梯形图的背景阴影消除，并且在左母线一侧出现指令步数序号，同时梯形图自动转换为指令表。在编辑栏后面的指令表编程界面中出现指令表。

6. 程序的检查

应用编程软件的程序检查功能可以对编程情况进行检查。单击“选项”，弹出下拉列表，单击“程序检查”按钮，弹出“程序检查”对话框，如图 1-2-24 所示。分别执行语法错误检查、双线圈检验和电路错误检查。

7. 程序传送

将 PLC 面板上的工作方式开关拨到“STOP”位置。在此状态下，PLC 可以进行程序传输，但不能执行程序。

单击“PLC”，单击“传送”弹出如图 1-2-25 所示程序传送下拉列表。

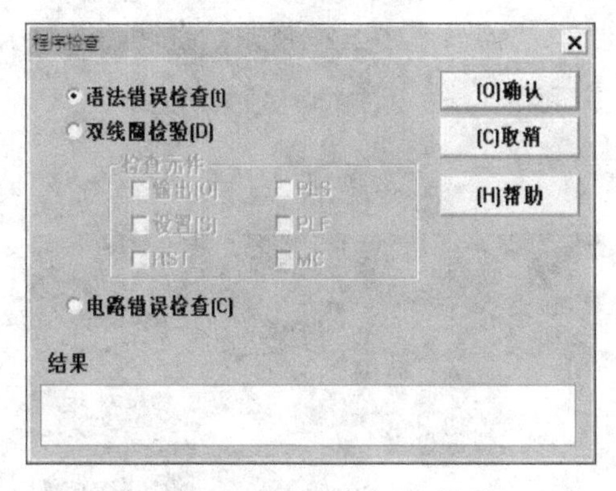

图 1-2-24　“程序检查”对话框

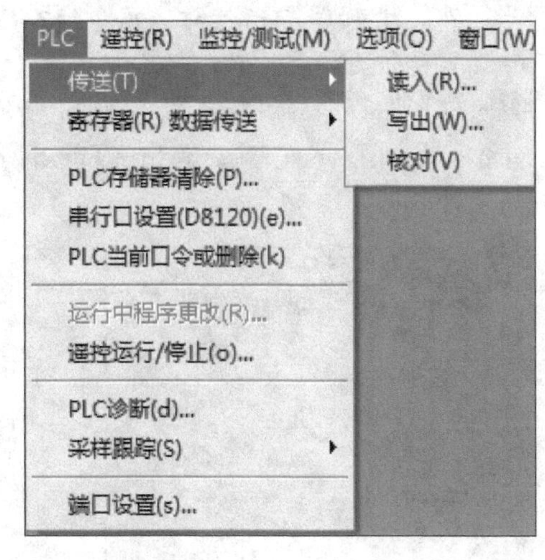

图 1-2-25　程序传送下拉列表

（1）读入　读入是将 PLC 中的程序读入到计算机的编程界面。

（2）写出　写出是将上述已经编好的程序传送至 PLC 中。

（3）核对　核对是检查写出的程序是否与 PLC 中的程序一致。

现将上述通过检查无误的梯形图程序传送到PLC中，其操作方法如下：

单击“写出”按钮，弹出“PC程序写入”对话框如图1-2-26所示。在“范围设置”中根据梯形图程序的长度，填入起始步“0”和终止步“10”（不要小于程序总长度），单击“确认”按钮，程序写入PLC的程序存储器中。

8. 程序的运行与停止

将PLC的工作方式开关拨到“RUN”位置，程序运行指示灯（RUN）点亮，PLC置于程序运行状态。在PLC调试或实验时，可以使用“遥控”功能改变PLC的工作状态。单击“PLC”下拉列表中的“遥控运行/中止”，弹出对话框如图1-2-27所示。

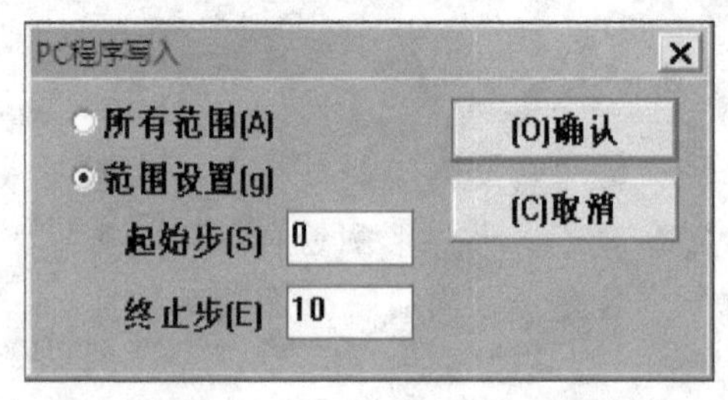

图1-2-26　“PC程序写入”对话框

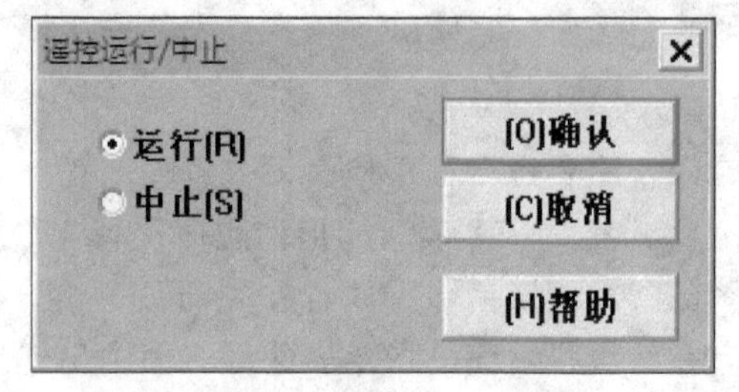

图1-2-27　“遥控运行/中止”对话框

选择“运行”并单击“确认”按钮，PLC置于“运行”状态；如单击“中止”并单击“确认”按钮，PLC置于“停止”状态。

9. 程序监控

程序运行过程中可以通过PLC面板上的输入/输出端口的指示灯进行监控，也可以在梯形图上观察到程序的运行状态。

单击“监控/测试”弹出下拉列表，如图1-2-28所示。

单击“开始监控”，梯形图中的触点和线圈随着输入信号的变化其颜色发生相应的变化。当元件的状态为“ON”时，元件符号上出现绿色背景。

10. 程序的保存

经过梯形图程序的编辑、写入、程序运行和监控过程，一个完整的梯形图程序设计完成。单击“文件”→“保存”，弹出“File Save As”对话框如图1-2-29所示。选择保存路径，设置好文件名即可。

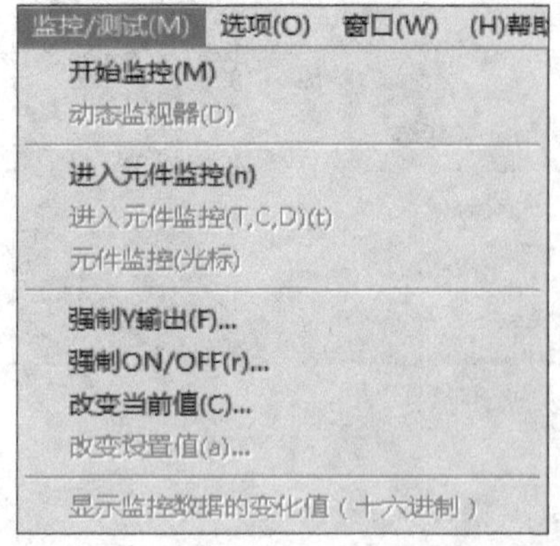

图1-2-28　“监控/测试”下拉列表

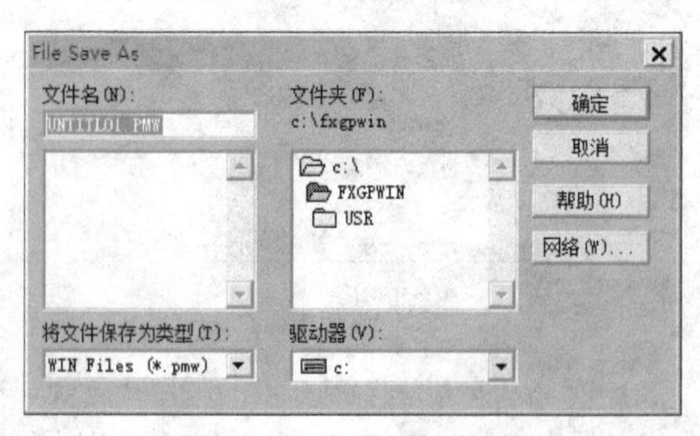

图1-2-29　程序保存对话框

二、技能训练

（一）安装 FXGP/WIN-C 编程软件

1）连接计算机与 PLC。

2）安装编程软件。

3）在桌面创建快捷图标。

4）打开和关闭编程软件。

（二）梯形图编程训练

利用 PLC 的编程界面，编程输入如图 1-2-30 所示梯形图。

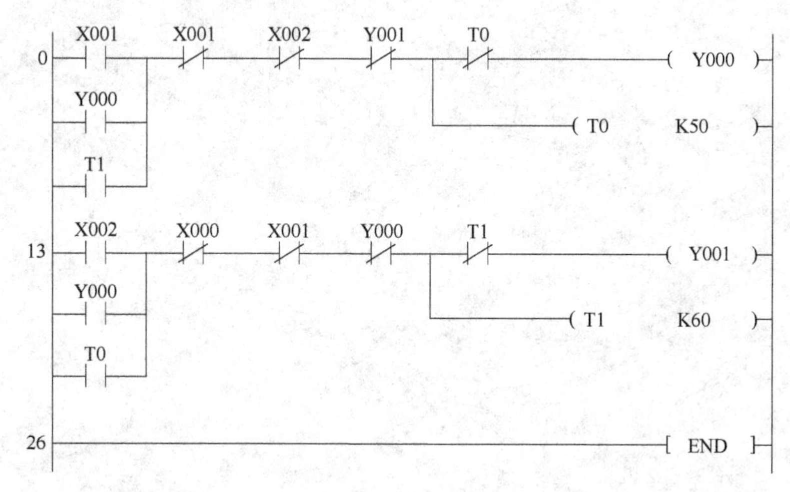

图 1-2-30　编程输入训练

（三）程序转换与检查

1）程序转换：对上述程序进行转换，对比阅读指令表语言。

2）程序检查：分别执行语法错误检查、双线圈检验和电路错误检查。

（四）程序的传送

1）写出程序：将上述已经编好的程序传送至 PLC 中。

2）读入程序：将 PLC 中的程序读入到计算机的编程界面。

3）核对程序：核对写出的程序是否与 PLC 中的程序一致。

（五）模拟调试程序

1）通过监控功能，遥控 PLC 运行。

2）给定 PLC 输入信号（起动、停止等），观察程序运行是否符合设计要求。

（六）保存程序

将上述梯形图程序命名并保存在桌面的“课题实操 2”文件夹中。

➤【课题小结】

本课题的内容结构如下：

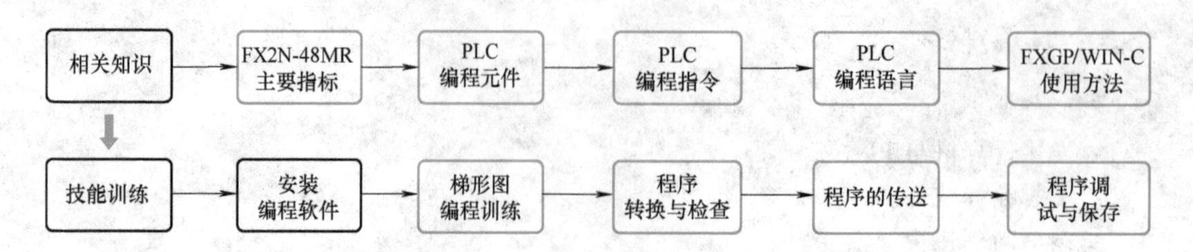

➤【效果测评】

学习效果测评表见表 1-1-1。

课题三 PLC控制系统的设计方法

应用PLC对电气设备进行控制是一门新技术，也是一项系统工程。学习和掌握PLC应用技术，应坚持系统论观点，不断深化对PLC控制系统的规律性认识，全面系统地掌握PLC控制的设计思路和方法，为后续课题实施PLC的控制奠定坚实的基础。

➤【学习目标】

1. 熟悉和掌握PLC控制系统设计的基本原则；了解PLC控制系统设计的主要内容。
2. 熟悉和掌握PLC控制系统设计流程图，以及各步骤的主要内容。
3. 掌握PLC控制系统设计的基本流程。
4. 熟悉和掌握PLC控制I/O分配表、接线示意图的设计方法和要求。
5. 根据PLC控制系统的要求，能够分析控制任务，厘清控制思路，进行I/O分配，设计PLC控制接线示意图。
6. 发扬团结合作、凝心聚力的团队精神。

➤【教・学・做】

一、相关知识

（一）PLC系统设计基本原则

设计PLC控制系统，要以实现被控对象的控制要求为目标，以保证系统安全运行为前提，以提高生产效率和产品质量为宗旨。因此，在PLC控制系统的设计过程中要遵循以下基本原则：

1）最大限度地满足被控制对象的要求，做到功能齐全，性能完备。

2）保证控制系统安全可靠，安装维护方便。

3）尽可能地使控制系统科学合理，简单便捷，经济实用。

4）考虑未来生产工艺调整，PLC选型应适当留有余地。

（二）PLC系统设计主要内容

PLC控制系统的设计主要包括以下内容：

1）分析控制任务，厘清控制思路。

2）根据控制要求，选择合适的PLC。

3）设计PLC控制I/O分配表。

4）设计PLC控制接线示意图。

5）设计PLC控制梯形图程序。

6）设计操作台、电气控制柜。

7）编写设计说明或使用说明书。

（三）PLC控制系统设计步骤

PLC控制系统设计流程如图1-3-1所示，分别说明如下。

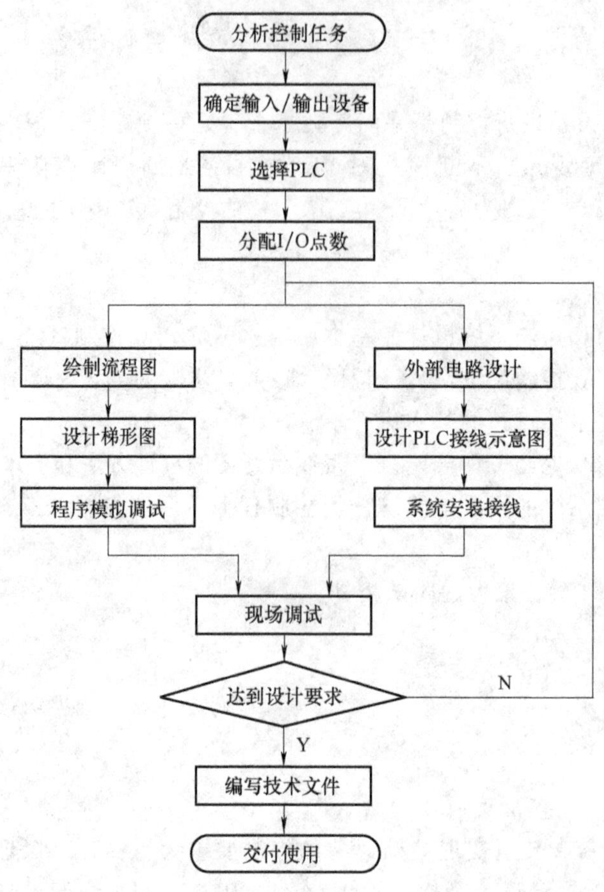

图 1-3-1　PLC 控制系统设计流程

1. 分析控制任务

熟悉控制对象、明确控制要求，这是 PLC 控制系统设计的基础。分析控制任务包括以下内容：

（1）分析被控对象　应充分了解被控对象的工作性质及其特点，搞清究竟是单台机床设备还是流水线作业设备；搞清所属行业及产品特点；搞清电力拖动的是直流电动机还是交流电动机；是单向运动，还是正反转运动；是直接起动还是减压起动，以及电磁阀的功能类型等。

（2）分析控制要求　详细分析被控对象的工艺过程及工作特点，了解被控对象在机、电、液、气等方面的动作原理，分析并确定各控制装置之间的相互关系、工艺流程的实现过程、运动的先后顺序、相互之间的逻辑关系和控制的基本方式等要求。

（3）分析工作环境　为保证电气控制的正常运行，还要注意了解控制系统工作的温度、湿度和海拔等自然条件，考虑设备的安装环境和安装方法等因素。

2. 确定输入/输出设备

通过分析控制任务，根据系统的控制要求，悉数弄清 PLC 控制的输入/输出设备，这是进行 I/O 分配和选择 PLC 型号的重要前提。通过认真分析和梳理，列出输入/输出设备型号规格清单。

（1）确定输入设备　确定控制系统所需全部输入设备，如按钮、转换开关、行程开关、传感器和触摸屏等。

（2）确定输出设备　确定系统所需要的全部输出设备，如接触器、电磁阀、信号指示灯、电铃及变频器等设备和器件。

3. 选择 PLC

根据输入/输出设备的数量和性质，结合控制特点和控制要求，通过对不同型号的 PLC 的性能指标、技术参数等情况进行对比，选择符合设计原则、满足控制需要的 PLC。

（1）技术指标　对包括 PLC 的结构类型、输出方式、工作电压、输入/输出电压、I/O 点数、存储容量、响应速度以及配套功能模块（包括开关量及模拟量 I/O 接口、电源模块等）在内的众多技术指标进行对比分析，做出选择。

（2）编程方法　根据工作任务的控制要求和控制特点，确定所采用的编程语言（梯形图语言、指令表语言或其他编程语言）、编程指令（基本指令、步进指令或功能指令）和编程方式（计算机软件编程、盒式编程器编程），对比 PLC 的相关情况，选择合适的 PLC。

（3）性价比　随着 PLC 的广泛普及和应用，PLC 产品的种类和数量越来越多，功能日趋完善。目前在国内使用较多的 PLC 产品主要包括德国西门子、日本三菱和欧姆龙、美国 AB 和 GE 等品牌，其结构形式、性能、容量、指令系统、编程方法和价格等各有特点。在满足技术要求的条件下，要考虑性价比，尽量选择经济适用的 PLC。

4. 分配 I/O 点数

PLC 的 I/O 点数，就是 PLC 的输入/输出端子数。进行 I/O 分配的关键是要认真分析控制要求，正确地确定输入信号和输出信号的数量和种类。

I/O 分配在 PLC 系统设计中具有承上启下的地位和作用，I/O 分配正确与否直接关系到后续的 PLC 控制接线示意图的设计正确与否，也关系到梯形图程序设计的正确与否。因此，I/O 分配至关重要。

I/O 分配的数量取决于输入/输出信号的数量。每一个输入信号分配一个输入端子，对应一个输入继电器；每一个需要被控制的对象（接触器、指示灯等）分配一个输出继电器，每一个输出信号对应一个输出端子。有多少输入信号和被控对象，就应分配相应的输入继电器和输出继电器。

正是因为 I/O 分配的重要性，I/O 分配专门以表格的形式进行设计。要求 I/O 分配表结构合理、格式规范、内容完整和简明扼要，见表 1-3-1。

表 1-3-1　PLC 控制 I/O 分配

输入分配（I）			输出分配（O）		
名　称	代号	输入点编号	输出点编号	代号	功　能
起动按钮	SB1	X0	Y0	HL	指示灯
停止按钮	SB2	X1	Y1	HA	蜂鸣器
行程开关	SQ	X2	Y2	KM3	电动机
热继电器	FR	X3	Y3	KM2	电磁阀

5. 外部电路设计

外部电路设计主要是设计PLC控制系统的主电路。电力拖动是利用电动机拖动生产机械设备，按照生产工艺要求，完成生产过程，实现产品制造的过程。给电动机等电气设备通断电源的电路就是主电路。主电路中有电源开关、熔断器、接触器主触点和热继电器，以及交流电动机等。图1-3-2所示为交流电动机正反转控制主电路。

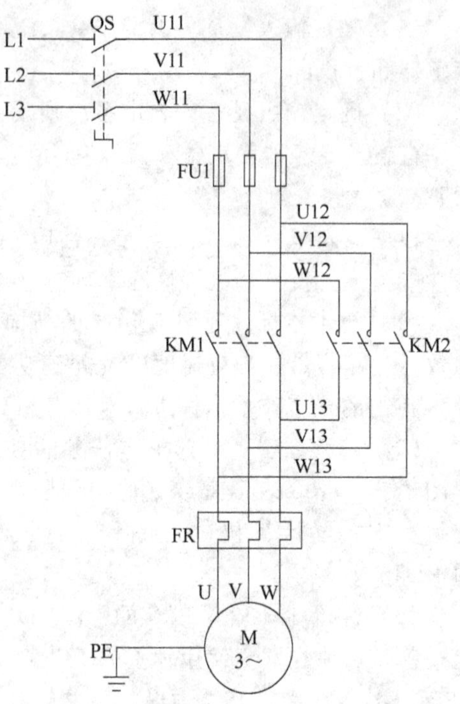

图1-3-2　交流电动机正反转控制主电路

必要时还应设计元器件布置图、安装接线图等各种电路图，以便于制作电控柜、操作台等配套设备，以利于安装维修人员进行安装接线和电气维修。

6. 设计PLC接线示意图

设计PLC控制接线示意图要注意以下几个方面：

（1）要素完备　PLC以框图形式表示。PLC的输入、输出、电源（输入电源、PLC工作电源及负载电源）输入点和输出点连接正确，要素完整。

（2）标注规范　图形符号、文字符号和接线编号符合现行的国家标准及相关要求。

（3）保护功能可靠　有电力拖动的控制系统，必须设置过载保护，过载保护在PLC输入侧，一般用热继电器的常闭触点进行控制；为保护PLC的输出电路，PLC的负载电源设置短路保护；为了PLC运行的安全，PLC的工作电源要加装380V/220V的隔离变压器，并设置断路器和熔断器，对PLC进行安全控制和有效保护。

（4）设置外部互锁　为防止因电感线圈断电延时效应导致主电路短路，避免接触器主触点熔焊导致主电路短路，电动机正反转控制要具有严格的互锁控制，除了要通过编程实现内部互锁外，还必须在PLC的输出电路中设置电气互锁、机械互锁等外部互锁，保证设备控制的安全性和可靠性。

7. 系统安装接线

（1）熟悉相关设备、仪器仪表及工具材料　对控制系统相关的设备及工具材料的性能、特点和使用方法做到心中有数。表1-3-2为某PLC控制系统所需的设备清单，安装接线前认真清点这些元器件，必要时阅读安装使用说明书，了解和熟悉这些设备、仪器仪表及工具材料，为安装接线做好充分的准备。

（2）制作相关配套设备　根据系统控制要求和设计尺寸，制作必要的电气控制箱、控制柜或操作台。

（3）严格规范接线工艺　根据安装接线图，严格按照施工图，进行元器件布置，实施安装接线。接线方式有行线槽布线和板前接线，应严格按照安装接线的工艺标准，进行合理布线和规范接线，要求安全可靠、工艺美观。

表 1-3-2　常用安装维修用设备及工具材料

序号	分类	名　称	型号规格	数量	单位	备注
1	电源	交流	AC 220V,10A;AC 2×380/220V,20A	1	处	各一
2	劳保用品	绝缘鞋、工作服等	自定	1	套	
3	工具	电工通用工具	验电器、钢丝钳、尖嘴钳、三用钳、螺丝刀（包括十字形、一字形）、斜口钳和镊子等	1	套	
4	仪表	万用表	MF47 型	1	块	
5	设备器材	编程计算机		1	台	
6		编程通信线	SC-09	1	条	
7		可编程序控制器	FX2N-48MR	1	台	
8		编程软件	FXGP-WIN-C	1	个	
9		隔栅线槽配线板	600mm×400mm×80mm	1	块	
10		直流断路器	DZ5-20/220,2 极,220V,20A,整定电流 1.1A	1	只	
11		交流低压断路器	DZ47-10-2P	1	只	
12		欠电流继电器	JL14-ZQ,I_N=1.5A	1	只	
13		直流接触器	CZO-40/20,DC 220V,2 常开 2 常闭,线圈功率 P=22W	3	只	
14		起动变阻器	100Ω,1.2A	1	只	
15		交流中间继电器	JZ7-44,AC 220V	3	只	
16		熔断器及熔芯配套	RT18-32/1	2	只	
17		熔断器及熔芯配套	RT18-32/5	1	只	
18		控制变压器	BK-50,380/220V,50V·A	1	只	
19		按钮	LA4-3H	1	只	
20		Z 型并励直流电动机	Z200/20-220,200W,220V,I_N=1.1A,I_{fn}=0.24A,2000r/min	1	台	或自定
21		接线端子	JX2-1015,500V、20A、15 节	1	条	或自定
22	消耗材料	塑料软铜线	BVR-2.5mm²	10	m	主电路
23		塑料软铜线	BVR-0.5mm²	15	m	控制电路
24		别径压端子	UT2.4-4,UT1-4	50	个	
25		紧固件	M4×15 螺杆,螺母、平垫圈、弹簧垫圈	若干	只	
26		异形塑料管	ϕ3.5mm	若干	m	
27		号码笔	黑色 3191	1	支	

（4）认真检查　接线完毕要认真检查，确保安装接线准确无误；认真清理安装现场，保持工作场所的安全、文明、规范和有序。

8. 绘制流程图

根据工艺过程和控制要求，画出控制流程图，明晰各种控制关系、先后顺序、运动方向、起动要求、切换时间和数量规定等要素，力求清晰、准确及完整，为后续的梯形图设计做好充分的准备。

9. 设计梯形图

梯形图体现了按照正确的顺序所要求的全部功能及其关系。在画梯形图时要注意每个从左边母线开始的逻辑行必须终止于一个继电器线圈或定时器、计数器。

设计梯形图是整个系统设计的核心工作，也是比较困难的一步。不但要非常熟悉控制要求，还要具备一定的电气设计实践经验。

（1）设计 PLC 控制梯形图的总体要求　逻辑清晰，功能完整，满足控制要求，图形简洁，符合梯形图设计原则。

（2）经验法设计梯形图的一般规律　先根据控制要求设计基本程序，然后再逐步完善程序，使其能完全满足控制要求，最后设置必要的联锁保护程序。

（3）设计 PLC 控制梯形图的方法

1）经验设计法：一般运用基本逻辑指令进行编程，适用于一些简单的控制环节。

2）翻译法：一般根据接触器-继电器传统控制电路的控制原理，用 PLC 进行改造。

3）状态转移及步进编程法：适用于具有顺序运行特点的比较复杂的控制系统。

（4）设计 PLC 控制梯形图的注意事项

1）正常理解和掌握 PLC 的工作原理和工作过程。

PLC 执行用户程序时，是按照顺序执行原理和循环扫描方式进行工作的，即 PLC 是按照从上到下、从左到右的顺序读取并执行用户程序的。一条指令执行完毕，再执行下一条指令，依次执行到结束指令，一个运行周期结束，又返回去循环不断，直至停机。

2）认真分析控制过程及其要求，依据被控对象起动运行的先后顺序，遵循梯形图的设计原则，从上到下、从左到右逐行画出梯形图。

3）利用 PLC 改造传统控制电路，必须先看懂电气控制原理图。要做到几个不能变：一是输入设备的功能不能变（如起动、停止及正反转）；二是 PLC 驱动电器的功能不能变（如主电源、Y联结和△联结）；三是控制功能不能变。比如双速电动机控制电路的改造，原电路有低速起动、高速起动（必须先低后高）等功能，用 PLC 控制也必须有这些功能。同时，在输出部分，要尽量简化电路，对于原有的时间继电器、中间继电器等，均可去除，改由梯形图内部编程实现。

4）检查完善自锁、互锁和联动等功能，逐步完善程序。

5）应用状态转移图及步进梯形图编程法编程。首先必须设计工序流程图和顺序功能图（也叫作状态转移图），然后根据顺序功能图设计步进梯形图。

10. 程序模拟调试

程序模拟调试的目的是检查程序的动作执行情况，是否符合控制要求，为带负载调试做准备，调试前必须断开负载电源，即不带负载进行调试，以确保安全。根据程序的动作要求，模拟接入控制信号，观察 PLC 输入、输出 LED 灯的显示情况，以此检查判断程序运行是否正确。若有问题，即返回进一步检查梯形图程序，直至发现问题后修改并完善程序满足控制要求为止。

11. 现场调试

现场调试，即带负载调试。PLC 软硬件设计和控制柜及现场施工全部完成后，就可以进行整个控制系统的联机调试。在机、电、液、气设备正常的情况下，接入 PLC 控制对象，起动系统，检查负载动作情况，进一步检查外部线路是否正常，为 PLC 正式投入使用做准备。现场调试结束，表明系统设计满足要求，实现设计目标。

12. 编写技术文件

技术文件包括电气原理图、电气布置图、安装接线图、元器件明细表、PLC 控制 I/O 分配表、PLC 控制接线示意图、PLC 控制梯形图程序及使用说明书等。

13. 交付使用

系统调试结束，即可交付使用，正式投入生产，应办理交接手续，移交全部技术文件。还要根据用户实际需要，组织开展技术培训服务工作，帮助及指导用户正确合理使用设备，按期组织开展好设备维护保养工作。

二、技能训练

（一）PLC 接线训练

根据图 1-3-3 所示接线示意图，进行接线训练。接线工艺技术要求：接线正确无误；接线工艺美观；接线端套号码管，字迹清晰，书写规范。

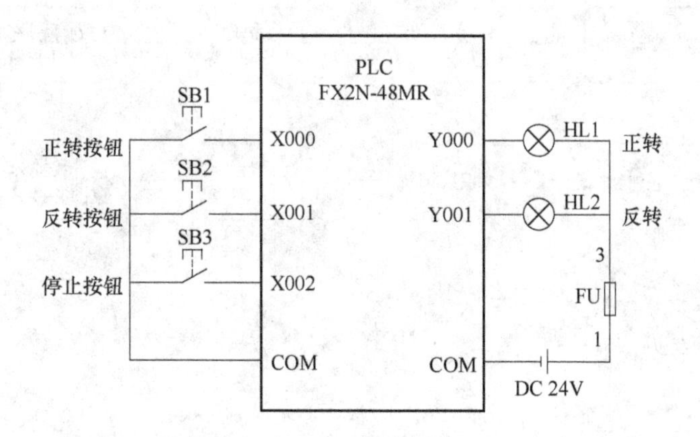

图 1-3-3　接线示意图

（二）设计 I/O 分配表

根据图 1-3-3 所示接线示意图，列出 PLC 控制 I/O 分配表。设计 I/O 分配表的技术要求：表格结构合理，正确规范；要素完整，不能遗漏；层次分明，排列有序；输入/输出设备标注清晰，一目了然。

（三）设计接线示意图并接线

根据表 1-3-3 所示 PLC 控制 I/O 分配，设计 PLC 控制接线示意图并正确接线。

1）所有设备和电气元器件的编号必须与电气原理图上的编号一致，制作编号时，必须认真仔细，做到图与物的编号一致；接线时合理安排元器件的位置，接线要求牢靠、整齐、清楚及安全可靠。

表 1-3-3　PLC 控制 I/O 分配

输入（I）			输出（O）		
输入设备	代号	输入继电器	输出继电器	代号	作　用
正转按钮	SB1	X000	Y000	HL1	正转指示灯
反转按钮	SB2	X001	Y001	HL2	反转指示灯
停止按钮	SB3	X002			

2）接线操作时要胆大、心细、谨慎，不许用手触及各电气元器件的导电部分及电动机的转动部分，以免触电及意外损伤。

3）安装完毕后，仔细检查线路是否有误，如有错误应认真改正，然后向指导老师提出通电请求，经同意后才能通电。

4）通电检验时，不得带电进行改动。出现故障时应及时切断电源，再检查，排除故障后再向指导老师提出通电请求，直到通电成功为止。

➤【课题小结】

本课题的内容结构如下：

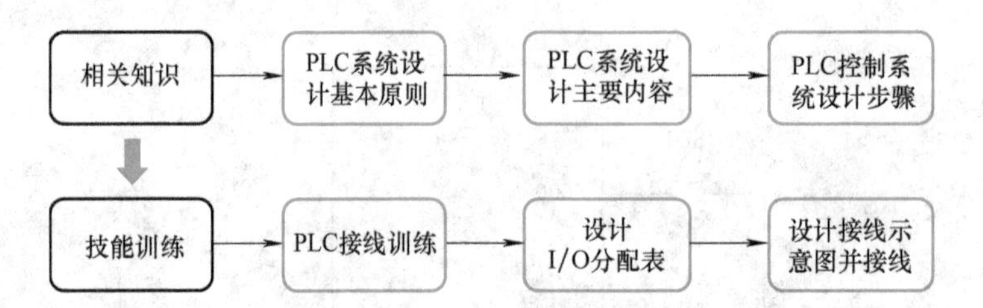

➤【效果测评】

学习效果测评表见表 1-1-1。

单元二

典型环节的PLC控制

典型环节的电气控制是电力拖动控制的基础；应用 PLC 对电气控制电路进行技术改造，实现 PLC 对典型环节的控制，是电气工程技术人员的基本功。对典型环节实施 PLC 控制，控制过程比较简单，适合应用基本指令进行编程控制。本单元的学习对于认识和掌握基本指令及其编程方法具有非常重要的意义；通过典型环节的接触器-继电器控制与 PLC 控制的对比，有利于深化和巩固对 PLC 编程控制的理解和认识，有利于系统地掌握应用 PLC 改造传统控制电路的方法，对促进企业技术改造，提升生产设备的现代化水平具有非常重要的价值。

课题一　用 PLC 改造三相笼型异步电动机正反转电气控制电路

图 2-1-1 所示为三相笼型异步电动机双重联锁正反转电气控制电路。要求用 PLC 改造电气控制电路，进行设计、安装与调试。

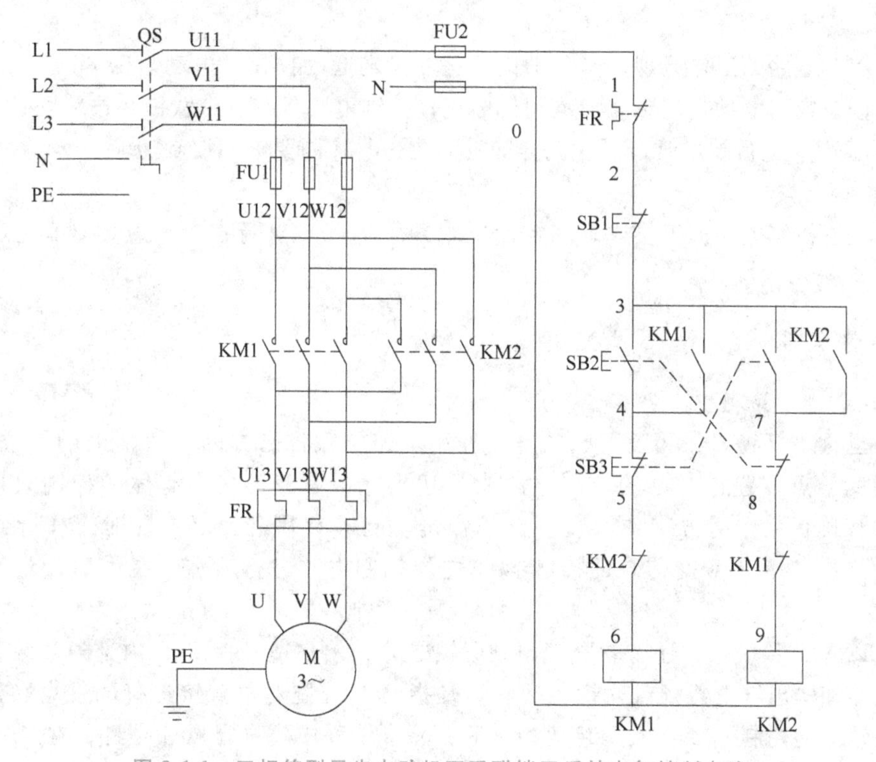

图 2-1-1　三相笼型异步电动机双重联锁正反转电气控制电路

➤【学习目标】

1. 掌握双重联锁正反转电气控制电路联锁的相关概念。
2. 掌握 PLC 改造传统电气控制电路应遵循的基本原则。
3. 熟悉和掌握梯形图编程常用基本指令的概念与用法。
4. 掌握 PLC 改造三相笼型异步电动机正反转控制电路的 I/O 分配方法。
5. 掌握 PLC 改造三相笼型异步电动机正反转控制电路的接线示意图设计方法。
6. 掌握 PLC 改造三相笼型异步电动机正反转控制电路的梯形图设计方法。
7. 掌握 PLC 改造三相笼型异步电动机正反转控制电路的接线与调试方法。
8. 培养爱岗敬业、甘于奉献的精神。

➤【教·学·做】

一、课题分析

（一）系统组成

从图 2-1-1 可以看出，系统由三相笼型异步电动机正反转主电路和控制电路两部分组成。主电路采用两个接触器 KM1 和 KM2 换相实现对电动机正反转的控制，热继电器 FR 对电动机进行过载保护。控制电路由正转起动按钮 SB2、反转起动按钮 SB3、停止按钮 SB1 及热继电器辅助触点 FR 共同对接触器线圈 KM1 和 KM2 进行控制，实现电动机的正反转；为保证控制电路安全可靠，电路设置有按钮触点联锁和接触器触点联锁，即双重联锁功能。

（二）控制要求

分析控制电路的工作原理，当分别按下正、反转起动按钮，电动机随即正、反转运行；按下停止按钮或当电动机过载时，电动机停止；控制电路具有触点联锁和按钮联锁双重保护功能。应用 PLC 进行技术改造后，同样能够满足这些控制要求和控制功能。

（三）控制方法

根据上述控制电路的工作原理和控制要求，采用 PLC 进行控制，应用基本逻辑指令编程即可实现。

二、相关知识

（一）联锁的作用和功能

联锁也称为互锁，在相互关联的电气控制电路中，将己方的按钮辅助触点或接触器、继电器辅助触点设置在对方的控制电路中，达到你中有我、我中有你的控制效果，在一方工作时，确保禁止对方工作。这种互相锁定，能够有效避免双方同时工作导致的短路等严重后果。应用 PLC 对传统的接触器-继电器控制电路进行改造，在程序设计时应充分考虑进去。

在 PLC 控制系统中，还有软联锁与硬联锁之分，软联锁是指 PLC 内部通过编程实现的输入继电器和输出继电器触点联锁，硬联锁是指 PLC 控制对象直接进行的触点联锁。如电动机正反转运动控制、Y/△减压起动控制等，除了编程中要进行软联锁外，在 PLC 输出电路中还要通过接触器辅助触点进行硬联锁。这样更有利于保证整个控制系统安全可靠。

（二）PLC改造传统控制电路的原则

应用PLC改造传统电气控制电路，是促进企业生产设备和电气控制技术提档升级的重要抓手。为了保证原有的生产设备基本功能不变，操作人员的操作习惯不变，最大限度地节约成本和提高经济效益，应遵循以下几条原则。

（1）保持主电路不变　主电路不变即主电路中断路器、熔断器、接触器和热继电器的安装位置不变，主电路接线也保持不动。这样有利于降低改造成本，缩短改造时间。

（2）保持PLC控制电路中输入设备的功能不变　即保持了各种起动按钮、停止按钮、行程开关、传感器的安装位置和功能不变。这样有利于保持操作人员的操作习惯不变，改造后的设备无须对操作人员进行再培训。

（3）输出电路中被控对象的功能不变　应用PLC进行技术改造，就是要将过去由按钮、行程开关等元件直接控制接触器、电磁阀等电器，改造为通过PLC作为中间桥梁和纽带间接进行控制，但接触器、电磁阀等电器对外功能保持不变。

（4）改造后PLC控制所实现的功能不变　即通过PLC进行技术改造后，控制电路的控制功能与改造前电气控制电路的工作原理和功能效果要一致。

上述“四个不变”，是应用PLC改造传统接触器-继电器控制电路的基本原则。

除此之外，通过PLC改造后，中间继电器、时间继电器等用来传递信号和控制动作时间的电气元件不再出现，其相关功能由PLC内部对应的软继电器来替代，通过编程控制的方式予以实现。由于原有电气控制电路发生了改变，所以要对原有控制电路的线号进行拆除，对新的控制电路的接线进行重新编号。

如果原电气控制电路中接触器线圈的电压为380V，而PLC的输出负载电压为220V，则需要对接触器控制线圈进行更换，以使接触器线圈的工作电压与PLC的输出负载电压相匹配。

当然，在技术改造中，如果发现接触器、热继电器等元件和主电路中出现破损和老化等现象，应进行更换，以免影响改造后新的控制系统正常工作。

（三）PLC的常用基本指令

应用基本指令编程，是学习PLC编程控制的基本功。本课题将涉及信号输入、触点串并联和驱动输出等最为常见的基本指令。逐步熟悉并熟练掌握这些编程指令，是深入学习PLC编程设计的基础。PLC常用基本指令见表2-1-1。

表2-1-1　PLC常用基本指令

指令分类	图形符号	助记符	功能说明	指令描述	备注
连接与驱动指令	X000	LD	以常开触点开始	LD　X000	起始左母线
	X000	LDI	以常闭触点开始	LDI　X000	起始左母线
	(Y000)	OUT	输出/驱动线圈	OUT　Y000	与右母线相连

（续）

指令分类	图形符号	助记符	功能说明	指令描述	备注
单个触点串并联指令	X000 X001	AND	串联常开触点	LD X000 AND X001	X000与X001常开触点串联
	X000 X002	ANI	串联常闭触点	LD X000 ANI X002	X000与X002常闭触点串联
	X001 Y000	OR	并联常开触点	LD X001 OR Y000	X001与Y000常开触点并联
	X002 Y001	ORI	并联常闭触点	LD X002 ORI Y001	X002与Y001常闭触点并联
块操作指令	X000 X002 (Y001) X001 X003	ANB	电路块串联	LD X000 ORI X001 LDI X002 ORI X003 ANB	每两个并联电路块依次写出，在电路块的末尾使用ANB指令
	X000 X001 (Y000) X002 X003	ORB	电路块并联	LD X000 ANI X001 LDI X002 ANI X003 ORB	每两个串联电路块依次写出，在电路块的末尾使用ORB指令
堆栈指令	X003 A MPS (Y000) Y000 MRD (Y001) X002 MPP (Y002)	MPS	读入堆栈	LD X003 MPS OUT Y000	将A点此前信息推入堆栈至A点保存，并以此为基础对首条分支编程
		MRD	读出堆栈	MRD AND Y000 OUT Y001	读出A点信息，并以此为基础对其分支编程
		MPP	弹出堆栈	MPP AND X002 OUT Y002	读出并清除接点A处的运算结果，并以此为基础对其分支编程
置位复位指令	X000 [SET Y000]	SET	置位指令	LD X000 SET Y000	将操作对象置位，维持接通，具有自锁功能
	X001 [RST Y000]	RST	复位指令	LD X001 RST Y000	将操作对象复位，对数据寄存器进行清零

（续）

指令分类	图形符号	助记符	功能说明	指令描述	备　注
主控指令	X000 X001 ├─┤/├─┤/├──[MC N0 M0]┤	MC	主控开始指令	LDI　X000 ANI　X001 MC N0 M0	具有公共触点的多分支编程指令，应用于多条分支的编程
	├──────[MCR N0　]┤	MCR	主控复位指令	MCR N0	主控指令 MC 的复位指令，表示主控区的结束
程序结束指令	├──[END]┤	END	程序结束	END	程序结束时使用，与左右母线相连

在一个逻辑行中，描述与左母线相连的触点用 LD 或 LDI 指令；描述与下一触点串联关系用 AND 或 ANI 指令；描述与下一触点并联关系用 OR 或 ORI 指令；描述分支控制情况用 MPS、MRD 和 MPP 指令；描述驱动线圈用 OUT 指令；程序结束用 END 指令。指令应用情况说明分别如下：

1. 连接与驱动指令

（1）LD　常开触点逻辑开始指令，应用于与左母线相连的常开触点；操作元件有 X、Y、T、C、S 等软元件的触点。

（2）LDI　常闭触点逻辑开始指令，应用于与左母线相连的常闭触点；操作元件有 X、Y、T、C、S 等软元件的触点。

（3）OUT　驱动指令，驱动一个线圈，通常作为逻辑行的结束，即根据逻辑运算结果驱动一个指定的线圈；操作元件有 Y、M、T、C、S 等软元件的线圈。由于输入继电器 X 的通断只能由外部信号驱动，不能用程序指令驱动，所以 OUT 指令不能驱动输入继电器线圈。OUT 指令用于并行输出，可以连续使用多次。

2. 单个触点串并联指令

（1）AND　常开触点串联指令，串联的触点为常开触点。

（2）ANI　常闭触点串联指令，串联的触点为常闭触点。

（3）OR　常开触点并联指令，并联的触点为常开触点。

（4）ORI　常闭触点并联指令，并联的触点为常闭触点。

3. 触点块串并联指令

（1）ANB　触点块串联指令，将两块触点进行串联。

（2）ORB　触点块并联指令，将两块触点进行并联。

注意：每块以 LD（或 LDI）开头，块与块之间以 ANB 或 ORB 结尾。

4. 堆栈指令（一个逻辑行多条支路输出指令）

（1）MPS　推进堆栈指令，将信息保存并使用。

（2）MRD　读出堆栈指令，读出入栈的信息并使用；当只有两条分支时无此条指令。

（3）MPP　弹出堆栈指令，调出入栈信息并使用，使用完毕删除入栈信息。

注意：MPS、MPP 必须成对使用，而且连续使用应少于 11 次。

5. 置位、复位指令

（1）SET 置位指令，使操作对象具有自锁功能，保持接通状态；操作元件有Y、M、S。

（2）RST 复位指令，使操作对象恢复关闭状态；操作元件有Y、M、S。应用RST指令，一是可使线圈复位，二是对数据寄存器的内容清零（包括计数器）。

6. 主控指令（MC、MCR）

对于多条分支共用若干个串并联触点的情况，适宜应用主控指令编程。

（1）MC 主控开始指令，是主控电路块的起点，它将多条分支移至左母线，从而简化逻辑关系，使编程变得简单明了；它是执行一段程序的总开关。

（2）MCR 主控复位指令，是主控电路块的终点，当主控开始指令的执行条件不具备时，使主控电路块返回主母线。

（3）主控指令编程注意事项

1）MC和MCR成对出现，缺一不可。

2）MC指令的操作元件可以是Y，也可以是M，一般用M（特殊辅助继电器不能用）。

3）主控指令可以嵌套使用：级数N0~N7。

4）主控条件具备：执行MC Nn~MCR Nn之间的程序；主控条件不具备：执行MC Nn~MCR Nn之外的程序。

5）应用主控指令可以方便地实现对点动控制、单周期和循环运行等程序段进行控制。

7. 程序结束指令END

1）程序结束必须有END，否则PLC将不执行循环扫描。

2）应用END指令可以对程序进行逐段调试。

关于基本指令的具体应用，将在随后的课题中逐步涉及，依次展开。

三、技能训练

（一）设计I/O分配表

通过对图2-1-1的分析，本课题有4路输入、2路输出，列出的PLC系统I/O分配见表2-1-2。

表2-1-2 双重联锁正反转控制PLC系统I/O分配

输入分配（I）			输出分配（O）		
输入元件名称	代号	输入继电器	输出继电器	被控对象	作用及功能
停止按钮	SB1	X000	Y000	KM1	正转接触器
正转起动按钮	SB2	X001	Y001	KM2	反转接触器
反转起动按钮	SB3	X002			
过载保护	FR	X003			

（二）设计PLC控制接线示意图

依照I/O分配表，根据控制要求，设计本课题PLC控制接线示意图如图2-1-2所示。左边为主电路，可以看出，与原来的接触器-继电器电路保持不变。右边为 PLC 控制接线示意图。从图 2-1-2 中可以看出，一是 PLC 的工作电源采用 380V/220V 隔离变压器进行供电，电路中设置了断路器和熔断器，可以对 PLC 实施有效保护；二是输入电路中，控制按钮的控制功能保持不变；三是输出电路中接触器的控制功能未变；四是在输出电路中保留了接触器的触点联锁。改造后的 PLC 控制电路完全遵循了前面所述的基本原则。

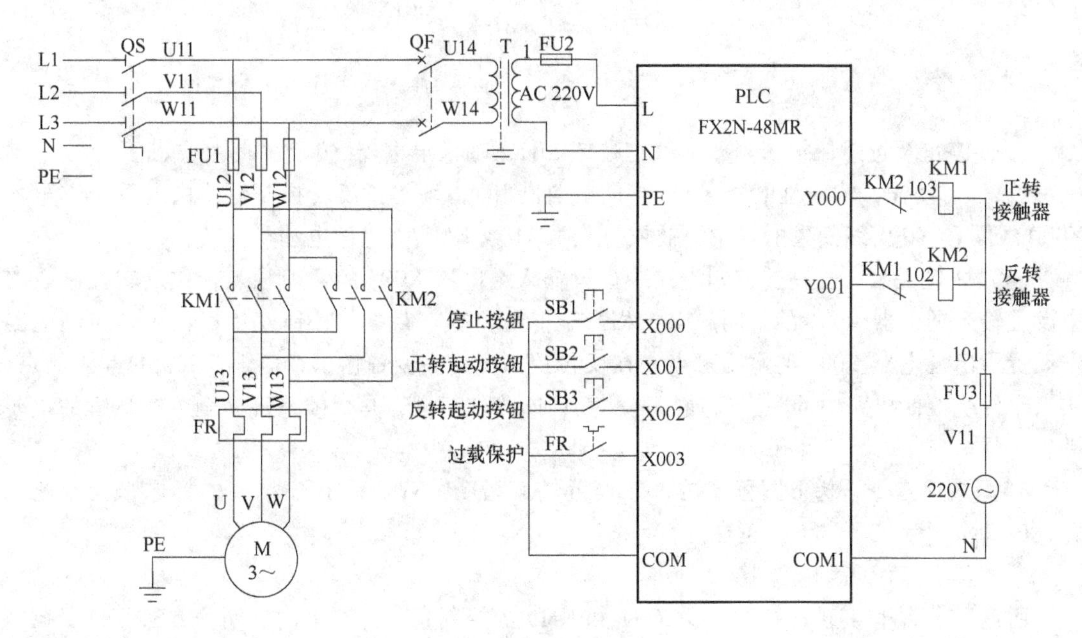

图 2-1-2　PLC 控制电动机正反转接线示意图

在改造后的 PLC 控制电路中，热继电器辅助触点改为常开触点，是为了方便识图和理解。其实也可以选用常闭触点。采用常开触点，在编程中采用的输入继电器为常闭触点；如选用了常闭触点，则在编程中相应地要采用输入继电器的常开触点与之对应。在一般情况下，若系统对 PLC 的响应速度要求不高，则用热继电器的常开触点控制是可以的。

（三）设计梯形图程序

1. “替换法”设计梯形图

对传统的控制电路进行 PLC 改造，可以应用“替换法”设计 PLC 控制梯形图。“替换法”是根据电气控制电路，对照 I/O 分配表，直接采用梯形图的图形符号、文字符号与电气控制电路的电气图形符号和文字符号进行一对一替换，可以很方便地得出 PLC 控制梯形图。通过一对一替换所设计的本课题梯形图与指令表如图 2-1-3 所示。

梯形图程序工作原理分析：

（1）正转控制　按下正转按钮 SB2，输入继电器 X001 常开触点闭合，输出继电器 Y000 线圈得电自锁，被控对象接触器 KM1 线圈得电，主触点闭合，电动机正转运行。

（2）反转控制　按下反转按钮 SB3，输入继电器 X002 常开触点闭合，输出继电器 Y001 线圈得电自锁，被控对象接触器 KM2 线圈得电，主触点闭合，电动机反转运行。

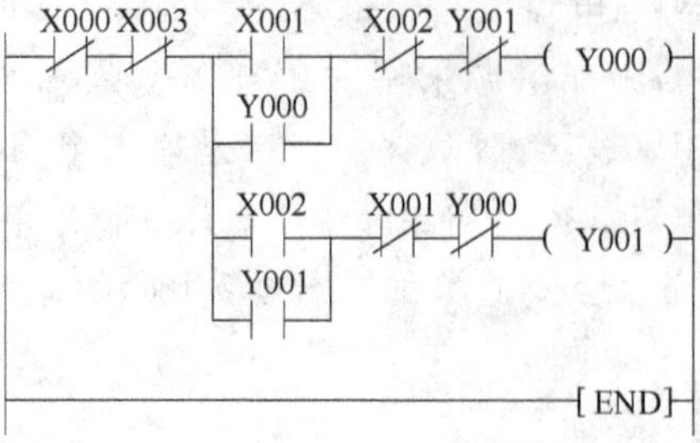

```
0 LDI X000     9  MPP
1 ANI X003     10 LD  X002
2 MPS          11 OR  Y001
3 LD  X001     12 ANB
4 OR  Y001     13 ANI X001
5 ANB          14 ANI Y000
6 ANI X002     15 OUT Y001
7 ANI Y001     16 END
8 OUT Y000
```

图 2-1-3 “替换法”设计所得梯形图及指令表

(3) 停止及过载保护　当按下停止按钮 SB1，输入继电器 X000 常闭触点断开（或电动机过载，FR 动作，输入继电器 X003 常闭触点断开），均使正反转控制电路中的输出继电器 Y000 线圈和 Y001 线圈失电复位，被控对象 KM1 或 KM2 失电而电动机停转。

(4) 联锁关系　在正转控制电路中设置输入继电器 X002 的常闭触点，在反转控制电路中设置输入继电器 X001 的常闭触点，相当于传统控制电路中的按钮互锁；在正转控制电路中设置输出继电器 Y001 的常闭触点，在反转控制电路中设置输出继电器 Y000 的常闭触点，相当于传统控制电路中的触点互锁。这种互锁即为软互锁，是保障系统安全可靠运行的重要措施。

(5) 结束指令　梯形图程序的末端设置结束指令 END，是程序结束的标志，没有此标志，PLC 指示程序出错无法正常运行。

2. “经验法”设计梯形图

通过 PLC 编程实现对控制对象 KM1 和 KM2 的控制，允许有不同的编程方法，只要控制功能和输出结果一致即可。衡量一个程序是否为最佳程序，除了满足所需要的控制功能和运行安全可靠之外，梯形图越简单、程序越简短和所占步数越少越好。

进行梯形图编程时，没有必要按部就班地用梯形图的图形符号“替换”传统的电气图形符号。可以充分利用梯形图编程灵活便捷的特点，直接编程。在本课题中，通过分析正反转控制电路的工作原理可以看出，控制电路是由正反转两个起保停电路构成的。因此，在设计梯形图时，首先分别设计正转和反转两个“起保停”控制电路，在此基础上逐步加入触点联锁，最终得到所需要的梯形图程序如图 2-1-4 所示。这种从宏观到微观的思维方式是编程控制应加以培养和具备的思维模式，对于设计编写复杂的控制程序至关重要。

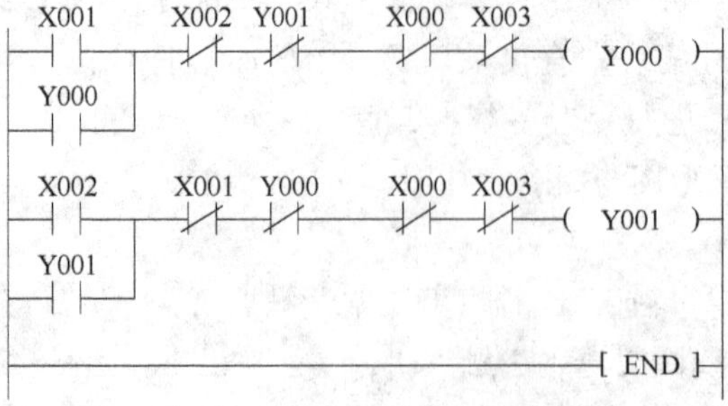

```
0  LD   X001     7   LD   X002
1  OR   Y000     8   OR   Y001
2  ANI  X002     9   ANI  X001
3  ANI  Y001     10  ANI  Y000
4  ANI  X000     11  ANI  X000
5  ANI  X003     12  ANI  X003
6  OUT  Y000     13  OUT  Y001
                 14  END
```

图 2-1-4 “经验法”设计所得梯形图及指令表

对比上面两个梯形图，虽然梯形图不一致，但其控制功能和控制效果是一致的。很明显，图 2-1-4 所示梯形图的逻辑关系比图 2-1-3 所示梯形图简洁明了。从所对应的指令表程序可以看出，图 2-1-4 所示的指令省去了堆栈指令（MPS、MPP 和 ANB）和 ANB（块操作）指令，程序步数减少了两步。

（四）接线与调试

按照 PLC 控制接线示意图进行接线，要求安全可靠，工艺美观；接线完毕后要认真检查接线状况，确保正确无误；安装接线完毕，用专业通信电缆将计算机与 PLC 连接，给 PLC 通电，将 PLC 工作方式开关置于“编程”状态，在计算机上应用编程软件进行梯形图编程，编程结束后将程序传送至 PLC；调试时，先进行模拟调试，即断开 PLC 负载电源，将 PLC 工作方式开关置于“运行”状态，单击工具栏的“程序监视”按钮，观察 PLC 输入与输出情况；模拟调试结束，最后带负载调试，观察接触器动作情况，符合控制要求即可，如果存在问题，则需要进一步修改完善程序，直到满足控制要求为止。

调试时的注意事项如下：

1）不得带电拨动 PLC 工作方式开关，若需拨动，必须将 PLC 停电后再拨动。

2）输入接口严禁接入任何形式的电源，以防烧毁 PLC 输入点。

3）输入接口的 COM 与输出接口的 COM1、COM2 等千万不能混淆。

4）严格、认真、仔细检查输出元件安装接线的正确性，预防输出电路短路事故的发生和损坏 PLC 输出点。

5）出现异常及时停电。

6）严格遵守安全操作规程，文明操作，预防安全事故发生。

7）插接编程线时用力要轻，针孔要对位，以防损坏插口插针。

8）实操训练完毕，要清理现场，整理各种仪器仪表，打扫卫生，保持实训环境和工作场所的安全、整洁、有序。

➤【课题小结】

本课题的内容结构如下：

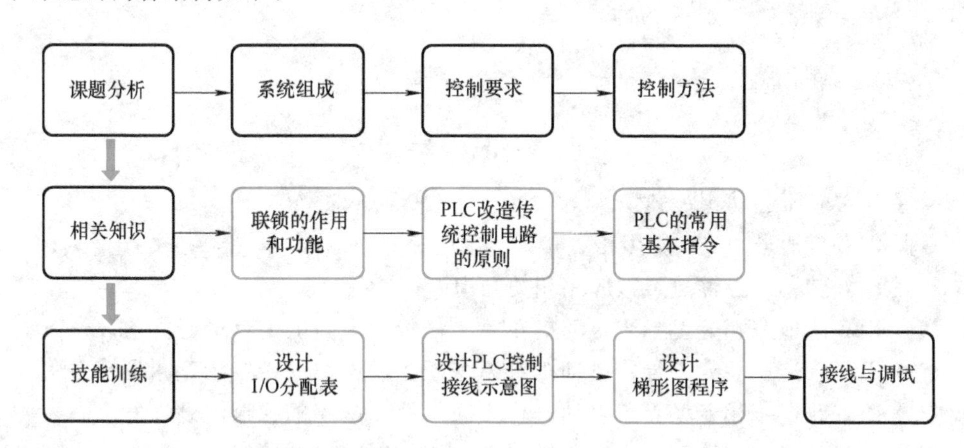

➤【效果测评】

学习效果测评表见表 1-1-1。

课题二　用 PLC 改造三相笼型异步电动机Y/△减压起动控制电路

三相笼型交流异步电动机Y/△减压起动控制电路如图 2-2-1 所示。要求用 PLC 改造电气控制电路，并进行设计、安装与调试。

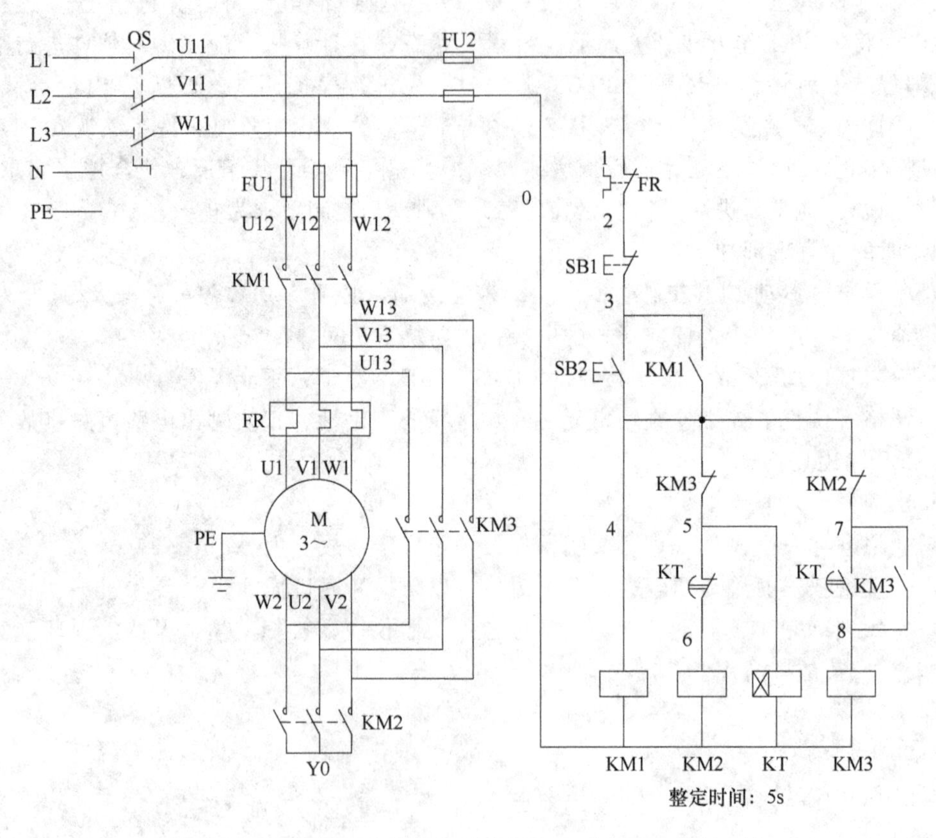

图 2-2-1　三相笼型交流异步电动机Y/△减压起动控制电路

【学习目标】

1. 掌握Y/△减压起动相关知识。
2. 掌握 PLC 定时器（T）应用相关知识。
3. 掌握 PLC 辅助继电器（M）应用相关知识。
4. 掌握 PLC 改造三相笼型异步电动机Y/△减压控制电路的 I/O 分配方法。
5. 掌握 PLC 改造三相笼型异步电动机Y/△减压控制电路的接线示意图设计方法。
6. 掌握 PLC 改造三相笼型异步电动机Y/△减压控制电路的梯形图设计方法。
7. 掌握 PLC 改造三相笼型异步电动机Y/△减压控制电路的接线与调试方法。
8. 培养认真学习、研究技术的工匠精神。

➤【教·学·做】

一、课题分析

（一）系统组成

系统由三相笼型异步电动机Y/△减压起动主电路和控制电路组成。主电路采用三个交流接触器KM1、KM2和KM3实现对电动机Y/△减压起动控制，热继电器FR对电动机进行过载保护。控制电路由起动按钮SB2、停止按钮SB1、热继电器辅助触点FR以及时间继电器KT对接触器线圈KM1、KM2和KM3进行控制，实现电动机的Y/△减压起动；为保证控制电路安全可靠，电路设置有KM2和KM3触点联锁功能，保证KM2和KM3不能同时得电闭合。

（二）控制要求

按下起动按钮SB2，接触器KM1、KM2线圈得电动作，KM1主触点闭合接通电源，KM2主触点闭合使电动机接成Y联结，电动机随即呈Y联结减压起动；与此同时，时间继电器KT线圈得电开始计时，当其延时5s后，延时断开常闭触点断开，延时闭合常开触点闭合，首先断开KM2线圈控制回路，KM2线圈失电复位，解除电动机Y联结，其后接通KM3线圈控制回路，KM3主触点闭合使电动机接成△联结，电动机随即呈△联结全压运行。按下停止按钮或当电动机过载时，断开控制电路，电动机断电停止。简而言之，一是电动机起动过程有先后顺序，先进行Y联结减压起动，后进行△联结全压运行；二是两者之间的间隔时间为5s；三是KM2与KM3之间触点联锁，预防短路事故的发生。应用PLC进行技术改造后，同样应该满足这些控制功能和操作要求。

（三）控制方法

分析电气控制电路的工作原理及控制要求，应用PLC进行编程控制，关键是要处理好定时控制问题。在传统的电气控制电路中，通常使用时间继电器进行时间控制，改用PLC进行控制以后，时间控制由PLC内部的定时器通过编程方式实现，原来控制电路中的时间继电器不再使用。定时器控制指令属于基本指令的范畴，因此本课题采用基本指令编程完全能够实现原有的控制功能。

二、相关知识

（一）Y/△减压起动原理

三相笼型交流异步电动机有三组绕组，每组绕组两个抽头，分别为U1-U2、V1-V2和W1-W2，6个抽头外接到电动机接线盒的6个接线端子上。将接线端子U2、V2、W2横向连接在一起，即三组绕组的尾端相连，展开图如“Y”形，即为Y联结；将接线端子两两纵向相连，即W2与U1、U2与V1、V2与W1分别相连，即三组绕组的首端相连，展开图如“△”形，即为△联结，如图2-2-2所示。

Y联结之后接入电源L1、L2、L3与△联结之后接入电源L1、L2、L3，两者的结果是不一样的。由于△联结后每个绕组承受的是线电压，而Y联结后每个绕组承受的是相电压，线电压是相电压的$\sqrt{3}$倍，因此，Y联结时每个绕组的起动电流是△联结时起动电流的$1/\sqrt{3}$。而对于供电线路而言，三相电动机Y联结减压起动时的线电流仅是采用△联结直接起动时线

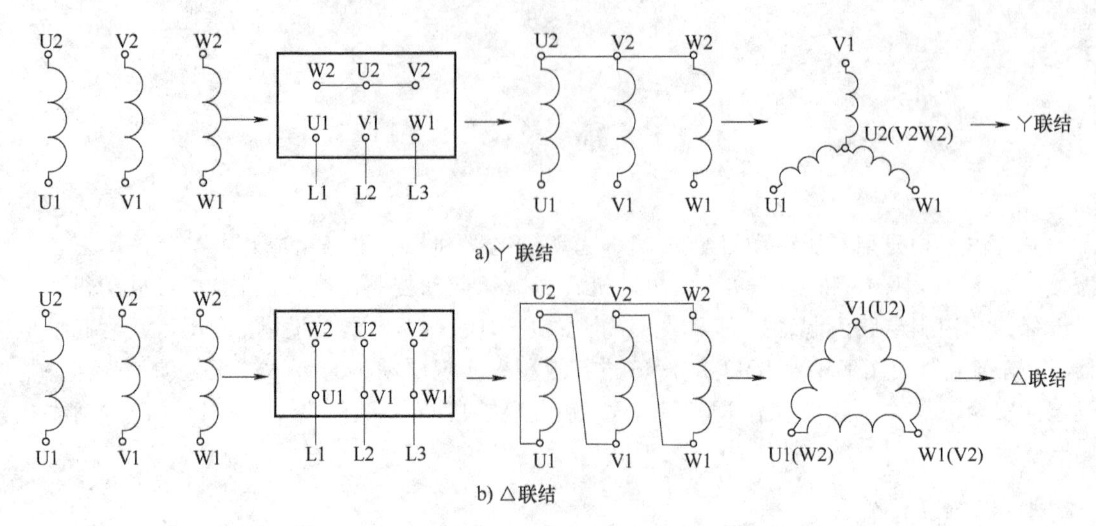

图 2-2-2 三相笼型交流异步电动机Y联结和△联结

电流的1/3。通过计算分析还可以得知，电动机Y联结减压起动时的起动转矩仅为△联结时直接起动转矩的1/3。由此可见，三相交流电动机Y联结减压起动可以大幅度地降低起动电流，但同时大幅度地降低了起动转矩。

三相交流电动机全压起动电流为额定电流的5~7倍，大中型电动机不允许直接起动，接成Y联结起动，就可以减少起动电流对供配电系统的冲击。问题是随着起动电流的大幅度降低，起动转矩相应地大幅度降低。因此，电动机不允许长期工作在Y联结状态，当电动机转速提升以后，电流随之下降，应及时将其切换至△联结保持全压运行。电动机功率越大所需切换时间越长，电动机功率越小所需切换时间越短，切换时间一般控制在5~10s。这就是Y/△减压起动的基本原理。

因为Y联结起动时电动机的起动转矩降幅过大，这种减压起动方式仅用于正常运转时定子绕组为△联结的小功率或轻载起动的电动机，对于功率较大或重载起动的电动机则不适用。

（二）定时器简介

本课题涉及时间控制，改用PLC进行编程控制，原来控制电路中的时间继电器不再使用，编程时用PLC内设定时器控制时间。为此，对PLC内部定时器的种类、功能、使用方法进行学习和掌握。

1. 定时器的分类

FX2N系列PLC内设定时器可分为通用定时器和积算定时器两类，都为累加定时器。定时器由线圈和触点构成，线圈通电后开始计时，当计时到达设定值时，对应的触点动作，常闭触点断开，常开触点闭合。通用定时器不具备断电保持功能，当输入电路断开或断电时，定时器自动复位。

积算定时器具有计时累加功能，在计时过程中出现输入电路断开或断电，积算定时器保持当前的计时值，一旦输入电路重新接通导致定时器线圈得电，则计时再次开始，时间在原来基础上进行累加，当累加至设定值时，积算定时器对应的触点动作。如要让积算定时器复位，必须使用复位指令。

为满足不同场合的定时控制对计时精度的要求，PLC内设定时器按定时精度（分辨率）

进行分类。定时器采用十进制进行编号。FX2N 系列 PLC 各种定时器的分类编号见表 2-2-1。

表 2-2-1　FX2N 系列 PLC 各种定时器的分类编号

序号	定时器类别	定时精度（分辨率）			备　注
		100ms	10ms	1ms	
1	通用定时器	T0~T199	T200~T245		共 246 个
2	积算定时器	T250~T255		T246~T249	共 10 个

使用定时器编程，一是根据定时需要选择合适的定时器类别，二是根据定时精度选择合适的种类，三是注意定时器的编号问题。如果选用定时精度为 100ms 的通用定时器编程，就只能选 T0~T199 编号范围内的通用定时器。同理，如果选用定时精度为 1ms 的定时器，就只能选 T246~T249 编号范围内的积算定时器。

2. 定时器的时间设定

应用定时器编程时，需对定时器进行时间设定，没有时间设定的定时器无法正常工作。时间设定采用十进制数对定时器进行赋值，如 K50、K100 等。设定值范围为 1~32767。设定值 K 与定时器的时间 T 和定时精度 S 之间的关系为

$$定时器时间(T)=设定值(K)\times定时精度(S)$$

例如：某电动机采用Y/△减压起动，切换时间为 6s，应如何选择定时器和确定设定值呢?

根据控制要求，适宜选择通用定时器进行控制；可以选择定时精度为 100ms 的通用定时器，也可以选择定时精度为 10ms 的通用定时器。假如选择定时精度为 100ms 的定时器 T5。则该定时器的时间设定值依据上述计算公式换算如下：

已知定时器时间 $(T)=6s$，定时精度 $(S)=100ms$，则

设定值 (K)= 定时器时间 (T)/定时精度 $(S)=6000ms/100ms=60$

由此可知，设定值为 K60。

3. 定时器编程使用方法

定时器的编程使用方法如图 2-2-3 所示。每个定时器都只有一个对应编号的线圈和无数个触点，编程时由 OUT 指令驱动，必须设定其设定值 K，线圈得电从零开始递增计时，直至达到设定值时定时器动作，其常开触点闭合，常闭触点断开。

PLC 的定时器只有延时触点而无瞬时触点，瞬时触点可通过应用辅助继电器实现。

PLC 无失电延时定时器，若需使用可以通过编程实现。

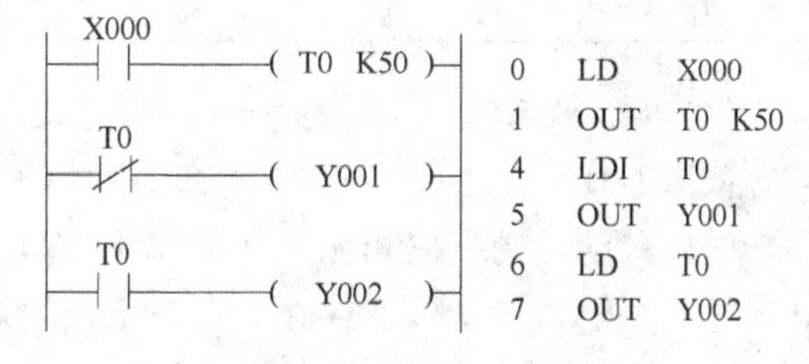

图 2-2-3　定时器的编程使用方法

（三）辅助继电器简介

为了编程方便，PLC 内设有许多辅助继电器。其作用相当于接触器控制系统中的中间继电器。辅助继电器和输出继电器一样，有线圈也有触点，线圈得电触点动作。每个辅助继电器有无限多个常开和常闭触点供编程使用。辅助继电器不能直接驱动负载，驱动负载必须通过输出继电器才能实现。

FX2N 系列 PLC 的辅助继电器有 3 种类型：通用型、断电保持型和特殊型，用 M 表示。

不同种类的辅助继电器地址编号不一样，辅助继电器采用十进制编号，具体见表2-2-2。

表2-2-2　FX2N系列PLC不同种类的辅助继电器地址编号

序号	辅助继电器类型	地址编号范围	数量/个	备　注
1	通用辅助继电器	M0~M499	500	非保持区域，一般用途
2	断电保持辅助继电器	M500~M3071	2572	电池保持区域
3	特殊辅助继电器	M8000~M8255	256	具有特殊功能和用途

每个定时器都有一个对应编号的线圈和无数个触点，线圈在编程时由OUT指令驱动，其逻辑关系为线圈得电，触点随即动作。

辅助继电器只用于PLC内部编程时传递信号或信号转换，相当于传统控制线路中的中间继电器，线圈不对外输出。辅助继电器的触点没有数量限制，编程时根据实际需要反复使用。

辅助继电器的编程使用方法如图2-2-4所示。当X001常开触点闭合时，辅助继电器线圈M10动作，常闭触点M10断开，输出继电器线圈Y001断电；其常开触点M10闭合，输出继电器线圈Y002得电。

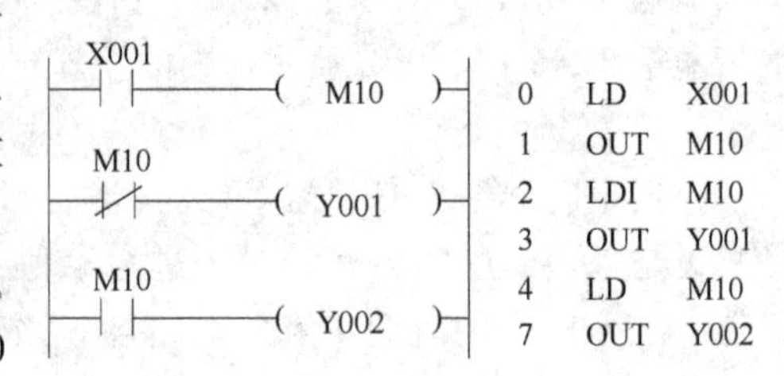

图2-2-4　辅助继电器的编程使用方法

三、技能训练

（一）设计I/O分配表

通过课题分析，本课题有3路输入、3路输出，列出的I/O分配见表2-2-3。

表2-2-3　三相笼型异步电动机Y/△减压起动PLC控制系统I/O分配

输入分配（I）			输出分配（O）		
输入元件名称	代号	输入继电器	输出继电器	被控对象	作用及功能
起动按钮	SB2	X000	Y000	KM1	电源通断接触器
停止按钮	SB1	X001	Y001	KM2	Y联结接触器
过载保护	FR	X002	Y002	KM3	△联结接触器

（二）设计PLC控制接线示意图

依照I/O分配表，根据控制要求设计的PLC控制接线示意图如图2-2-5所示。

同原来的控制电路相比，在PLC控制电路接线示意图中，起动按钮、停止按钮和热继电器这三个输入设备依然存在；在输出控制对象中，只有三个接触器线圈，而时间继电器不再使用。同原来的控制电路相比，接线简单，一目了然。

（三）设计梯形图程序

1. 替换法设计PLC控制梯形图

本课题的梯形图可采用替换法设计，根据原电气控制线路的控制要求，结合基本指令的功能，设计PLC控制Y/△减压起动梯形图如图2-2-6所示。

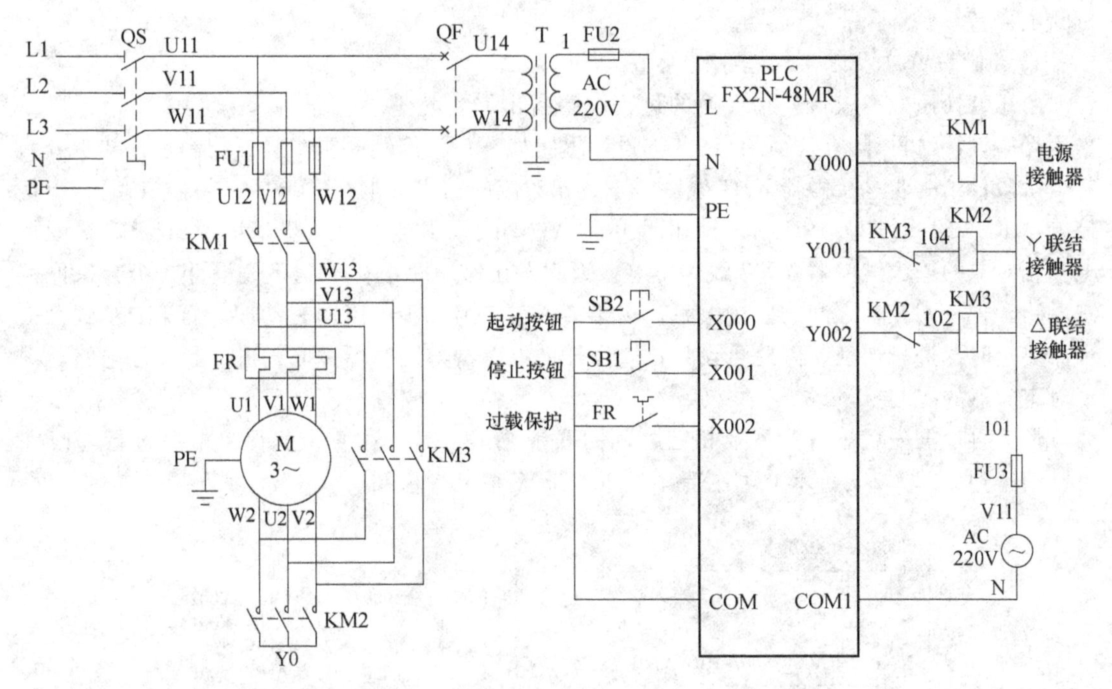

图 2-2-5 三相笼型异步电动机Y/△减压起动 PLC 控制电路接线示意图

步	指令	元件	步	指令	元件
0	LDI	X001	13	ANI	Y002
1	ANI	X002	14	OUT	Y001
2	MPS		15	MPP	
3	LD	X000	16	OUT	T0 K50
4	OR	Y000	19	MPP	
5	ANB		20	LD	T0
6	OUT	Y000	21	OR	Y002
7	MRD		22	ANB	
8	LD	Y000	23	ANI	Y001
9	OR	Y001	24	OUT	Y002
10	ANB		25	END	
11	MPS				
12	ANI	T0			

图 2-2-6 替换法设计 PLC 控制Y/△减压起动控制梯形图及指令表

梯形图控制分析：按下起动按钮 SB2，输入继电器 X000 常开触点闭合，前 2 个起保停电路得电自锁，同时分别使接触器线圈 KM1、KM2 得电，电动机Y联结起动；第 2 个起保停电路得电自锁，定时器 T0 开始计时，T0 定时为 5s，即 K50。当 T0 计时到达到 5s 时，T0 常闭触点断开，输出继电器 Y001 断电复位，接触器线圈 KM2 断电解除Y联结起动；T0 常开触点闭合，第 3 个起保停电路得电，输出继电器线圈 Y002 得电自锁，接触器 KM3 线圈通电，电动机切换至△联结全压运转。当电动机由Y联结切换至△联结全压运行后，Y002 常闭触点断开使 Y001 线圈断电，定时器 T0 断电复位，其对应常开、常闭触点复位。为安全起见，Y联结与△联结回路之间用输出继电器 Y001 与 Y002 常闭触点联锁。

若按下停止按钮 SB1 或当电动机过载时，输入继电器常闭触点 X001、X002 断开，电动机断电停转。

2. 经验设计法设计 PLC 控制梯形图

由于替换法效率较低，在替换的过程中容易出错。熟悉 PLC 梯形图编程方法后，可以采用经验设计法设计。经验设计法基本设计思路如下：从控制要求来看，控制过程初步分为三个阶段，第一步是接触器 KM1 线圈得电，相对应的输出继电器 Y000 线圈得电；第二步是接触器 KM2 线圈得电，相对应的输出继电器 Y001 线圈得电；第三步是接触器 KM3 线圈得电，相对应的输出继电器 Y002 线圈得电。为此，在梯形图中从上到下先设计 3 个起保停控制电路，再考虑三者之间的联锁关系。由于第一步与第二步可以同时动作，而第二步到第三步需要定时器进行切换，因此再设计一个由辅助继电器与定时器并联构成的起保停电路，用于对定时器的控制。

最后再根据先后逻辑关系及相互之间的联锁要求，对上述 4 个起保停电路进行修改完善，即得到如图 2-2-7 所示 PLC 控制Y/△减压起动控制梯形图。

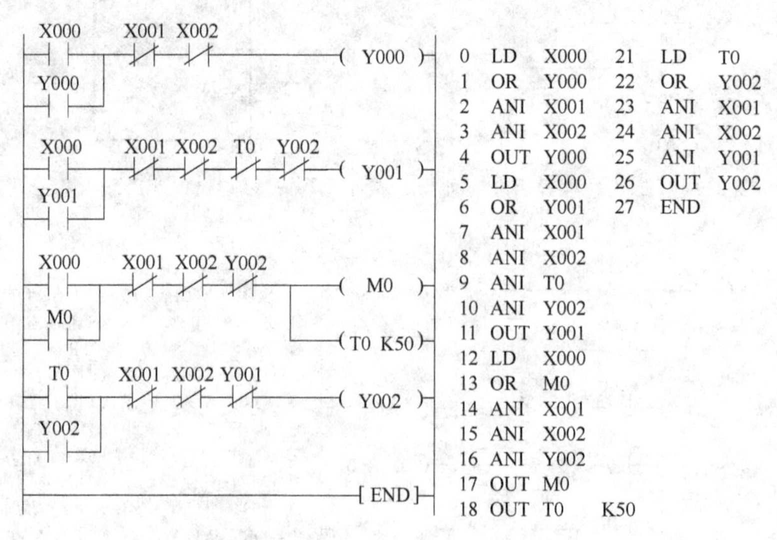

图 2-2-7　经验设计法设计Y/△减压起动控制梯形图

与前者及原电气控制电路相比，经验法设计的梯形图程序在结构上发生了很大的变化，即去除了分支，图形被简化了，指令变简单了。

由此可见，对于同一个课题，可以有不同的编程方法，设计出不一样的梯形图控制程序。因此，没有必要拘泥于一种固定的模式。PLC 内部设置了大量各种类型的辅助继电器，触点的数量不受限制，给用户编程提供了灵活多样的选择，可以有许多不同的编程思路和方法。但不论程序的结构怎么变化，必须满足原有的控制功能和控制要求，达到同样的控制效果。

（四）接线与调试

由于原电气控制电路中接触器线圈的电压为 380V，而 PLC 的输出负载电压为 220V，因此，应更换接触器控制线圈，使其工作电压与 PLC 相匹配。

接线时要严格按照接线示意图进行操作，要求安全可靠，工艺美观；接线完毕认真检查接线状况，确保正确无误；系统调试时应先进行模拟调试，检查程序设计是否满足控制要求，如果存在问题，需要重新修改完善程序。如果控制功能满足需要，符合设计要求，则进一步带负载进行调试，检查电动机起动、停止是否符合要求。系统调试完毕即可交付使用。

➢【课题小结】

本课题的内容结构如下：

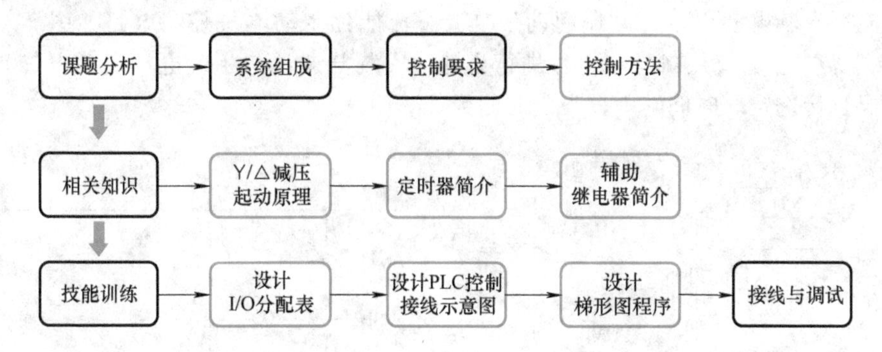

➢【效果测评】

学习效果测评表见表1-1-1。

课题三　用PLC改造三相交流异步电动机Y/△减压起动带变压器全波整流能耗制动电气控制电路

三相笼型异步电动机Y/△减压起动带全波整流能耗制动电气控制电路如图2-3-1所示。要求用PLC改造该电气控制电路，并进行设计、安装与调试。相关电动机及电气元器件根据实际情况自行选定。时间继电器设定时间为5s。

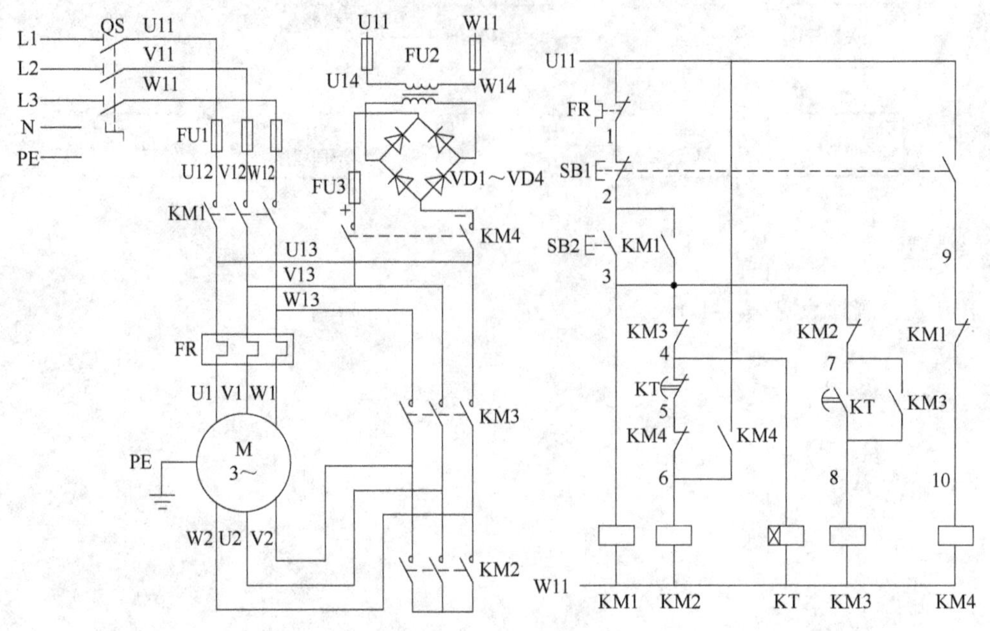

图2-3-1　三相笼型异步电动机Y/△减压起动带全波整流能耗制动电气控制电路

➤【学习目标】

1. 掌握电动机制动的基本方法。

2. 掌握交流异步电动机能耗制动的基本原理。

3. 掌握PLC基本指令中主控指令的结构、功能和使用方法。

4. 掌握PLC改造三相笼型异步电动机Y/△减压起动带全波整流能耗制动电气控制电路的I/O分配方法。

5. 掌握PLC改造三相笼型异步电动机Y/△减压起动带全波整流能耗制动电气控制电路的接线示意图设计方法。

6. 掌握PLC改造三相笼型异步电动机Y/△减压起动带全波整流能耗制动电气控制电路的梯形图设计方法。

7. 掌握PLC改造三相笼型异步电动机Y/△减压起动带全波整流能耗制动电气控制电路的接线与调试方法。

8. 树立认真细致、精益求精的从业价值观。

➤【教·学·做】

一、课题分析

(一) 系统组成

本电路由Y/△减压起动主电路和控制电路两部分组成。电路具有两个功能，一是电动机Y/△减压起动；二是电动机的能耗制动。控制由 4 个接触器实现，Y/△减压起动由 KM1、KM2 和 KM3 完成，能耗制动由 KM4、KM2 实现；用于控制的信号有三个，即起动、停止（兼制动）及过载保护控制信号。

(二) 控制要求

起动时，按下起动按钮 SB2，系统进行Y/△减压起动，电动机接入交流电源并保持，先Y联结减压起动，后△联结全压运行，Y联结与△联结的转换由时间继电器 KT 控制自动完成；停止时，按下停止按钮 SB1，其常闭触点断开电动机交流电源，常开触点接通接触器 KM4 的控制电源，KM4 的常开主触点闭合，将直流电源接入电动机实施能耗制动，产生制动转矩，电动机快速停转。

总体来看，电动机起动时，先进行Y联结减压起动，然后进行△联结全压运行，切换时间为 5s；KM2 与 KM3 之间触点联锁，预防短路事故的发生。停止时，一是先断开电动机交流电源，后接入直流电源；二是相互有联锁。应用 PLC 进行技术改造后，同样应该满足这些控制功能和操作要求。

(三) 控制方法

分析电气控制电路的工作原理及控制要求，应用 PLC 进行编程控制，时间的控制由 PLC 内部的定时器通过编程的方式实现，原电气控制电路中的时间继电器不再使用。由于 PLC 的输出电源为 220V，因此 4 个接触器应进行更换，以适应 PLC 控制要求。本课题采用基本指令编程，能够实现原有的控制功能。

二、相关知识

(一) 电动机制动方法简介

运转的电动机在断开电源后，转子在惯性的作用下继续旋转，为使电动机快速停转，需对其进行制动。电动机的制动有机械制动、电气制动。机械制动是从外部给电动机转轴添加一个阻力，阻碍电动机转动，如电磁制动器制动。电气制动是给电动机绕组通电产生制动转矩，阻碍电动机转动而停转，电气制动有电源反接制动、电容制动和能耗制动等。能耗制动是通过消耗转子惯性运动的动能来进行制动。

(二) 交流电动机能耗制动的控制

本课题的能耗制动，是给断开交流电源后的电动机定子绕组瞬间加上直流电，使定子绕组产生一个直流磁场，给转子创造一个切割磁力线的基本条件。惯性旋转的转子因做切割磁力线的运动，在转子绕组（或笼条中）中产生感应电动势和感应电流。产生感应电流的转子绕组（或笼条中）于是就会产生一个与旋转方向相反的转矩，阻碍电动机的惯性运动，电动机快速停转。

能耗制动的工作原理是：在图 2-3-2a 中，先断开 QS1 切断交流电源，并将 QS1 向下合闸，电动机因惯性动能沿原方向继续转动；随后立即合上 QS2，给电动机的 V、W 两相定子绕组中通入直流电，使定子中产生一个恒定不变的静止的磁场，如图 2-3-2b 所示。惯性转动的转子切割磁力线，在转子绕组中产生感应电动势和电流，感应电流的方向用右手定则判断。转子绕组中产生感应电流后，立即受到直流磁场（由直流电产生）的作用。转子绕组受到电磁力的作用，形成电磁转矩，用左手定则判断，此电磁转矩的方向正好与电动机的惯性转动方向相反，电动机受到制动而迅速停转。

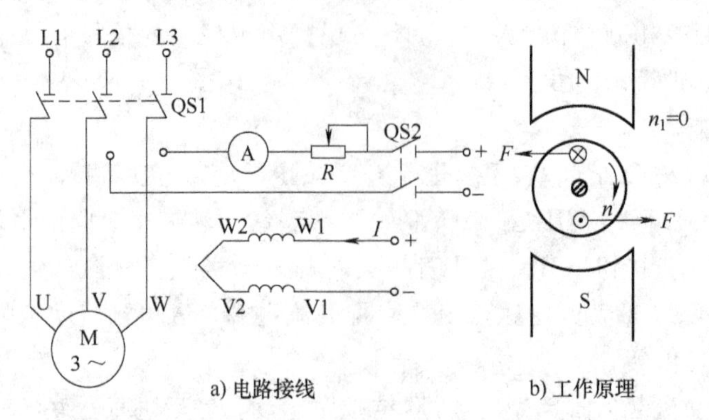

图 2-3-2　交流电动机能耗制动的电路接线和工作原理

（三）主控指令的应用

主控指令（MC、MCR）是对条件分支进行编程处理的专用指令。主控指令的编程方法是对条件分支进行编程的一种重要方法。

在分析前面三个课题时，发现一个共同的问题，就是在控制电路中，停止按钮常闭触点与热继电器常闭触点串联，共同作为正反转、Y/△控制支路的基本条件。如果采用“替换法”进行编程，编程过程耗时且麻烦，所编写的程序会遇到堆栈指令和块操作指令，程序的逻辑关系显得很复杂。

类似这类问题，当遇到多个线圈受控于同一个或一组触点时，若采用主控指令编程，问题就会迎刃而解。当然也可将每个线圈都串入相同触点作为控制条件，这样将会占用 PLC 更多的存储单元，而采用主控指令编程，程序得到优化和减少，节省了大量内存。

1. 主控指令的基本结构

主控指令成对出现，当条件具备时，执行主控开始指令；当条件解除时，执行主控复位指令。

（1）主控开始指令（MC）　主控开始指令（MC）用于公共串联触点的连接，将左母线移至主控触点之后。基本结构为［MC　N　M(Y)］。

主控开始指令的操作元件为两部分：一部分是主控标志 N0～N7，同一个程序中最多可以使用 8 次，一定要从小到大使用。另一部分是具体的操作元件，可以是输出继电器 Y 也可以是辅助继电器 M，但不能是特殊辅助继电器。

（2）主控复位指令（MCR）　主控复位指令（MCR）使左母线返回到使用主控指令前的位置。基本结构为［MCR　N］。

主控复位指令（MCR）的操作元件为主控标志 N0～N7，且必须与主控指令相一致，返回时一定从大到小使用。

2. 主控指令的应用

用 PLC 控制电动机正反转的两种编程方法对比说明如下。

图 2-3-3 所示为 PLC 控制电动机正反转采用“替换法”编程所得梯形图程序。

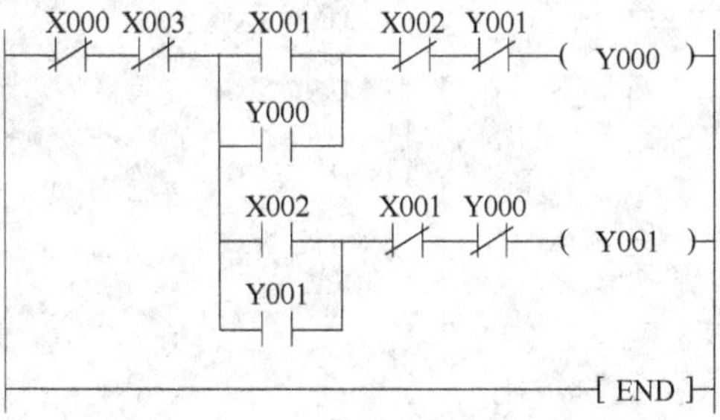

步	指令	元件	步	指令	元件
0	LDI	X000	9	MPP	
1	ANI	X003	10	LD	X002
2	MPS		11	OR	Y001
3	LD	X001	12	ANB	
4	OR	Y001	13	ANI	X001
5	ANB		14	ANI	Y000
6	ANI	X002	15	OUT	Y001
7	ANI	Y001	16	END	
8	OUT	Y000			

图 2-3-3　PLC 控制电动机正反转“替换法”编程梯形图及指令表

梯形图中，两条分支共用了前面两个串联常闭触点 X000 和 X003。从指令表中可以看出，处理这样的逻辑关系时使用了堆栈指令（MPS、MPP）和块操作指令（ANB），程序结构显得比较复杂。

图 2-3-4 所示为 PLC 控制电动机正反转采用主控指令编程所得的梯形图程序。

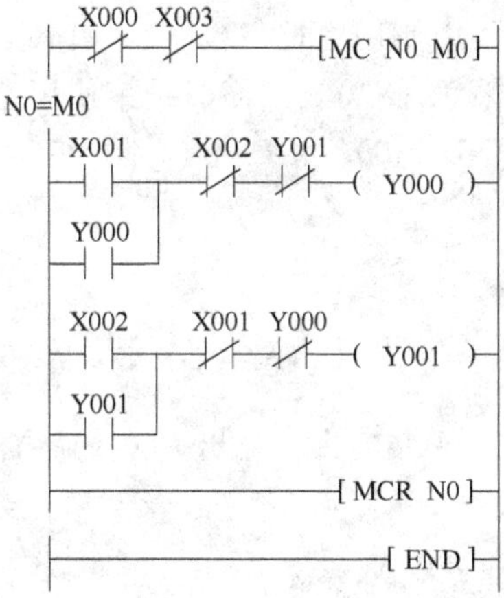

步	指令	元件	
0	LDI	X000	
1	ANI	X003	
2	MC	N0	M0
5	LD	X001	
6	OR	Y000	
7	ANI	X002	
8	ANI	Y001	
9	OUT	Y000	
10	LD	X002	
11	OR	Y001	
12	ANI	X001	
13	ANI	Y000	
14	OUT	Y001	
15	MCR	N0	
17	END		

图 2-3-4　电动机正反转主控指令编程

由于 X000 与 X003 均为常闭触点，PLC 上电后，执行主控指令，主控节点“N0＝M0”接通，执行主控电路块内（MC～MCR）的程序，将两条分支移至左母线，按照母线开始加载的方式进行工作，进行正反转操作有效，电动机能够进行正反转。

当按下停止按钮或电动机过载时，常闭触点 X000 或 X003 断开，主控指令执行条件解除，即“N0＝M0”断开，不执行主控电路块内的程序。此时即使按下 X001 或 X002，Y000 和 Y001 也没有输出。

3. 主控指令的嵌套使用

当分支之下再次出现分支时，主控指令可以进行嵌套使用。主控指令的嵌套使用方法如图 2-3-5 所示。

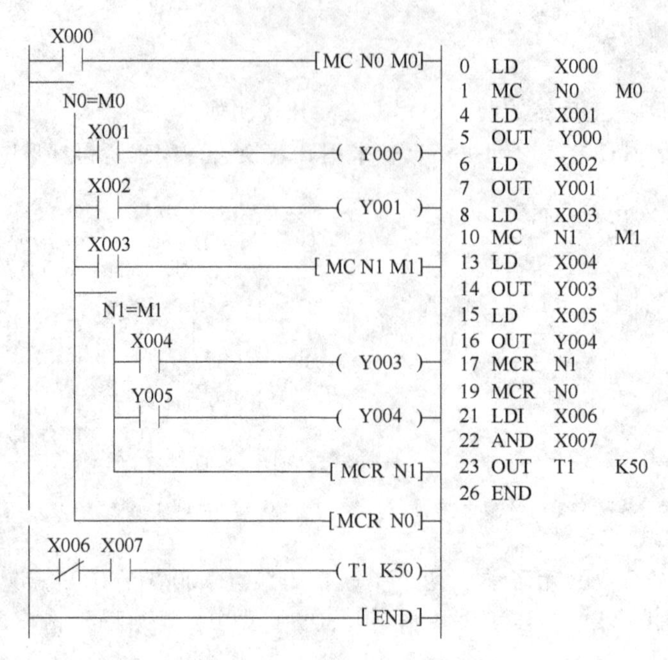

图 2-3-5　主控指令的嵌套使用方法

进行嵌套使用时，在主控开始指令 MC 后不立即使用主控复位指令 MCR，而是继续使用主控开始指令 MC，直到嵌套完毕才集中使用主控复位指令 MCR。嵌套时主控开始指令 MC 中的编号必须从小到大按顺序增加（N0～N7）。当嵌套结束使用主控复位指令 MCR 时，编号必须反过来从大到小按顺序减少（N7～N0）。由于主控标志范围为 N0～N7，所以主控嵌套使用不得超过 8 次。

三、技能训练

（一）设计 I/O 分配表

通过分析得知，本课题有 3 路输入、4 路输出，列出 PLC 控制Y/△减压起动带变压器全波整流能耗制动 I/O 分配见表 2-3-1。

表 2-3-1　PLC 控制Y/△减压起动带变压器全波整流能耗制动 I/O 分配

输入分配（I）			输出分配（O）		
输入元件名称	代号	输入继电器	输出继电器	被控对象	作用及功能
起动按钮	SB2	X000	Y000	KM1	交流电源接触器
停止按钮	SB1	X001	Y001	KM2	Y联结接触器
过载保护	FR	X002	Y002	KM3	△联结接触器
			Y003	KM4	直流制动电源接触器

（二）设计 PLC 控制接线示意图

依照表 2-3-1 所示 I/O 分配表，设计本课题 PLC 控制接线示意图如图 2-3-6 所示。

（三）设计梯形图程序

应用主控指令编程的思路和方法，本课题所设计的 PLC 控制梯形图如图 2-3-7 所示。

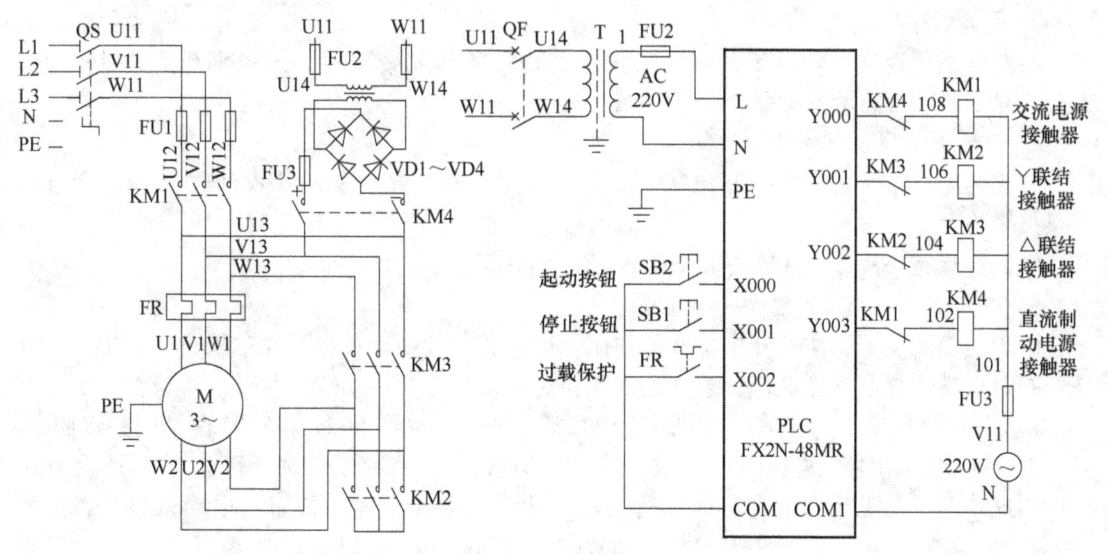

图 2-3-6　PLC 控制Y/△减压起动带变压器全波整流能耗制动接线示意图

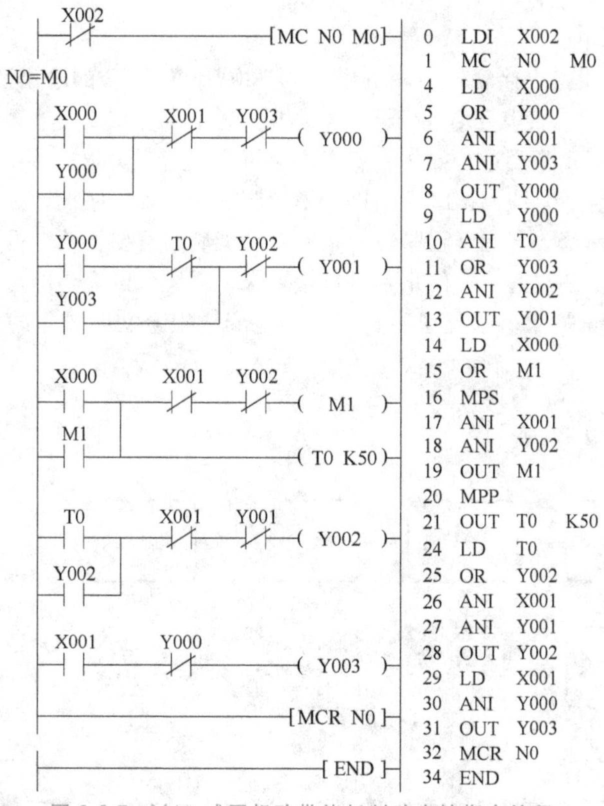

图 2-3-7　Y/△减压起动带能耗制动主控指令编程

1. 设计主控指令控制程序

将过载保护对应的输入继电器常闭触点 X002 作为主控指令的驱动条件，设计主控指令控制程序。把几条分支移到左母线，作为一个程序块进行处理。

2. 设计起保停控制程序

与左母线相连，得到三条分支：一是电动机电源控制分支；二是电动机Y联结起动分支；三是△联结运行分支。整个程序的结构比较简化。

3. 设计主控复位程序

分支结束，必须使用主控复位指令，若缺少主控复位指令，PLC 没法工作而且会进行错误报警。

本课题只有一次分支，不存在嵌套问题，不进行嵌套设计。

4. 设计能耗制动控制程序

由于能耗制动不受主控开始条件的控制，因此，能耗制动不包括在主控指令块中。设计梯形图时应把能耗制动控制部分放在主控复位指令之后。

梯形图程序的工作原理是：当 PLC 上电以后，输入继电器 X001 和 X002 两常闭触点闭合，驱动主控指令进入主控状态，按下起动按钮 SB2（X000）后，三条分支先后得电，电动机依次进行Y/△减压起动。无论在起动还是在运行过程中，只要按下停止按钮或电动机过载，主控指令复位，指令块中的程序全部复位，即 Y000、Y001、Y002 以及定时器 T0 全部复位，电动机停转。按下停止按钮后，在主控指令复位的同时，接通能耗制动控制接触器 KM4，电动机进行能耗制动。

（四）接线与调试

由于原电气控制线路中接触器线圈的电压为 380V，而 PLC 的输出负载电压为 220V，因此，应更换接触器线圈，使其工作电压与 PLC 相匹配。

接线时应按照接线示意图进行操作，要求安全可靠，工艺美观；接线完毕后要认真检查接线状况，确保正确无误；系统调试时应先进行模拟调试，检查程序设计是否满足控制要求，如果存在问题，需要重新修改与完善程序。如果控制功能满足需要，符合设计要求，则进一步带负载进行调试，检查电动机起动、停止是否符合要求。系统调试完毕即可交付使用。

通电调试时的安全注意事项这里不再赘述，应养成安全文明操作的良好习惯。

➤【课题小结】

本课题的内容结构如下：

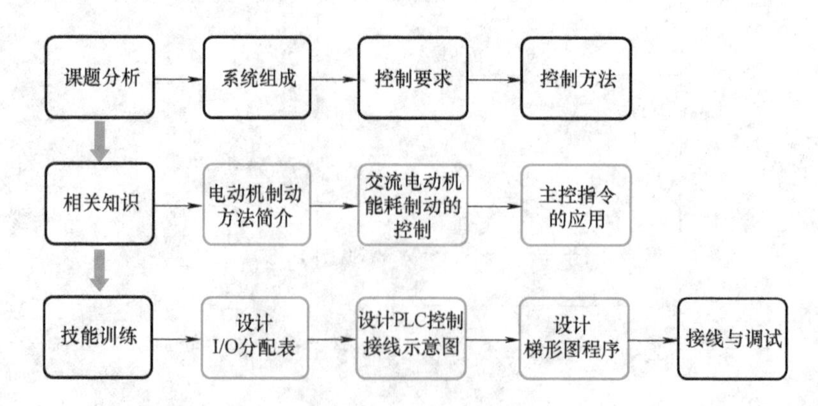

➤【效果测评】

学习效果测评表见表 1-1-1。

课题四　用PLC改造三相笼型双速（△/YY）异步电动机起动电气控制电路

三相笼型双速（△/YY）异步电动机起动电气控制电路如图2-4-1所示。要求用PLC改造该电气控制线路，并进行设计、安装与调试。时间继电器设定时间为5s。

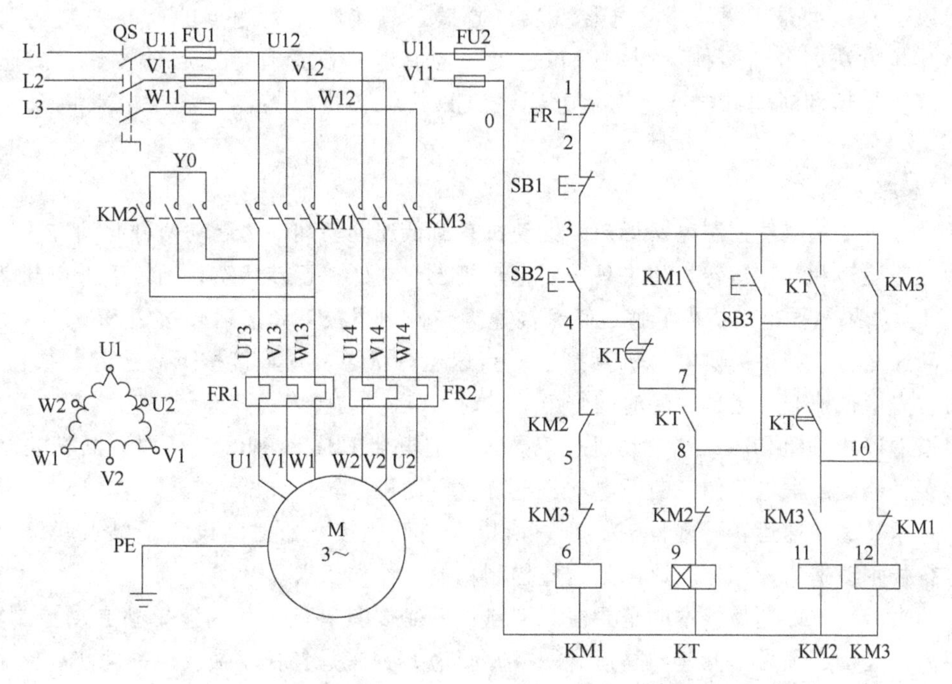

图2-4-1　三相笼型双速（△/YY）异步电动机起动电气控制电路

【学习目标】

1. 掌握交流异步电动机变极调速的基本原理方法。
2. 掌握三相笼型双速（△/YY）异步电动机起动控制的基本原理。
3. 熟悉和巩固PLC基本指令编程中主控指令的结构、功能和使用方法。
4. 掌握用PLC改造三相笼型双速（△/YY）异步电动机起动电气控制电路的I/O分配方法。
5. 掌握用PLC改造三相笼型双速（△/YY）异步电动机起动电气控制电路PLC控制接线示意图的设计方法。
6. 掌握用PLC改造三相笼型双速（△/YY）异步电动机起动电气控制电路PLC控制梯形图的设计方法。
7. 掌握用PLC改造三相笼型双速（△/YY）异步电动机起动电气控制电路的接线与调试方法。
8. 具有理论联系实际、实事求是的工作作风。

【教·学·做】

一、课题分析

（一）系统组成

该系统由主电路和控制电路两部分构成。主电路由一台双速（△/YY）三相交流异步电动机及三只接触器、两只热继电器组成，通过三只接触器主触点的通断控制电动机实现两种连接方法，得到两种不同的运转速度。控制电路设置有低速起动按钮、高速起动按钮、停止按钮和时间继电器等控制电器对三只接触器进行控制，满足电动机双速运转的需要。

（二）控制要求

通过分析上述电气控制电路得知，电动机具有低速起动和高速起动两种起动方式，以分别实现低速运转和高速运转。如果只需要电动机工作在低速运转状态，则按下低速起动按钮SB2即可；如果需要电动机由低速运转到高速运转，则再按下高速运转按钮SB3，电动机即可转为高速运行。如果需要电动机直接进入高速运行状态，则直接按下高速起动按钮SB3，电动机首先由低速起动运行，经时间继电器计时5s后自动转入高速运行。

当按下停止按钮SB1或当电动机过载导致热继电器FR1和FR2动作时，断开控制电路电源，接触器线圈失电复位，断开电动机电源，电动机停转。

低速运转和高速运转不能同时出现，所以在高低速接触器之间设置了触点联锁。应用PLC进行技术改造后，同样应该满足这些控制功能和操作要求。

总的来看，本课题最根本的是要注意三点：一是要具有低速、高速单独起动控制功能；二是要高速起动必须先由低速到高速，切换时间为5s；三是各种联锁及保护功能要完整。

（三）控制方法

分析电气控制电路的工作原理及控制要求，应用PLC进行编程控制，时间控制由PLC内部的定时器通过编程的方式实现，原电气控制电路中的时间继电器不再保留。由于PLC的输出电源为220V，因此4个接触器应进行更换，以适应PLC的控制要求。由于三条支路共用停止按钮和热继电器常闭触点，符合主控指令的编程特点，因此可以采用主控指令及其他相关基本指令进行编程。

二、相关知识

（一）交流电动机调速方式

由交流异步电动机的转速表达式 $n=\frac{60f}{p}(1-s)$ 可以看出，交流异步电动机的调速方式有变频调速、变极调速和变转差率调速三类。

1. 变频调速

变频调速即改变电动机电源频率调速。变频调速方式调速范围大，机械特性比较硬，调速平滑性较好，属于无级调速，适用于大部分三相笼型异步电动机。随着变频技术的成熟和变频器的普及应用，变频调速方式得到快速发展和应用。

2. 变极调速

变极调速就是改变电动机的磁极对数 p 进行调速。变极调速属于有级调速，调速平滑性较差，一般用于调速要求不高的金属切削机床。

3. 变转差率调速

变转差率调速就是通过调节能够引起转差率变化的要素进行调速的方式，具体包括以下几种形式：

（1）转子回路串接电阻　这种方法多用于交流绕线转子异步电动机，调速范围小，电阻消耗功率，电动机效率低。一般用于起重机。

（2）改变电源电压调速　这种方法调速范围小，转矩随电压降低而大幅度下降，三相电动机调速通常不用此法。一般用于单相电动机调速，如风扇。

（3）串级调速　这种方法的实质就是转子引入附加电动势，通过改变附加电动势的大小来进行调速。只用于绕线转子异步电动机，但效率得到提高。

（4）电磁调速　这种方法只用于转差率电动机。通过改变励磁绕组的电流实现无级平滑调速，结构简单，但控制功率较小，效率低，不宜长期低速运行。电磁调速在异步电动机与负载之间通过电磁耦合传递机械功率，调节电磁耦合器的励磁，可调整转差率 s 的大小，从而达到调速的目的。

（二）双速（△/YY）电动机的调速方式

本课题中的双速（△/YY）电动机的调速方式属于变极调速方式。因为磁极对数与异步电动机的同步转速成反比，磁极对数增加一倍，同步转速 n_1 下降至原转速的 1/2，电动机额定转速 n_N 也下降近 1/2。为获得交流电动机的调速性能，在绕制电动机时，根据需要采用不同的绕制方法，以获得所需要的磁极对数，从而实现交流电动机转速的改变。△/YY双速电动机为 4/2 极电动机，运行中可以获得两种不同的速度。

1）△联结：四极电动机（p 为 2，2 对极），同步转速为 1500r/min，低速。

2）YY联结：两极电动机（p 为 1，1 对极），同步转速为 3000r/min，高速。

两极交流异步电动机的同步转速为 3000r/min，四极交流异步电动机的同步转速为 1500r/min，八极交流异步电动机的同步转速为 750r/min。因此，这种靠改变电动机磁极对数以改变电动机转速的方式简称为变极调速方式。

（三）双速（△/YY）电动机的接线方法

双速电动机通过改变定子绕组的连接方法来改变定子旋转磁场的磁极对数，从而改变电动机的转速。双速（△/YY）电动机定子绕组的接线图如图 2-4-2 所示。

图 2-4-2a 所示为双速异步电动机定子绕组△联结，图 2-4-2b 所示为双速异步电动机定子绕组YY联结。其接线原理如下：

（1）低速　△联结，即 U1、V1、W1 接电源，U2、V2、W2 悬空（4 极 1500r/min）。

（2）高速　YY联结，即 U1、V1、W1 接在一起，U2、V2、W2 接电源（2 极 3000r/min）。

特别需要注意的是，电动机接线时的相序不能接错，要严格按原理图接线。当定子绕组从△联结变为YY联结时，电源相序必须调相。△联结时 U1（L1）、V1（L2）、W1（L3）；YY联结时 U2（L3）、V2（L2）、W2（L1）。否则，在高速（YY联结）时电动机将会反转，产生很大的冲击电流，损伤电动机。另外，电动机在高速、低速运行时的额定电流也不相同，因此热继电器 FR1 和 FR2 要分别调整其整定值。

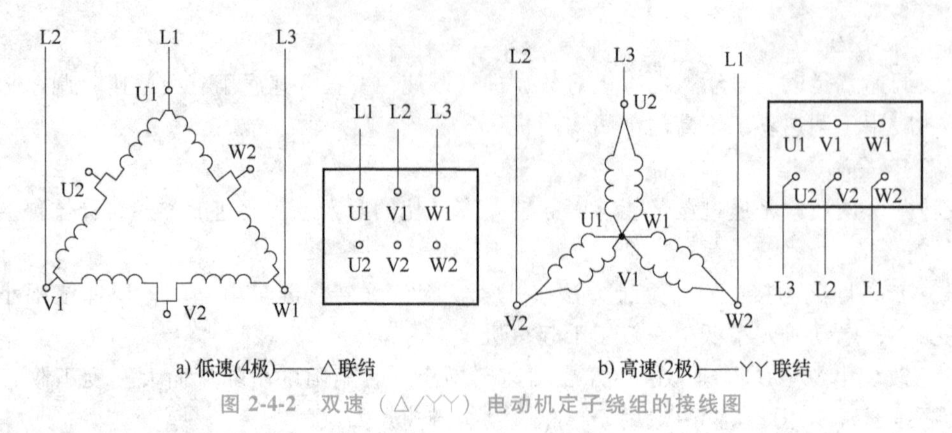

图 2-4-2　双速（△/YY）电动机定子绕组的接线图

三、技能训练

（一）设计 I/O 分配表

通过分析课题的控制要求，本课题有 4 路输入、3 路输出，列出 PLC 控制 I/O 分配见表 2-4-1。

表 2-4-1　PLC 改造双速（△/YY）交流异步电动机起动控制 I/O 分配

输入分配（I）			输出分配（O）		
输入元件名称	代号	输入继电器	输出继电器	被控对象	作用及功能
手动低速起动按钮	SB2	X000	Y000	KM1	低速△联结电源接触器
手动高速起动按钮	SB3	X001	Y001	KM2	高速YY联结电源接触器
停止按钮	SB1	X002	Y002	KM3	高速YY联结并星点接触器
过载保护	FR1、FR2	X003			

本课题过载信号有两个，即 FR1、FR2，它们的用途是一样的，都是在电动机过载时使控制回路断电，在此可将 FR1、FR2 常闭触点串联作为一个控制信号用于控制，可节省 PLC 的输入点。

（二）设计 PLC 控制接线示意图

根据 I/O 分配表及控制要求，设计 PLC 控制接线示意图如图 2-4-3 所示。

（三）设计梯形图程序

根据控制要求、控制原理和接线示意图，本课题可按照以下设计思路设计梯形图程序。设计的 PLC 控制梯形图如图 2-4-4 所示。

1. 设计主控指令控制程序

由于停止信号 X002 和过载信号 X003 是公共控制元件，可作为主控指令的条件信号，采用主控指令进行编程。主控开始指令为 MC，注意编号与操作对象的合理选择。

2. 设计低速/高速起动控制程序

由于热继电器使用了常闭触点，与之对应的输入继电器 X003 在编程中要使用常开触点，在热继电器不动作的情况下，当 PLC 通电后，输入继电器常开触点 X003 闭合，执行主控开始指令，可以进行低速和高速起动操作。

当按下停止按钮 SB1 或电动机过载时热继电器断开时，输入继电器 X002 常闭触点断开

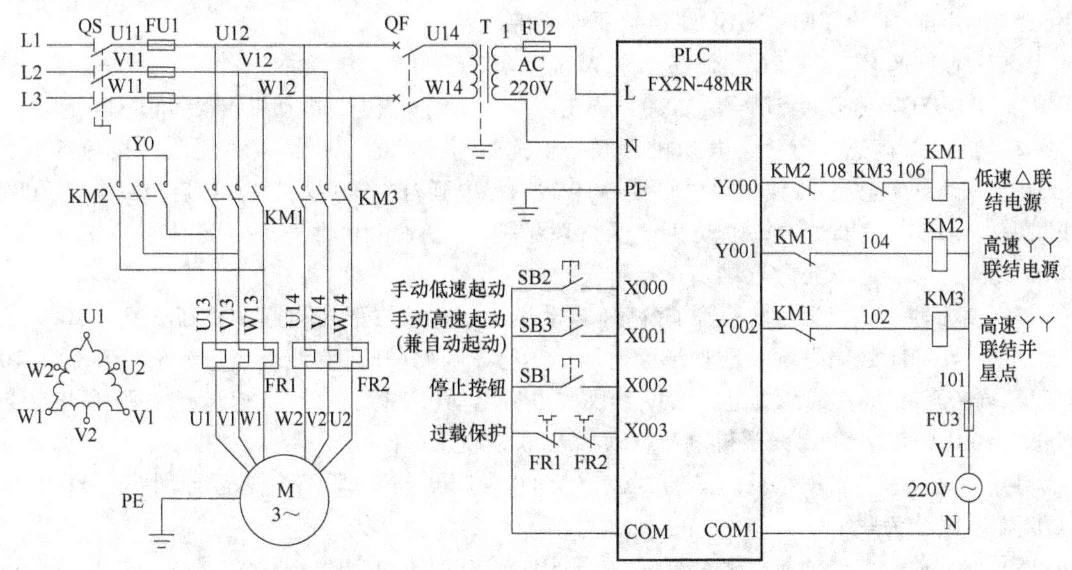

L1
L2
L3
QS
U11
FU1
V11
W11
U12
V12
W12
QF
U14
W14
T
1
FU2
AC
220V
PLC
FX2N-48MR
L
N
PE
Y0
KM2
KM1
KM3
U13
V13
W13
U14
V14
W14
FR1
FR2
U1
V1
W1
W2
V2
U2
M
3~
PE
手动低速起动
手动高速起动
(兼自动起动)
停止按钮
过载保护
SB2
SB3
SB1
X000
X001
X002
X003
COM
Y000
Y001
Y002
COM1
108
106
104
102
101
低速△联结电源
高速YY联结电源
高速YY联结并星点
FU3
V11
220V

图 2-4-3 PLC 控制三相笼型双速（△/YY）异步电动机起动接线示意图

X002 X003
MC N0 M0
N0=M0
X000
T0
Y001
Y002
Y000
M1
X001
T0 K50
Y001
MCR N0
END
0 LDI X002
1 AND X003
2 MC N0 M0
5 LD X000
6 OR Y000
7 OR M1
8 ANI T0
9 ANI Y001
10 ANI Y002
11 OUT Y000
12 LD X001
13 OR M1
14 ANI Y002
15 OUT M1
16 OUT T0 K50
19 LD T0
20 OR Y001
21 ANI Y000
22 OUT Y001
23 AND Y001
24 OUT Y002
25 MCR N0
26 END

图 2-4-4 双速电动机主控指令编程梯形图

或 X003 常开触点复位，则主控指令复位，操作低速和高速起动按钮均无效。

注意：对于已被主控指令占用的辅助继电器，就不能另做其他编程用，只能使用除主控指令占用之外的其他辅助继电器。如本例中，M0 已被主控开始指令占用，在后续的编程中就不能再用 M0 了，只能使用其他辅助继电器，如 M1，否则程序会受到主控指令的影响。

3. 设计主控复位与结束程序

主控结束时，编写有主控结束指令 MCR，其编号必须与主控开始指令编号相对应；程

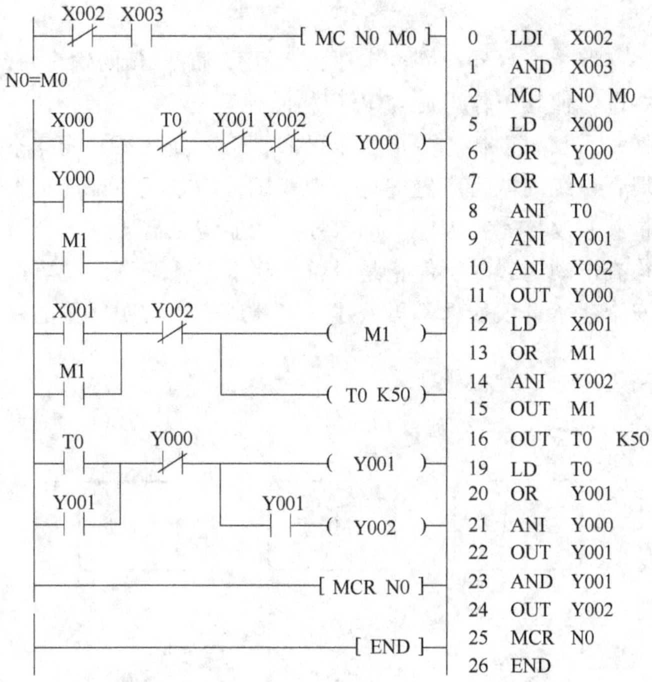

序结束使用结束指令 END。梯形图控制原理分析如下：

1）△联结低速运行：PLC 通电后，输入继电器 X003 闭合，执行主控开始指令。按下低速起动按钮 SB2→X000 常开触点闭合→Y000 线圈得电→KM1 线圈得电，电动机△联结低速运行。

2）YY联结高速运行：在电动机△联结低速运行的状态下，按下高速起动按钮 SB3→X001 常开触点闭合→M1 线圈得电自锁→T0 线圈得电延时，5s 后→T0 常闭触点断开→Y000 线圈失电→KM1 线圈失电，电动机解除△联结低速运行→T0 常开触点闭合→Y001 线圈、Y002 线圈得电→电动机YY联结高速运行。

3）由△联结低速运行转换为YY高速自动运行：直接按下高速起动按钮 SB3→X001 常开触点闭合→M1 线圈得电→△联结低速起动运行，与此同时 T0 线圈得电延时，5s 后→T0 常闭触点断开→Y000 线圈失电→KM1 线圈失电，电动机解除△联结低速运行→T0 常开触点闭合→Y001 线圈、Y002 线圈得电→电动机YY联结高速运行。

4）联锁关系：△联结低速运行回路（Y000 常闭）与YY联结高速运行回路（Y001 与 Y002 常闭）互为联锁。

5）线路停止与电动机过载保护：按下 SB1 或电动机过载时，X002 或 X003 动作，M0 失电，主控开始指令断开，执行主控复位指令，起动控制线路停止工作，电动机停转。

（四）接线与调试

由于原电气控制电路中接触器线圈的电压为 380V，而 PLC 的输出负载电压为 220V，因此，应更换接触器线圈，使其工作电压与 PLC 相匹配。

接线时应按照接线示意图进行，要求安全可靠，工艺美观；接线完毕后应认真检查接线状况，确保正确无误；系统调试时应先进行模拟调试，检查程序设计是否满足控制要求，如果存在问题，需要重新修改与完善程序。如果控制功能满足需要，符合设计要求，则进一步带负载进行调试，检查电动机起动、停止是否符合要求。系统调试完毕即可交付使用。

通电调试时的安全注意事项这里不再赘述，应养成安全文明操作的良好习惯。

➤【课题小结】

本课题的内容结构如下：

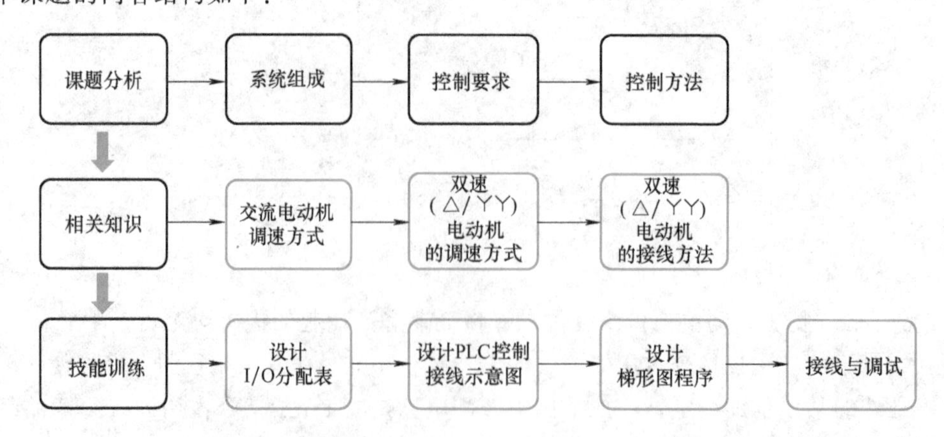

➤【效果测评】

学习效果测评表见表 1-1-1。

课题五 用 PLC 改造三相笼型三速异步电动机电气控制电路

三相笼型三速异步电动机电气控制电路如图 2-5-1 所示。要求用 PLC 改造电气控制电路，并进行设计、安装与调试。

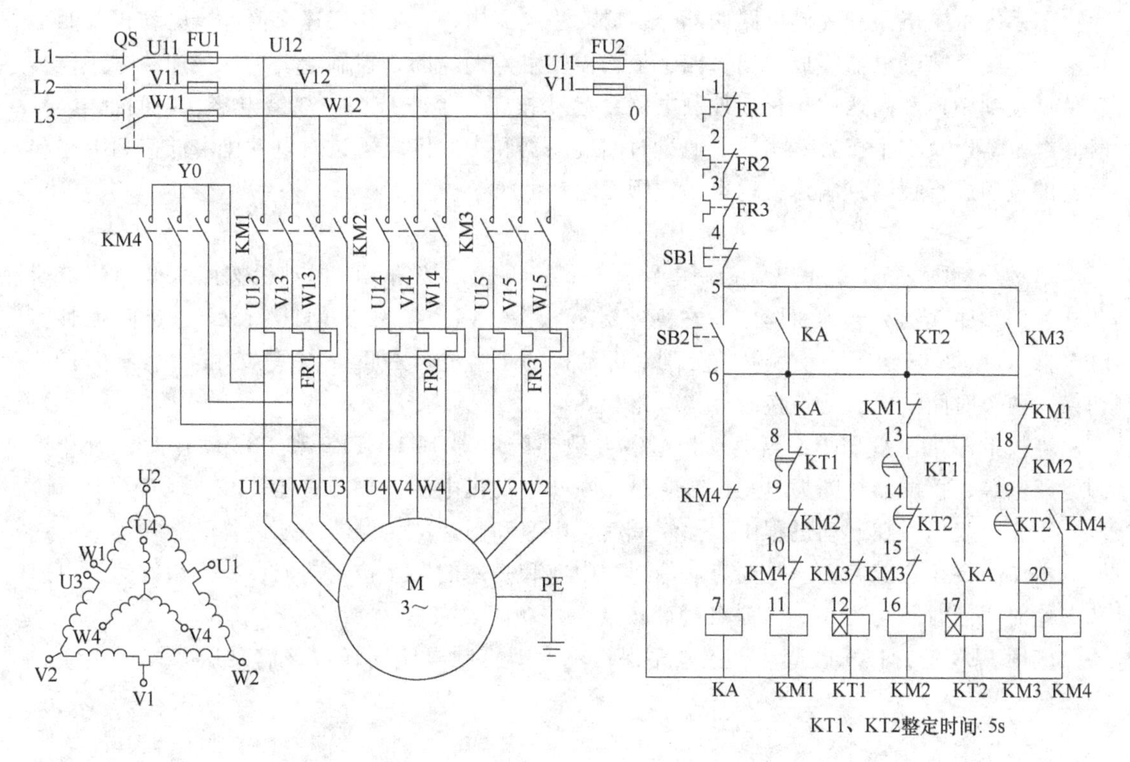

图 2-5-1 三相笼型三速异步电动机电气控制电路

➤【学习目标】

1. 掌握三速异步电动机变速控制的基本原理。
2. 掌握三速异步电动机变速控制的端子接线方式。
3. 进一步巩固 PLC 基本指令的图形符号、指令功能和使用方法。
4. 掌握用 PLC 改造三相笼型三速异步电动机电气控制电路的 I/O 分配方法。
5. 掌握用 PLC 改造三相笼型三速异步电动机电气控制电路 PLC 控制接线示意图的设计方法。
6. 掌握用 PLC 改造三相笼型三速异步电动机电气控制电路 PLC 控制梯形图的设计方法。
7. 掌握用 PLC 改造三相笼型三速异步电动机电气控制电路的接线与调试方法。
8. 培养与时俱进的创新精神和探索精神。

➤【教・学・做】

一、课题分析

（一）系统组成

该系统由主电路和控制电路两部分构成。主电路由一台三相三速交流异步电动机及四个接触器、三个热继电器组成，通过四个接触器主触点的通断，控制电动机三种连接方法，实现从低速到中速和高速的运行。控制电路由起动按钮、停止按钮、热继电器、中间继电器、时间继电器以及四个接触器构成，通过时间继电器和中间继电器，对电动机由低速到中速和高速的过程进行控制，满足三速电动机顺序起动的需要。

（二）控制要求

通过分析图2-5-1所示电气控制电路得知，按下起动按钮后，电动机按照从低速到中速和高速的顺序起动，起动完毕工作在高速运行状态。四个接触器KM1～KM4通过两个时间继电器KT1、KT2进行自动控制，分别对电动机的绕组进行△联结、Y联结和YY联结的自动切换，两个时间继电器的切换时间均整定为5s。

当按下停止按钮SB1或当电动机过载导致热继电器FR1、FR2和FR3动作时，断开控制电路电源，接触器线圈失电复位，主触点断开电动机电源，电动机停转。

为安全起见，在起动过程中，控制低速、中速和高速的接触器必须设置触点联锁。

本课题要注意三点：一是要有从低速到中速和高速的顺序控制功能；二是从低速到中速和高速的切换时间均为5s；三是各种联锁及保护功能要完整。

应用PLC进行技术改造后，主电路保持不变，控制电路同样应该满足这些控制功能和操作要求。

（三）控制方法

分析电气控制电路的工作原理及控制要求，应用PLC进行编程控制，时间的控制由PLC内部定时器通过编程的方式实现，原电气控制电路中的时间继电器和中间继电器都不再保留，其控制功能由PLC内部的定时器和辅助继电器承担。由于三条支路共用停止按钮和热继电器常闭触点，符合主控指令的编程特点，因此可以采用主控指令及其他相关基本指令进行编程。

二、相关知识

（一）三速电动机的绕组结构

三速电动机是在双速电动机的基础上发展而来的，是变极调速的典型代表，是为满足生产工艺对电动机调速性能的需要而采取的一种应对策略，是交流异步电动机变极调速理论在生产实践中的具体应用。

三速电动机的定子槽内分两层嵌放两套绕组。两套绕组，三组出线，共10个出线端。第一套绕组为双速绕组，可做△/YY联结，为低速与高速绕组，有7个出线端；第二套绕组为中速绕组，有3个出线端，可做Y联结。两套绕组之间分层隔离。10个出线端外引至电动机接线盒的接线端子。绕组结构与接线端子对应关系如图2-5-2所示。

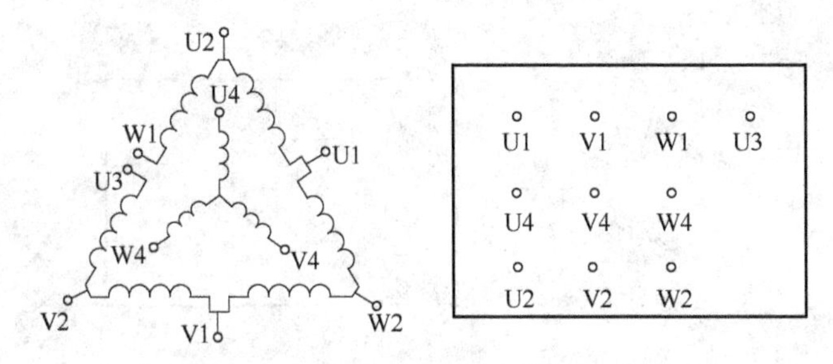

图 2-5-2 三速电动机绕组结构与接线端子对应关系

(二) 三速电动机的端子接线

三速电动机的两套定子绕组共有 10 个出线端，外接到接线盒中得到 10 个接线端子。这些接线端子提供给用户三种不同的接线方式，分别与三相电源相接，获得三种不同的转速。具体接线方法见表 2-5-1。

表 2-5-1 三速电动机定子绕组的接线方法

转速	电源接线			并 头	连 接 方 式	极 数	同步转速/(r/min)
	L1	L2	L3				
低速	U1	V1	W1	U3、W1	△	8	750
中速	U4	V4	W4	—	Y	4	1500
高速	U2	V2	W2	U1、V1、W1、U3	YY	2	3000

第一套绕组可以产生△联结（低速）和YY联结（高速）两种接法；第二套绕组为Y联结（中速）。三种接法使交流电动机形成三种不同的磁极对数，从而使电动机获得低速、中速和高速三种不同的运转速度。

（1）低速运行接线 低速时，电动机定子绕组为△联结，此时电动机的磁极为 8 极（$p=4$），同步转速为 750r/min。绕组接线与端子外接情况如图 2-5-3 所示。U1、V1 和 W1 接电源，W1、U3 并头，其余悬空。

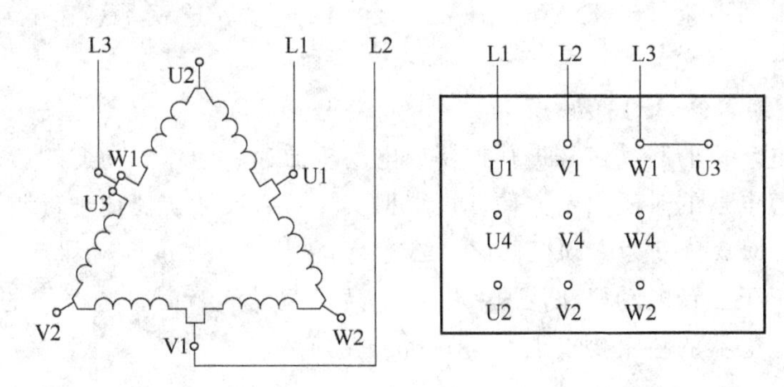

图 2-5-3 低速运行接线示意图

（2）中速运行接线 中速时，电动机定子绕组为Y联结，此时电动机的磁极为 4 极（$p=2$），同步转速为 1500r/min。绕组接线与端子外接情况如图 2-5-4 所示。U4、V4 和 W4 接电源，其余悬空。

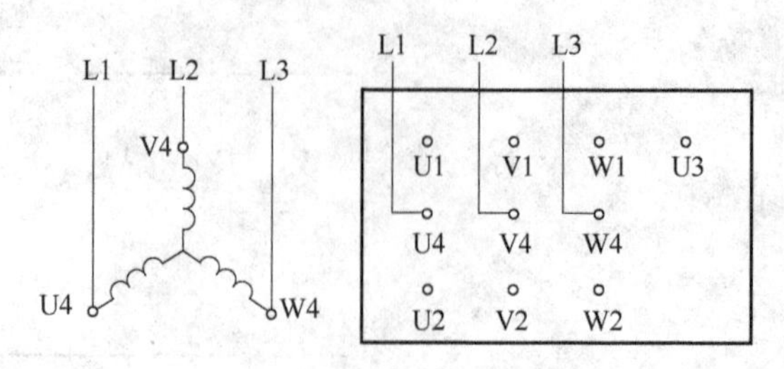

图 2-5-4　中速运行接线示意图

（3）高速运行接线　高速时，电动机定子绕组为YY联结，此时电动机的磁极为 2 极（$p=1$），同步转速为 3000r/min。绕组接线与端子外接情况如图 2-5-5 所示，U2、V2 和 W2 接电源，U1、V1、W1 和 U3 并接在一起。

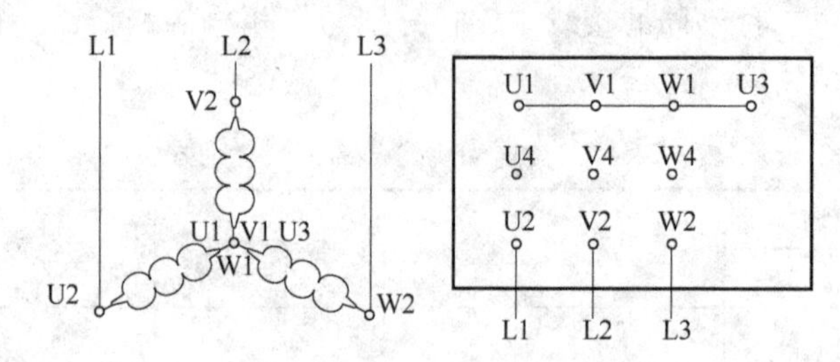

图 2-5-5　高速运行接线示意图

同步转速为电动机理想状态下的运行转速，交流异步电动机的实际转速是低于同步转速的，但额定运行状态下，实际转速非常靠近同步转速，它们之间的差值并不大。这个差距就是异步，是交流异步电动机运行的基础。

（三）三速电动机的起动原理

一般来讲，为了减小起动电流，三速电动机在高速运行前，必须先经低速和中速的起动过程，最后工作在高速运行状态。本课题的电气控制电路就是按照这个顺序，通过交流接触器实现从△联结→Y联结→YY联结的顺序依次改变电动机绕组的接线方式，从而在速度上完成从低速（8 极）到中速（6 极）和高速（4 极）的过渡。这就是三速电动机的顺序起动原理。

（四）三速电动机的起动控制

为了对三速电动机的起动过程进行控制，电动机低速、中速和高速的切换由时间继电器自动控制。时间继电器的时间整定方便，可根据实际需要灵活快捷地进行调整。

FR1、FR2 和 FR3 分别为电动机低速（△运行）、中速（Y运行）和高速（YY运行）的过载保护元件。由于三台电动机在低速、中速和高速起动运行时，电路中的电流各不相同，所以对这三个热继电器的整定要求也不同。

三、技能训练

（一）设计 I/O 分配表

通过课题分析，本课题有 3 路输入、4 路输出，根据 PLC 技术改造的基本原则，分配列出 PLC 改造三相笼型三速异步电动机起动控制电路的 I/O 分配见表 2-5-2。

表 2-5-2　三相笼型三速异步电动机起动控制 PLC 系统的 I/O 分配

输入分配（I）			输出分配（O）		
输入元件名称	代号	输入继电器	输出继电器	被控对象	作用及功能
起动按钮	SB2	X000	Y000	KM1	低速△联结接触器
停止按钮	SB1	X001	Y001	KM2	中速Y联结接触器
过载保护	FR1～FR3	X002	Y002	KM3	高速YY联结接触器
			Y003	KM4	高速YY联结并星点

（二）设计 PLC 控制接线示意图

依照 I/O 分配表，根据控制要求设计的本课题 PLC 控制接线示意图如图 2-5-6 所示。

在 PLC 输入电路中，三速电动机的三个热继电器辅助触点串联后，共同作为过载保护控制信号。由于使用了常闭触点，因此在后续的梯形图编程时，输入继电器 X002 就应与之相反，使用常开触点。

在 PLC 的输出控制电路中，为确保三速电动机整个起动过程及运行中的安全，在四个接触器之间设置了触点联锁，这是十分必要的。

（三）设计梯形图程序

1. 设计思路

从原电气控制原理图可以看出，停止按钮常闭触点和热继电器常闭触点串联作为整个起动控制线路的公共部分。在进行梯形图编程设计时可以优先使用主控指令进行编程，这样有利于简化控制过程的逻辑关系，降低程序设计的难度，提高编程设计的速度和效率。根据 PLC 改造课题的基本原则，应用主控指令编程设计的梯形图如图 2-5-7 所示。

2. 注意事项

设计过程中要把握几点：一是停止与过载作为主控信号使用；二是时间控制是本课题的关键，当多个时间连续控制时，确定一个动作作为时间控制的起点很有必要，为此，多个定时器可以并联集中控制；三是将三个阶段分别设计为起保停控制电路，在此基础上再根据三速电动机的起动原理和原控制电路的联锁关系进一步完善各个输出继电器之间的触点联锁关系，最终得到比较完整的控制梯形图；四是主控程序结束必须使用主控复位指令。关于梯形图的控制原理可自行分析，在此不再赘述。

（四）接线与调试

由于原电气控制电路中接触器线圈的电压为 380V，而 PLC 的输出负载电压为 220V，因此，应更换接触器线圈，使其工作电压与 PLC 相匹配。

接线时应按照接线示意图进行操作，要求安全可靠，工艺美观；接线完毕后应认真检查接线状况，确保正确无误；系统调试时应先进行模拟调试，检查程序设计是否满足控制要求。如果存在问题，需要重新修改完善程序；如果控制功能满足需要，符合设计要求，则进一步带负载进行调试，检查电动机起动、停止是否符合要求。系统调试完毕即可交付使用。

调试时的安全注意事项这里不再赘述，应养成安全文明操作的良好习惯。

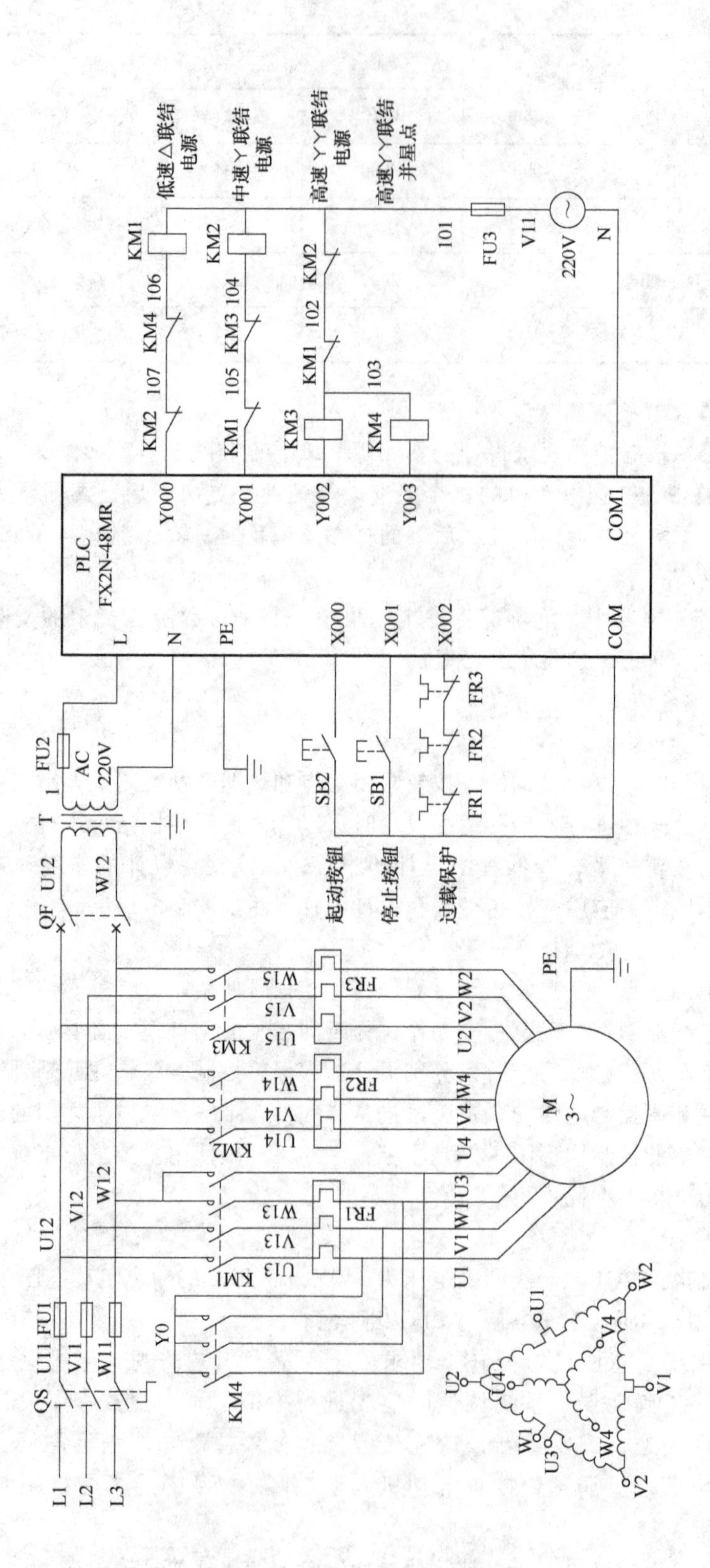

图 2-5-6　PLC 改造三相笼型三速异步电动机控制电路接线示意图

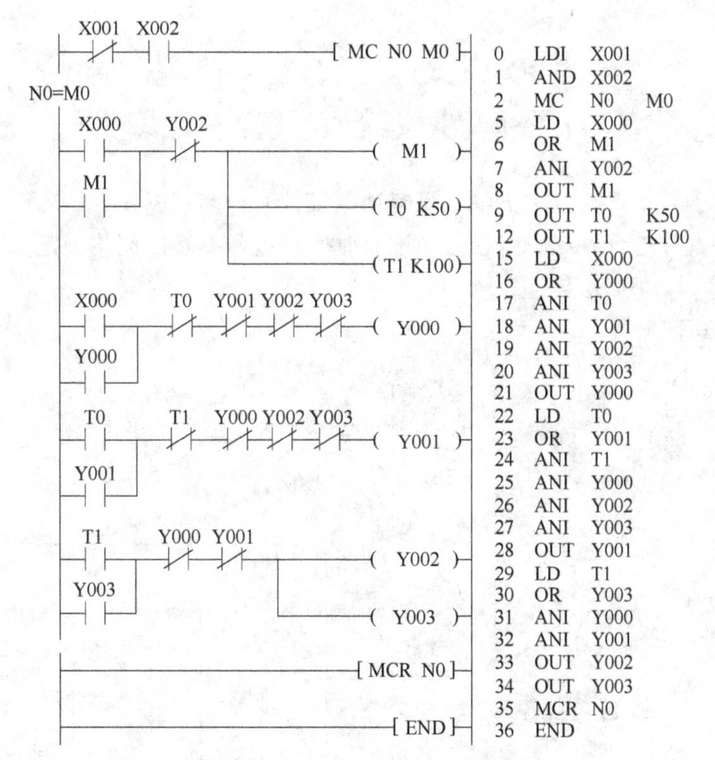

图 2-5-7　PLC 改造三速电动机起动控制梯形图

➤【课题小结】

本课题的内容结构如下：

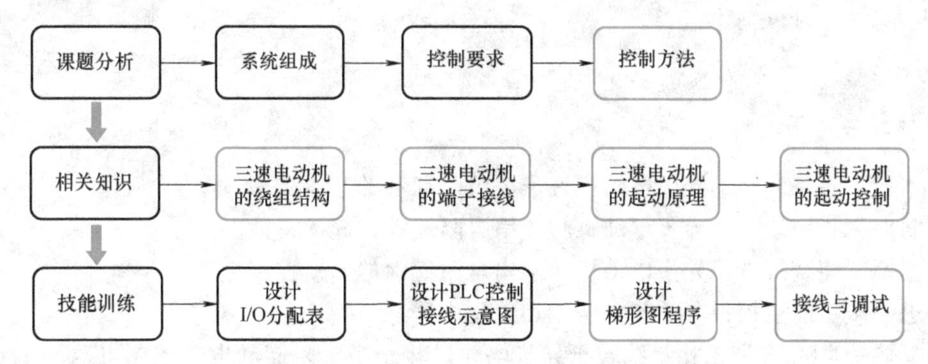

➤【效果测评】

学习效果测评表见表 1-1-1。

课题六 用PLC改造三相绕线转子异步电动机转子串电阻起动电气控制电路

三相绕线转子异步电动机转子串电阻起动电气控制电路如图2-6-1所示。要求用PLC改造电气控制电路，并进行设计、安装与调试。时间继电器切换时间均设定为3s。

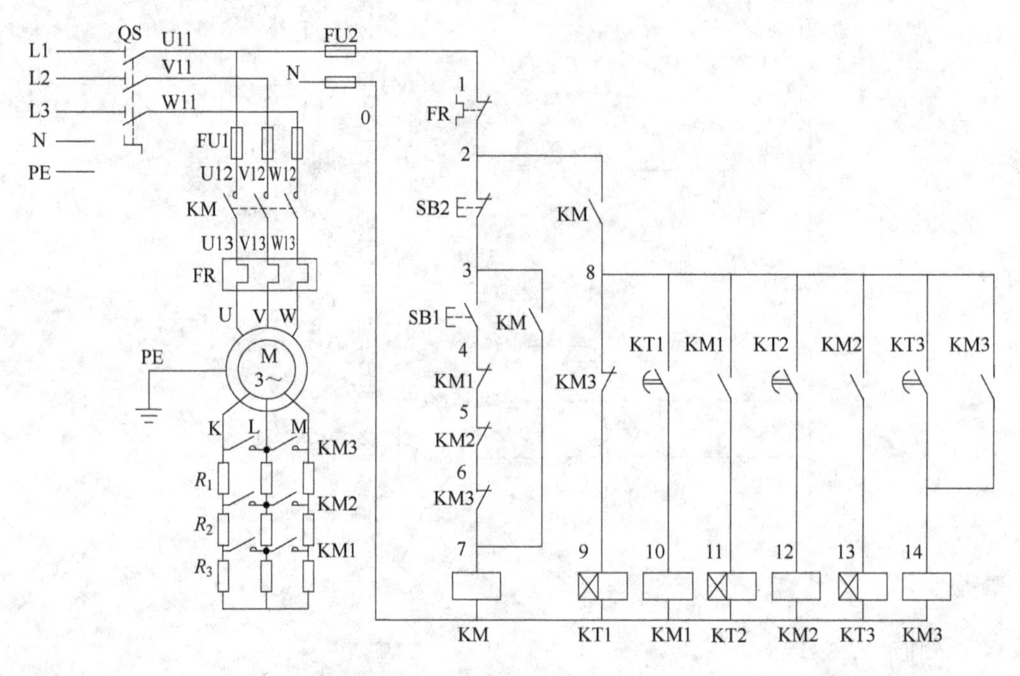

图2-6-1 三相绕线转子异步电动机转子串电阻起动电气控制电路

➤【学习目标】

1. 掌握三相绕线转子异步电动机转子串电阻起动的基本结构。
2. 掌握三相绕线转子异步电动机转子串电阻起动的起动特性。
3. 掌握三相绕线转子异步电动机转子串电阻起动的起动控制。
4. 进一步巩固主控指令的基本功能和使用方法。
5. 掌握用PLC改造三相绕线转子异步电动机转子串电阻起动电气控制电路的I/O分配方法。
6. 掌握用PLC改造三相绕线转子异步电动机转子串电阻起动电气控制电路PLC控制接线示意图的设计方法。
7. 掌握用PLC改造三相绕线转子异步电动机转子串电阻起动电气控制电路PLC控制梯形图设计方法。
8. 掌握用PLC改造三相绕线转子异步电动机转子串电阻起动电气控制电路的接线与调试方法。
9. 树立质量意识、责任担当和质量强国的理念。

➤【教·学·做】

一、课题分析

（一）系统组成

该系统由主电路和控制电路两部分构成。主电路由一台三相绕线转子异步电动机转子串三级电阻、熔断器、四个接触器和热继电器等组成。控制电路由起动按钮、停止按钮、热继电器辅助触点、时间继电器以及四个接触器构成。

（二）控制要求

起动时，按下起动按钮 SB1，接触器 KM 线圈得电，KM 主触点闭合，接通三相交流电源，与此同时，三相绕线转子异步电动机的转子串入全部电阻起动，三个时间继电器分别依次控制三个接触器，逐级切除转子所串电阻，最终进入额定工作状态。为安全起见，在起动回路中设置触点联锁，当串联电阻回路不正常时，无法起动，有效预防起动故障。

当按下停止按钮 SB2，断开控制电源，接触器线圈失电复位，主触点断开电动机电源，电动机停转。

本课题要注意三点：一是确保起动时串联电阻全部接入；二是时间继电器控制对转子所串电阻逐级切除，切换时间为 3s；三是联锁及保护功能应完整。

应用 PLC 进行技术改造后，同样应该满足这些控制功能和操作要求。

（三）控制方法

分析电气控制电路的工作原理及控制要求，应用 PLC 进行编程控制，时间的控制由 PLC 内部的定时器通过编程方式实现，原电气控制电路中的时间继电器不再保留，其控制功能由 PLC 内部的定时器取代。由于三条支路共用主接触器 KM 的起保停电路，符合主控指令的编程特点，因此可以采用主控指令及其他基本指令编程。

二、相关知识

（一）三相绕线转子异步电动机的基本结构

由于三相交流异步电动机直接起动时的起动电流特别大，对供配电系统及电动机本身造成很大的危害，因此人们一直积极探索和改进交流电动机的起动性能。绕线转子异步电动机转子串电阻起动就是比较有效的一种起动运行方式，通过在电动机的转子上做文章的方法，产生了三相交流绕线转子异步电动机。

三相交流绕线转子异步电动机的结构与三相笼型异步电动机的结构基本相同，由定子（静止部分）和转子（转动部分）两大部分组成。定子结构与三相笼型异步电动机的定子结构一致。所不同的是，转子铁心嵌入了与定子绕组类似的三相对称绕组，一端合并接成星形，另一端三个出线头接到与转轴绝缘的三个集电环上，通过电刷与外部电路连接。

集电环固定在转轴上并与转轴绝缘，随转轴一起转动；电刷与集电环之间始终保持接触且是静止的。图 2-6-2 所示为三相交流绕线转子异步电动机转子串电阻结构示意图。

（二）三相绕线转子异步电动机的起动特性

当绕线转子异步电动机的转子回路串入适当的电阻时，既可减小起动电流，又可提高起

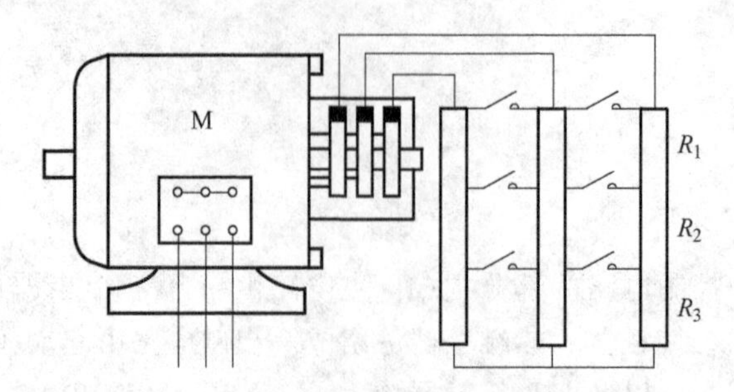

图 2-6-2　绕线转子异步电动机转子串电阻结构示意图

动转矩，有效改善了电动机的起动性能。

图 2-6-3 所示为绕线转子异步电动机转子串四级电阻起动接线示意图及其机械特性曲线。随着串入电阻阻值的逐步增大，机械特性变软，起动转矩增大，当转子回路的总电阻（r_2+R_3）与电动机漏感抗 X_{20} 相等时，起动转矩可达到最大值。再进一步增大串入的电阻（r_2+R_4），机械特性进一步变软，而起动转矩逐步减小，即起动电流逐步减小。

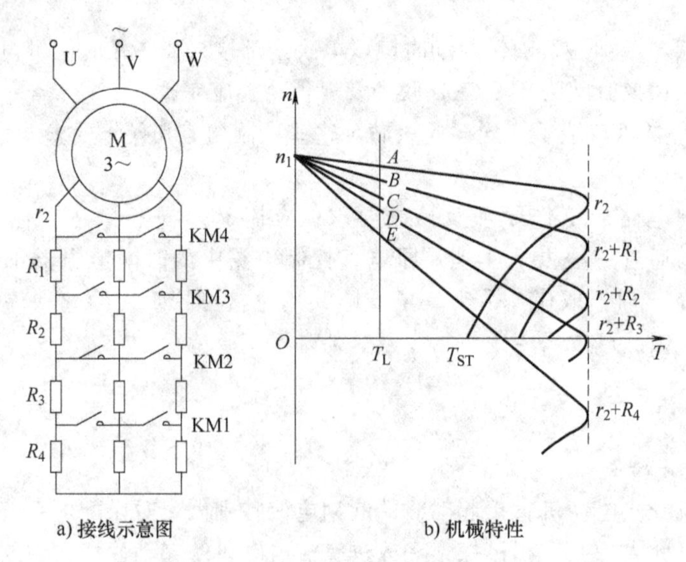

图 2-6-3　绕线转子异步电动机转子串四级电阻起动接线示意图及其机械特性曲线

利用三相绕线转子异步电动机的这一特性，在起动时将全部电阻串入转子回路中，可以降低起动电流。随着电动机转速逐渐加快，电动机转矩逐渐降低。为了充分利用电动机的起动转矩，应随着转速的增高，逐级减少转子回路电阻，使电动机维持较高的起动电流和起动转矩，直至最后将四级起动电阻全部从转子电路中切除，至此电动机无外加电阻，工作点过渡至自然机械特性曲线（r_2）上，最终电动机运行于工作点 A，即进入额定工作状态运行。

（三）三相绕线转子异步电动机的起动控制

根据三相笼型异步电动机的结构特点和起动特性，对其实施起动控制，在起动时，确保将起动电阻全部接入，有效地减小起动电流，增大起动转矩；随着电动机转速的升高，依次逐级短接（即切除）起动电阻；当串接电阻全部切除后，电动机起动完毕，进入到额定状态下运行。在本课题中，起动电阻分为三级，分别由接触器 KM1、KM2 和 KM3 负责依次切除，切除时间分别由时间继电器 KT1、KT2 和 KT3 控制。电动机电源接触器、时间继电器及转子电阻切换接触器的动作换顺序为 KM→KT1→KM1→KT2→KM2→KT3→KM3。

三、技能训练

（一）设计 I/O 分配表

通过对原电气控制原理图的分析，本课题有 3 路输入、4 路输出，列出 PLC 改造三相绕线转子异步电动机转子串电阻起动的 I/O 分配见表 2-6-1。

表 2-6-1　三相绕线转子异步电动机转子串电阻起动 PLC 控制 I/O 分配

输入分配（I）			输出分配（O）		
输入元件名称	代号	输入继电器	输出继电器	被控对象	作用及功能
起动按钮	SB1	X000	Y000	KM	定子绕组电源接触器
停止按钮	SB2	X001	Y001	KM1	第一级电阻切除接触器
过载保护	FR	X002	Y002	KM2	第二级电阻切除接触器
			Y003	KM3	第三级电阻切除接触器

（二）设计 PLC 控制接线示意图

依照 I/O 分配表，根据控制要求设计的本课题 PLC 控制接线示意图如图 2-6-4 所示。

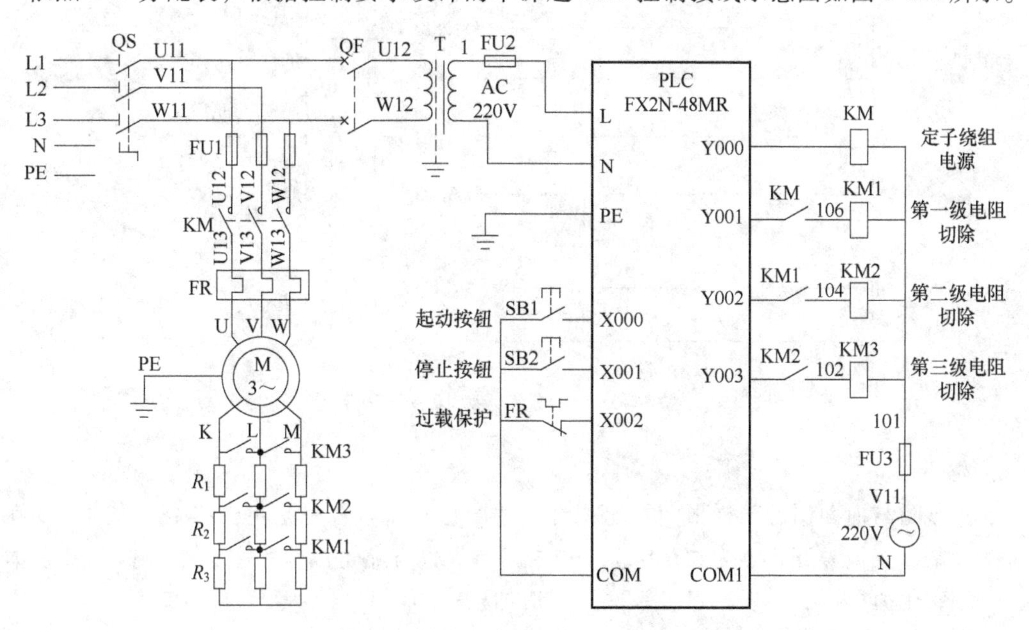

图 2-6-4　PLC 控制绕线转子异步电动机转子串电阻起动接线示意图

该系统的主电路保持不变。根据绕线转子异步电动机转子串电阻的起动特性及原电气控制电路的工作原理，在 PLC 输出控制电路中，电源接触器 KM 与转子电阻切除接触器之间应用三对常开触点，保证了动作的先后顺序和严密的逻辑关系，即接触器的动作顺序为 KM→KM1→KM2→KM3。这样的设计，一是确保只有当电源接触器 KM 动作，电动机起动以后，负责电阻切除任务的接触器 KM1～KM3 才能动作，有效保证了绕线转子异步电动机转子在串入全部电阻的情况下起动；二是电阻的切除顺序严格按照 KM1→KM2→KM3 的顺序进行，保证起动过程的安全、平稳和有序。

（三）设计梯形图程序

1. 设计思路

分析原电气原理图的结构特点和工作原理发现，只有在三个电阻切换接触器触点复位的情况下，电动机才能正常起动运行，由此形成了由起动按钮 SB1、KM1、KM2 和 KM3 三个接触器常闭触点以及停止按钮、过载保护多个要素形成的起保停电路，以此作为三条时间控制分支工作的基本条件。如此控制特点和要求，完全符合主控指令的编程特点，因此可以采用主控指令及其他相关基本指令进行编程。所设计的本课题 PLC 控制梯形图如图 2-6-5 所示。

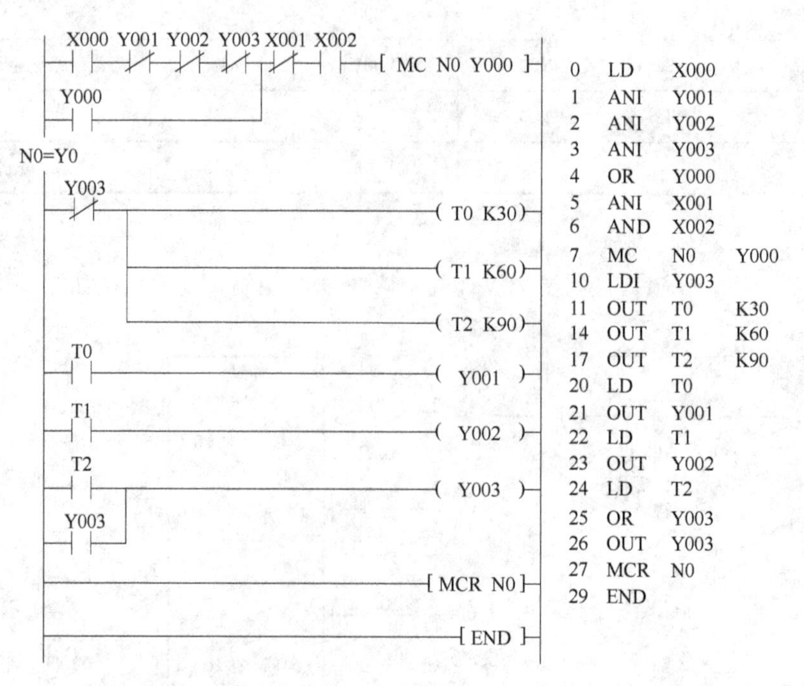

图 2-6-5　PLC 控制绕线转子异步电动机转子串电阻起动梯形图

2. 突出特点

本梯形图与前面课题的梯形图相比，有一些变化和特点：一是主控指令直接用 Y000 作为操作对象，主控常开触点为“N0＝Y0”；二是起保停电路可以作为主控指令执行的基本条件。此等变化值得读者引发思考，举一反三地加以应用。

具体工作原理分析如下：

按下起动按钮 SB1，输入继电器常开触点 X000 闭合，执行主控开始指令，输出继电器 Y000 常开触点闭合，接触器 KM 线圈得电，电动机转子串入全部电阻起动。

同时主控常开触点“N0＝Y0”闭合，左母线与梯形图相连，T0～T2、Y001～Y003 等元件受控于 Y000。随后 T0～T2 开始延时，T0 延时 3s 时间到，T0 常开触点闭合，Y001

（KM1）线圈得电，接触器主触点闭合切除一级电阻 R_3；T1 延时 6s 时间到，T1 常开触点闭合，Y002（KM2）线圈得电，切除二级电阻 R_2；T2 延时 9s 时间到，Y003（KM3）线圈得电，接触器主触点闭合切除三级电阻 R_1；当 Y003 常开触点闭合自锁，常闭触点断开定时器控制支路时，整个起动完毕，电动机在额定状态下运行。

当按下停止按钮 SB2 或电动机过载保护 FR 动作时，X001 或 X002 常闭触点断开，主控指令复位，主控触点“N0＝Y0”断开，程序块复位停止工作，电动机停止。

起保停电路的联锁关系表明，电动机未串入电阻无法起动，有效保证了起动控制系统能够安全可靠地工作。

（四）接线与调试

由于原电气控制电路中接触器线圈的电压为 220V，而 PLC 的输出负载电压为 220V，因此，因此无须更换接触器线圈。

接线时应按照接线示意图进行操作，要求安全可靠，工艺美观；接线完毕后要认真检查接线状况，确保正确无误；系统调试时应先进行模拟调试，检查程序设计是否满足控制要求，如果存在问题，需要重新修改与完善程序；如果控制功能满足需要，符合设计要求，则进一步带负载进行调试，检查电动机起动、停止是否符合要求。系统调试完毕即可交付使用。

通电调试时的安全注意事项这里不再赘述，应高度重视并养成安全文明操作的良好习惯。

➤【课题小结】

本课题的内容结构如下：

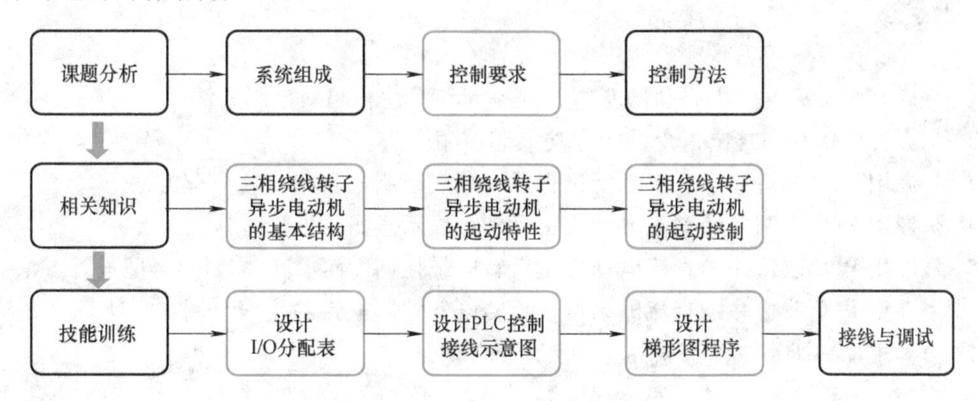

➤【效果测评】

学习效果测评表见表 1-1-1。

课题七　用PLC改造并励直流电动机正反转电气控制电路

并励直流电动机正反转电气控制电路如图2-7-1所示。要求用PLC改造电气控制电路，并进行设计、安装与调试。时间继电器设定时间为5s。

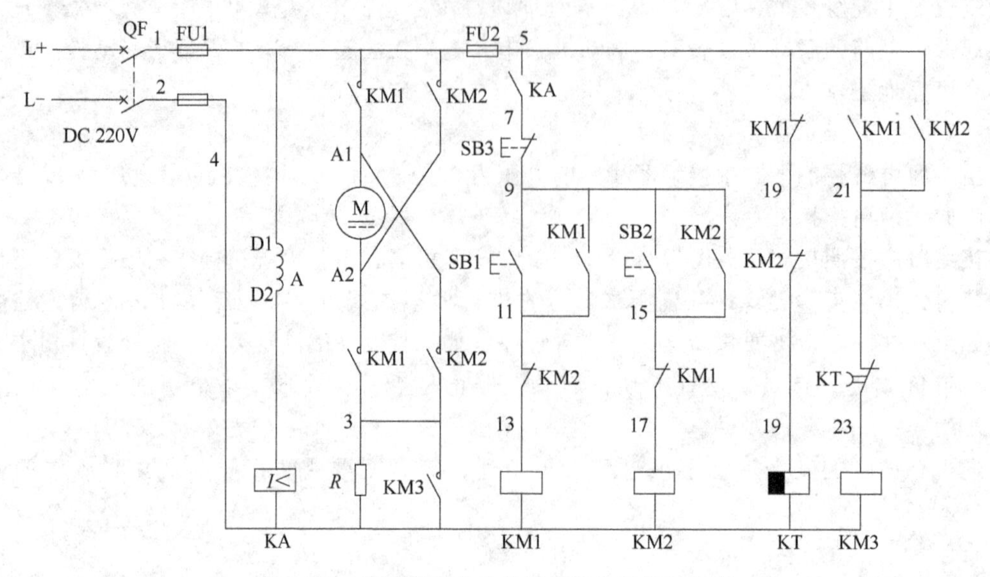

图2-7-1　并励直流电动机正反转电气控制电路

➤【学习目标】

1. 掌握并励直流电动机起动的基本原理、起动特性和起动控制方法。
2. 掌握置位指令和复位指令的指令功能和使用方法。
3. 掌握用PLC改造并励直流电动机正反转电气控制电路的I/O分配方法。
4. 掌握用PLC控制并励直流电动机正反转接线示意图的设计方法。
5. 掌握用PLC改造并励直流电动机正反转电气控制电路PLC控制梯形图设计方法。
6. 掌握用PLC改造并励直流电动机正反转电气控制电路的接线与调试方法。
7. 培养主动钻研、主动探索和主动创新的精神。

➤【教・学・做】

一、课题分析

（一）系统组成

从图2-7-1可以看出，并励直流电动机控制系统由主电路和控制电路两部分构成。

主电路由直流并励电动机的励磁回路和电枢回路两部分组成。励磁回路由励磁绕组D1D2与欠电流继电器KA组成；电枢回路由直流电动机电枢绕组A1A2与正反转控制接触器KM1、KM2触点、起动电阻*R*和电枢减压起动接触器KM3等组成。

控制电路由正反转起动按钮 SB1 和 SB2，停止按钮 SB3，正反转接触器线圈 KM1 和 KM2，时间继电器 KT 和减压起动接触器 KM3 等组成。

（二）控制要求

分析图 2-7-1 所示控制系统的工作原理，当合上断路器 QF 后，励磁回路通电，励磁绕组产生直流磁场，为直流电动机起动做准备。当电动机励磁电压正常时，继电器 KA 吸合，控制电路能够起动操作；当励磁电压过低时，KA 释放，控制电路将无法起动。这能够有效预防直流电动机弱磁飞车和烧毁电枢绕组。

当按下正转起动按钮 SB1 时，接触器 KM1 线圈得电，KM1 主触点闭合，给直流电动机电枢绕组加上正向直流电源，电动机电枢绕组串电阻 R 减压起动；同时时间继电器开始计时，当计时时间到，KM3 线圈得电，短接起动电阻，电动机进入额定工作状态。

当按下反转起动按钮 SB2 时，接触器 KM2 线圈得电，KM2 主触点闭合，给直流电动机电枢绕组加上反向直流电源，电动机电枢绕组串电阻 R 减压起动；同时时间继电器开始计时，当计时时间到，KM3 线圈得电，短接起动电阻，电动机进入额定工作状态。

当按下停止按钮或当励磁电压过低时，控制电路断电，接触器 KM1（或 KM2）线圈失电，KM1（或 KM2）主触点复位断开，电动机电枢绕组断电停转。

本课题要注意以下几点：一是起动前励磁绕组必先通电，励磁电压正常才能起动；二是直流电动机直接起动电流过大，不能直接起动，正反转起动时都必须接入起动电阻，进行减压起动；三是通过时间继电器控制切换接触器 KM3，对起动电阻 R 进行清除，切换时间为 5s；四是为安全起见，在正反转控制电路中设置触点联锁。应用 PLC 进行技术改造后，同样应该满足这些控制功能和操作要求。

（三）控制方法

分析电气控制电路的工作原理及控制要求，采用 PLC 控制，主电路不变，欠电流继电器 KA 触点作为 PLC 的一路输入，PLC 控制电路应有 4 路输入信号和 3 路输出信号。时间控制由 PLC 内部的定时器通过编程的方式实现。原电气控制电路中的时间继电器不再保留，其控制功能由 PLC 内部的定时器取代。由于正反转控制电路为两个起保停控制电路，可以学习使用置位指令和复位指令进行编程。

二、相关知识

（一）直流电动机起动控制

与交流电动机相比，尽管直流电动机结构复杂、成本高，但由于直流电动机具有起动转矩大、较硬的机械特性、调速范围广、调速精度高、能够实现无级平滑调速以及可以频繁起动等一系列优点，故在许多场合得到应用。尤其在大功率晶闸管可控整流装置的配合下，直流电动机应用比较广泛。

直流电动机的起动控制有其自身特点，即在接通电枢电源之前必须先通入励磁额定电流，原因是：保证起动过程中产生足够大的反电动势，来减小起动电流；产生足够大的起动转矩，缩短起动时间；避免励磁电流为零时出现“飞车”现象。由于直流电动机的电枢直接起动电流太大（如全压起动时为 $10I_N \sim 20I_N$），因此除极小功率的直流电动机外，直流电动机不允许全压起动，必须实施电枢绕组减压起动。

直流电动机常用的起动方法有两种：一是电枢回路串联电阻减压起动；二是降低电源电

压起动。并励直流电动机通常采用电枢回路串电阻减压起动。

（二）直流电动机正反转控制

直流电动机实现正反转控制的方法有两种：一是电枢绕组反接法，即保持励磁绕组极性不变，反接电枢绕组极性；二是励磁绕组反接法，即保持电枢绕组极性不变，反接励磁绕组极性。如果电枢绕组和励磁绕组的极性同时改变，那么电动机的转向将保持不变，无法实现电动机的正反转。

为了避免在改变励磁电流方向的过程中因励磁电流为零而产生“飞车”现象，并励直流电动机的正反转控制电路通常采用电枢反接法。

（三）SET 指令与 RST 指令

1. SET 指令与 RST 指令的功能

（1）SET 指令的功能　SET 指令称为置位指令。其功能是：驱动线圈，使其具有自锁功能，维持接通状态。要使被驱动的线圈失电，则必须使用复位指令 RST。

（2）RST 指令的功能　RST 指令称为复位指令，其功能是使线圈复位。RST 指令可以同 SET 指令配合使用，也可以单独使用，可以使被置位的线圈复位，也可以用于对计数器进行清零。

2. SET 指令与 RST 指令的应用

SET 指令与 RST 指令的应用，可以通过下面两个梯形图对比进行说明。

图 2-7-2 所示为具有起动、自保和停止功能的起保停控制梯形图。按下起动按钮，X000 常开触点闭合，输出继电器线圈 Y000 得电自锁；按下停止按钮，X001 常闭触点断开，输出继电器线圈 Y000 失电复位，自锁解除。

图 2-7-3 所示为置位复位指令控制梯形图。按下起动按钮，X000 常开触点闭合，执行置位指令 SET，输出继电器线圈 Y000 得电并保持输出状态；按下停止按钮，X001 常开触点闭合，执行复位指令 RST，输出继电器线圈 Y000 复位。Y000 线圈被置位后就一直保持输出状态，要 Y000 线圈复位，必须使用复位指令 RST。

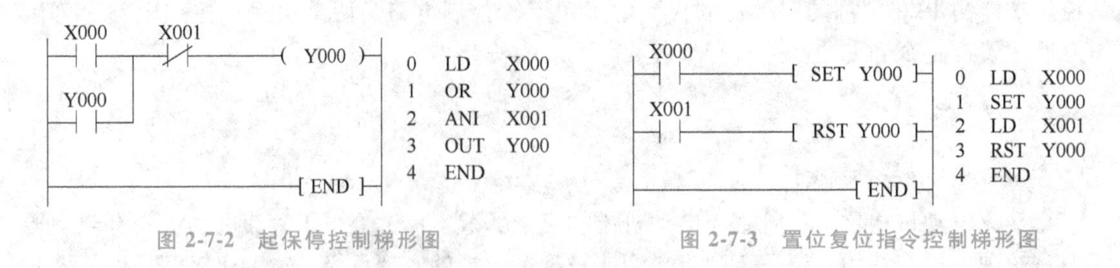

图 2-7-2　起保停控制梯形图　　　图 2-7-3　置位复位指令控制梯形图

比较发现，上述两个梯形图程序的控制功能是一致的，都可以达到同样的控制效果。

由此可见，对于具有起保停控制特点的控制，可以使用置位指令 SET 和复位指令 RST 进行编程。

三、技能训练

（一）设计 I/O 分配表

通过对原电气控制原理图的分析，本课题有 4 路输入、3 路输出，列出 PLC 控制并励直流电动机正反转 I/O 分配见表 2-7-1。

表 2-7-1　PLC 控制并励直流电动机正反转 I/O 分配

输入分配（I）			输出分配（O）		
输入元件名称	代号	输入继电器	输出继电器	被控对象	作用及功能
正转起动按钮	SB1	X000	Y000	KA1	正转控制继电器
反转起动按钮	SB2	X001	Y001	KA2	反转控制继电器
停止按钮	SB3	X002	Y002	KA3	起动电阻切除控制继电器
失磁保护	KA	X003			

（二）设计 PLC 控制接线示意图

在设计本课题 PLC 控制接线示意图时，因 PLC 的输出继电器的直流承载电压为 30V 以下，为此可通过 PLC 输出继电器驱动中间继电器 KA1～KA3，再用中间继电器的触点驱动 KM1～KM3。依照 I/O 分配表，根据控制要求设计的本课题 PLC 控制接线示意图如图 2-7-4 所示。

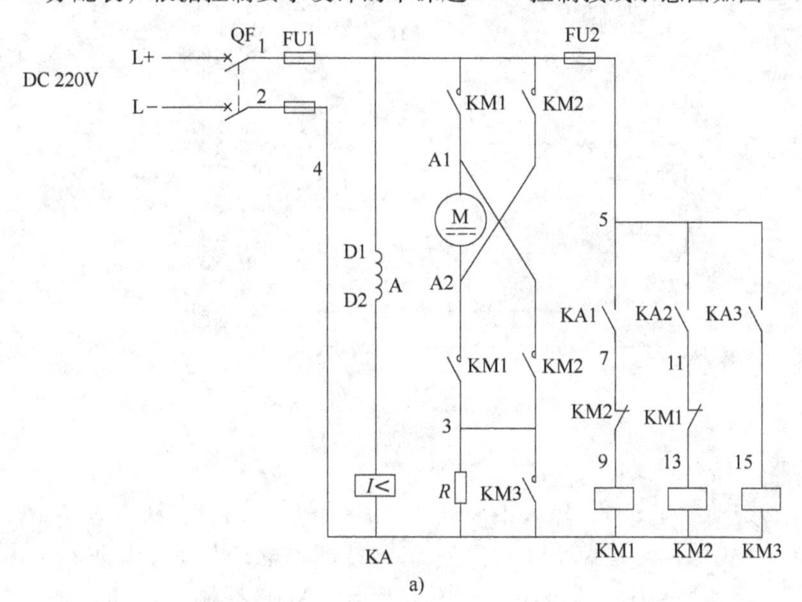

a)

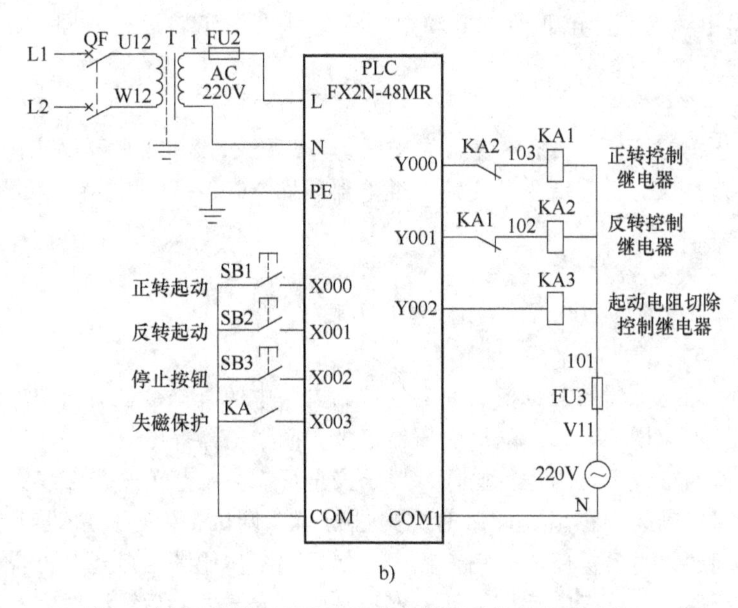

b)

图 2-7-4　PLC 控制并励直流电动机正反转接线示意图

（三）设计梯形图程序

本课题接触器的通断电采用置位与复位指令进行设计，定时控制在原接触器-继电器控制线路中采用的是断电延时定时器，而PLC中无断电延时定时器，可通过编程的方式实现用通电延时定时器来解决延时问题。所设计的PLC控制梯形图如图2-7-5所示。

梯形图控制分析：合上图2-7-4中的QF后，励磁绕组A有电流流过，欠电流继电器KA吸合，输入继电器常开触点X003闭合，为起动控制做好准备。

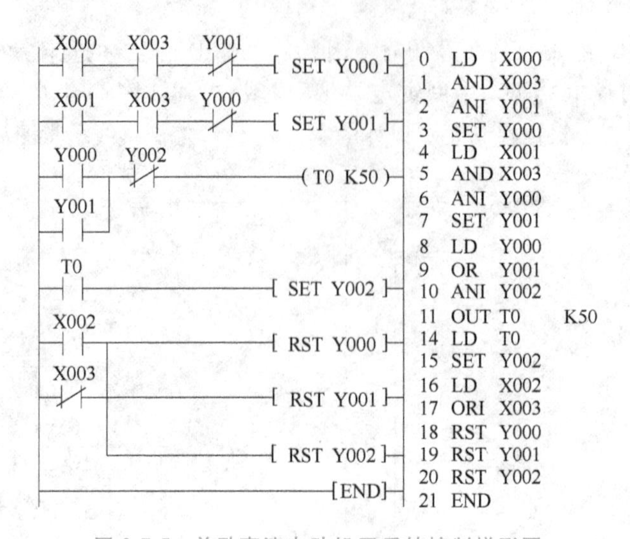

图2-7-5　并励直流电动机正反转控制梯形图

1. 正反转控制

当按下正转起动按钮SB1，输入继电器X000常开触点闭合，执行置位指令SET，输出继电器线圈Y000置位，继电器KA1得电使KM1线圈得电，电动机串电阻R正转起动；同时定时器T0得电延时5s时间到，T0常开触点闭合，Y002线圈被置位，继电器KA3得电，使KM3线圈得电切除起动电阻R，电动机在额定状态下正转运行。同理，反转控制亦然，这里不再赘述。

2. 停止与失磁保护

当按下停止按钮SB3，或励磁绕组失磁时，KA释放，X002常开触点闭合或X003常闭触点复位闭合，都执行复位指令，使输出继电器线圈Y000～Y002复位，线路停止工作，电动机停转。

3. 触点闭锁关系

输出继电器Y001与Y002的常闭触点互为联锁。

（四）接线与调试

由于通过中间继电器的触点控制原电气控制电路中的直流接触器线圈，因此无须更换直流接触器线圈，但应增加PLC、隔离变压器以及中间继电器等电气元件。

接线时应按照接线示意图进行操作，要求安全可靠，工艺美观；接线完毕后应认真检查接线状况，确保正确无误；系统调试时应先进行模拟调试，检查程序设计是否满足控制要求，如果存在问题，需要重新修改完善程序；如果控制功能满足需要，符合设计要求，则进一步带负载进行调试，检查电动机起动、停止是否符合要求。系统调试完毕即可交付使用。

通电调试时的安全注意事项这里不再赘述，应给以高度重视并养成安全文明操作的良好习惯。

➤【课题小结】

本课题的内容结构如下：

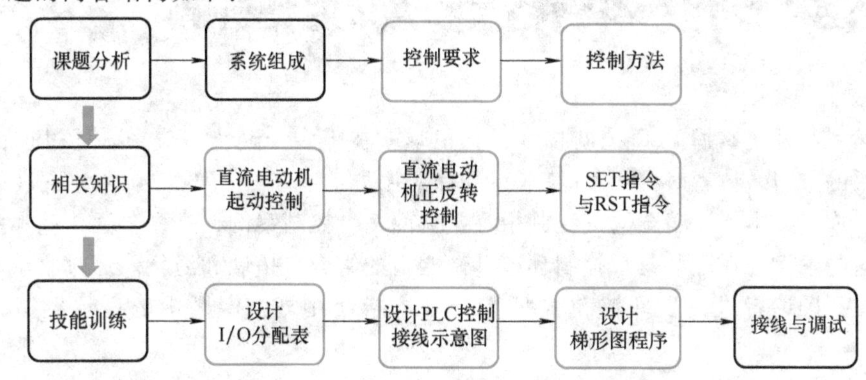

➤【效果测评】

学习效果测评表见表 1-1-1。

单元三 综合案例基本指令编程控制

深入学习和系统掌握 PLC 控制技术，其根本就在于多实践、多应用。通过前面典型环节编程应用的学习，读者对 PLC 的基本指令和应用方法有了一定的基础。为了进一步巩固前面的学习成果，本单元精选电气控制中最常见的 7 个控制案例，进一步强化基本指令的编程学习。这些案例是在一些典型控制环节基础之上的组合、拓展和演化。通过本单元课题的学习，旨在帮助读者进一步理解和掌握 PLC 基本指令在复杂课题中的设计思路、理念和方法。

课题一　PLC 控制上料爬斗生产线的设计、安装与调试

图 3-3-1 所示为上料爬斗生产线工作示意图。爬斗由三相交流异步电动机 1M 拖动，将料斗提升到上限后，自动翻斗卸料，翻斗时撞击行程开关 SQ1，随即反向下降，达到下限，压下行程开关 SQ2 后，停留 20s，同时起动由三相交流异步电动机 2M 拖动的带式输送机向料斗加料，20s 后，带式输送机自行停止，料斗则自动上升……不断循环。要求用 PLC 设计该控制系统，并进行安装与调试。

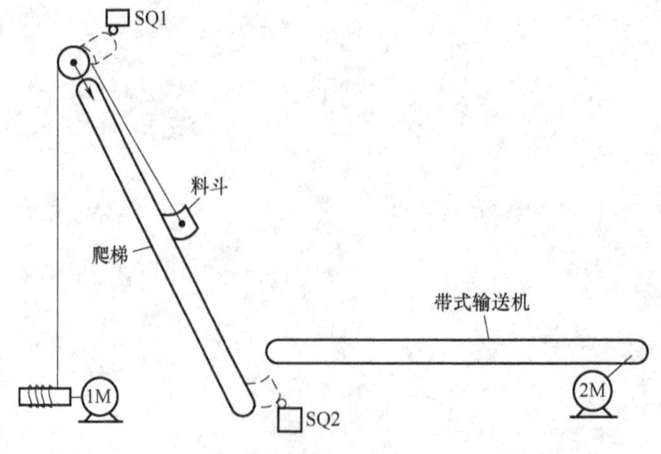

图 3-1-1　上料爬斗生产线工作示意图

【学习目标】

1. 熟悉上料爬斗生产线的工作流程。
2. 掌握制动器相关知识。

3. 掌握上料爬斗生产线 PLC 控制 I/O 分配方法。
4. 掌握上料爬斗生产线 PLC 控制接线示意图的设计方法。
5. 掌握上料爬斗生产线 PLC 控制梯形图设计方法。
6. 掌握上料爬斗生产线 PLC 控制的安装接线与调试方法。
7. 培养踏实肯干的务实精神。

➤【教·学·做】

一、课题分析

（一）系统组成

该系统主要由上料爬斗和带式输送机两个动力部分组成。上料爬斗由电动机 1M 拖动进行正反转，可用两个接触器对其进行控制，为行程开关自动控制电动机正反转的典型环节；带式输送机则用一个接触器控制电动机 2M，进行单向起停运行。两者之间依靠行程开关和时间继电器作为联系的桥梁和纽带。

（二）控制要求

控制要求如下：

1）工作方式既可设置为自动循环，又可单循环。

2）有必要的电气保护和联锁。

3）料斗可以停止在任意位置，起动时可以使料斗随意从上升或下降开始运行。

4）爬斗拖动应有制动器。

5）系统正常起动后先起动带式输送机。

根据控制要求，需设置系统运行起动、停止按钮，上、下限位保护，任意位置停下后的上升、下降起动按钮，爬斗与传送带电动机过载保护，以及工作循环方式选择等信号。采用 PLC 控制，有 3 路输出信号和 9 路输入信号。

（三）控制方法

对于本课题的编程控制，要根据任务的控制要求，综合应用主控指令等基本指令，采用经验法进行编程，即可实现对系统的控制。

二、相关知识

为使上料爬斗生产线能够安全有效地工作，需要对电动机安装电磁制动器机构，以便电动机上升或下降时能够可靠停止，有效防止料斗自由下滑。

（一）电动机的制动

电动机的制动有机械制动和电气制动。电气制动是利用电动机产生电磁制动转矩的方法，让电动机快速停止。机械制动是利用机械装置，使电动机断开电源后迅速停转的方法。机械制动常用的方法有电磁制动器制动和电磁离合器制动两种，两者制动原理类似，制动线路基本相同。

（二）电磁制动器

电磁制动器的结构和图形符号如图 3-1-2 所示。制动电磁铁由铁心、衔铁和线圈三部分组成。闸瓦制动器包括闸轮、闸瓦、杠杆和弹簧等。它的工作原理是：当制动电磁铁的线圈得电时，制动器的闸瓦与闸轮分开，无制动作用；当线圈失电时，制动器的闸瓦紧紧抱住闸轮制动。

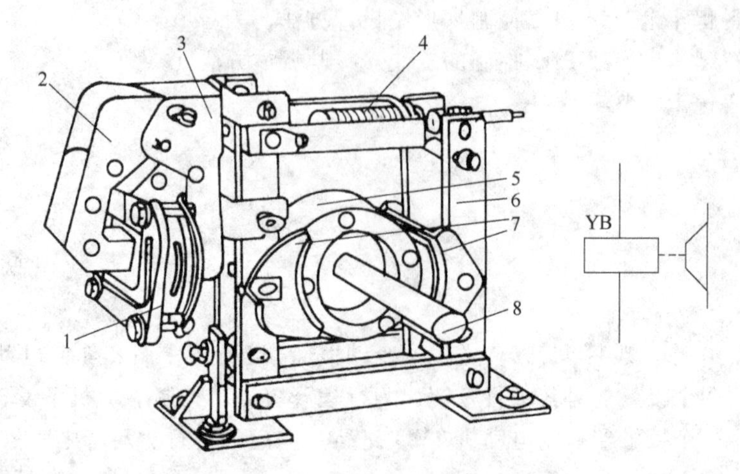

图 3-1-2　电磁制动器的结构和图形符号

1—线圈　2—衔铁　3—铁心　4—弹簧　5—闸轮　6—杠杆　7—闸瓦　8—轴

电磁制动器断电制动在起重机械上有着广泛的应用，既能准确定位，又可防止电动机突然断电时重物自行坠落。

三、技能训练

（一）设计 I/O 分配表

通过对上料爬斗系统的分析，本课题有 9 路输入、3 路输出，I/O 分配见表 3-1-1。

表 3-1-1　上料爬斗生产线 PLC 控制 I/O 分配

输入分配（I）			输出分配（O）		
输入元件名称	代号	输入继电器	输出继电器	被控对象	作用及功能
运行起动按钮	SB1	X000	Y000	KM1	料斗上升接触器
停止按钮	SB2	X001	Y001	KM2	料斗下降接触器
上升起动按钮	SB3	X002	Y002	KM3	带式输送机接触器
下降起动按钮	SB4	X003			
上限位行程开关	SQ1	X004			
下限位行程开关	SQ2	X005			
1M 过载保护	FR1	X006			
2M 过载保护	FR2	X007			
工作循环开关	SA	X010			

（二）设计 PLC 控制接线示意图

依照 I/O 分配表，根据控制要求设计的上料爬斗生产线 PLC 控制接线示意图如图 3-1-3 所示。

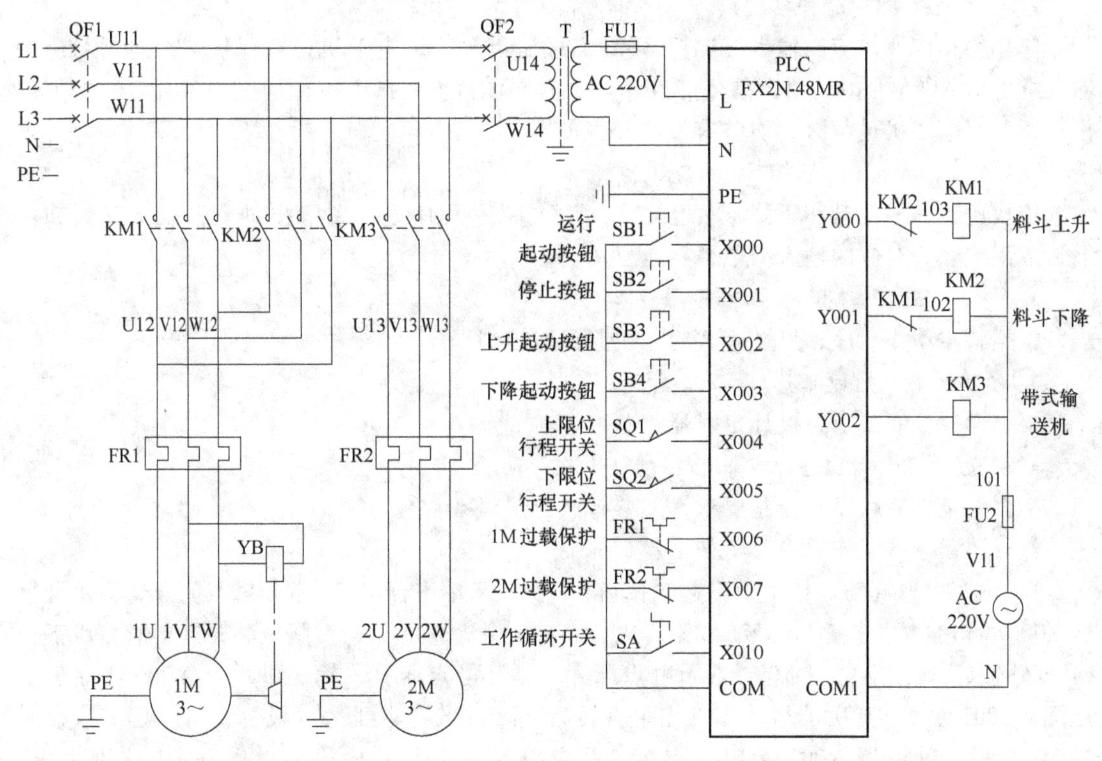

图 3-1-3 上料爬斗生产线 PLC 控制接线示意图

（三）设计梯形图程序

根据题意，本课题采用主控指令及其他基本指令相配合，设计的梯形图如图 3-1-4 所示。其设计思路如下：

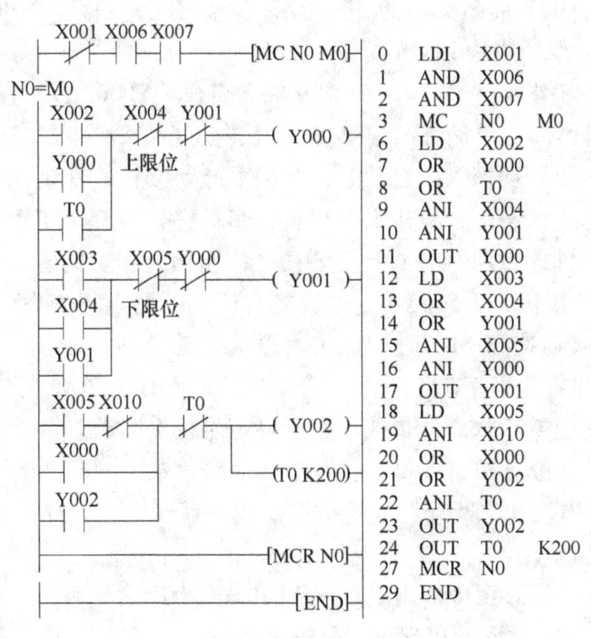

图 3-1-4 上料爬斗生产线 PLC 控制梯形图

1. 设计主控指令控制程序

应用停止按钮对应的输入继电器 X001 常闭触点和两台电动机过载保护热继电器对应的输入继电器 X006、X007 常开触点相互串联，共同作为主控指令执行的先决条件。当按下停止按钮和当电动机过载时，能够有效断开主控指令。

2. 设计料斗上升和下降起保停控制程序

依次设计料斗上升和下降起保停控制程序，并在程序中设置输出继电器触点互锁和由上、下限位开关对应的输入继电器触点互锁。

3. 设计带式输送机起保停控制程序

根据料斗动作顺序，设计带式输送机起保停控制程序。

4. 设计定时器控制程序

根据设计控制要求，设计定时器控制程序。

5. 补充完善控制程序

根据系统先后顺序和控制要求，完善补充控制程序。

梯形图程序的工作原理分析如下：

1）料斗上升起动。按下上升起动按钮 SB3，输入继电器 X002 常开触点闭合，输出继电器 Y000 得电自锁，接触器 KM1 线圈得电，料斗上升；料斗到达上限位翻斗卸料时，压下行程开关 SQ1，输入继电器 X004 常闭触点断开、常开触点闭合，输出继电器 Y000 线圈失电复位、Y001 线圈得电并自锁，料斗由上升转为下降；当料斗到达下限位置时，压下行程开关 SQ2，输入继电器 X005 常闭触点断开、常开触点闭合，输出继电器 Y001 线圈失电、Y002 线圈和定时器 T0 线圈得电，带式输送机起动并计时，料斗开始装料；T0 延时 20s，T0 常闭触点断开，带式输送机停止装料，T0 常开触点闭合，Y000 线圈得电，料斗提升。

2）料斗下降起动。按下下降起动按钮 SB4，输入继电器 X003 常开触点闭合，输出继电器 Y001 得电自锁，接触器 KM2 线圈得电，料斗下降；当料斗到达下限位置时，压下行程开关 SQ2，输入继电器 X005 常闭触点断开、常开触点闭合，输出继电器 Y001 线圈失电、Y002 线圈和定时器 T0 线圈得电，带式输送机起动并计时，料斗开始装料；T0 延时 20s，T0 常闭触点断开，带式输送机停止装料，T0 常开触点闭合，Y000 线圈得电，料斗提升。

3）单循环与连续循环。单循环与连续循环由转换开关 SA 控制。若 SA 处于闭合状态，则输入继电器 X010 常闭触点处于闭合状态，当按下起动按钮 SB1 时，带式输送机起动给料斗加料，20s 后带式输送机停止，料斗上升卸料，卸料完毕下降至下限位置，压下行程开关 SQ2，再起动带式输送机进行加料。如此循环往复，连续工作。同理，无论是按下上升起动按钮还是按下下降起动按钮，上料爬斗生产线将循环不断地运行下去。转动转换开关 SA 处于断开状态，当按下起动按钮 SB1 时，带式输送机起动给料斗加料，20s 后带式输送机停止，料斗上升卸料，卸料完毕下降至下限位置，压下行程开关 SQ2，完成一个工作循环。由于输入继电器 X010 处于断开状态，带式输送机将不能再次起动。

4）停止控制。按下停止按钮 SB2，或者当电动机过载、热继电器 FR1 或 FR2 动作时，主控常开触点“N0=M0”复位断开，主控指令复位，系统停止运行，电磁制动器线圈失电，闸瓦抱紧，进行机械制动。

5）联锁关系。一是梯形图中输出继电器 Y000 与 Y001 常闭触点互锁；二是接触器 KM1 和 KM2 常闭触点互锁。双重联锁以保证系统安全运行。

（四）接线与调试

按照接线示意图进行接线，要求安全可靠，工艺美观；接线完毕后要认真检查接线状况，确保正确无误；系统调试时应先进行模拟调试，检查程序设计是否满足控制要求，如果存在问题，需要重新修改与完善程序；如果控制功能满足需要，符合设计要求，则进一步带负载进行调试，检查电动机起动、停止是否符合要求。系统调试完毕即可交付使用。

通电调试时的安全注意事项这里不再赘述，应高度重视并养成安全文明操作的良好习惯。

➤【课题小结】

本课题的内容结构如下：

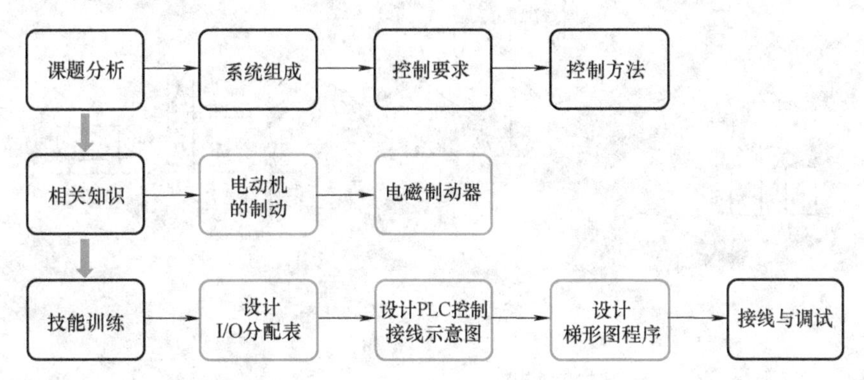

➤【效果测评】

学习效果测评表见表 1-1-1。

课题二　PLC 控制工作台自动往返 8 次的设计、安装与调试

图 3-2-1 所示为工作台自动往返循环工作示意图。工作台由电动机通过丝杠驱动，前进、后退由行程开关 SQ1、SQ2 控制，SQ3、SQ4 为限位开关。要求工作台能够手动控制也能自动控制；既能单循环运行，也能连续循环工作。在单循环工作状态下，工作台完成前进、后退一次后停止在原位；在自动工作状态下，工作台循环工作 8 次后停在原位。当工作台自动往返压下行程开关后，延时 5s 方能反向起动。设计 PLC 控制系统，并进行安装与调试。

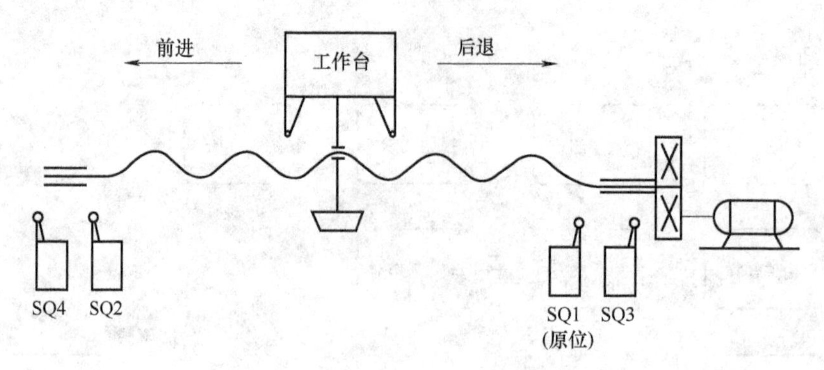

图 3-2-1　工作台自动往返循环工作示意图

➤【学习目标】

1. 熟悉工作台自动往返循环的工作流程。
2. 掌握 PLC 计数器的应用知识和方法。
3. 掌握工作台自动往返循环 8 次 PLC 控制 I/O 分配方法。
4. 掌握工作台自动往返循环 8 次 PLC 控制接线示意图的设计方法。
5. 掌握工作台自动往返循环 8 次 PLC 控制梯形图的设计方法。
6. 掌握工作台自动往返循环 8 次 PLC 控制接线与调试方法。
7. 树立科技报国、强我国家的情怀。

➤【教・学・做】

一、课题分析

（一）系统组成

该系统主电路为一台交流异步电动机，拖动工作台进行正反转，可用两个接触器 KM1 和 KM2 控制，应设置热继电器 FR 作为过载保护。控制电路由 PLC 的输入、输出电路构成，为安全起见，应设置隔离变压器对 PLC 单独供电。

（二）控制要求

根据题意，本课题的控制要求归纳如下：

1）工作方式既可手动控制，也可自动控制，应设置手动/自动转换开关。

2）工作台需要设置正转起动和反转起动按钮。

3）运行中的工作台能够停止运行，需要设置停止按钮。

4）工作台能够进行单循环和连续循环工作，应设置单循环/连续循环工作方式转换开关。

5）工作台由行程开关 SQ1 和 SQ2 控制实现正反转自动控制；由限位开关 SQ3、SQ4 进行限位保护控制；电动机过载时，热继电器 FR 能够进行过载保护控制。

综上所述，采用 PLC 控制，有 10 路输入信号和 2 路输出信号。

（三）控制方法

本课题为复合联锁正反转控制的典型案例，通常采用经验法进行编程，应用基本指令能方便地进行编程控制。由于对工作台循环往复有次数限制，要求工作台工作 8 次后停止运行。为此，本课题需要掌握计数指令的相关知识，应用计数指令参与编程控制。

二、相关知识

（一）计数器简介

计数器是一种有计数功能的继电器。计数器用 C 表示，按照十进制方式进行编号。计数器可以有无数个常开触点和常闭触点，编程时没有数量限制。计数器按照断电后是否具有保持功能可分为通用计数器和断电保持计数器；按照输入脉冲的快慢分为低速计数器和高速计数器；按照计数触发信号的来源可分为内部计数器和外部计数器；按照计数方式分为加计数器和加/减双向计数器。

（1）通用计数器与断电保持计数器　通用计数器在 PLC 断电时状态值和当前计数值会被复位归零，上电后重新开始计数；而断电保持计数器在 PLC 断电时会保持断电前的状态值和计数值，上电后在先前保持的计数值基础上继续计数。

（2）低速计数器和高速计数器　计数器计数速度的快慢，与扫描周期有关，一个扫描周期内最多只能增 1 或减 1，如果一个扫描周期内有多个脉冲输入，也只能计 1，这样就会出现计数不准确。为此，PLC 内部专门设置了与扫描周期无关的高速计数器，用于对高速脉冲进行计数。

（3）内部计数器和外部计数器　内部计数器主要是对内部元件（如 X，Y，M，S，T 和 C）的信号进行计数的计数器，由于其输入信号的频率低于 PLC 的扫描频率，因而是低速计数器；外部计数器是专门对外部输入高速脉冲信号进行计数的计数器，计数速度非常快，高速计数器主要用于对外部脉冲信号进行计数，因此是外部计数器。

（4）加计数器和减计数器　加计数器为递加计数，当输入脉冲信号的上升沿个数累加到设定值时，计数器动作，其常闭触点断开、常开触点闭合；而减计数器则为递减计数，随着输入脉冲的输入，计数器中的当前值依次递减，当前值为零时，计数器动作，其常闭触点断开、常开触点闭合。

（5）16 位计数器和 32 位计数器　计数器的设定值在计数器中是以二进制的方式进行存储的。16 位计数器可以存放 16 位二进制数据；32 位计数器可以存放 32 位二进制数据。

在三菱 FX2N 系列可编程序控制器中，一共有 256 个计数器，编号 C0～C255。具有不同的特点和功能，根据计数要求和编程需要可以灵活选用。

编号为C0~C199的计数器，共200点，为16位加计数器。其中C0~C99为通用型，C100~C199为断电保持型。这类计数器为递加计数，应用之前先对其设置一设定值，当输入信号上升沿个数累加到设定值时，计数器动作，其常开触点闭合、常闭触点断开。计数器的设定值为1~32767（16位二进制）。

其中通用型16位加计数器（C0~C99）工作时，其当前值由0开始计数，当当前值等于设定值时计数器动作；而当PLC断电或从“RUN”到“OFF”时，其当前值复位为0。

编号为C200~C234的计数器，共有35点，为32位加/减计数器。其中C200~C219共20点为通用型，C220~C234共15点为断电保持型。这类计数器与16位加计数器除位数不同外，还能通过控制实现加/减双向计数。设定范围均为-214783648~+214783648。

C200~C234是加计数还是减计数，分别由特殊辅助继电器M8200~M8234设定。对应的特殊辅助继电器置位ON时为减计数，置位OFF时为加计数。

32位计数器的设定值与16位计数器一样，可直接用常数K或间接用数据寄存器D的内容作为设定值。

PLC普通计数器的种类与特点见表3-2-1。

表3-2-1　PLC普通计数器的种类与特点

名称	16位加计数器		32位双向计数器	
规格	通用型16位加计数器	断电保持型16位加计数器	通用型32位双向计数器	断电保持型32位双向计数器
编号	C0~C99	C100~C199	C200~C219	C220~C234
数量	100	100	20	15
作用	一般用	保持用	一般用	保持用

编号为C235~C255的计数器，共有21点，为高速计数器。适合用来作为高速计数器输入的PLC输入端口有X0~X7。X0~X7不能重复使用，即只要某个输入端已被某个高速计数器占用，就不能用于其他高速计数器，也不能另作他用。

高速计数器主要用于对高于PLC扫描频率的外部信号进行计数。高速计数器均有断电保持功能，通过参数设定可变成非断电保持型计数器。

（二）计数器的编程应用

1. 加计数器的应用

加计数器的应用如图3-2-2所示。

当X000常开触点闭合时，计数器C0复位，当前值为0；当X001常开触点闭合的第一个上升沿到来时，计数器加1，当前值变为1；当第2个脉冲上升沿到来时，计数器加1，当前值变为2；一直到第7个脉冲上升沿到来时，计数器再加1，当前值变为7。此时，当前值与设定值相等，计数器C0动作，常开触点闭合，输出继电器Y000闭合，输出为ON。

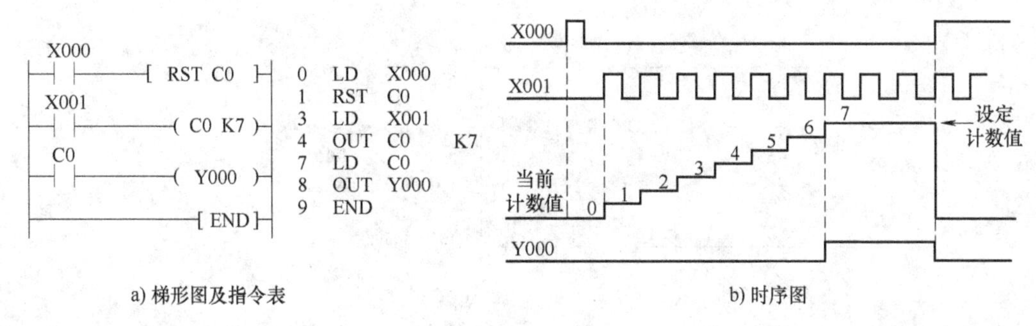

a) 梯形图及指令表　　　　b) 时序图

图 3-2-2　加计数器的应用

当前值等于 7 以后，即使 X001 再有输入脉冲到来，计数器的当前值依然保持不变；当 X000 常开触点再次闭合时，计数器 C0 复位，当前值归零，输出继电器 Y000 复位，输出为 OFF。

2. 加/减计数器的应用

C200~C234 共 35 点为加/减计数器，既可以加计数，也可以减计数。其计数方式受特殊辅助继电器 M8200~M8234 控制，当 M8200~M8234 为 ON 时，C200~C234 为减计数；当 M8200~M8234 为 OFF 时，C200~C234 为加计数。例如，当 M8200 为 ON 时，C200 为减计数；M8200 为 OFF 时，C200 为加计数。其余计数器一样道理，不再赘述。

加/减计数器的应用如图 3-2-3 所示。

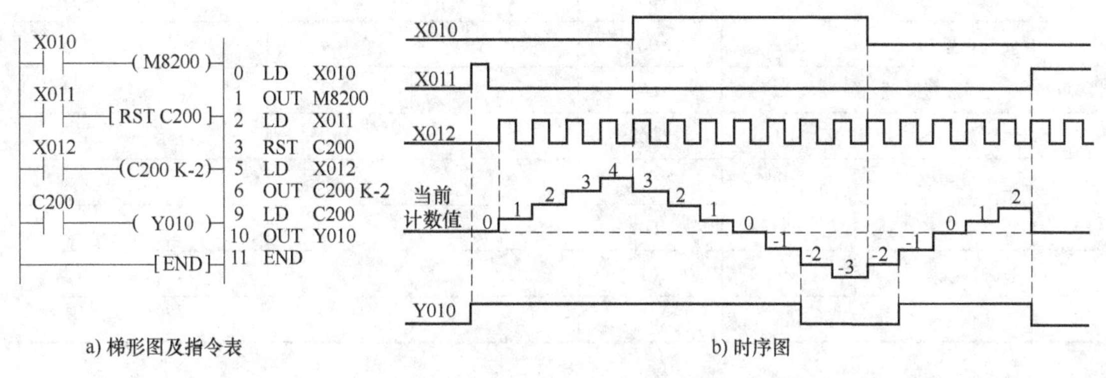

a) 梯形图及指令表　　　　b) 时序图

图 3-2-3　加/减计数器的应用

在计数时，不管加/减计数器进行的是加计数还是减计数，若当前计数值大于或等于设定计数值，计数器的状态就为 ON；只要当前计数值小于设定计数值，计数器的状态就为 OFF。

3. 计数值的设定方式

计数器的数值设定可以直接用常数设定（直接设定），也可以将数据寄存器中的数值设为计数值（间接设定）。计数值的设定方式如图 3-2-4 所示。

C0 计数器的计数值采用直接设定方式，直接将常数 5 设定为计数值；C1 计数器的计数值采用间接设定方式，先用 MOV 指令将常数 15 传送至数据寄存器 D0 中，然后再将 D0 中的值指定为计数值。关于传送指令的应用将在后续单元专门讲解。

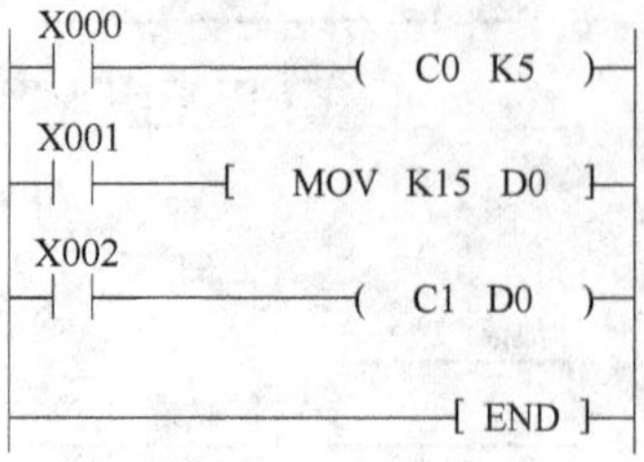

```
X000
─┤├──────────( C0 K5 )─      0   LD    X000
X001                         1   OUT   C0    K5
─┤├─────[ MOV K15 D0 ]─      4   LD    X001
X002                         5   MOV   K15   D0
─┤├──────────( C1 D0 )─      10  LD    X002
                             11  OUT   C1    D0
──────────────[ END ]─       14  END
```

图 3-2-4　计数值的设定方式

三、技能训练

（一）设计 I/O 分配表

通过对课题的分析，本课题有 10 路输入、2 路输出，I/O 分配见表 3-2-2。

表 3-2-2　工作台自动往返循环 8 次 PLC 控制 I/O 分配

输入分配（I）			输出分配（O）		
输入元件名称	代号	输入继电器	输出继电器	被控对象	作用及功能
点动/自动选择开关	SA1	X000	Y000	KM1	工作台前进接触器
停止按钮	SB1	X001	Y001	KM2	工作台后退接触器
正转起动按钮	SB2	X002			
反转起动按钮	SB3	X003			
单/连续循环选择开关	SA2	X004			
后退限位控制	SQ1	X005			
前进限位控制	SQ2	X006			
后退极限保护	SQ3	X007			
前进极限保护	SQ4	X010			
过载保护	FR	X011			

（二）设计 PLC 控制接线示意图

依照 I/O 分配表，根据控制要求设计的工作台自动往返循环 8 次控制 PLC 接线示意图如图 3-2-5 所示。

（三）设计梯形图程序

运用经验法设计的工作台自动往返循环 8 次 PLC 控制梯形图如图 3-2-6 所示。

本课题的梯形图在正反转起保停控制梯形图的基础上进一步演变而成。

1. 设计起保停控制梯形图

首先，根据题意设计工作台复合联锁往返控制梯形图。

2. 设计点动/自动控制功能

在上述梯形图的基础上，往返自锁触点后串接加入点动/自动控制功能（X000），实现点动/自动控制功能。当转换开关 SA1 处于闭合状态时，X000 常闭触点断开，工作台往返没

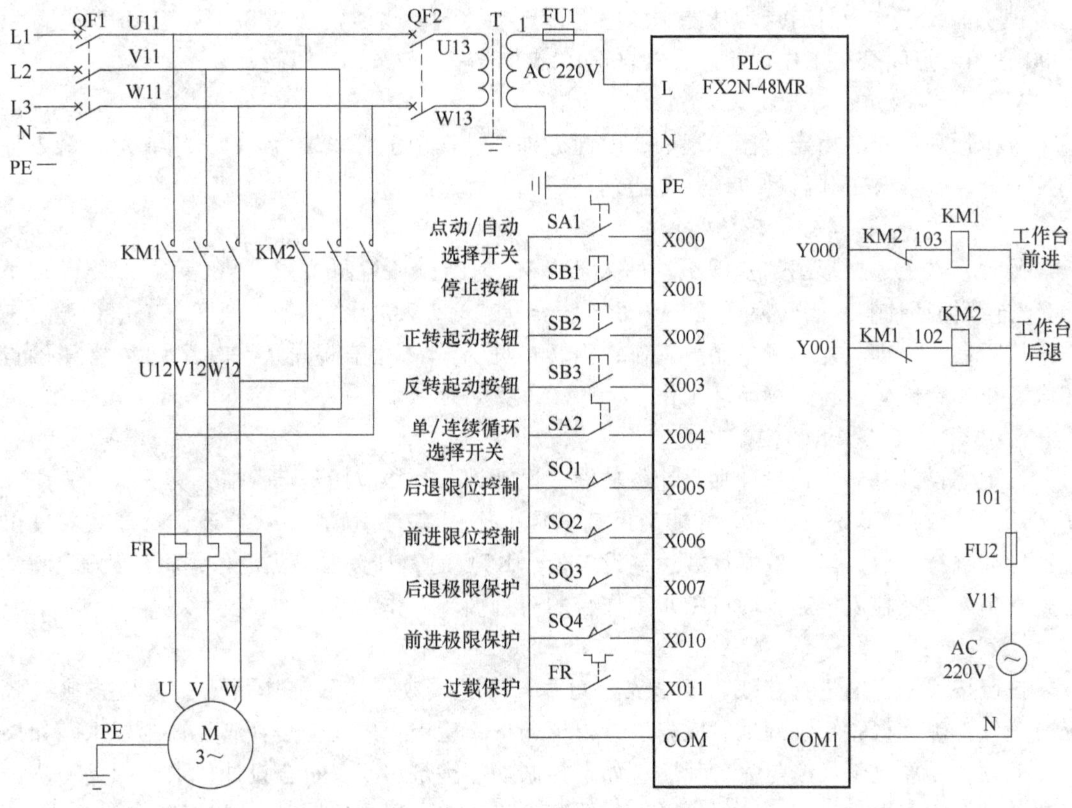

图 3-2-5　工作台自动往返循环 8 次 PLC 控制接线示意图

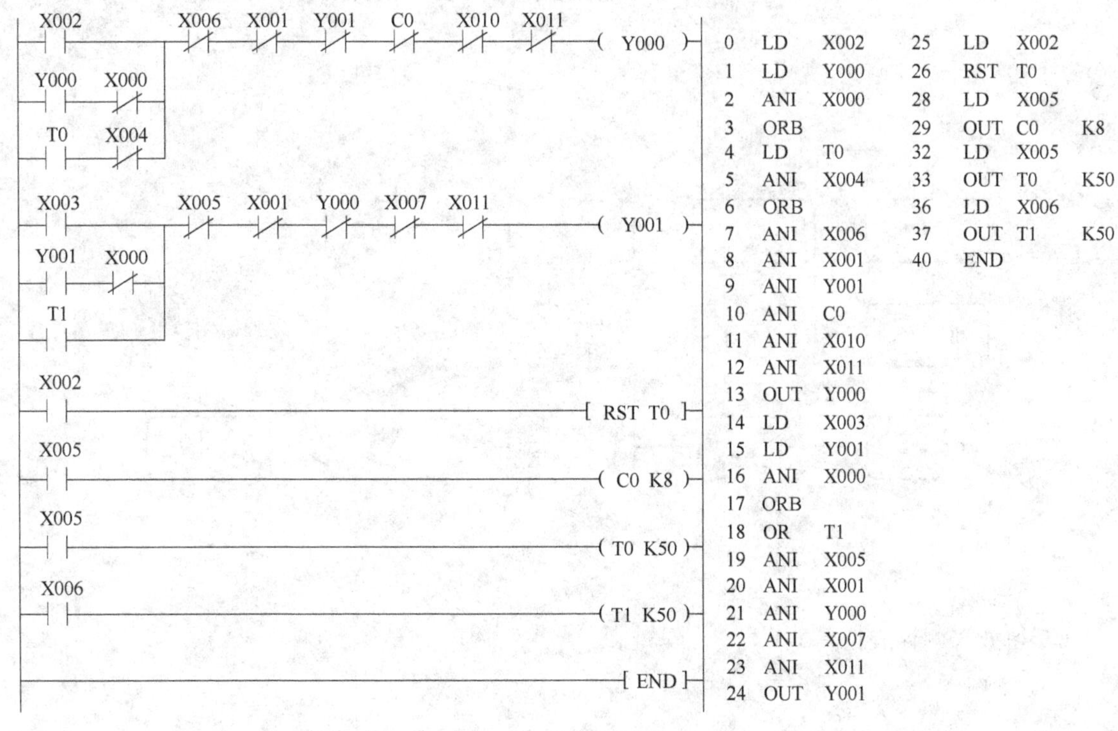

图 3-2-6　工作台自动往返循环 8 次 PLC 控制梯形图

有自锁功能，工作台具有点动功能，能够进行点动控制；当转换开关SA1处于断开状态时，X000常闭触点闭合，工作台往返具有自锁功能，能够进行自动往返运动。

3. 设计定时控制与自动循环功能

由于循环控制是由定时器实现的，因此分别设计两个定时器T0和T1，用其常开触点控制反向起动，实现工作台的自动往复运动。

4. 设计单循环/连续循环控制功能

同理，在上述梯形图的基础上，加入单循环/连续循环控制功能（X004），即能实现单循环/连续循环控制。当转换开关SA2处于闭合状态时，X004常闭触点断开，工作台循环工作一周后停止，即只能完成单循环工作；当转换开关SA2处于断开状态时，X004常闭触点闭合，工作台能够进行连续循环工作。

5. 设计循环工作8次控制功能

在上述设计基础上，设计加入计数功能。设计计数功能应用到计数器，为此，首先应对所选用的计数器C0进行复位，才能确保其正常工作；其次每完成一次循环，对计数器发出计数脉冲进行计数；当计数器计数达到设定值（K8）时，计数器触点动作，将计数器C0常闭触点串入往返控制电路，即可中止工作台的自动循环工作。

（四）接线与调试

按照接线示意图进行接线，要求安全可靠，工艺美观；接线完毕后要认真检查接线状况，确保正确无误；系统调试时应先进行模拟调试，检查程序设计是否满足控制要求，如果存在问题，需要重新修改与完善程序；如果控制功能满足需要，符合设计要求，则进一步带负载调试，检查电动机起动、停止是否符合要求。系统调试完毕即可交付使用。

通电调试时的安全注意事项这里不再赘述，应高度重视并养成安全文明操作的良好习惯。

➤【课题小结】

本课题的内容结构如下：

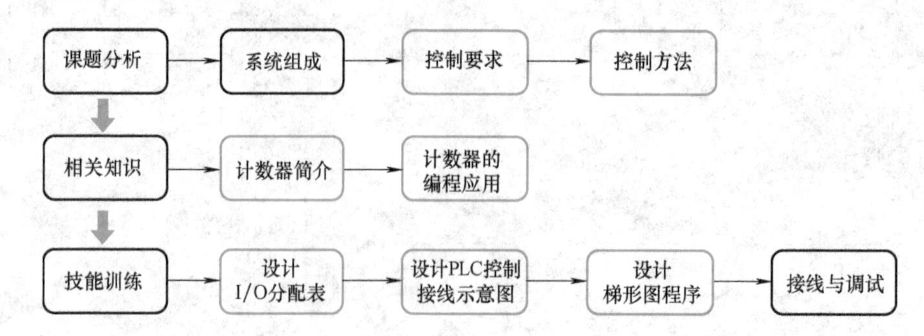

➤【效果测评】

学习效果测评表见表1-1-1。

课题三 PLC 控制运料小车三地运行的设计、安装与调试

图 3-3-1 所示为运料小车自动往返工作示意图，小车在同一地点装料后，可以按顺序向几个不同地点送料。该运料小车在原位加料，分别向 A 点、B 点两处运料。

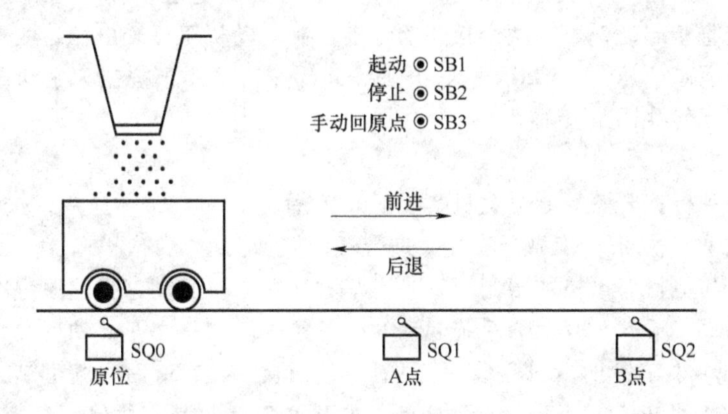

图 3-3-1 运料小车自动往返工作示意图

具体控制要求如下：

1）小车必须在原位才能起动，此时按下起动按钮 SB1，小车第一次前进，碰到限位开关 SQ1 后停于 A 点；延时 5s 卸料后小车自动后退，碰到限位开关 SQ0 后停于原位装料。

2）装料 5s 后小车第二次前进，此次碰到限位开关 SQ1 时不停，直到碰到限位开关 SQ2 时小车才停于 B 点；延时 5s 卸料后自动后退，碰到限位开关 SQ0 后小车停于原位，完成一个工作循环。

3）小车完成三个工作循环后自动停于原位，等待下一个工作周期的开始。

4）有停止功能，防止运行过程中意外事故的发生。

5）系统具有手动回原点功能。

6）有必要的电气保护和联锁。

要求用 PLC 设计控制系统，并进行安装与调试。

➤【学习目标】

1. 熟悉运料小车往返工作流程和往返运行控制要求。
2. 掌握运料小车 PLC 控制 I/O 分配方法。
3. 掌握运料小车 PLC 控制接线示意图的设计方法。
4. 掌握运料小车 PLC 控制梯形图的设计方法。
5. 掌握运料小车 PLC 控制的安装接线与调试方法。
6. 具有理论联系实际、实事求是的工作作风。

➤【教·学·做】

一、课题分析

（一）系统组成

该系统由主电路与PLC控制电路组成。主电路由单台电动机拖动运料小车实现正反转运动，电动机为直接起动，可由两个接触器分别控制电动机正反转电源，实现正反转起动运行。控制电路由隔离变压器、PLC、行程开关、起动按钮、停止按钮和手动回原点按钮及接触器线圈等电器元件共同组成。

（二）控制要求

该控制课题为行程开关控制电动机实现正反转的典型环节实际应用，按下起动按钮后，在PLC内部程序的控制下，依靠行程开关进行自动控制。

小车的起动与运行有严格的限制：一是小车必须在原位起动，到达原位的标志是压下行程开关SQ0，因此，压下SQ0成为系统起动的必备条件。二是小车起动后向右运行，第一次压下行程开关SQ1小车停止，卸料5s后返回原点装料；装料5s后小车第二次前进，第二次压下行程开关SQ1小车不能停止，直到碰到限位开关SQ2时小车才停于B点，卸料5s后返回原点装料，如此完成一个工作循环。在此期间出现计数控制要求。三是小车完成三个工作循环后自动停于原位，等待下一个工作周期的开始，再次出现计数控制要求。

此外，系统要求有停止功能，防止运行过程中安全意外事故的发生；当中途出现断电停车时，系统具有手动回原点功能；为安全可靠运行，系统应有必要的电气保护和联锁。

（三）控制方法

对于本课题的编程，应根据任务控制要求，综合应用主控指令、计数指令等基本指令，采用经验法编程，即可实现对系统的控制。

二、相关知识

（一）触点型特殊辅助继电器简介

在特殊辅助继电器中，有一类触点型特殊辅助继电器，它们只有触点，没有线圈，属于不可驱动线圈型继电器，也称为触点型特殊辅助继电器。用户只能应用其触点编程，线圈由PLC自动驱动，用户不能编程驱动。举例如下：

M8000：运行监控继电器，当PLC处于运行（RUN）时M800常开触点闭合处于接通状态。

M8002：初始脉冲继电器，当PLC处于RUN状态上电时，M8002常开触点接通一个扫描周期。

M8013：1s时钟脉冲继电器，在PLC运行过程中，M8013常开触点以1s为周期不断地接通和断开。

（二）触点型特殊辅助继电器的用法

触点型特殊辅助继电器的应用方法如图3-3-2所示。

当PLC上电并处于运行（RUN）状态时，M8002接通一个扫描周期，继电器M0线圈接通并进行自锁；其常开触点M0的闭合，脉冲继电器M8013以1s为周期进行通断运行，

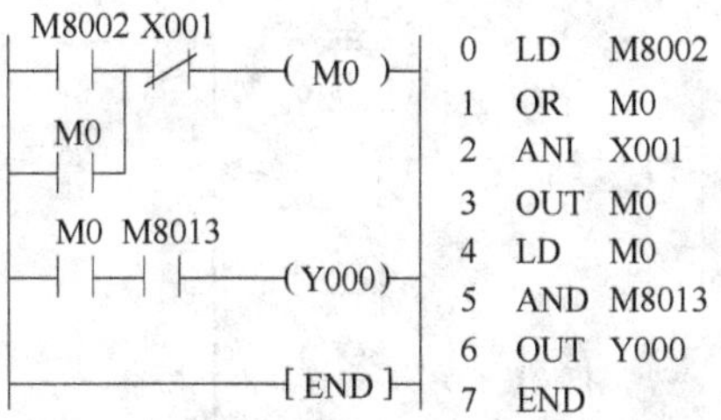
M8002 X001
M0
M0
M0 M8013
Y000
END
0 LD M8002
1 OR M0
2 ANI X001
3 OUT M0
4 LD M0
5 AND M8013
6 OUT Y000
7 END

图 3-3-2 触点型特殊辅助继电器的用法

输出继电器 Y000 随 M8013 以 1s 为周期不停地工作于接通与断开状态，直到按下停止按钮使输入继电器 X001 常闭触点断开为止。

三、技能训练

（一）设计 I/O 分配表

通过对 PLC 控制运料小车自动往返设计的分析，本课题有 7 路输入、2 路输出，列出 PLC 控制 I/O 分配见表 3-3-1。

表 3-3-1 运料小车自动往返 PLC 控制 I/O 分配

输入分配（I）			输出分配（O）		
输入元件名称	代号	输入继电器	输出继电器	被控对象	作用及功能
原位位置开关	SQ0	X000	Y000	KM1	小车前进
A 点位置开关	SQ1	X001	Y001	KM2	小车后退
B 点位置开关	SQ2	X002			
起动按钮	SB1	X003			
停止按钮	SB2	X004			
手动回原点按钮	SB3	X005			
过载保护	FR	X006			

（二）设计 PLC 控制接线示意图

依照 I/O 分配表，根据控制要求所设计的运料小车自动往返设计 PLC 接线示意图如图 3-3-3所示。

（三）设计梯形图程序

为简化控制程序的设计，本课题应用主控指令进行编程；因为小车运行为电动机正反转控制，因此设计小车电动机正反转控制是梯形图设计的关键所在。梯形图设计思路及步骤如下：

（1）设计主控指令程序　首先以停止按钮和过载保护作为主控条件，进行主控指令编程。

（2）设计小车电动机正反转控制的起保停控制程序　分别设计小车前进、后退起保停控制程序，并在此基础上进一步修改和完善。

（3）设计定时控制程序　小车起动后是受时间自动控制的，因此需要应用定时器分别

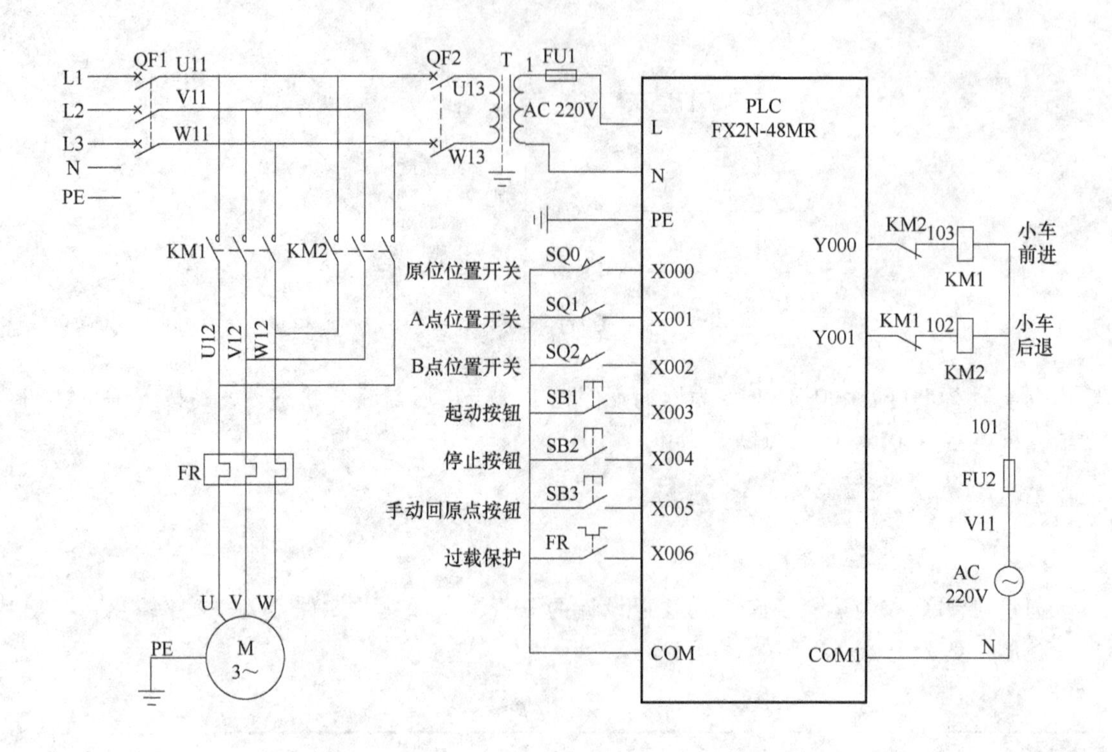

图 3-3-3　PLC 控制小车三地运行接线示意图

对小车前进和后退的时间进行控制。

（4）设计计数控制程序　小车有计数控制要求，因此需要应用计数器实现计数控制。

（5）设计计数器复位程序　使用计数器时，必须考虑为计数器设计合理的复位程序，以保证计数器正常工作。

根据上述设计思路，设计 PLC 控制运料小车自动往返梯形图控制程序如图 3-3-4 所示。

梯形图程序的工作原理解析如下：假设起动前小车不在原位，则按下手动回原位按钮 SB3，输入继电器 X005 常开触点闭合，输出继电器 Y001 线圈得电自锁，小车向左行驶回原位，当小车到达原位并压下原位行程开关 SQ0 后，输入继电器 X000 常闭触点断开，输出继电器 Y001 线圈失电并解除自锁，小车停在原位。

起动时，按下起动按钮 SB1（X003），输出继电器 Y000 得电自锁，小车右行，当到达 A 点压下行程开关 SQ1 时，输入继电器 X001 常闭触点断开，小车停在 A 点卸货，这是小车第一次到达 A 点；同时 X001 常开触点闭合，定时器 T0 线圈得电开始计时，当计时达到 5s，定时器 T0 常开触点闭合，小车向左运行。

当小车到达原位并压下原位行程开关 SQ0 时，输入继电器 X000 常闭触点断开，输出继电器 Y001 线圈失电并解除自锁，小车停在原位并压下行程开关 SQ0，小车开始装料并计时；当计时时间达到 5s 时，定时器 T1 常开触点闭合，小车向右运行，当小车到达 A 点第二次压下行程开关 SQ1 后，输入继电器 X001 常闭触点断开，为确保小车不受 X001 常闭触点断开的影响，在小车第一次压下 SQ1 时，将计数器 C0（K1）的常开触点与 X001 常闭触点并联，所以当第二次压下 SQ1 时，小车不受影响，继续向右运行；当小车到达 B 点时，压下行程

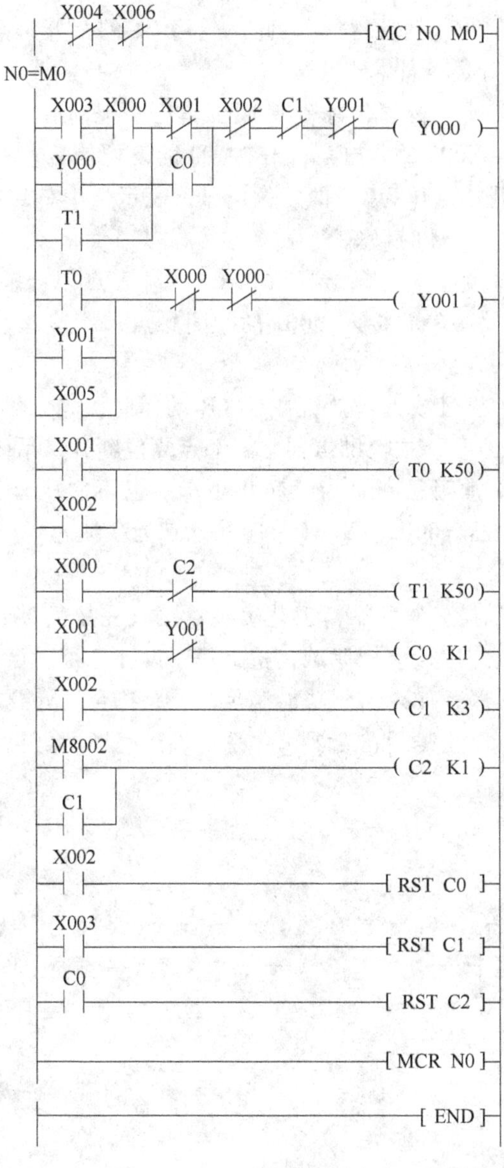

```
0  LDI  X004
1  ANI  X006
2  MC   N0   M0
5  LD   X003
6  AND  X000
7  OR   Y000
8  OR   T1
9  LDI  X001
10 OR   C0
11 ANB
12 ANI  X002
13 ANI  C1
14 ANI  Y001
15 OUT  Y000
16 LD   T0
17 OR   Y001
18 OR   X005
19 ANI  X000
20 ANI  Y000
21 OUT  Y001
22 LD   X001
23 OR   X002
24 OUT  T0   K50
27 LD   X000
28 ANI  C2
29 OUT  T1   K50
32 LD   X001
33 ANI  Y001
34 OUT  C0   K1
37 LD   X002
38 OUT  C1   K3
41 LD   M8002
42 OR   C1
43 OUT  C2   K1
46 LD   X002
47 RST  C0
49 LD   X003
50 RST  C1
52 LD   C0
53 RST  C2
55 MCR  N0
57 END
```

图 3-3-4　PLC 控制运料小车三地运行梯形图程序

开关 SQ2 时，X002 常闭触点断开，小车停在 B 处卸料，同时 X002 常开触点闭合，T0 开始计时；当计时时间达到 5s 时，定时器 T0 常开触点闭合，小车向左运行；当小车到达原位并压下原位行程开关 SQ0 时，输入继电器 X000 常闭触点断开，输出继电器 Y001 线圈失电并解除自锁，小车停在原位并压下行程开关 SQ0，完成一个周期的自动运行；小车开始装料并计时，计时 5s，小车开始第二个周期的运行，如此连续运行 3 个周期（即 3 次）后小车停止。为此，将小车到达 B 点作为计数条件，设置计数器 C1（K3），当 X002 常开触点闭合 3 次时，计数器 C1 常开触点闭合，断开小车右行起保停电路，小车不再自动右行。

为避免小车回原点后受定时器 T1 控制自动起动，再使用计数器 C2（K1）的常闭触点串联接入定时器 T1 的控制回路。应用初始脉冲继电器 M8002 的触点作为计数条件，当 PLC

上电时，M8002 闭合一个扫描周期，计数器 C2 常闭触点断开，断开 T1 计数回路。当小车连续送货至 B 点三次后，也应断开 T1 计数回路，因此，应用 C1 的常开触点与 M8002 常开触点并联，共同作为计数器 C2 的计数条件。

当计数器进行计数工作后，必须进行复位才能保证小车再次起动后能够正常工作。为此，根据工序流程和控制要求，将 X002 的常开触点作为 C0 的复位信号；将起动信号 X003 作为 C1 的复位信号；将 C0 的常开触点作为 C2 的复位信号，表示当小车到达 A 点后，提前让 C2 复位，C2 常闭触点复位，为 T1 计时做好准备。

小车从 B 点返回原位的途中将经过 A 点，会导致 X001 常开触点闭合触发计数器 C1 计数，为此，在计数器 C0 的控制回路中串联接入 Y001 的常闭触点，能够有效避免计数器 C1 的不必要触发。

当按下停止按钮 SB2 或当电动机过载保护热继电器 FR 动作时，输入继电器 X004 常闭触点或输入继电器 X006 常闭触点断开，主控继电器常开触点复位断开，系统停止运行。

在 C0 计数回路中，设置 Y001 常闭触点是为了防止小车后退再次压合 X001，使 C0 再次计数而影响系统工作。输出继电器 Y000 与 Y001 常闭触点互为联锁。

（四）接线与调试

按照接线示意图进行接线，要求安全可靠，工艺美观；接线完毕后要认真检查接线状况，确保正确无误；系统调试时应先进行模拟调试，检查程序设计是否满足控制要求，如果存在问题，需要重新修改与完善程序；如果控制功能满足需要，符合设计要求，则进一步带负载进行调试，检查电动机起动、停止是否符合要求。系统调试完毕即可交付使用。

➤【课题小结】

本课题的内容结构如下：

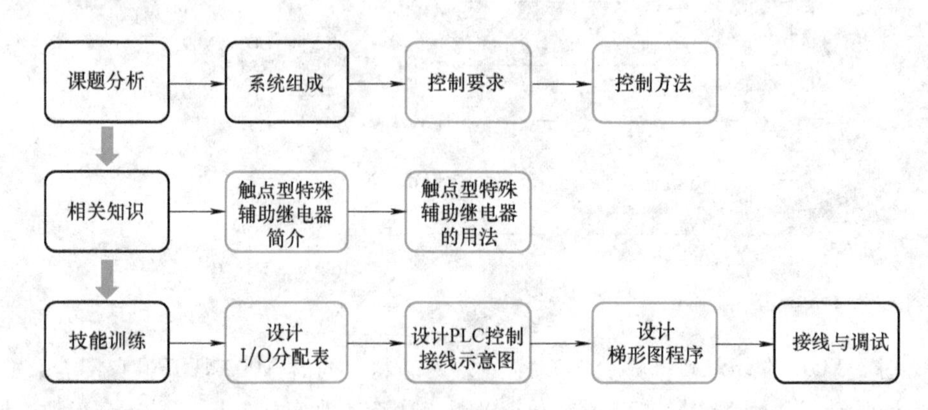

➤【效果测评】

学习效果测评表见表 1-1-1。

课题四　PLC 控制带式输送机的设计、安装与调试

图 3-4-1 所示为带式输送机电力拖动系统工作示意图。

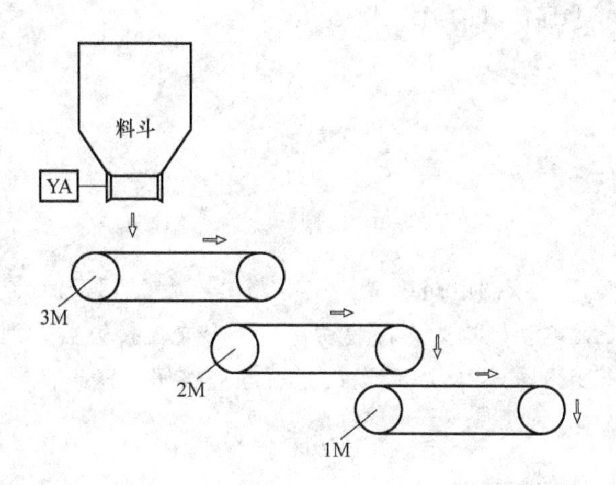

图 3-4-1　带式输送机电力拖动系统工作示意图

该系统控制要求如下：

1）顺序起动：为了避免在前段输送机上造成物料堆积，起动时要求按照下列顺序及时间间隔起动，即

$$1\text{M} \xrightarrow{5\text{s}} 2\text{M} \xrightarrow{5\text{s}} 3\text{M} \xrightarrow{5\text{s}} \text{YA}$$

2）逆序停止：为了使传送带上不残留物料，停止时要求按照下列顺序及时间间隔依次停止，即

$$\text{YA} \xrightarrow{5\text{s}} 3\text{M} \xrightarrow{5\text{s}} 2\text{M} \xrightarrow{5\text{s}} 1\text{M}$$

3）紧急停止：紧急情况下按下急停按钮，1M、2M、3M 及 YA 同时无条件停止。

4）故障停止：

① 运转中当电动机 1M 过载时，应使电动机 1M、2M、3M 及放料电磁阀 YA 同时停止。

② 运转中当电动机 2M 过载时，应使电动机 2M、3M 及 YA 同时停止；1M 延时 5s 后停止。

③ 运转中当电动机 3M 过载时，应使电动机 3M 及 YA 同时停止；2M 在 3M 停止后延时 5s 停止；1M 在 2M 停止后延时 5s 停止。

5）顺序起动与逆序停止不可相互干扰，有必要的电气保护和联锁。

要求用 PLC 设计该控制系统，并进行安装与调试。

➤【学习目标】

1. 熟悉带式输送机系统工作流程。
2. 掌握带式输送机系统运行控制要求。

3. 掌握带式输送机系统 PLC 控制 I/O 分配方法。
4. 掌握带式输送机系统 PLC 控制接线示意图的设计方法。
5. 掌握带式输送机系统 PLC 控制梯形图的设计方法。
6. 掌握带式输送机系统 PLC 控制的安装接线与调试方法。
7. 树立实事求是、严谨认真的工作作风。

➤【教·学·做】

一、课题分析

（一）系统组成

该系统由主电路与 PLC 控制电路组成。主电路由三台三相交流异步电动机分别拖动三台带式输送机工作，三台电动机均为直接起动，由三个交流接触器分别控制电动机的起动和停止。控制电路由隔离变压器、PLC、起动按钮、停止按钮、紧急情况急停按钮及三个热继电器等电器元件组成。

（二）控制要求

该控制课题为定时器控制电动机实现顺序起动、逆序停止的典型案例，按下起动按钮后，三台拖动电动机顺序起动；按下停止按钮后，三台拖动电动机逆序停止。此外，当其中一台电动机过载，其余电动机及放料电磁阀也应按照一定的顺序及时间间隔要求有序停止；当按下急停按钮时，所有电器元件复位停止。

（三）控制方法

本课题为典型的时间控制原则的控制案例，根据任务的控制要求，可应用定时器控制指令等基本编程指令，采用经验法编程，即可实现对系统的控制。

二、相关知识

（一）时间原则控制的重要性

时间原则的控制，是指按照时间的先后顺序，对控制对象依次进行起动或停止的控制。在电气控制领域，时间原则的控制是常见的一类控制方法。在应用 PLC 实现对生产机械或电力拖动装置的控制时，使用一个或多个定时器对系统进行控制，达到按照一定顺序进行动作，是非常常见的一类控制。因此，掌握时间原则的控制方法非常重要。

（二）时间原则控制方法的应用

在一个涉及多台设备按照一定的时间原则和要求进行控制的系统中，一方面，应根据控制课题所需要的定时器数量，分别确定定时器的种类和数量。另一方面，在对每个时间进行设计时，又存在两种不同的计算方法：一种方法是累加计算法，即选定第一个定时器的计时结束时刻作为第二个定时器的计时起点，第二个定时器的计时结束时刻作为第三个定时器的计时起点，依此类推，达到按照时间顺序进行控制的目的；另一种方法是对多个定时器设定一个共同的时间起点，然后根据不同的时间控制要求，对定时器确定和设置不同的时间数值。本课题采用第二种方法对顺序起动和逆序停止进行时间控制，控制方法如下：

1. 顺序起动

起动顺序和时间间隔为

$$1M \xrightarrow{5s} 2M \xrightarrow{5s} 3M \xrightarrow{5s} YA$$

可以选用 T0、T1、T2 三个定时器进行设计控制，如果以 1M 起动作为三个定时器共同的计时起点，那么 T0、T1、T2 三个定时器的时间设定值分别为 K50、K100、K150。

2. 逆序停止

停止顺序和时间间隔为

$$YA \xrightarrow{5s} 3M \xrightarrow{5s} 2M \xrightarrow{5s} 1M$$

可以选用 T3、T4、T5 三个定时器进行设计控制，如果以 YA 停止作为三个定时器共同的计时起点，那么 T3、T4、T5 三个定时器的时间设定值分别为 K50、K100、K150。

对于多个定时器之间具有严格时间间隔要求的定时控制，在设计梯形图程序时采用此法显得比较直观，不容易出错。

三、技能训练

（一）设计 I/O 分配表

通过对带式输送机控制系统进行分析，采用 PLC 控制，PLC 共有 6 路输入信号：即顺序起动按钮、顺序停止按钮、急停按钮及三台电动机过载保护的热继电器；PLC 有 4 路输出信号，分别用于控制放料电磁阀 YA 及三台电动机 1M、2M、3M。设计 PLC 控制 I/O 分配见表 3-4-1。

表 3-4-1　PLC 控制带式输送机系统 I/O 分配

输入分配（I）			输出分配（O）		
输入元件名称	代号	输入继电器	输出继电器	被控对象	作用及功能
顺序起动按钮	SB1	X000	Y000	KM4	控制放料电磁阀接触器
逆序停止按钮	SB2	X001	Y001	KM1	控制 1M 接触器
急停按钮	SB3	X002	Y002	KM2	控制 2M 接触器
1M 过载保护	FR1	X003	Y003	KM3	控制 3M 接触器
2M 过载保护	FR2	X004			
3M 过载保护	FR3	X005			

（二）设计 PLC 控制接线示意图

依照 I/O 分配表，根据控制要求设计的带式输送机系统 PLC 接线示意图如图 3-4-2 所示。

（三）设计梯形图程序

根据本课题控制要求，综合应用基本指令进行编程，设计带式输送机 PLC 控制梯形图程序如图 3-4-3 所示。该梯形图设计思路及步骤说明如下：

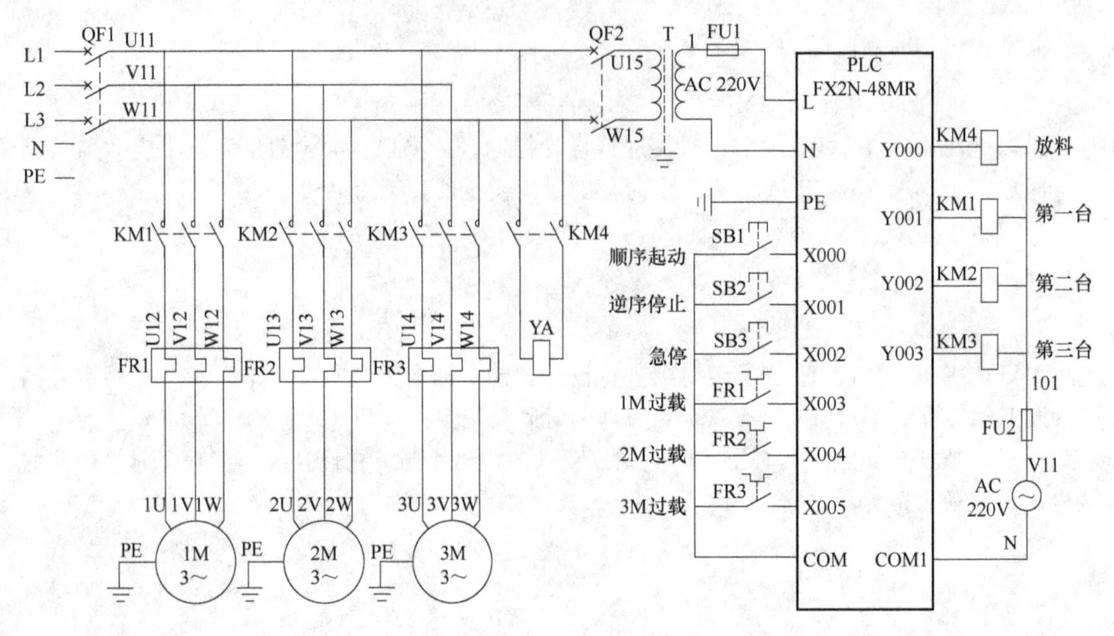

图 3-4-2　PLC 控制带式输送机接线示意图

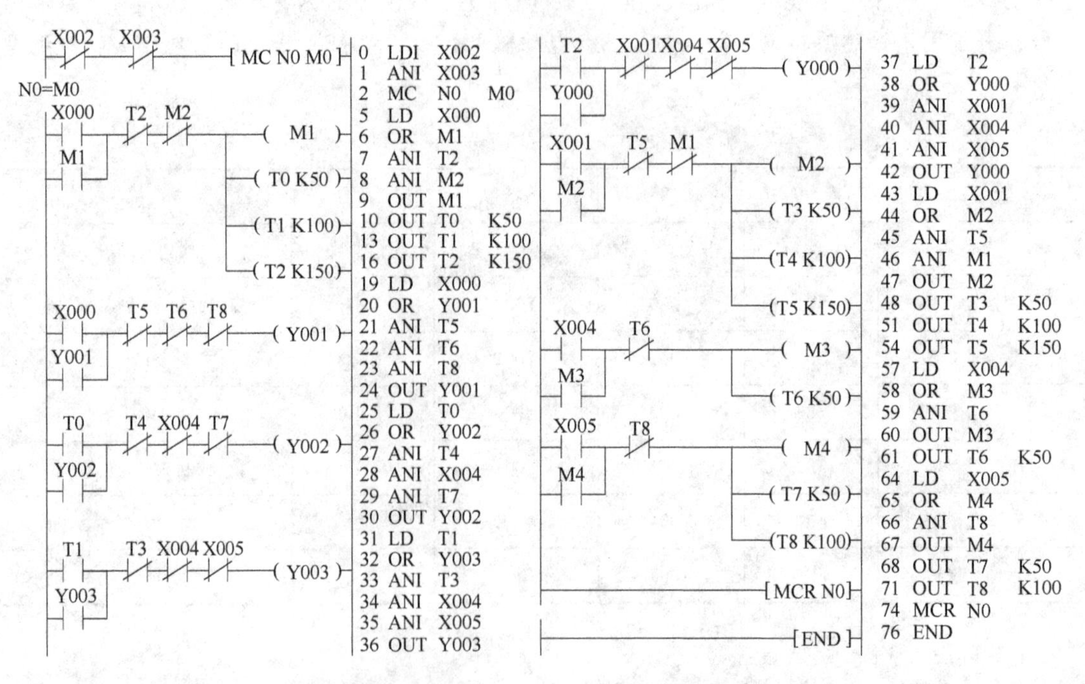

图 3-4-3　PLC 控制带式输送机基本指令编程梯形图

1. 主控指令编程

根据题意，本课题设置有急停按钮，当出现紧急情况时，按下急停按钮，系统无条件全部复位；此外，当电动机 1M 过载时，全部电动机及放料电磁阀全部停止或关闭。因此，可以使用急停按钮对应的输入继电器 X002 常闭触点和热继电器 FR1 对应的输入继电器 X003 常闭触点作为控制条件，进行主控指令编程。

2. 设计顺序起动控制程序

根据题意，可应用一个辅助继电器 M1 配合三个定时器 T0~T2 进行定时编程，分别对三台电动机及电磁阀进行顺序起动控制。

3. 设计逆序停止控制程序

根据题意，可应用一个辅助继电器 M2 配合三个定时器 T3~T5 进行定时编程，分别对三台电动机及电磁阀进行逆序停止控制。

4. 分别设计 FR2、FR3 两种过载保护控制电动机顺序停止程序

根据控制要求，添加联锁保护，修改和完善控制程序，实现控制要求。

梯形图程序的工作原理分析如下：

1）按下顺序起动按钮 SB1（X000），T0~T2 得电延时，且 Y001 得电，电动机 1M 运行。待 T0~T2 延时分别到设定值后，T0（5s）、T1（10s）、T2（15s）按顺序分别驱动电动机 2M（Y002）、3M（Y003）以及电磁阀 YA（Y000）先后运行。

2）按下逆序停止按钮 SB2（X001），T3~T5 得电延时，首先 Y000 失电电磁阀 YA 停运。待 T3~T5 延时分别到设定值后，T3（5s）、T4（10s）、T5（15s）按逆序分别使电动机 3M（Y003）、2M（Y002）、1M（Y001）先后停运。

3）当按下急停按钮 SB3（X002）或当第一台电动机 1M 过载时，断开主控回路，主控触点 M0 复位断开，控制系统复位，三台电动机 1M、2M、3M 同时停止，放料电磁阀 YA 也同时关闭。

4）当 2M 过载时，X004 得电，首先 2M（Y002）、3M（Y003）和 YA（Y000）同时停止，其次 T6 得电延时，待 T6 延时 5s 时间到，1M（Y001）停运。

5）当 3M 过载时，X005 得电，首先 3M（Y003）及 YA（Y000）同时停止，其次 T7、T8 得电延时，待 T7、T8 延时分别到设定值后，T7（5s）、T8（10s）按顺序分别使 2M（Y002）、1M（Y001）先后停运。

在顺起与逆停定时器组回路中，分别联锁有对方的 M1 与 M2 是为了防止在顺起或逆停过程中，因误操作而造成相互干扰引起的动作紊乱。

需要注意，一是在梯形图编程时，主控指令已经使用了辅助继电器 M0，因此在后续编程中不能再使用 M0 线圈进行编程。

（四）接线与调试

按照接线示意图进行接线，要求安全可靠，工艺美观；接线完毕后要认真检查接线状况，确保正确无误；系统调试时应先进行模拟调试，检查程序设计是否满足控制要求，如果存在问题，需要重新修改与完善程序；如果控制功能满足需要，符合设计要求，则进一步带负载进行调试，检查电动机起动、停止是否符合要求。系统调试完毕即可交付使用。

通电调试时的安全注意事项这里不再赘述，应高度重视并养成安全文明操作的良好习惯。

➤【课题小结】

本课题的内容结构如下：

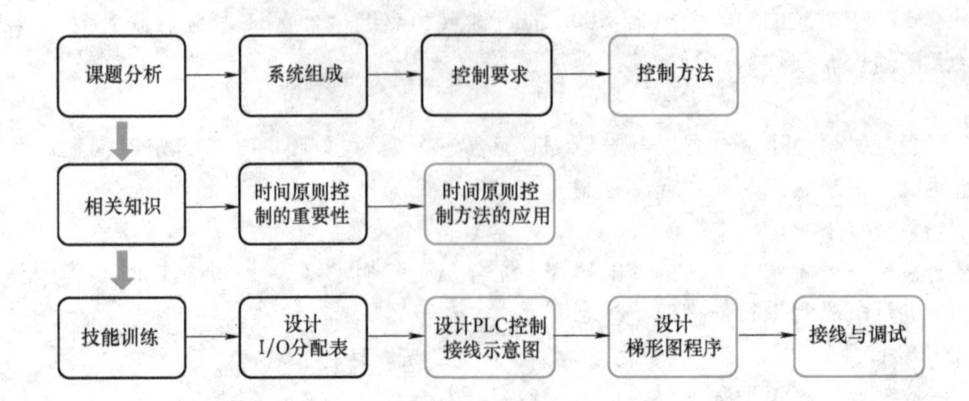

➤【效果测评】

学习效果测评表见表 1-1-1。

课题五　PLC 控制十字路口交通灯的设计、安装与调试

在城市交通管理中，交通信号灯发挥着十分重要的作用。图 3-5-1 所示为某十字路口交通灯工作示意图。

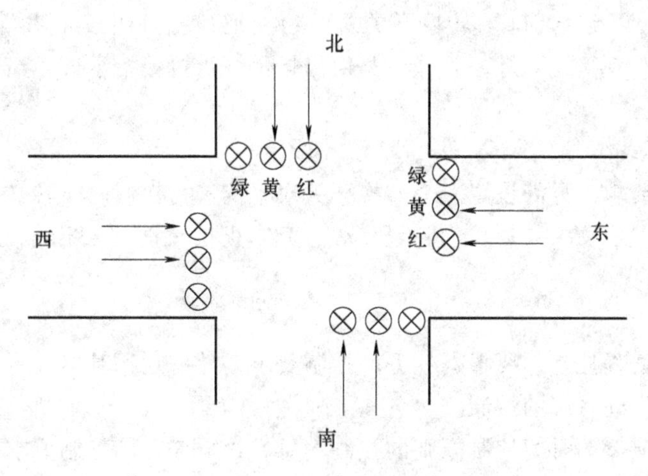

图 3-5-1　某十字路口交通灯工作示意图

该系统控制要求如下：

1）交通灯系统由一个起动开关控制，当起动开关接通时，该系统开始工作，当起动开关断开时，所有交通灯都熄灭。

2）南北绿灯和东西绿灯不能同时亮，如果同时亮应关闭信号灯系统，并立刻报警。

3）南北红灯亮维持 25s。在南北红灯亮的同时东西绿灯也亮，并维持 20s。到 20s 时，东西绿灯闪亮，闪亮 3s 后熄灭，此时，东西黄灯亮，并维持 2s。到达 2s 时，东西黄灯熄灭，东西红灯亮。同时，南北红灯熄灭，南北绿灯亮。

4）东西红灯亮维持 30s。南北绿灯亮维持 25s，然后闪亮 3s 后熄灭。同时南北黄灯亮，维持 2s 后熄灭，这时南北红灯亮，东西绿灯亮。

5）南北、东西信号灯周而复始地交替工作，指挥十字路口的交通。

6）有必要的电气保护和联锁。

要求用 PLC 设计控制系统，并进行安装与调试。

➤【学习目标】

1. 熟悉十字路口交通灯的工作流程。
2. 熟悉十字路口交通灯运行控制要求及工作时序图。
3. 掌握十字路口交通灯 PLC 控制 I/O 分配方法。
4. 掌握十字路口交通灯 PLC 控制接线示意图和梯形图的设计方法。
5. 掌握十字路口交通灯 PLC 控制的安装接线与调试方法。
6. 培养爱岗敬业、甘于奉献的精神。

➤【教·学·做】

一、课题分析

（一）系统组成

该系统由隔离变压器、PLC、转换开关及7组交通信号灯组成。东西和南北方向绿灯、红灯、黄灯各两组共6组指示灯，另外一路信号指示灯为报警指示灯，当南北和东西绿灯同时亮的时候进行报警。

（二）控制要求

根据课题任务要求，只需设置一个转换开关对系统进行控制。当转换开关置于工作位置时，交通灯控制系统开始工作；当转换开关置于停止位置时，交通信号灯指挥系统停止工作。

（三）控制方法

对于本课题的编程控制，要根据任务的控制要求，熟练运用基本指令编程技巧，采用经验法设计梯形图，实现系统的控制。

本课题也属于典型的时间控制原则的控制案例，根据任务的控制要求，注意应用定时器控制指令等基本编程指令，采用经验法进行编程，即可实现对系统的控制。

二、相关知识

（一）十字路口交通灯工作时序图

根据题意，设计绘制十字路口交通灯工作时序图如图3-5-2所示。

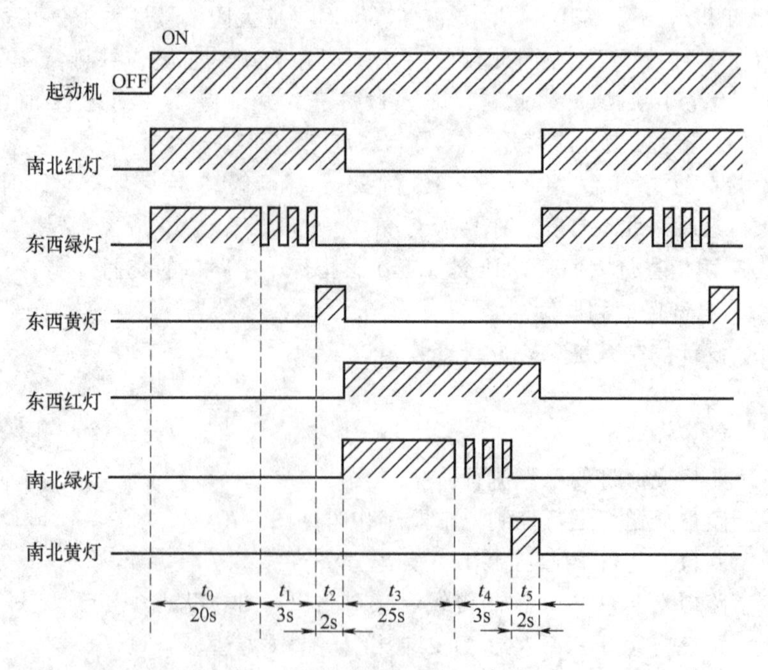

图3-5-2 十字路口交通灯工作时序图

从时序图中能够直观地反映出6组交通灯按照时间顺序进行工作的先后顺序与时间要求，熟悉和掌握时序图对于后续的编程控制具有非常重要的作用。

（二）脉冲辅助继电器的编程应用

在十字路口交通灯的控制要求及工作时序图中，交通灯出现间隔时间为1s的闪烁工作情况。诸如此类的情况，可以灵活选用PLC内置的脉冲继电器进行编程，以满足其控制要求。比如应用频率为1s的脉冲继电器M8013进行编程，可以得到周期间隔为1s的输出结果，如图3-5-3所示。

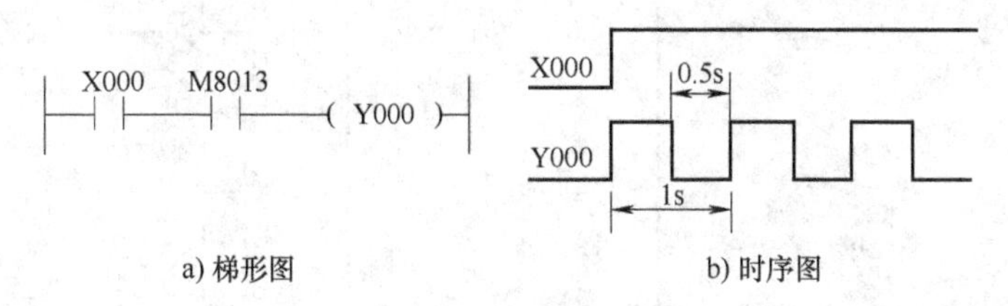

图3-5-3　M8013的编程应用

其工作原理为：当X000为ON时，脉冲继电器M8013常开触点按照周期为1s（导通、截止各0.5s）的规律进行工作，在输出继电器Y000的输出端，就得到周期为1s的输出脉冲，将其与外部指示灯连接，指示灯就按照周期为1s的脉冲闪烁工作。

三、技能训练

（一）设计I/O分配表

通过对十字路口交通灯的工作情况及其工作时序图的分析，应用PLC控制十字路口交通灯，设置1路输入和7路输出，设计PLC控制I/O分配见表3-5-1。

表3-5-1　十字路口交通灯PLC控制I/O分配

输入分配（I）			输出分配（O）		
输入元件名称	代号	输入继电器	输出继电器	被控对象	作用及功能
起动停止开关	SA	X000	Y000	HL1	南北红灯
			Y001	HL2	东西绿灯
			Y002	HL3	东西黄灯
			Y003	HL4	东西红灯
			Y004	HL5	南北绿灯
			Y005	HL6	南北黄灯
			Y006	HA	报警

（二）设计PLC控制接线示意图

依照I/O分配表，根据控制要求所设计的十字路口交通灯PLC控制接线示意图如图3-5-4所示。

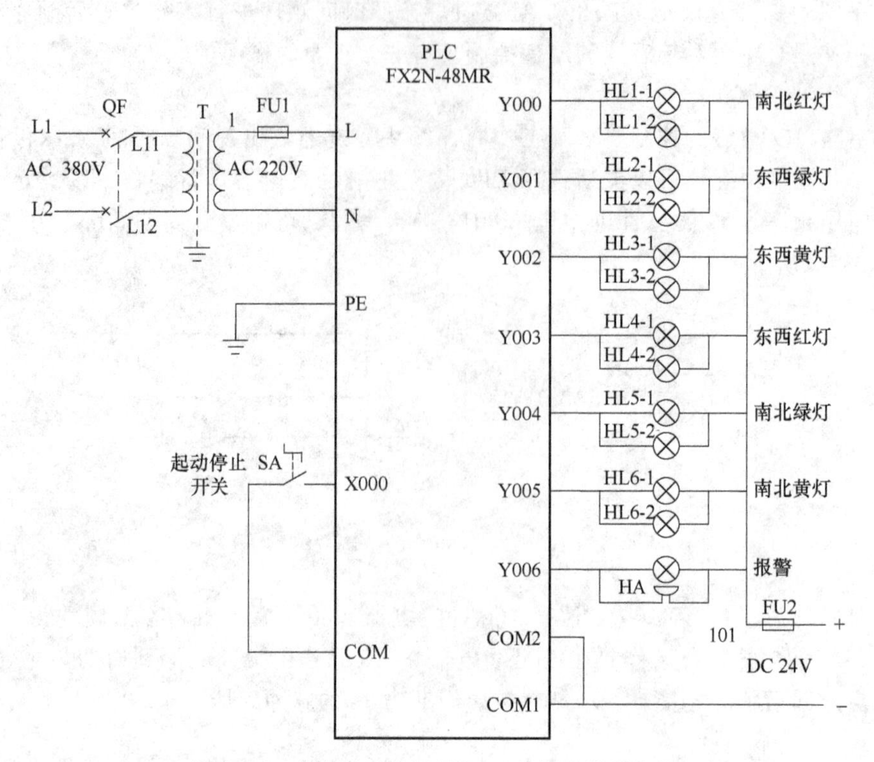

图 3-5-4　十字路口交通灯 PLC 控制接线示意图

（三）设计梯形图程序

根据十字路口交通灯时序图，应用定时器和脉冲辅助继电器编程，设计十字路口交通灯控制 PLC 控制梯形图，如图 3-5-5 所示。

设计思路和主要步骤如下：

1. 设计定时器控制程序

根据十字路口交通灯时序图，本课题有 6 个定时器，根据时间先后顺序，分别计算并确定定时器的动作时间。

2. 设计定时器控制的输出程序

根据定时器动作的先后顺序，依次设计定时器所控制的各输出继电器的控制程序。

3. 设计 M8013 控制的闪烁控制程序

控制梯形图的工作原理分析如下：

1）PLC 上电后，M8013（1s 脉冲继电器）的触点以 1s 为间隔周期不断地接通和断开。

2）当转换开关 SA 转至接通位置时，输入继电器 X000 常开触点闭合，定时器 T0 ~ T5 开始计时。

南北红灯（Y000）、东西绿灯（Y001）亮。当 T0（20s）延时时间到，先断开 Y001 回路，东西绿灯熄灭；其次旁路在 Y001 回路的 T0 常开触点闭合，并与 M8013（间隔 1s 闪烁）常开触点一同作用，使东西绿灯（Y001）闪烁。当 T1（23s）延时时间到，先断开 Y001 回路，结束东西绿灯闪烁 3s 的功能；其次东西黄灯（Y002）亮。当 T2（25s）延时时间到，首先断开 Y000 和 Y002 回路，结束南北红灯亮 25s 和东西黄灯亮 2s 的功能；其次东

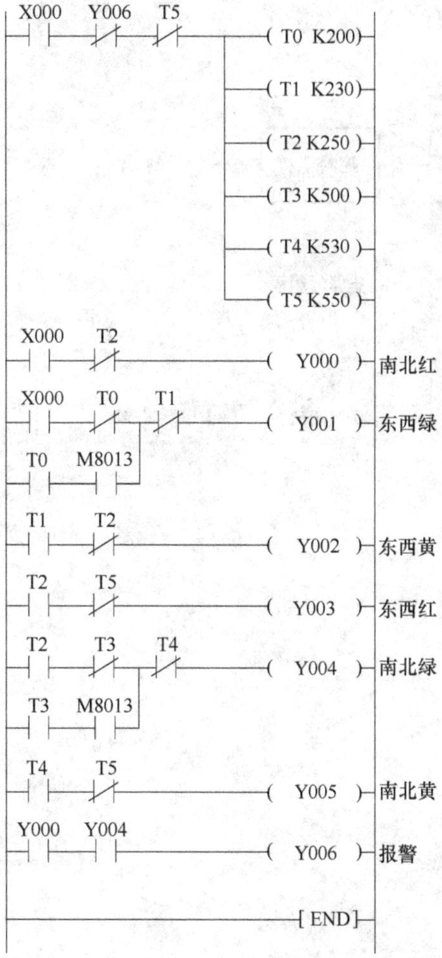

```
0   LD   X000
1   ANI  Y006
2   ANI  T5
3   OUT  T0    K200
6   OUT  T1    K230
9   OUT  T2    K250
12  OUT  T3    K500
15  OUT  T4    K530
18  OUT  T5    K550
21  LD   X000
22  ANI  T2
23  OUT  Y000
24  LD   X000
25  ANI  T0
26  LD   T0
27  AND  M8013
28  ORB
29  ANI  T1
30  OUT  Y001
31  LD   T1
32  ANI  T2
33  OUT  Y002
34  LD   T2
35  ANI  T5
36  OUT  Y003
37  LD   T2
38  ANI  T3
39  LD   T3
40  AND  M8013
41  ORB
42  ANI  T4
43  OUT  Y004
44  LD   T4
45  ANI  T5
46  OUT  Y005
47  LD   Y000
48  ANI  Y004
49  OUT  Y006
50  END
```

图 3-5-5　十字路口交通灯 PLC 控制梯形图

西红灯（Y003）和南北绿灯（Y004）亮。当 T3（50s）延时时间到，首先断开 Y004 回路，南北绿灯熄灭；其次旁路在 Y004 回路的 T3 常开触点闭合，并与 M8013（间隔 1s 闪烁）常开触点一同作用，使南北绿灯闪烁。当 T4（53s）延时时间到，首先断开 Y004 回路，结束南北绿灯闪烁 3s 的功能；其次南北黄灯（Y005）亮。当 T5（55s）延时时间到，首先断开 Y003 和 Y005 回路，结束东西红灯亮 30s 和南北黄灯亮 2s 的功能；其次 T5 常闭触点断开 T0 ~ T5 回路，使其复位，交通灯继续下一个循环。

若东西、南北绿灯同时动作时，Y006 动作，切断 T0 ~ T5 回路关闭系统并发出声光报警。

（四）接线与调试

按照接线示意图进行接线，要求安全可靠，工艺美观；接线完毕后要认真检查接线状况，确保正确无误；系统调试时应先进行模拟调试，检查程序设计是否满足控制要求，如果存在问题，就需要重新修改与完善程序；如果控制功能满足需要，符合设计要求，则进一步带负载进行调试，检查指示灯工作是否符合设计要求。系统调试完毕即可交付使用。

➤【课题小结】

本课题的内容结构如下：

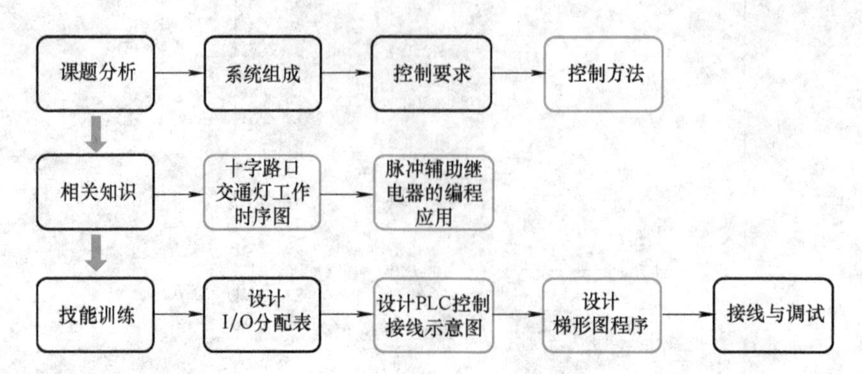

➤【效果测评】

学习效果测评表见表 1-1-1。

课题六　PLC 控制五组抢答器带数码管显示系统的设计、安装与调试

抢答器是各类知识竞赛活动中不可缺少的关键设备。使用抢答器不仅能活跃现场气氛，还便于监管，保证竞赛公平。现用 PLC 控制五组抢答器，控制要求如下：

1）开赛前，竞赛主持人先按下起动/停止兼复位开关，数码显示器显示“0”，竞赛准备开始。

2）参赛者共分成五组，每组设置一个抢答按钮，最先按下抢答按钮的信号有效。

3）竞赛时，主持人述题完毕按下计时按钮开始计时说“开始”，选手即可抢答。当有某组抢答成功后，其他组再按抢答按钮无效。显示器上显示抢答成功的组别号码，同时断开计时回路，发出抢答成功声光指示信号；若无选手抢答，计时 10s 后，数码管无显示，并锁住各组抢答器，发出试题作废声光指示信号。

4）用数码管进行相应的指示和组别显示。

设计 PLC 控制抢答器的控制系统，并进行安装与调试。

【学习目标】

1. 熟悉五组抢答器的系统构成和控制要求。
2. 熟悉七段数码管的基本结构和工作原理。
3. 掌握五组抢答器 PLC 控制 I/O 分配方法。
4. 掌握五组抢答器 PLC 控制接线示意图和梯形图的设计方法。
5. 掌握五组抢答器 PLC 控制的安装接线与调试方法。
6. 发扬团结合作、凝心聚力的团队精神。

【教·学·做】

一、课题分析

（一）系统组成

该系统由隔离变压器以及 PLC 控制输入、输出电路构成。输入电路由五组抢答按钮和一路抢答控制按钮组成；输出电路由一个显示抢答组别的七段数码管以及工作指示、抢答成功指示和抢答作废指示灯组成。

（二）控制要求

根据课题任务要求，当按下抢答开始按钮时，五组选手可以抢答，否则按下抢答按钮无效；抢答过程中按照时间优先原则，先按下抢答按钮者取得抢答资格，抢答成功指示灯点亮，同时显示器显示相应组别；若按下抢答开始按钮 10s 仍无人抢答，则抢答作废指示灯点亮，提示该次试题无人抢答，可以复位另行出题。

（三）控制方法

本课题为七段数码管显示的 PLC 控制案例，根据七段数码管显示的工作原理和要求，掌握应用基本指令的编程方法，实现对七段数码管的编程控制。

二、相关知识

（一）优先程序的设计

优先程序是指能在多个输入信号中仅接收最先一个输入信号而驱动相关输出，同时隔离其他输入信号的程序。在抢答器中，当其中一人优先按下抢答按钮后，其余抢答人员按下抢答按钮无效，这即为优先程序的典型应用实例。优先控制梯形图程序如图 3-6-1 所示。

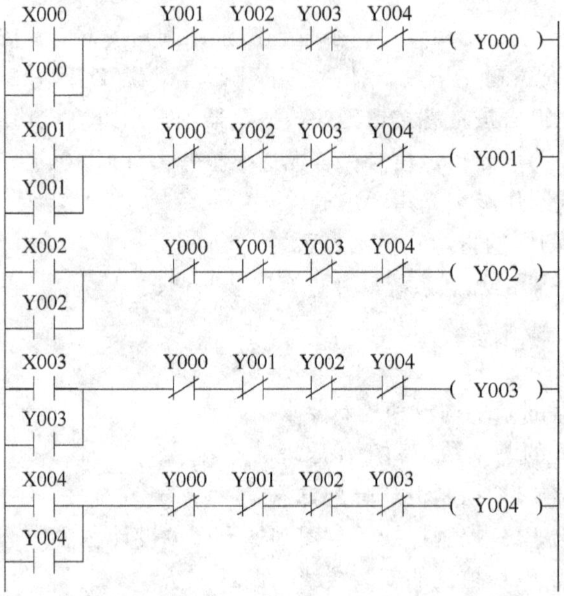

图 3-6-1　优先控制梯形图程序

在 X000～X004 五个输入中，任何一个先输入，对应的输出继电器都会先输出，而且阻止其他信号再输出。例如，X000 先导通，则 Y000 得电输出并自锁，Y000 在 Y001～Y004 回路的常闭触点断开，阻止它们导通，即使其余四路 X001～X004 输入端有输入，也不会使 Y001～Y004 动作。

优先程序其实就是利用触点联锁的原理进行编程得到的一组实用控制程序。

（二）LED 七段数码管

七段数码管一共有 8 个引线端子 a、b、c、d、e、f、g、dp，其背后有 10 个引脚。其中两个引脚为公共端（在内部是连在一起的），用于控制该数码管的亮灭。图 3-6-2 为共阳极七段数码管示意图。

共阳极数码管的 8 个发光二极管的阳极（二极管正端）连接在一起。通常，公共阳极接高电平（一般接电源），其他引脚接驱动电路输出端。当某段驱动电路的输出端为低电平时，则该端所连接的字段导通并点亮。根据发光字段的不同组合可显示出各种数字或字符。通常，在 a～g 各段发光二极管前面，应根据实际情况串接适当阻值的限流电阻，对发光二极管起到限流保护作用。

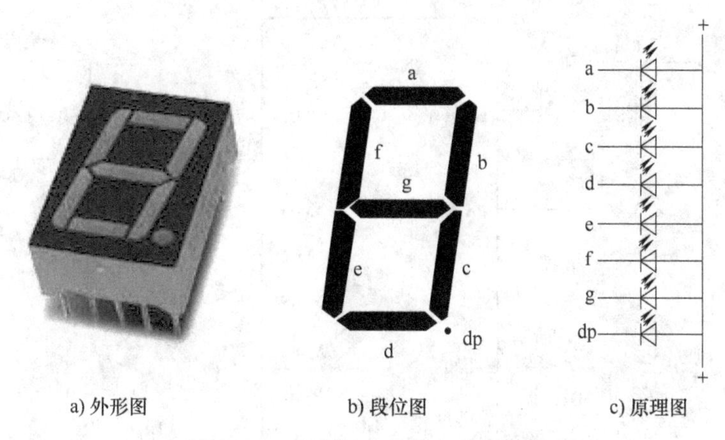

图 3-6-2　共阳极七段数码管示意图

三、技能训练

（一）设计 I/O 分配表

通过对五组抢答器带数码管显示系统的分析，本课题有 6 路输入、10 路输出，设计 PLC 控制五组抢答器 I/O 分配见表 3-6-1。

表 3-6-1　五组抢答器带数码管显示 PLC 控制 I/O 分配

输入分配（I）			输出分配（O）		
输入元件名称	代号	输入继电器	输出继电器	被控对象	作用及功能
起动/停止兼复位开关	SA	X000	Y000	HL	工作指示
第一组抢答按钮	SB1	X001	Y001	a 段	点亮 a 段
第二组抢答按钮	SB2	X002	Y002	b 段	点亮 b 段
第三组抢答按钮	SB3	X003	Y003	c 段	点亮 c 段
第四组抢答按钮	SB4	X004	Y004	d 段	点亮 d 段
第五组抢答按钮	SB5	X005	Y005	e 段	点亮 e 段
			Y006	f 段	点亮 f 段
			Y007	g 段	点亮 g 段
			Y010	HA1	抢答成功指示
			Y011	HA2	试题作废指示

（二）设计 PLC 控制接线示意图

依照上述 I/O 分配表和控制要求，设计 PLC 控制五组抢答器带数码管显示的接线示意图如图 3-6-3 所示。

（三）设计梯形图程序

根据控制要求，应用基本指令设计五组抢答器带数码管显示控制梯形图。其设计步骤和思路归纳如下：

1. 设计抢答开始和复位控制程序

抢答器由主持人控制，只有主持人按下抢答开始和复位程序，发出抢答开始指令，抢答

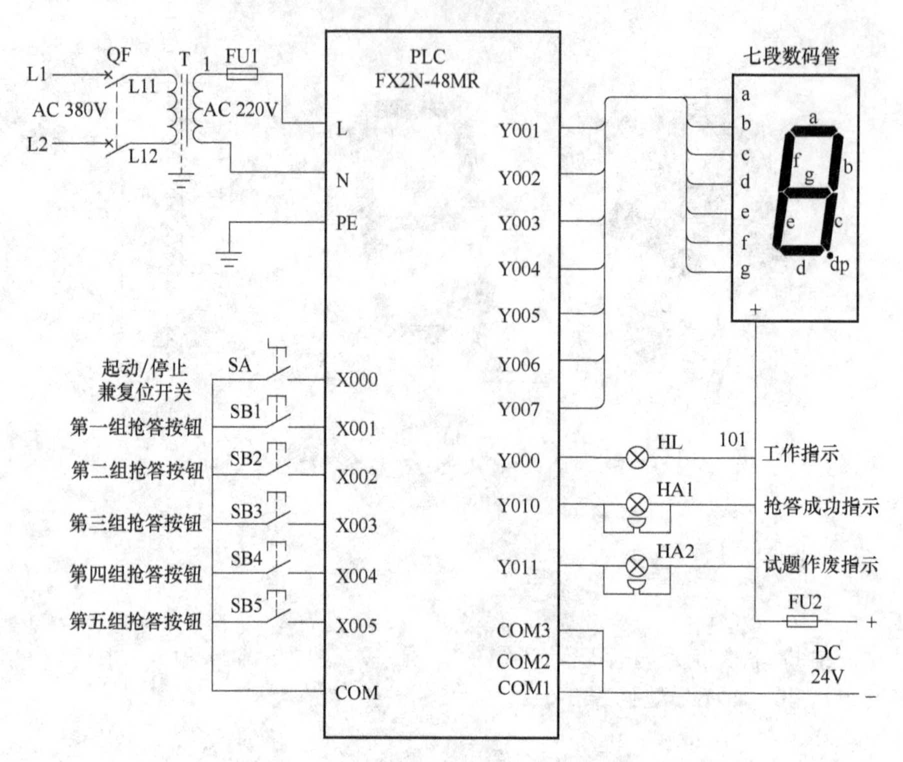

图 3-6-3 PLC 控制五组抢答器接线示意图

才能进行并进行有效抢答。因此，首先要设计一段抢答控制程序。

2. 设计优先控制程序

当主持人发出抢答开始指令后，五组抢答人员进行抢答，抢先按下抢答按钮者有效，其余抢答无效，故设计优先控制程序。由于 PLC 输出继电器直接与七段数码管相连，为简化控制程序，在设计优先程序时应用辅助继电器 M1～M5 作为控制输出继电器 Y001～Y007 的桥梁和纽带。

3. 设计七段数码管驱动程序

由于七段数码管与 PLC 输出相连，因此应分析七段数码管各段与输出继电器的输出关系，见表 3-6-2。

表 3-6-2 七段数码管与输出继电器的输出关系

输入组别	输出组别	七段数码管工作段	PLC 输出	备注
抢答开始	0	a、b、c、d、e、f	Y001、Y002、Y003、Y004、Y005、Y006	
一组	1	b、c	Y002、Y003	
二组	2	a、b、d、e、g	Y001、Y002、Y004、Y005、Y007	
三组	3	a、b、c、d、g	Y001、Y002、Y003、Y004、Y007	
四组	4	b、c、f、g	Y002、Y003、Y006、Y007	
五组	5	a、c、d、f、g	Y001、Y003、Y004、Y006、Y007	

4. 设计抢答成功显示程序及试题作废指示程序

根据上述设计步骤和思路进行设计，并进一步修改与完善，最终得到 PLC 控制五组抢答器梯形图如图 3-6-4 所示。其控制梯形图工作原理分析如下：

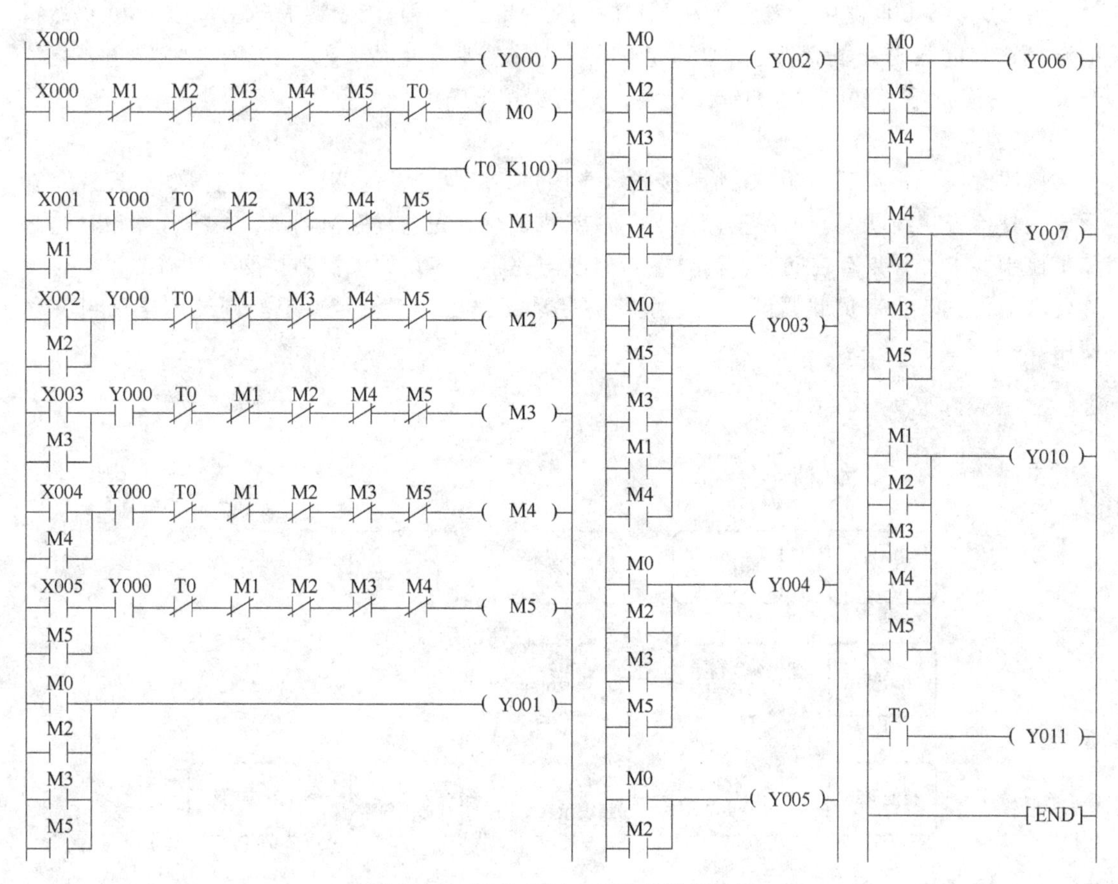

图 3-6-4　PLC 控制五组抢答器梯形图

当主持人述题完毕宣布抢答开始，并按下起动/停止兼复位开关 SA（X000）后，一是 Y000 得电 HL 工作指示灯亮，Y000 的常开触点闭合为 M1～M5（SB1～SB5）抢答回路和 T0 定时回路工作做准备；二是 M0 得电，驱动 Y001～Y006 得电，数码管 a～f 段被点亮，数码管显示“0”，抢答系统起动，竞赛准备开始；三是定时器 T0 开始计时，选手即可抢答。

当五组（SB1～SB5）中任意一组抢答成功后，显示抢答成功组别号，根据优先程序的工作原理，其他组再按抢答按钮无效。比如，当第一组抢先按下抢答按钮 SB1（X001）时，M1 的线圈得电，一是 M1 串联在 M2～M5 回路中的常闭触点断开，有效保证了 M2～M5 线圈不能导通，实现了 M1 优先闭合的抢答功能；二是 M1 在 Y002（b 段）和 Y003（c 段）回路中的常开触点闭合，驱动 Y002 和 Y003 得电，数码管 b 段和 c 段被点亮，数码管显示“1”；三是 M1 在计时回路中的常闭触点断开，使 T0 定时器复位不再延时；四是 M1 在 Y010 回路中的常开触点闭合，Y010 得电，发出抢答成功声光指示信号。同理，当二至五组任意一组抢答成功时，其余各组被闭锁，数码管分别显示“2”“3”“4”“5”；断开 T0 计时回路；Y010 得电发出抢答成功声光指示信号。

若在10s之内无选手抢答，定时器T0计时时间到，串联在M0～M5回路中的常闭触点断开，一是M0失电促使Y001～Y006复位而数码管无显示；二是同时锁住各组抢答器无输出；三是使输出继电器Y011线圈得电，发出试题作废的声光指示信号。

另外，在M0回路中设置常闭触点M1～M5的目的是防止因M1～M5得电后（M0仍然得电）而产生的数码管显示紊乱。抢答完毕或试题作废后，主持人都需按下起动/停止兼复位开关SA，使抢答器复位。若要继续抢答，则再次按下SA。

（四）接线与调试

接线时应严格按照图3-6-3所示接线示意图进行，要求安全可靠，工艺美观；接线完毕后要认真检查接线状况，确保正确无误；系统调试时应先进行模拟调试，检查程序设计是否满足控制要求，如果存在问题，需要重新修改与完善程序；如果控制功能满足需要，符合设计要求，则进一步带负载调试，检查系统的起动、停止是否符合要求。调试完毕即可交付使用。

➤【课题小结】

本课题的内容结构如下：

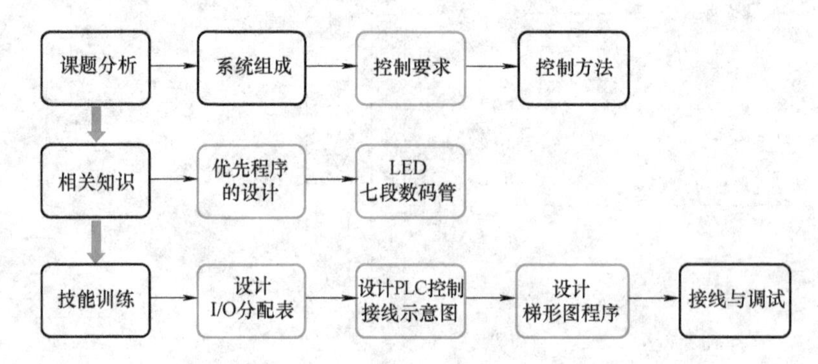

➤【效果测评】

学习效果测评表见表1-1-1。

课题七　PLC控制两种液体混合搅拌装置的设计、安装与调试

液体混合搅拌器在医药、食品和化工等行业中有着广泛的应用。图3-7-1所示为两种液体混合搅拌装置示意图。

图3-7-1中，SL1、SL2和SL3分别为光电液位传感器，当液面达到传感器的位置后，传感器呈导通状态；低于传感器位置时，传感器呈断开状态。YV1、YV2和YV3为三个电磁阀，YV1和YV2分别送入液体A和B，YV3放出搅拌好的混合液，M为搅拌电动机。

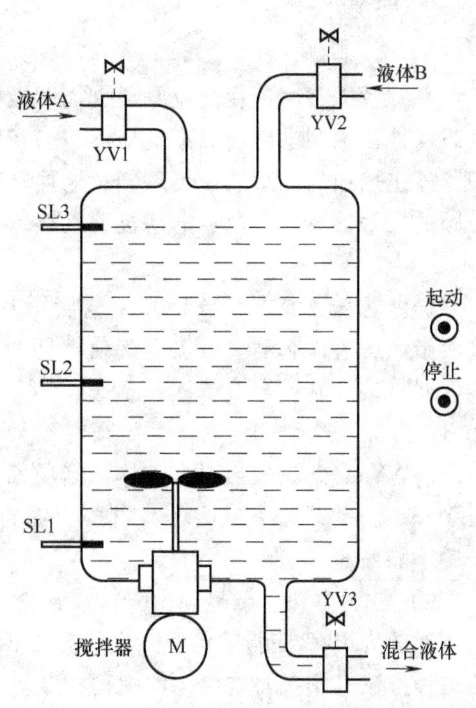

图3-7-1　两种液体混合搅拌装置示意图

该系统的控制要求如下：

1）起动搅拌器之前，PLC上电，系统自动通电5s放空罐内残余液体。此时YV1、YV2和YV3各阀门均关闭，SL1、SL2和SL3传感器均断开，搅拌器电动机M失电。

2）经5s放液后，装置才能开始起动运行。当按下起动按钮时，阀门YV1打开，开始注入液体A，当液面经过传感器SL1时，继续注入液体A，当液体A达到SL2时，YV1关闭且停止注入液体A，YV2打开开始注入液体B。

3）当液面达到SL3时，关闭阀门YV2，起动搅拌器电动机M搅拌20s，搅拌均匀后，停止搅拌并打开阀门YV3，开始放出混合液体。

4）当液面低于传感器SL1时，再经过2s延时放液，将容器中的液体放空，关闭阀门YV3，自动开始下一循环（阀门YV1打开，自动注入液体A……）。

5）若在工作中按下停止按钮，装置不立即停止工作，只有当工序完成且混合液处理完毕后，才能停止工作。

要求用PLC设计该控制系统，并进行安装与调试。

➤【学习目标】

1. 熟悉两种液体混合搅拌装置的系统构成和控制要求。
2. 熟悉两种液体混合搅拌装置的工作过程和工作原理。
3. 熟悉和掌握脉冲微分指令的功能和应用方法。
4. 掌握两种液体混合搅拌装置PLC控制I/O分配方法。
5. 掌握两种液体混合搅拌装置PLC控制接线示意图的设计方法。
6. 掌握两种液体混合搅拌装置PLC控制梯形图的设计方法。

7. 掌握两种液体混合搅拌装置 PLC 控制的安装接线与调试方法。

8. 具有理论联系实际、实事求是的工作作风。

➤【教·学·做】

一、课题分析

（一）系统组成

该系统主电路由一台交流电动机拖动搅拌器直接起动，由一个交流接触器进行控制，没有过载保护；控制电路由隔离变压器以及 PLC 控制输入、输出电路构成。输入电路由起动按钮、停止按钮、三组液面传感器及搅拌电动机热继电器触点组成；输出电路包括控制三个电磁阀的接触器及控制搅拌电动机的接触器，共四路输出电路组成。

（二）控制要求

根据课题任务要求，当 PLC 上电后，系统执行放液操作，此时按下起动按钮无效；5s 后放液结束，可以起动。当按下起动按钮时，阀门 YV1 打开，开始注入液体 A，之后由液位传感器自动控制；当液体 A 达到 SL2 时，YV1 关闭停止注入液体 A，YV2 打开开始注入液体 B；当液面达到 SL3 时，关闭阀门 YV2，起动搅拌器电动机 M；搅拌 20s，停止搅拌并打开阀门 YV3，开始放出混合液体；当液面低于传感器 SL1 时，再经过 2s 延时放液，关闭阀门 YV3，自动开始下一循环。当按下停止按钮后，不能够马上停止，需完成一个周期的工作后才能停止。

（三）控制方法

本课题为 PLC 控制的典型案例，应根据控制过程的工作原理和控制要求，应用基本指令的编程方法，实现对本课题的编程控制。

二、相关知识

（一）脉冲微分输出指令的功能

脉冲微分输出指令主要用于检测输入脉冲的上升沿与下降沿，条件满足时产生一个扫描周期的脉冲信号输出，以实现对其他被控对象的控制。脉冲微分指令有 PLS、PLF 两条指令。

1. PLS 指令

PLS 指令又称为上升沿脉冲微分输出指令。其功能是：当检测到输入脉冲信号的上升沿时，执行 PLS 指令，产生一个扫描周期的脉冲输出信号。

2. PLF 指令

PLF 指令又称为下降沿脉冲微分输出指令。其功能是：当检测到输入脉冲信号的下降沿时，执行 PLF 指令，产生一个扫描周期的脉冲输出信号。

（二）脉冲微分指令的应用

脉冲微分指令的操作元件为 Y、M 和 S。现将其应用方法分别说明如下。

1. PLS 指令的应用

PLS 指令的应用方法如图 3-7-2 所示，在 X000 由断开转为闭合的瞬间，随着上升沿的到来，执行 PLS 指令，辅助继电器 M0 的线圈闭合一个扫描周期，M0 的常开触点闭合，使输出继电器线圈 Y000 接通一个扫描周期，其工作时序图如图 3-7-2b 所示。

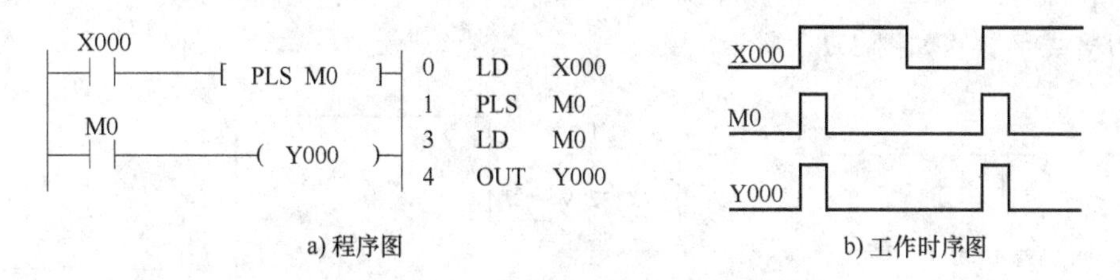

图 3-7-2　PLS 指令的应用方法

2. PLF 指令的应用

PLF 指令的应用方法如图 3-7-3 所示，在 X001 由闭合转为断开的瞬间，随着 X001 下降沿到来，执行 PLF 指令，辅助继电器 M1 的线圈闭合一个扫描周期，M1 的常开触点闭合，使输出继电器线圈 Y001 接通一个扫描周期，其工作时序图如图 3-7-3b 所示。

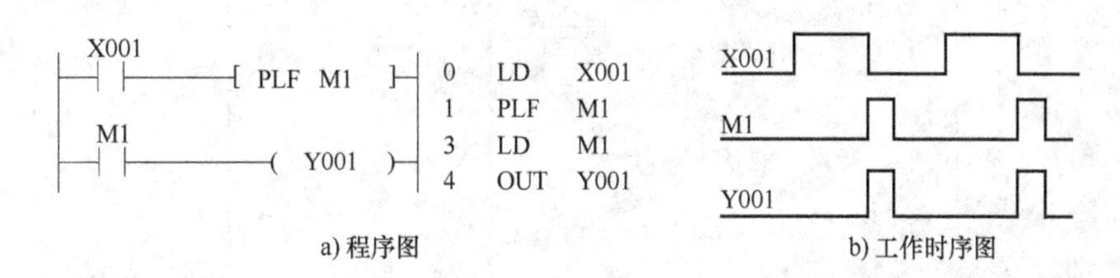

图 3-7-3　PLF 指令的应用方法

三、技能训练

（一）设计 I/O 分配表

通过对两种液体混合搅拌装置的分析，本课题有 6 路输入、4 路输出，I/O 分配见表 3-7-1。

表 3-7-1　两种液体混合搅拌装置 PLC 系统 I/O 分配

输入分配（I）			输出分配（O）		
输入元件名称	代号	输入继电器	输出继电器	被控对象	作用及功能
起动按钮	SB1	X000	Y000	YV1	液体 A 电磁阀
停止按钮	SB2	X001	Y001	YV2	液体 B 电磁阀
液体下位传感器	SL1	X002	Y002	KM	搅拌电动机接触器
液体中位传感器	SL2	X003	Y003	YV3	混合液电磁阀
液体高位传感器	SL3	X004			
搅拌电动机过载保护	FR	X005			

（二）设计PLC控制接线示意图

根据表3-7-1所示I/O分配表和两种液体混合搅拌装置的工作原理和控制要求，设计PLC控制接线示意图如图3-7-4所示。

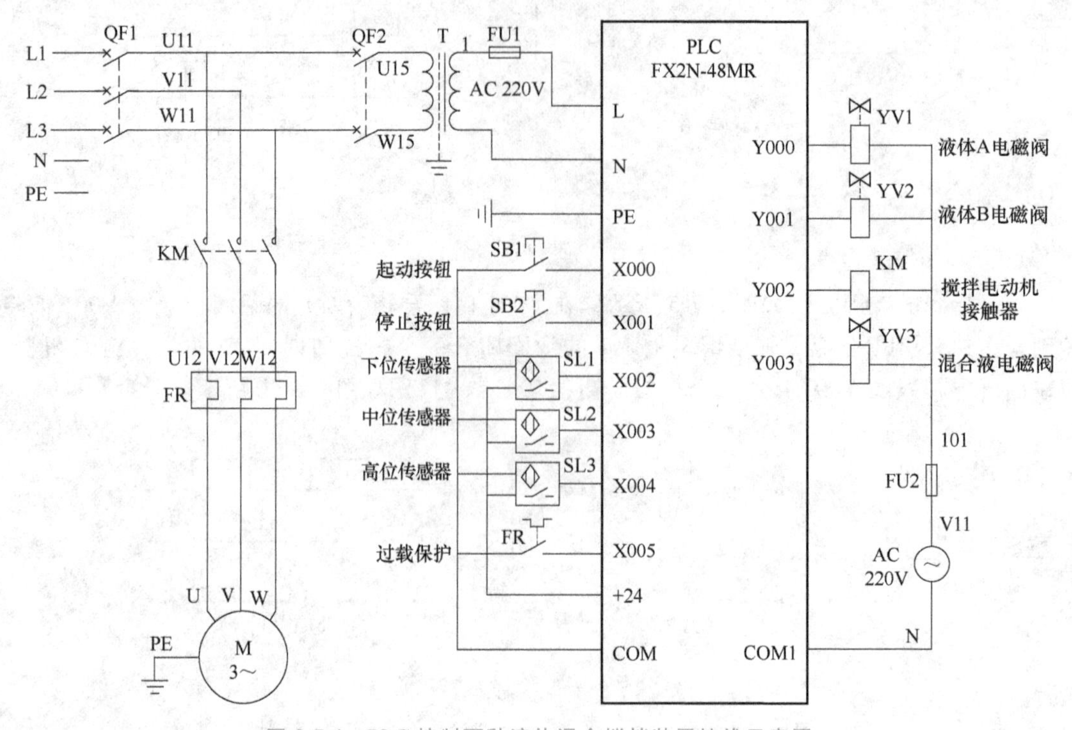

图3-7-4 PLC控制两种液体混合搅拌装置接线示意图

（三）设计梯形图程序

根据控制要求，应用基本指令设计两种液体混合搅拌装置PLC控制梯形图程序如图3-7-5所示。其设计思路和步骤归纳如下：

1. 设计主控指令控制程序

根据题意分析，当系统运行中搅拌电动机过载时，所有输出全部复位，因此可用搅拌电动机热继电器作为主控指令的控制条件，实现对系统的过载保护控制，为此应首先设计主控指令控制程序。

2. 设计初始放液辅助控制程序

当系统上电后，PLC控制系统首先执行放液操作，放液5s后方可实施起动操作，于是应用辅助继电器M1、M2设计一段初始放液辅助控制程序，为起动控制提供先决条件。

3. 设计起保停辅助控制程序

为实现起动和停止控制，应用辅助继电器M3设计一段起保停辅助控制程序，当起动条件（M2）具备后，按下起动按钮，系统执行完一个周期的运行，即放完混合液体后控制系统停止工作。

4. 设计输出控制程序

应用辅助继电器M1、M2、M3的辅助触点，根据控制要求，依次设计输出继电器Y000、Y001、Y002、Y003的控制程序。

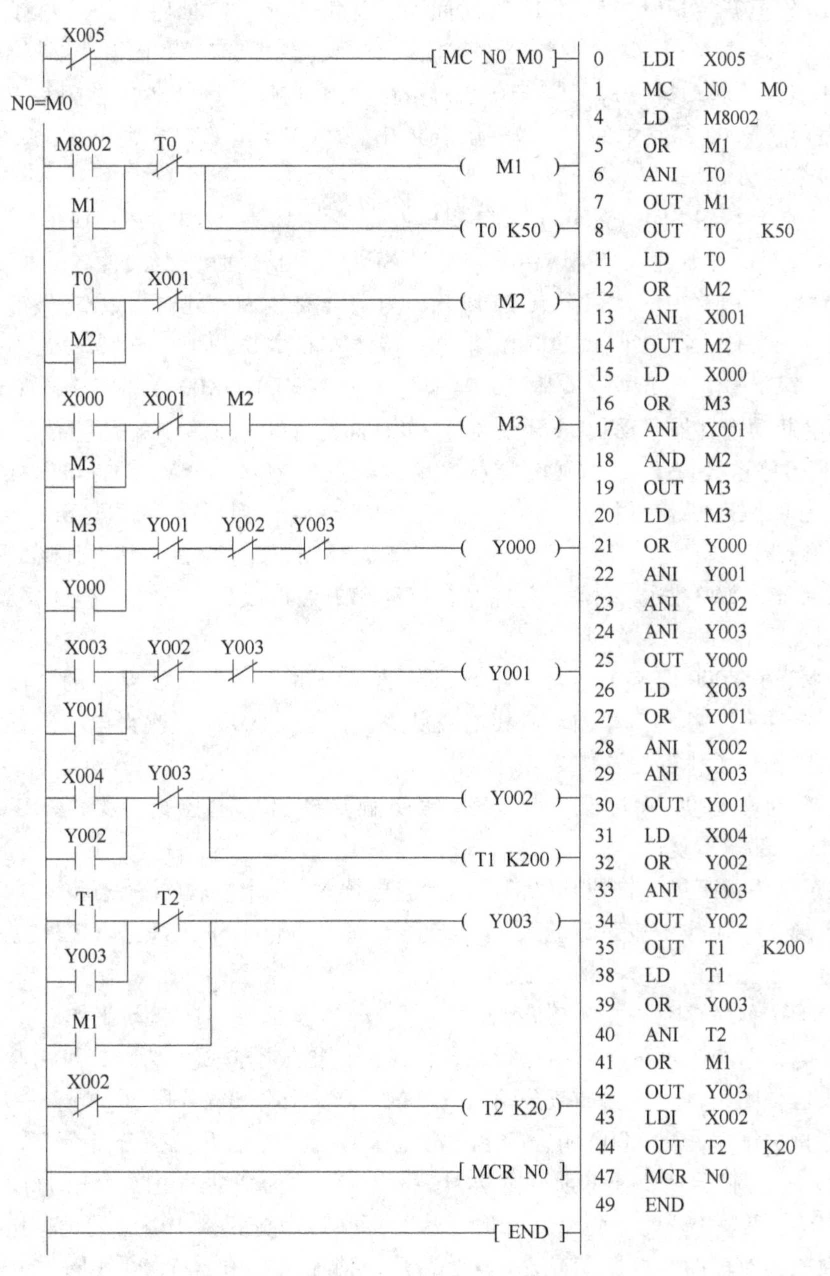

图 3-7-5 PLC 控制两种液体混合搅拌装置梯形图

5. 设计主控结束与程序结束控制程序

由于主控开始指令应用了辅助继电器 M0，在主控指令开始之后的编程中应避免再使用辅助继电器 M0；当主控结束时，使用主控复位指令完成主控指令编程；当全部程序编写完毕时，使用结束指令 END。

梯形图程序的工作原理分析如下：

1）当 PLC 上电后，M8002 闭合一个扫描周期，使 M1 得电并保持，其在 Y003 回路中的常开触点闭合，输出继电器 Y003 得电自锁，驱动 YV3 得电，开始放空罐内残余液体；同时定时器 T0 得电开始延时，T0 延时 5s 时间到，首先 T0 在 M2 回路中的常开触点闭合，M2 得电并自锁，M2 在 M3 回路中的常开触点闭合，为装置的起动做准备（即必须经 5s 放液后，装置才能开始起动运行），其次 T0 在初始化回路（M1、T0）中的常闭触点断开，使初始化回路复位，Y003 回路中的 M1 常开触点断开，Y003 复位，YV3 失电复位，自动通电 5s 放空罐内残余液体。

2）按下起动按钮 SB1（X000），M3 得电并自锁，M3 在 Y000 回路中的常开触点闭合使 Y000（YV1）得电开始注入液体 A，当液面经 SL1（X002）时，继续注入液体 A，此时 T2 失电，其在 Y003 回路中的常闭触点 T2 闭合，为混合液经 SL1 处时再放 2s 做准备；当液体 A 达到 SL2（X003）时，YV2（Y001）得电开始注入液体 B，同时 Y000 回路中的常闭触点 Y001 断开，YV1 失电关闭停送液体 A；当液体 B 达到 SL3（X004）时，KM（Y002）和定时器 T1 得电起动搅拌器电动机 M 开始搅拌 20s，同时 Y001 回路中的常闭触点 Y002 断开，YV2 失电关闭停送液体 B；T1 延时搅拌 20s 时间到，Y003（YV3）得电放出混合液体，同时 Y003 常闭触点断开搅拌及延时回路（Y002、T1）；当混合液放至 SL1（X002）时，X002 常闭触点闭合，定时器 T2 开始延时，T2 延时 2s 时间到后，其在 Y003 回路中的常闭触点 T2 断开，YV3 失电关闭，实现混合液经 SL1 处再放 2s 的功能。至此，装置一个工作循环结束。

3）因 M3 在 Y000 回路中的常开触点是一直闭合的，加之该回路中的常闭触点 Y001、Y002 和 Y003 在一个顺序工作循环后相继恢复闭合，使得 Y000 再次得电，装置自动开始下一循环，无限循环工作下去。

4）当搅拌电动机 M 过载时，X005 常闭触点断开，主控指令复位，Y000、Y001、Y002、Y003 全部输出复位。

5）在工作中按下停止按钮 SB2 后，辅助继电器 M3 失电复位，输出继电器 Y000 无法再次起动，实现了“工作中按下停止按钮，装置不立即停止工作，只有当工序完成且混合液处理完毕后，才能停止工作”的功能。

上述梯形图程序存在一个不容忽视的问题，即当系统要再次起动工作时，必须将 PLC 停电后再送电，系统才可再次起动运行，这使操作显得很不方便。为此，可用脉冲微分输出指令来解决这个问题，增加脉冲微分输出指令的梯形图如图 3-7-6 所示。

按下停止按钮后，当 X000 闭合的上升沿到来时，执行上升沿微分指令 PLS，辅助继电器 M4 闭合一个扫描周期，使辅助继电器 M2 得电自锁，为辅助继电器 M3 的得电创造条件；当 X000 由闭合转为断开的下降沿到来时，执行下降沿微分指令 PLF，辅助继电器 M5 闭合一个扫描周期，使辅助继电器 M3 得电自锁，从而使输出继电器 Y000 线圈得电自锁，执行新一轮周期的液体搅拌工作。这就有效避免了 PLC 控制系统再次起动时需要关闭电源重新起动 PLC 的问题。

（四）接线与调试

按照接线示意图进行接线，要求安全可靠，工艺美观；接线完毕后要认真检查接线状况，确保正确无误；系统调试时应先进行模拟调试，检查程序设计是否满足控制要求，如果存在问题，需要重新修改与完善程序；如果控制功能满足需要，符合设计要求，则进一步带负载调试，检查指示灯工作是否符合设计要求。系统调试完毕即可交付使用。

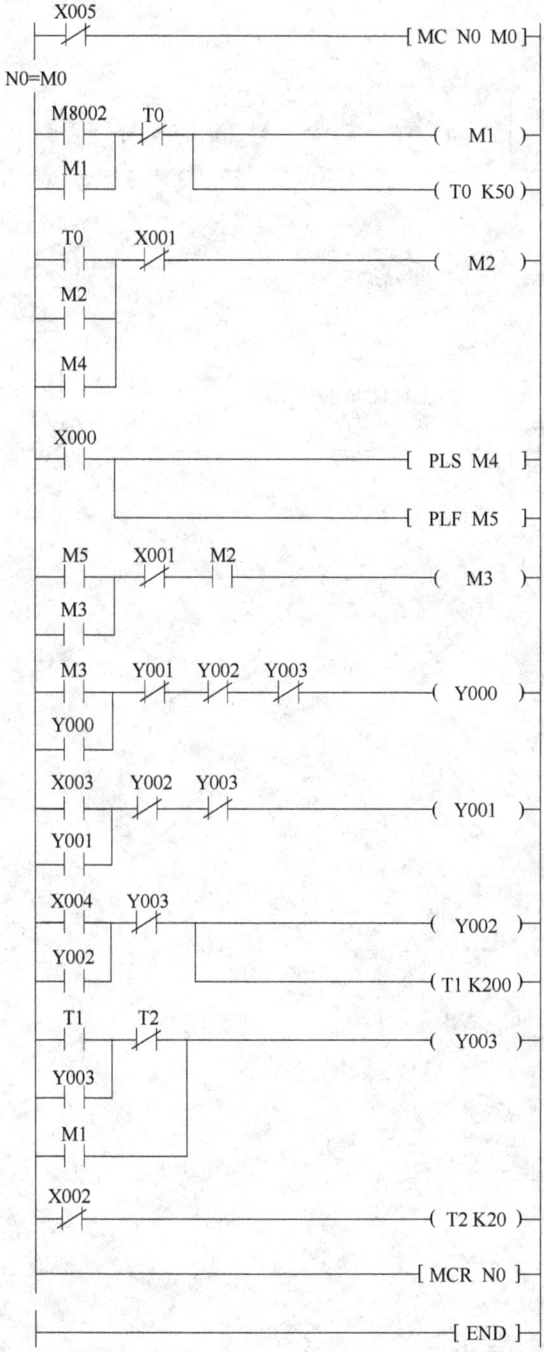

```
0   LDI  X005
1   MC   N0    M0
4   LD   M8002
5   OR   M1
6   ANI  T0
7   OUT  M1
8   OUT  T0    K50
11  LD   T0
12  OR   M2
13  OR   M4
14  ANI  X001
15  OUT  M2
16  LD   X000
17  PLS  M4
19  PLF  M5
21  LD   M5
22  OR   M3
23  ANI  X001
24  AND  M2
25  OUT  M3
26  LD   M3
27  OR   Y000
28  ANI  Y001
29  ANI  Y002
30  ANI  Y003
31  OUT  Y000
32  LD   X003
33  OR   Y001
34  ANI  Y002
35  ANI  Y003
36  OUT  Y001
37  LD   X004
38  OR   Y002
39  ANI  Y003
40  OUT  Y002
41  OUT  T1    K200
44  LD   T1
45  OR   Y003
46  ANI  T2
47  OR   M1
48  OUT  Y003
49  LDI  X002
50  OUT  T2    K20
53  MCR  N0
55  END
```

图 3-7-6　增加脉冲微分输出指令后的梯形图

【课题小结】

本课题的内容结构如下：

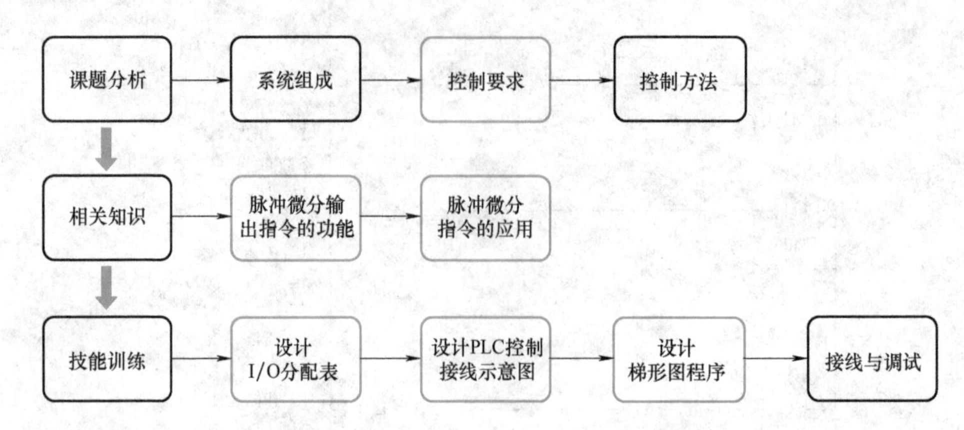

【效果测评】

学习效果测评表见表 1-1-1。

单元四

步进指令编程控制

基本指令编程，主要是使用串并联关系对应的逻辑指令进行编程，它是基于传统的接触器-继电器系统控制思路的一种编程方法。这种编程方法，没有完整的、固定的步骤可以遵循。程序设计的优劣与个人的经验密切相关，同样的控制功能，不同的人所设计的梯形图程序会各不相同。因此，基本指令编程仅适用于比较简单的控制课题。对于控制关系比较复杂的控制课题，若应用基本指令编程，则设计时间长，编程比较困难，并且容易出错。而采用步进指令编程，则能化繁为简，可以有效地解决基本指令编程面临的上述问题，具有简单、规范、通用的特点，是一种比较先进的设计方法，在进行复杂问题编程时宜考虑优先选用。

课题一　三相交流异步电动机Y/△减压起动步进指令编程控制

三相交流异步电动机Y/△减压起动电气控制原理图如图 4-1-1 所示。前面已经学习了应

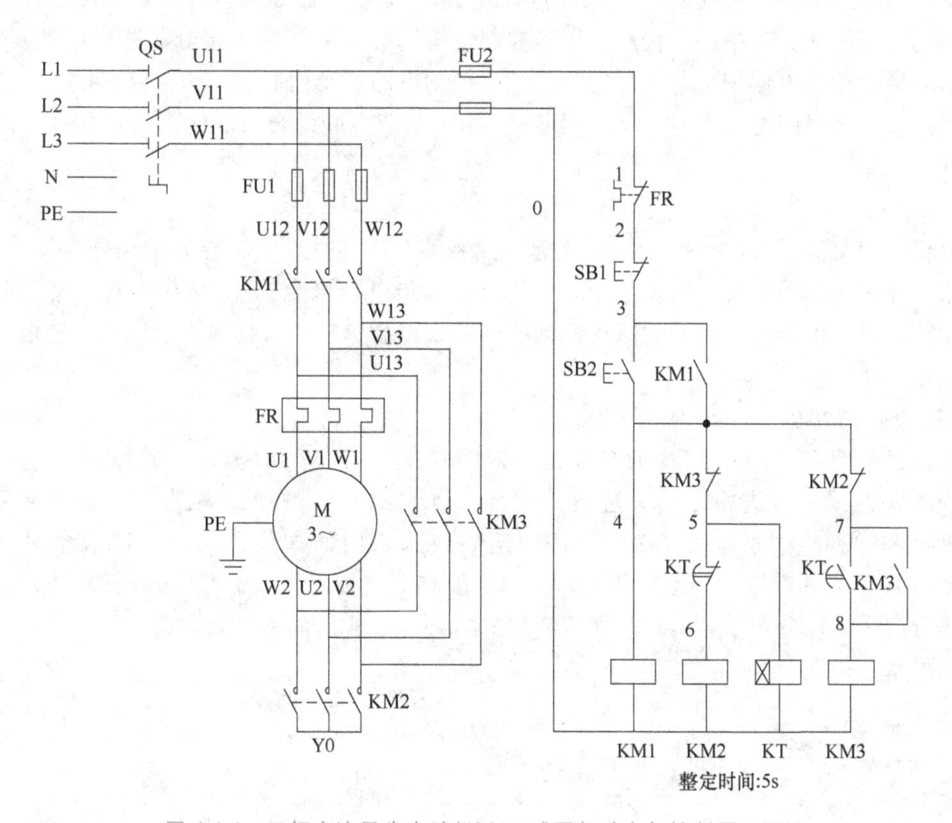

图 4-1-1　三相交流异步电动机Y/△减压起动电气控制原理图

用基本指令对三相交流异步电动机Y/△减压起动进行控制，本课题则介绍采用步进指令编程方法对三相交流异步电动机Y/△减压起动进行控制，旨在通过对比学习，让读者逐步掌握步进指令编程的方法和步骤。

➤【学习目标】

1. 初步熟悉和掌握步进指令编程的基本概念、基本原理和基本思路。
2. 明确步进指令编程的优点和适用对象。
3. 理解和掌握学习步进指令编程的重要意义。
4. 掌握应用步进指令对三相交流异步电动机Y/△减压起动控制进行编程的基本方法和基本步骤。
5. 对比应用基本指令和步进指令对三相交流异步电动机Y/△减压起动控制课题进行编程控制的过程，掌握两种编程控制方法的异同点。
6. 培养与时俱进的创新精神和探索精神。

➤【教·学·做】

一、课题分析

（一）系统组成

对于三相交流异步电动机Y/△减压起动电路，其主电路由电动机、三个接触器主触点和热继电器等构成，其中一个接触器用于控制电源通断，另外两个接触器分别用于实现Y联结和△联结，热继电器用于电动机过载保护；控制电路分别由起动按钮、停止按钮、三个接触器线圈及一个时间继电器组成，时间继电器用于实现Y联结与△联结的自动切换，时间设定为5s。

（二）控制要求

根据三相交流异步电动机Y/△减压起动控制的基本特性，整个控制过程分为两个阶段：第一阶段为减压起动阶段，要求起动时三相交流异步电动机为Y联结减压起动；第二阶段为全压运行阶段，即当电动机通过减压起动旋转起来以后，再将其切换为△联结，使电动机进入全压运行状态。

（三）控制方法

前面已经学习了应用PLC的基本指令对三相交流异步电动机Y/△减压起动进行编程控制，本课题采用步进指令对其进行编程控制，目的在于方便读者进行对比性学习，更好地理解和掌握步进指令及其编程方法，达到快速入门的作用。采用步进指令对三相交流电动机Y/△减压起动进行编程控制，关键是要将上述控制任务中Y联结减压起动和△联结全压运行两个阶段分步实施，逐步加以实现。这种分步实施的思路和方法，就是步进指令编程控制的基本内涵。

二、相关知识

（一）步进控制指导思想

步进编程控制是将一个复杂任务分解为若干个子任务，然后按照先后顺序依次完成这些子任务，最终完成总任务。这是一个将复杂问题简单化、化整为零的编程处理方式。按照这种思路可以将一个复杂的控制过程，分解为若干工序（或工步），然后应用步进指令对这些工序（或工步）依次进行编程控制，最后完成整个控制任务。

（二）步进指令编程步骤

步进指令编程，首先要分解并绘制工序流程图，其次是应用顺序功能图（SFC 图）或应用步进梯形图（STL 图）进行编程。

1. 画出工序流程图

工序流程图是用于描述控制过程分步实施的工作流程图。工序流程图由工序（或工步）、驱动对象、转移条件和有向连线 4 个要素组成，如图 4-1-2 所示。

（1）分解任务与划分工序　工序有时也称为工步，是一个个相对独立并具有特定驱动对象的基本环节。设计工序流程图的关键是划分工序，就是要根据被控对象的动作顺序，把一个复杂的控制过程进行分解，划分为若干个独立工作的工序。如图 4-1-2 所示，该工序流程由 4 个工序组成，其中第一个工序为初始步，也称为准备工序，一般对应于控制系统运行之前的初始状态。

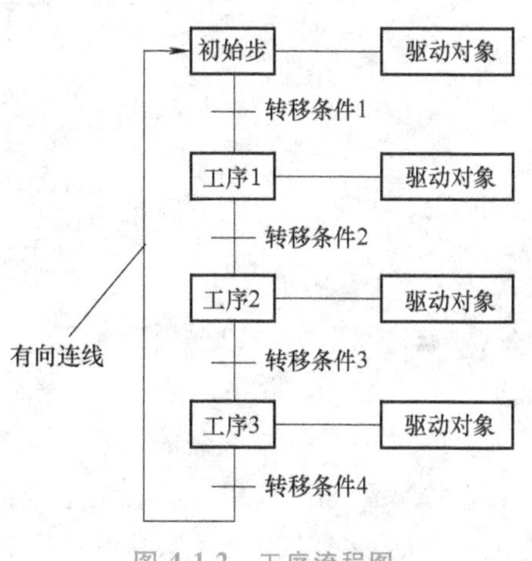

图 4-1-2　工序流程图

（2）确定每个工序的驱动对象　每个工序都有特定的驱动对象，驱动对象可以是一个也可以是多个，只要处于同一个工序中，就都可以作为该工序的驱动对象进行处理；在时间上同时被驱动的对象应划归同一个工序；没有驱动对象的不能划分为独立的工序。

（3）进行有向连线　有向连线是指从上一个工序到下一个工序的指向性连线，它指明了工序之间的转移方向。当工序结束时，应通过有向连线指向原位，这也标志着当一个运行周期结束时，控制系统要回归到初始步。正常情况是按照从上到下或从左到右的顺序进行的，此时有向连线可以不加箭头，否则必须加箭头。

（4）确定转移条件　转移条件是工序与工序之间进行转移和交接的接力棒，当转移条件具备时，系统就会从上一个工序转移到下一个工序，上个工序复位，下一个工序被驱动。通常，转移条件可以是用来控制行程位置的行程开关，也可以是用来控制时间的定时器触点等。

工序流程图可以使整个控制过程步骤清晰、目标明确、任务具体，为步进编程控制奠定坚实的基础。

2. 设计顺序功能图

顺序功能图（即 SFC 图）也叫作状态转移图，是用于描述控制系统的控制过程、功能和特性的一种图形语言，专门用于编制顺序控制程序。由于顺序功能图编程结构清晰明了，容易理解，1994 年 5 月公布的 IEC 关于可编程序控制器的标准中，顺序功能图被确定为 PLC 位居首位的编程语言。

将工序流程图中的各工步、驱动对象和转移条件用相应的状态继电器编号、驱动对象编号和转移条件编号进行更换，就得到顺序功能图。顺序功能图的基本结构如图 4-1-3 所示，由状态继电器、驱动负载、转移条件、有向连线4要素构成。与工序流程图相比，在初始状态继电器的上端多了一个初始脉冲继电器M8002。

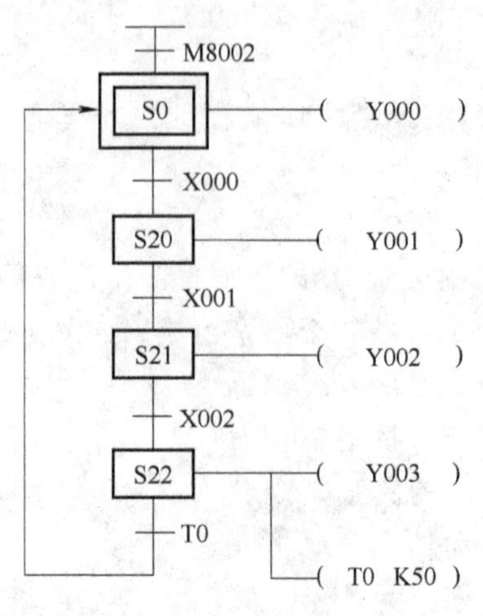

图4-1-3　顺序功能图的基本结构

（1）状态继电器　PLC内部设置了一系列种类、功能和用途各异的状态继电器，专门用于步进指令编程。顺序功能图中的每一步称为状态步，每个状态步用一个状态继电器S表示。

在FX2N系列PLC中，状态继电器共900点，编号为S0~S899；在一个顺序功能图中，状态编号不能重复使用。状态继电器的分类与用途见表4-1-1。

表4-1-1　状态继电器的分类与用途

编　号	用　途	数量（点）	备　注
S0~S9	初始状态步	10	原位状态专用
S10~S19	回零状态步	10	回零状态专用
S20~S499	一般状态步	480	无特殊要求的一般状态步
S500~S899	失电保持状态步	400	用于要求失电保持的状态

表4-1-1中不同用途的状态继电器，用于不同的状态步，不能随便混用，具体用法规定如下：

1）进行顺序功能图编程时，初始状态步必不可少，否则系统无法返回停止状态；初始状态继电器S0~S9（10点）专门用于对初始状态步进行编程；回零状态继电器S10~S19（10点）专门用于对回零状态步进行编程，主要用于系统回原点位置的状态步；一般状态继电器则用于对一般状态步进行编号和编程。

2）状态继电器也有常开触点和常闭触点，可以作为普通继电器使用，与普通继电器的触点工作性质一样。

3）在单个控制流程中，任意时刻，只有一个状态步工作，称为活动步，即只有一个状态继电器工作，若下一状态继电器被激活，则上一状态继电器自动关闭。

（2）驱动负载　根据被驱动对象和控制要求，顺序功能图中的驱动负载可以是输出继电器线圈、中间继电器线圈、时间继电器线圈等；可以是一个，也可以是几个驱动负载。在图 4-1-3 中，驱动负载为 Y000～Y003 及 T0。

（3）状态转移条件　状态转移条件是结束上一状态步同时激活下一状态步的基本条件。状态转移条件是一个分水岭，当转移完成后，上一状态继电器自动关闭，下一状态继电器被激活。由此可见，转移条件就像一个阀门，状态继电器则像一个蓄水池，当阀门打开时，上一个蓄水池的水就流到下一个蓄水池，与蓄水池相连的那些驱动负载也随之发生相应变化，或得电或失电。

（4）初始脉冲继电器 M8002　初始状态步常用初始脉冲继电器（M8002）作为转移条件，进行激活。在图 4-1-3 中，当 PLC 工作电源接通后，初始脉冲继电器 M8002 常开触点闭合一个扫描周期，初始状态继电器 S0 被激活，输出继电器 Y000 线圈接通，相对应的触点动作。

当转移条件 X000 常开触点闭合时，初始状态继电器 S0 就自动关闭，其驱动负载 Y000 线圈失电复位；S20 则被激活，其驱动负载 Y001 线圈得电。

转移条件可以是外部的输入信号，如按钮、指令开关、限位开关的接通/断开等；也可以是 PLC 内部产生的信号，如定时器、计数器常开触点的接通等。转移条件还可能是若干个信号的“与”“或”“非”的逻辑（串并联）组合。

（5）有向连线　顺序功能图应是闭环结构。自动控制系统应能够多次重复执行同一工艺过程，因此在顺序功能图中，在一次工艺过程的全部操作完成之后，应从最后一步返回初始步。在单周期工作方式下，系统停留在初始状态；在连续循环工作方式时，将以最后一步作为下一个工作周期开始运行的第一步。

3. 设计步进梯形图（STL 图）

步进梯形图是应用步进指令进行编程的梯形图程序。步进梯形图与状态转移图相对应，对照状态转移图采用步进指令编程，就可以得到相对应的步进梯形图。步进梯形图及其说明如图 4-1-4 所示。步进梯形图的结构特点及编程要领归纳如下：

1）步进梯形图左右各一根母线。

2）初始状态继电器必不可少，且用初始脉冲继电器 M8002 进行激活。

3）激活状态继电器用 SET 指令。只有状态继电器被激活，状态继电器的常开触点才能闭合，从而为状态转移形成先决条件。如 M8002 闭合后，执行 SET 指令，激活初始状态继电器 S0，其常开触点 STL S0 闭合，驱动线圈 Y000 得电输出。当转移条件 X000 常开触点闭合时，执行 SET 指令，激活一般状态继电器 S20，则初始状态继电器 S0 自动关闭，输出继电器 Y000 线圈失电复位断开。只有在当前步为活动步并且满足转移条件时，才能激活后续步，同时停止当前步。

4）每条步进指令为一逻辑行，包含驱动线圈、转移条件和转移目标三个要素。当状态继电器被 SET 指令激活时，该状态继电器常开触点闭合，与其相连的逻辑行得电，驱动线圈，其中需要直接输出的线圈应首先编程，不可以在使用了 LD、LDI 指令控制输出后再回到直接输出。

5）非保持型输出与保持型输出的区别。当活动步停止后，非保持型的输出立即停止，而保持型的输出仍然保持原来的输出状态不变。图 4-1-4 中，若 S20 被激活，则 S0 复位关

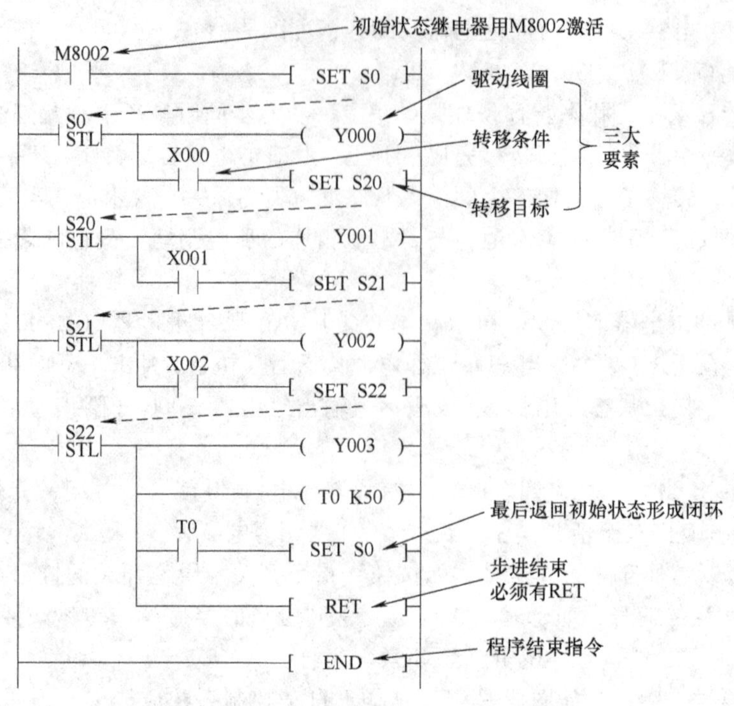

图 4-1-4 步进梯形图及其说明

闭，Y000线圈立即复位停止输出；而STL S20的逻辑行对应的驱动线圈Y001得电。如Y000和Y001用SET指令置位（即SET Y000和SET Y001），则不会因为S0和S20的状态转移而复位停止，而是继续保持输出；若要Y000和Y001线圈复位停止输出，则需使用复位指令RST才能使之复位。

6）状态转移程序的结尾必须使用RET指令。采用步进指令编程，步进指令包括步进开始指令（STL）和步进结束指令（RET）。步进开始指令（STL）与左母线相连，并后缀相应的状态继电器常开触点如STL S0等，即当该状态继电器S0被激活后，与主母线相连的S0的常开触点（STL S0）闭合，驱动相关负载（如输出继电器线圈Y000）。步进结束使用RET指令。RET指令用于返回主母线，步进程序执行完毕，为了防止出现逻辑错误，状态转移程序的结尾必须使用RET指令。

7）STL指令有建立子母线的功能，使得该状态的所有操作均在其后的子母线上进行。与STL触点相连的触点编写指令表要用LD或LDI指令开头。

8）STL触点可直接驱动或通过别的触点驱动Y、M、S、T和C等元件的线圈。

9）全部编程结束使用程序结束指令END。

（三）步进编程应用对象

步进指令编程广泛用于具有顺序起动运行特点的控制对象的编程控制，因此步进指令又称为步进顺序控制指令。

具有顺序控制特点的控制对象有：机床的自动加工、电镀生产线的自动运行和机械手的动作等。这些控制系统有一些共同的特点：一是动作顺序固定；二是功能分步实现；三是具有不断循环的工作性质。

三、技能训练

（一）设计 I/O 分配表

对于三相笼型异步电动机Y/△减压起动控制系统，采用 PLC 控制，主电路不变，在 PLC 控制电路中，输入控制的信号有三个，即起动按钮、停止按钮及过载保护控制信号；输出信号有三路，分别用于三个接触器线圈的控制。列出 I/O 分配见表 4-1-2。

表 4-1-2 三相笼型异步电动机Y/△减压起动 PLC 控制 I/O 分配

输入分配（I）			输出分配（O）		
输入元件名称	代号	输入继电器	输出继电器	被控对象	作用及功能
起动按钮	SB2	X000	Y000	KM1	电源接触器
停止按钮	SB1	X001	Y001	KM2	Y联结接触器
过载保护	FR	X002	Y002	KM3	△联结接触器

I/O 分配表与基本指令编程时一致，不会因为编程方式不同而不同。

（二）设计 PLC 控制接线示意图

根据控制要求、I/O 分配表以及制图相关规定，所设计的三相笼型异步电动机Y/△减压起动 PLC 控制接线示意图如图 4-1-5 所示。

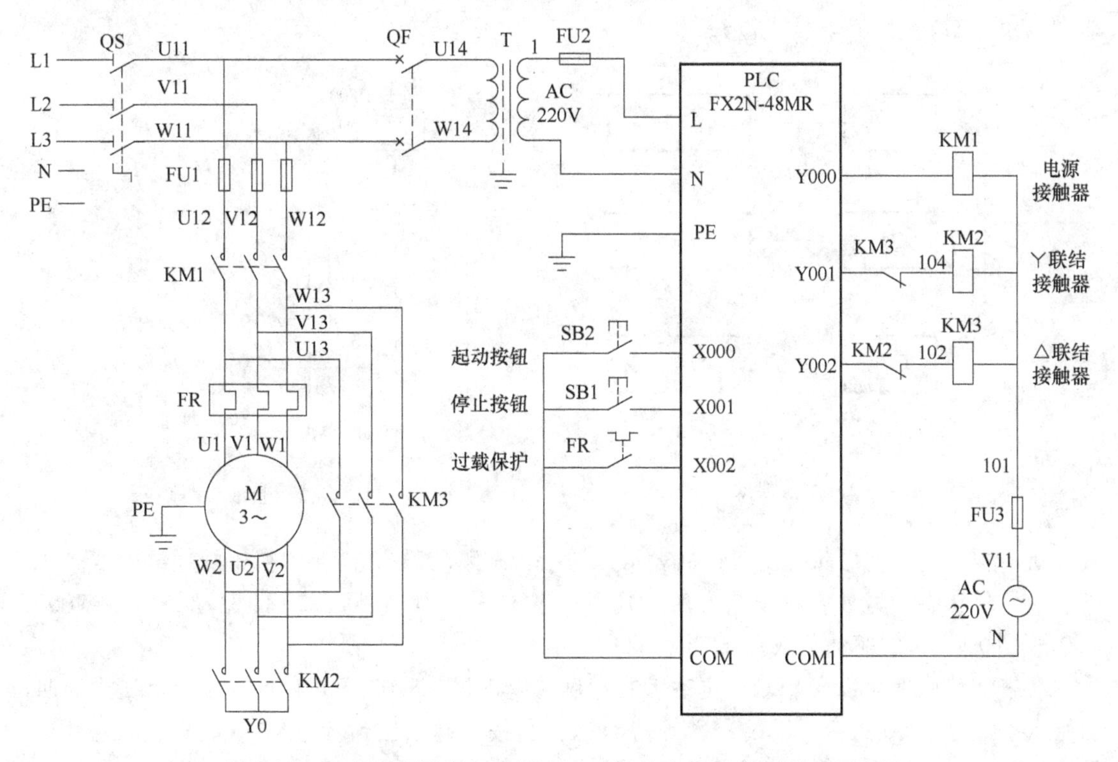

图 4-1-5 三相笼型异步电动机Y/△减压起动 PLC 控制接线示意图

接线示意图与基本指令编程时一致，没有因为编程方式不同而不同。

（三）步进指令编程

三相交流异步电动机Y/△减压起动控制可以分为两步实施，具有步进控制的特点，因而也可以应用步进指令进行编程控制。

1. 设计工序流程图

通过前面的课题分析可知，三相交流异步电动机Y/△减压起动控制过程分为两个阶段，一是Y联结减压起动阶段，二是△联结全压运行阶段。为此，三相交流异步电动机Y/△减压起动控制可以划分为三步，其工序流程图如图4-1-6所示。

起动前，要为起动做好必要的准备，该工序即为初始步。

“初始步”转到“工序1”的转移条件为起动按钮，当按下起动按钮时，系统由“初始步”转到“工序1”，执行Y联结减压起动，并开始计时。

“工序1”转到“工序2”的转移条件为定时器常开触点，当定时器计时达到规定时间5s时，其常开触点闭合作为转换条件，使“工序1”结束Y联结减压起动控制任务，转到“工序2”，执行△联结全压运行。

当按下停止按钮时，系统“工序2”控制任务完成，转回到“准备”工序，等待下次起动指令。

2. 设计顺序功能图（SFC图）

Y/△减压起动顺序功能图（SFC图）是工序流程图的转换方式。对应于工序流程图，将工序用状态继电器对应进行替换，将各工序的驱动负载和转移条件具体化，就成为顺序功能图（SFC图），如图4-1-7所示。

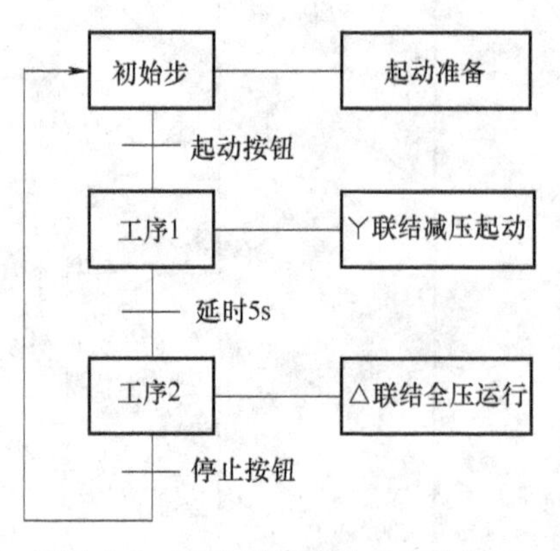

图4-1-6　Y/△减压起动工序流程图

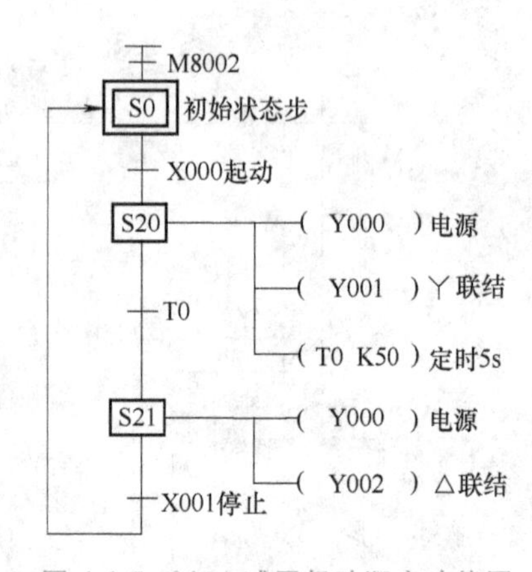

图4-1-7　Y/△减压起动顺序功能图

所不同的是，初始状态用双线框表示，初始状态继电器S0需要用初始脉冲继电器激活，进入初始化状态。另外，各个状态所对应的工作任务更加具体，S20的驱动负载有Y000、Y001和T0，S21的驱动负载有Y000、Y002。

状态转移原理为：当PLC通电后，初始脉冲继电器M8002常开触点闭合一个扫描周期，初始状态继电器S0激活，系统进入等待状态；当按下起动按钮后，X000闭合，状态由S0转移至S20，S0复位关闭，S20被激活，与之相连的Y000、Y001和T0线圈得电，三相交流异步电动机执行Y联结减压起动；当T0计时达到5s时，其常开触点闭合，工作状态发生转移，S20复位关闭，Y000、Y001和T0线圈失电，同时激活S21，Y000、Y002线圈得电，电动机切换为△联结全压运行；当按下停止按钮时，X001 常开触点闭合，转移条件成立，状态继电器 S21 复位关闭，Y000、Y002 线圈失电复位，电动机断电停止运行，同时初始状态继电器 S0 激活，为下次起动做好准备。

3. 设计步进梯形图（STL 图）

步进梯形图与顺序功能图呈对应关系，根据Y/△减压起动顺序功能图设计的步进梯形图如图 4-1-8 所示。其工作原理分析如下：

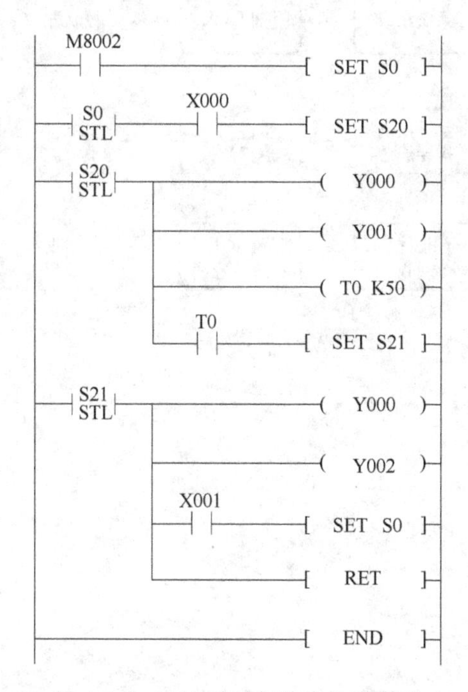

图 4-1-8　Y/△减压起动步进梯形图

当 PLC 通电后，M8002 接通一个扫描周期，初始状态继电器 S0 激活，STL S0 触点闭合，系统进入等待状态。

当按下起动按钮时，X000 常开触点闭合，状态继电器 S20 激活，S0 复位；STL S20 触点闭合，输出继电器线圈 Y000、Y001 及时间继电器线圈 T0 得电，电动机Y联结减压起动并开始计时；当 T0 计时达到 5s 时，状态继电器 S21 激活，S20 复位，Y联结减压起动结束；STL S21 触点闭合，线圈 Y000、Y002 得电，电动机转为△联结全压运行。

当按下停止按钮时，初始状态继电器 S0 激活，S21 复位，STL S21 触点打开，输出继电器 Y000 和 Y002 复位断开，△联结全压运行结束；状态转移至 S0，S0 处于激活状态，为再次起动做准备。

步进编程结束，使用 RET 指令返回母线；全部编程结束，使用结束指令 END。

（四）接线与调试

按照接线示意图接线，要求安全可靠，工艺美观；接线完毕后要认真检查接线状况，确保正确无误；系统调试时应先进行模拟调试，检查程序设计是否满足控制要求，如果存在问题，需要重新修改与完善程序；如果控制功能满足需要，符合设计要求，则进一步带负载进行调试，检查电动机起动、停止是否符合要求。系统调试完毕即可交付使用。

通电调试时的安全注意事项这里不再赘述，应高度重视并养成安全文明操作的良好习惯。

➤【课题小结】

本课题的内容结构如下：

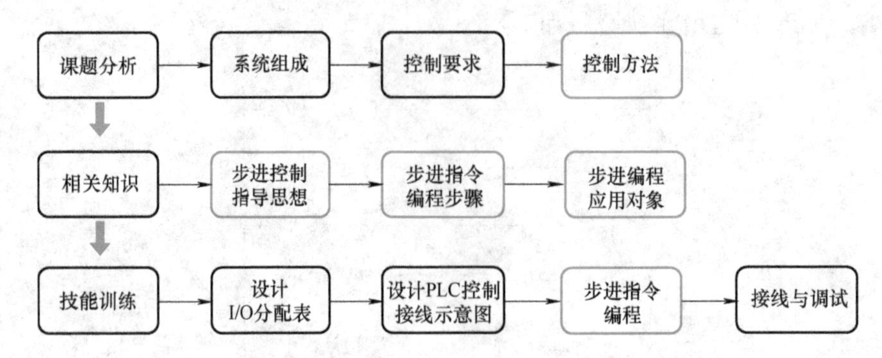

➤【效果测评】

学习效果测评表见表1-1-1。

课题二　运料小车步进指令编程控制

运料小车由一台三相交流异步电动机拖动，在 A、B、C 三地按照图 4-2-1 所示的运行路径进行往返运动。

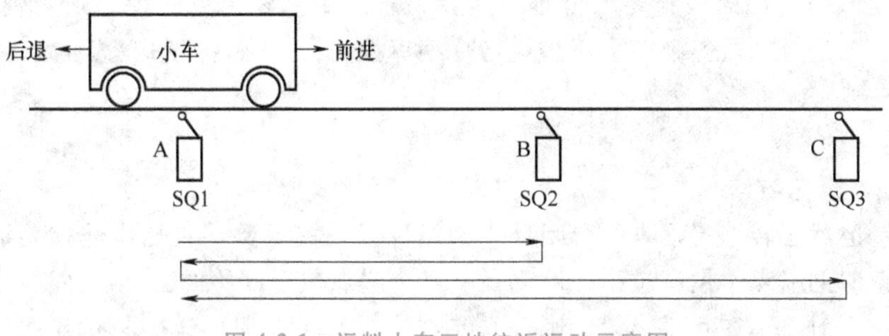

图 4-2-1　运料小车三地往返运动示意图

A 点为小车初始位置，当按下起动按钮后，小车向右运行，压下行程开关 SQ2 后左行，左行压下 SQ1 后小车向右运行，当小车运行到 C 点后压下行程开关 SQ3 左行，后退至 A 点压下行程开关 SQ1 后停止，回归原位。试按照小车运行路线，对其进行编程控制。

➤【学习目标】

1. 理解和掌握系统初始化与回原位的基本概念及其重要性。
2. 理解和掌握状态继电器复位的重要性及其实现方法。
3. 掌握运料小车控制的初始化程序及其工作原理。
4. 掌握运料小车控制课题的 I/O 分配方法。
5. 掌握运料小车 PLC 控制接线示意图的设计方法。
6. 掌握运料小车 PLC 控制步进梯形图的编程方法。
7. 掌握运料小车 PLC 控制的接线与调试方法。
8. 密切关注行业、产业前沿知识和技术发展。

➤【教・学・做】

一、课题分析

（一）系统组成

通过分析运料小车三地往返运动过程得知，小车由三相交流异步电动机拖动做正反转运动，为直接起动，起动后由行程开关自动控制，从 A 点出发，完成规定路线后回到 A 点。主电路由电动机、正反转接触器主触点构成。控制电路由 PLC 组成的控制电路构成。

（二）控制要求

按下起动按钮，小车从 A 点出发，沿着规定路线运行，到达 B 点后返回；返回至 A 点再次右行，至 C 点后返回，返回至 A 点停止。起动后整个运行过程由行程开关 SQ1～SQ3 控制。

（三）控制方法

本课题看似简单，但要实现上述示意图中所示的运行路线，面临两个问题：一是小车必须从A点出发，运行完毕回到A点；二是当小车在A、C两点之间来回运行时，不可避免地将接触B点的行程开关SQ2，导致行程开关SQ2动作而发出信号，如果应用基本指令编程，用SQ2控制小车自动返回，则当小车第二次右行时就会因为压下SQ2而无法到达C点，即第二次右行至C点返回的控制要求就难以实现；若采用基本指令编程，则比较复杂。将本课题的控制任务进行分段实施，采用步进指令编程控制，问题就能够迎刃而解。

二、相关知识

（一）初始位置与回原点

顺序控制的状态转移流程是一个闭环，初始位置至关重要，它是步进控制运行的起点，也是步进结束时的终点。生产过程一般都是从某个起点位置开始的，然后按照控制顺序依次进行，如果控制对象不在起点位置，则首先要进行初始化处理，让控制对象回归初始位置，称为回归原位或回原点。如本课题的小车，如果起动时小车不在A点，则应让小车运行至A点停下，这就是系统的初始化与回原点。

（二）ZRST指令的应用

为使PLC通电后能够安全可靠运行，一般需要对状态继电器进行复位清零。通常应用期间复位指令ZRST对步进编程所用的一般状态继电器复位清零。期间复位指令ZRST属于功能指令，功能编号为FNC40，指令格式如图4-2-2所示。

M8002 ZRST S20 S127

图4-2-2　ZRST指令格式

ZRST与RST的区别在于，RST仅对一个对象进行复位处理；ZRST则是对一定范围的多个对象进行复位处理。如图4-2-2所示，该条指令的含义是：当PLC通电后，初始脉冲继电器M8002闭合接通一个扫描周期，ZRST对状态继电器S20~S127清零，实现一次性全部复位。目的是为后续的状态转移做准备，确保后续步进程序执行时控制系统运行的安全性。

三、技能训练

（一）设计I/O分配表

通过课题分析得知，本课题有4路输入、3路输出，列出运料小车PLC控制I/O分配见表4-2-1。

表4-2-1　运料小车PLC控制I/O分配

输入分配（I）			输出分配（O）		
输入元件名称	代号	输入继电器	输出继电器	被控对象	作用及功能
起动按钮	SB1	X000	Y000	HL	原位指示灯
后退（左行）限位（A点）	SQ1	X001	Y001	KM1	小车前进
中间定位（B点）	SQ2	X002	Y002	KM2	小车后退
前进（右行）限位（C点）	SQ3	X003			

（二）设计 PLC 控制接线示意图

根据控制要求、I/O 分配表以及制图相关规定，所设计的运料小车 PLC 控制接线示意图如图 4-2-3 所示。

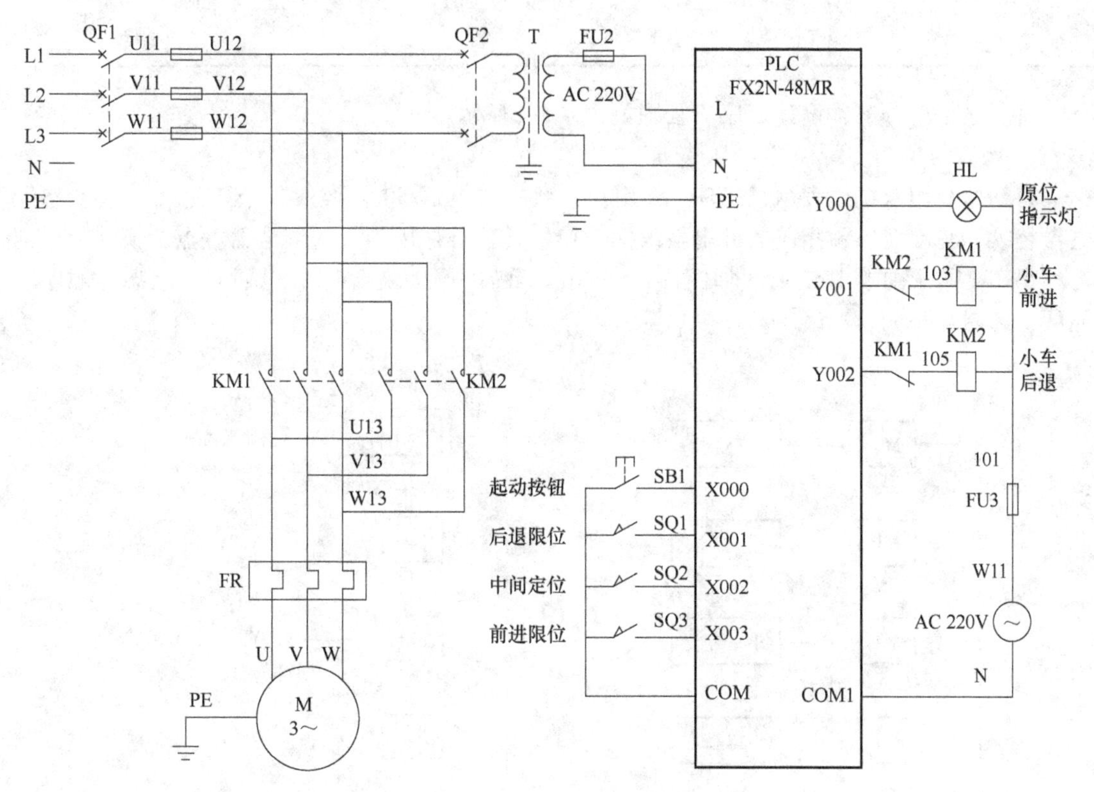

图 4-2-3 运料小车往返运动 PLC 控制接线示意图

（三）步进指令编程

1. 设计工序流程图

分析运料小车的运行路线示意图，将其控制任务分解，列出 PLC 控制工序流程见表 4-2-2。

表 4-2-2 运料小车 PLC 控制工序流程

工序编号	工序名称	工序内容	转移条件
M0	初始步	系统初始化，回原点。按下起动按钮 SB1 时，系统进入下一步	SB1
M1	小车前进	当小车前进到达 B 点压下限位开关 SQ2 时，小车停止前进，系统转入下一步	SQ2
M2	小车后退	当小车后退到达 A 点压下限位开关 SQ1 时，小车停止后退，系统转入下一步	SQ1

（续）

工序编号	工序名称	工 序 内 容	转 移 条 件
M3	小车前进	当小车前进到达 C 点压下限位开关 SQ3 时，小车停止前进，系统转入下一步	SQ3
M4	小车后退	当小车后退到达 A 点压下限位开关 SQ1 时，小车停止后退，系统回到原点	SQ1

将上述工序分解，设计工序流程图如图 4-2-4 所示。

2. 设计顺序功能图（SFC 图）

将初始步用双线框表示，工序 M0 用初始状态继电器 S0 替换，其余工序用一般状态继电器替换，驱动对象用相应的继电器线圈替换，转移条件用相应的继电器触点替换，就得到运料小车 PLC 控制顺序功能图如图 4-2-5 所示。最后一个状态结束，返回初始状态，顺序功能图应为闭环。

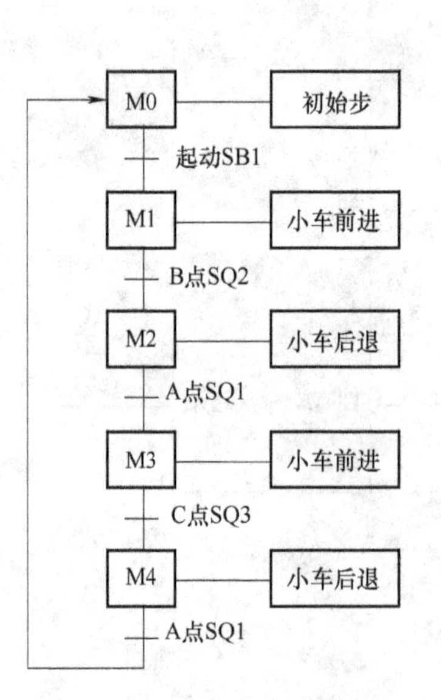

图 4-2-4　运料小车工序流程图

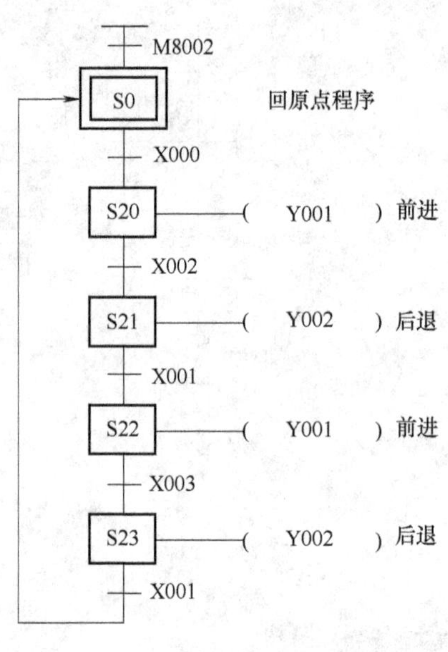

图 4-2-5　运料小车顺序功能图

3. 设计步进梯形图（STL 图）

根据上述顺序功能图，应用步进指令编程设计步进梯形图如图 4-2-6a 所示，相对应的指令表如图 4-2-6b 所示。

（1）系统初始化程序　系统初始化是应用初始脉冲继电器 M8002 来实现的。当 PLC 通电后，M8002 接通一个扫描周期，ZRST 指令使 S20~S50 状态继电器全部复位清零，同时激活初始状态继电器 S0。

（2）回原点　当初始状态继电器 S0 被激活以后，小车开始后退并最终回到 A 点，压下 A 点限位开关 SQ1 后停止后退，原点指示灯亮，表明回原点完成，进入等待状态。只有小车回到原位，小车才能正式起动运行。

（3）小车自动运行　按下起动按钮，小车按照规定路线自动运行，当第二次回到 A 点

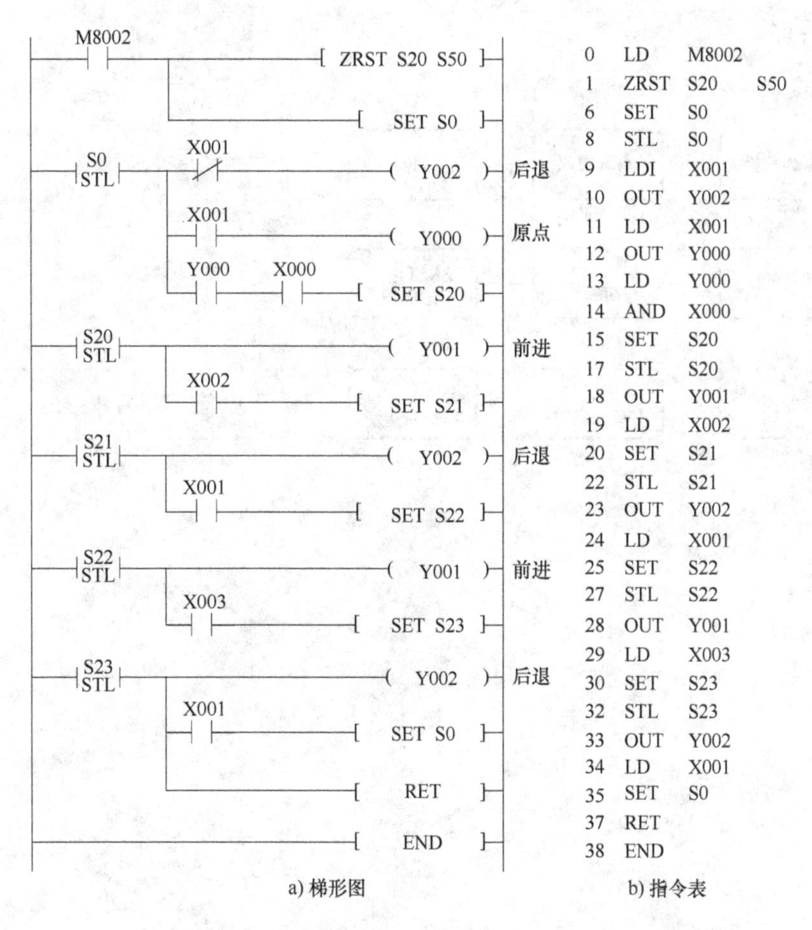

a) 梯形图　　b) 指令表

图 4-2-6　运料小车步进控制梯形图与指令表

压下限位开关 SQ1 时，小车完成一个周期的运行。如果再次按下起动按钮，小车将进行第二次循环运行。

从图 4-2-6a 可以看出，采用步进指令编程，任意时刻，只有一个状态继电器处于工作状态，而其他状态继电器则处于复位关闭状态。当输入控制信号时，只对处于激活状态的状态继电器有用，其余的状态继电器不会受其影响的。比如，当小车第二次到达B 点压下 SQ2 时，状态继电器 S22 处于激活状态，由于程序中没有涉及 SQ2，故不会受到 SQ2 的影响。

（四）接线与调试

接线时应严格按照接线示意图进行操作，要求安全可靠，工艺美观；接线完毕后要认真检查接线状况，确保正确无误；系统调试时应先进行模拟调试，检查程序设计是否满足控制要求，如果存在问题，需要重新修改与完善程序；如果控制功能满足需要，符合设计要求，则进一步带负载进行调试，检查电动机起动、停止是否符合要求。系统调试完毕即可交付使用。

通电调试时的安全注意事项这里不再赘述，应高度重视并养成安全文明操作的良好习惯。

➤【课题小结】

本课题的内容结构如下：

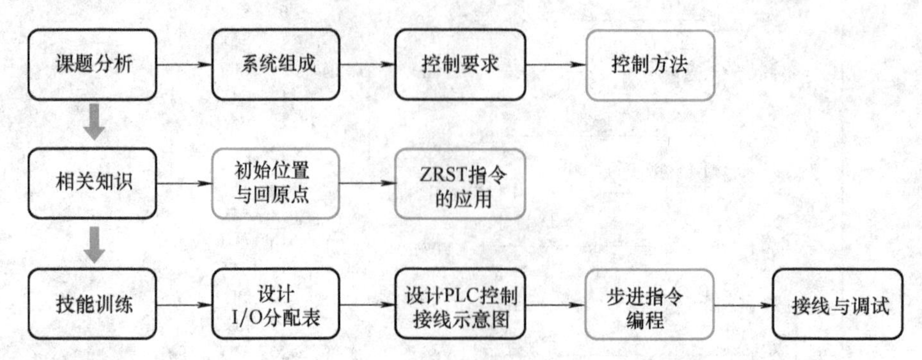

➤【效果测评】

学习效果测评表见表1-1-1。

课题三 电镀生产线步进指令编程控制

电镀生产线有三个槽，工件由装有升降吊钩的行车带动，经过电镀、镀液回收和清洗等工序，实现对工件的电镀。工艺要求为：工件从原位提起后放入镀槽中，电镀 280s 后提起，停放 28s 让镀液从工件上流回镀槽，然后放入回收液槽中浸泡 30s，提起后停 15s，接着放入清水槽中清洗 30s，最后提起停 15s 后，行车返回原位，电镀一个工件的全过程结束。电镀生产线的工艺流程如图 4-3-1 所示。请用步进指令对其进行编程控制。

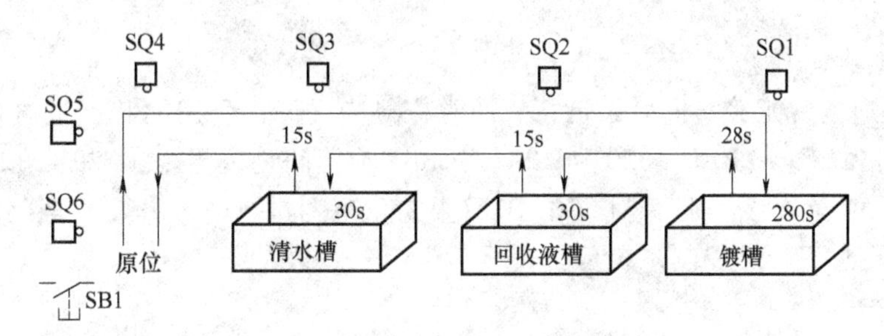

图 4-3-1 电镀生产线的工艺流程

【学习目标】

1. 掌握电镀生产线行车回原位的基本内涵和基本方法。
2. 深化对步进指令基本概念、工艺流程图、状态转移图和步进梯形图基本内涵的理解。
3. 掌握电镀生产线 PLC 控制 I/O 分配方法。
4. 掌握电镀生产线 PLC 控制接线示意图的设计方法。
5. 掌握电镀生产线工艺流程图与状态转移图的设计方法。
6. 掌握电镀生产线步进梯形图的编程方法。
7. 掌握电镀生产线的接线与调试方法。
8. 密切关注行业、产业前沿知识和技术发展。

【教·学·做】

一、课题分析

（一）系统组成

电镀生产线的主电路由两台三相交流异步电动机正反转直接起动电路构成，其中一台拖动吊钩升降，另外一台拖动行车前进后退。控制电路由 PLC 及输入输出电路构成，输入电路由起动按钮 SB1、行程开关 SQ1～SQ6 以及电动机过载保护共 9 路组成；输出电路由一个原位指示灯、吊钩上升、吊钩下降、行车前进及后退 5 路输出。

（二）控制要求

行程开关作为发出控制指令的重要元件，每压下一次都会有相应的指令发出，行车在前进和后退的过程中都不可避免地要压下行程开关 SQ1～SQ6，都会有相应的指令发出。在行车前进的过程中，系统不应受到SQ2~SQ4的影响，在行车返回时SQ2~SQ4应发挥相应的定位作用。

（三）控制方法

本课题若采用普通的基本指令进行编程，在行进过程中难以解决压下行程开关导致的相互影响，控制过程也会变得极为复杂，难以实现。如果将电镀生产线的控制任务进行分段实施，采用步进指令编程控制，此类问题迎刃而解。采用步进指令编程，首先要解决初始化回原位的问题，其次要解决行车前进和后退过程中分段控制的问题，正确合理划分工序，设计顺序功能图，编写步进梯形图。

二、相关知识

（一）状态继电器复位

为使PLC通电后能够安全可靠运行，通常应对步进编程所用的状态继电器进行复位清零，复位指令格式为［ZRST　S20　S127］。ZRST为期间复位指令，S20~S127为期间复位指令对象，该条指令的含义是：对S20~S127状态继电器进行清零，实现全部复位，确保后续步进程序执行过程中，控制系统运行安全。

（二）行车回原位

从电镀生产线的工艺流程图可以看出，行车只有后退到位并放下吊钩挂上镀件，才能开始起动。因此，应将行车后退到位并放下吊钩作为电镀生产线控制系统的原位。当PLC通电后，系统首先执行初始化程序使行车回到原位。系统初始化的动作包括两个部分：一是行车后退直至压下行程开关SQ4为止；二是行车放下吊钩直至压下行程开关SQ6为止。当行车回到原位，原位指示灯点亮，表明行车已经回到原位。

三、技能训练

（一）设计I/O分配表

通过分析控制课题得知，本课题有9路输入、5路输出，列出电镀生产线PLC控制I/O分配，见表4-3-1。

表4-3-1　电镀生产线PLC控制I/O分配

输入分配（I）			输出分配（O）		
输入元件名称	代　号	输入继电器	输出继电器	被控对象	作用及功能
起动按钮	SB1	X000	Y000	HL	原位指示灯
镀槽定位开关	SQ1	X001	Y001	KM1	吊钩上升
回收液槽定位开关	SQ2	X002	Y002	KM2	吊钩下降
清水槽定位开关	SQ3	X003	Y003	KM3	行车前进
行车后退限位开关	SQ4	X004	Y004	KM4	行车后退
吊钩上升限位开关	SQ5	X005			
吊钩下降限位开关	SQ6	X006			
吊钩电动机过载保护	FR1	X007			
行车电动机过载保护	FR2	X010			

（二）设计 PLC 控制接线示意图

根据控制要求、I/O 分配表以及制图相关规定，设计的电镀生产线 PLC 控制接线示意图如图 4-3-2 所示。

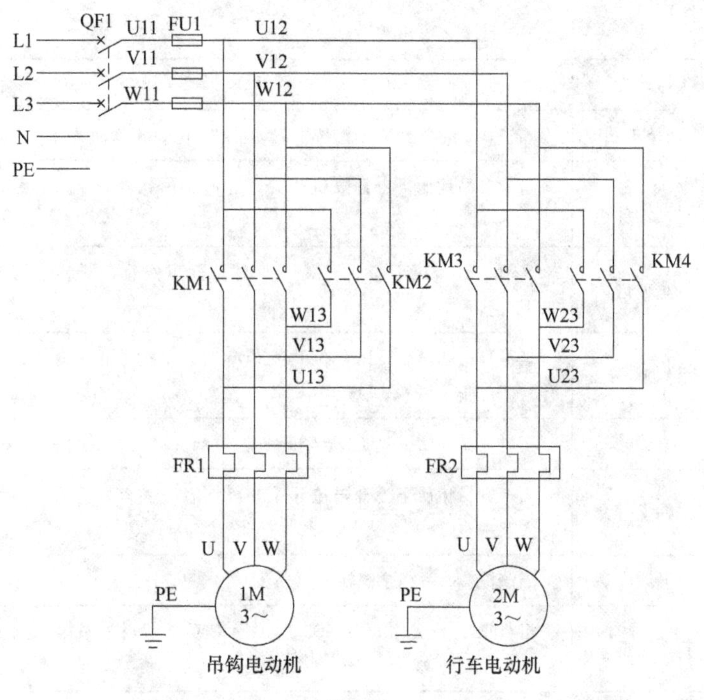

a) 主电路

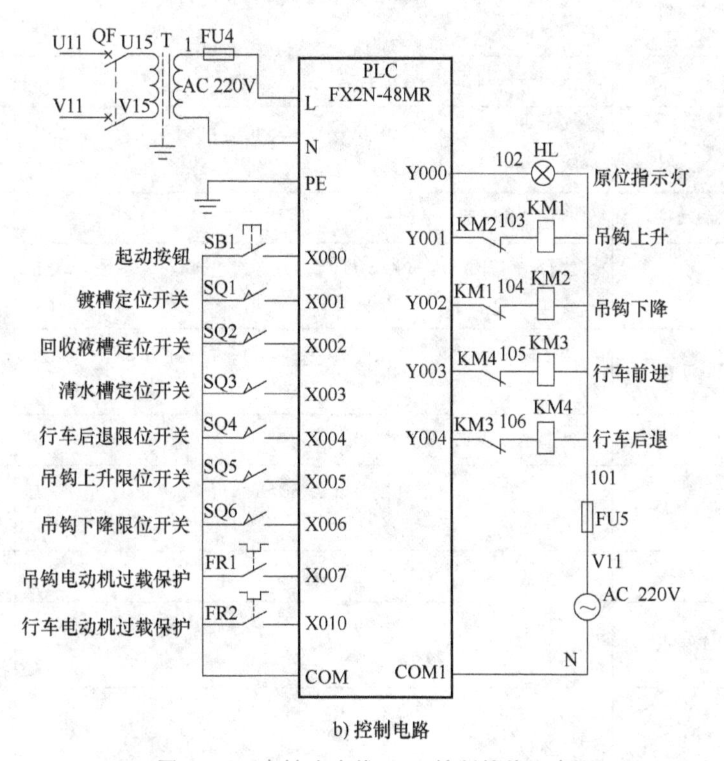

b) 控制电路

图 4-3-2　电镀生产线 PLC 控制接线示意图

（三）步进指令编程

1. 设计工序流程图

分析电镀生产线的控制过程，划分步进控制工序流程，见表4-3-2。

表4-3-2　电镀生产线步进控制工序流程

工序编号	工序名称	工序内容	转移条件
M0	初始步	系统初始化，回原位。按下起动按钮SB1，系统进入下一步	SB1
M1	吊钩上升	当上升吊钩压下上升限位开关SQ5时，吊钩停止上升，系统转入下一步	SQ5
M2	行车前进	当前进行车压下定位开关SQ1时，行车停止前进，系统转入下一步	SQ1
M3	吊钩下降	当下降吊钩压下下降限位开关SQ6时，吊钩停止下降，系统转入下一步	SQ6
M4	电镀	当电镀280s后，系统转入下一步	T0
M5	吊钩上升	当上升吊钩压下上升限位开关SQ5时，吊钩停止上升，系统转入下一步	SQ5
M6	滴液	当滴液28s后，系统转入下一步	T1
M7	行车后退	当行车压下定位开关SQ2后，行车停止后退，系统转入下一步	SQ2
M8	吊钩下降	当下降吊钩压下下降限位开关SQ6时，吊钩停止下降，系统转入下一步	SQ6
M9	浸回收液	当浸液达到30s后，系统转入下一步	T2
M10	吊钩上升	当上升吊钩压下上升限位开关SQ5时，吊钩停止上升，系统转入下一步	SQ5
M11	滴液	当滴液15s后，系统转入下一步	T3
M12	行车后退	当行车压下定位开关SQ3后，行车停止后退，系统转入下一步	SQ3
M13	吊钩下降	当下降吊钩压下下降限位开关SQ6时，吊钩停止下降，系统转入下一步	SQ6
M14	清洗	清洗达到30s，系统转入下一步	T4
M15	吊钩上升	当上升吊钩压下上升限位开关SQ5时，吊钩停止上升，系统转入下一步	SQ5
M16	滴液	当滴液15s后，系统转入下一步	T5
M17	行车后退	当行车压下定位开关SQ4后，行车停止后退，系统转入下一步	SQ4
M18	吊钩下降	当下降吊钩压下下降限位开关SQ6时，吊钩停止下降，系统回到原位	SQ4、SQ6

根据上述工序分解情况，设计工序流程图，如图 4-3-3 所示。

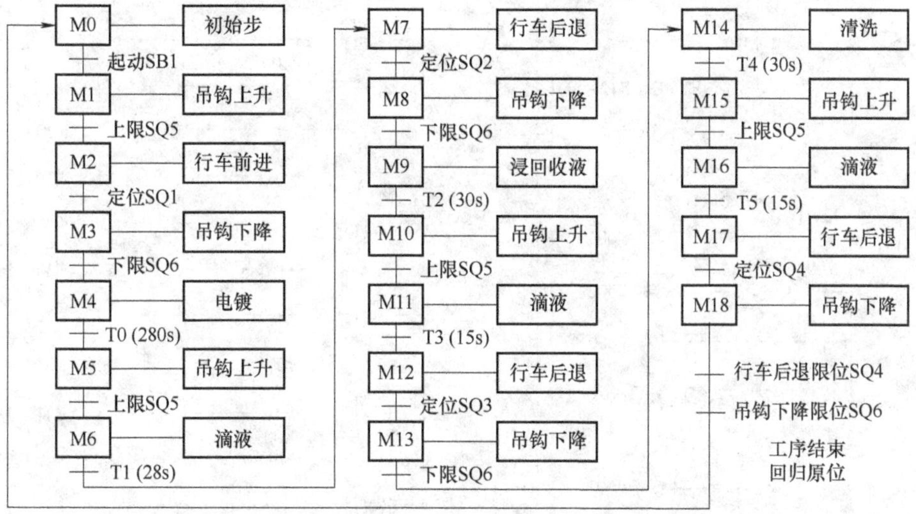

M0
初始步
起动SB1
M1
吊钩上升
上限SQ5
M2
行车前进
定位SQ1
M3
吊钩下降
下限SQ6
M4
电镀
T0 (280s)
M5
吊钩上升
上限SQ5
M6
滴液
T1 (28s)
M7
行车后退
定位SQ2
M8
吊钩下降
下限SQ6
M9
浸回收液
T2 (30s)
M10
吊钩上升
上限SQ5
M11
滴液
T3 (15s)
M12
行车后退
定位SQ3
M13
吊钩下降
下限SQ6
M14
清洗
T4 (30s)
M15
吊钩上升
上限SQ5
M16
滴液
T5 (15s)
M17
行车后退
定位SQ4
M18
吊钩下降
行车后退限位SQ4
吊钩下降限位SQ6
工序结束
回归原位

图 4-3-3　电镀生产线工序流程图

2. 设计状态转移图（SFC 图）

将初始步用双线框表示，工序 M0 用初始状态继电器 S0 替换，其余工序用一般状态继电器 S20~S37 替换，驱动对象用相应的输出继电器或时间继电器线圈替换，转移条件用相应的继电器触点替换，就得到电镀生产线 PLC 控制状态转移图，如图 4-3-4 所示。当最后一个状态转移条件具备时，返回初始状态，状态转移图应为闭环。

M8002
S0
初始状态
X000
S20
Y001
X005
S21
Y003
X001
S22
Y002
X006
S23
T0 K2800
T0 (280s)
S24
Y001
X005
S25
T1 K280
T1 (28s)
S26
Y004
X002
S27
Y002
X006
S28
T2 K300
T2(30s)
S29
Y001
X005
S30
T3 K150
T3(15s)
S31
Y004
X003
S32
Y002
X006
S33
T4 K300
T4 (30s)
S34
Y001
X005
S35
T5 K150
T5 (15s)
S36
Y004
X004
S37
Y002
X004
X006
状态转移图为闭环
结束返回初始状态

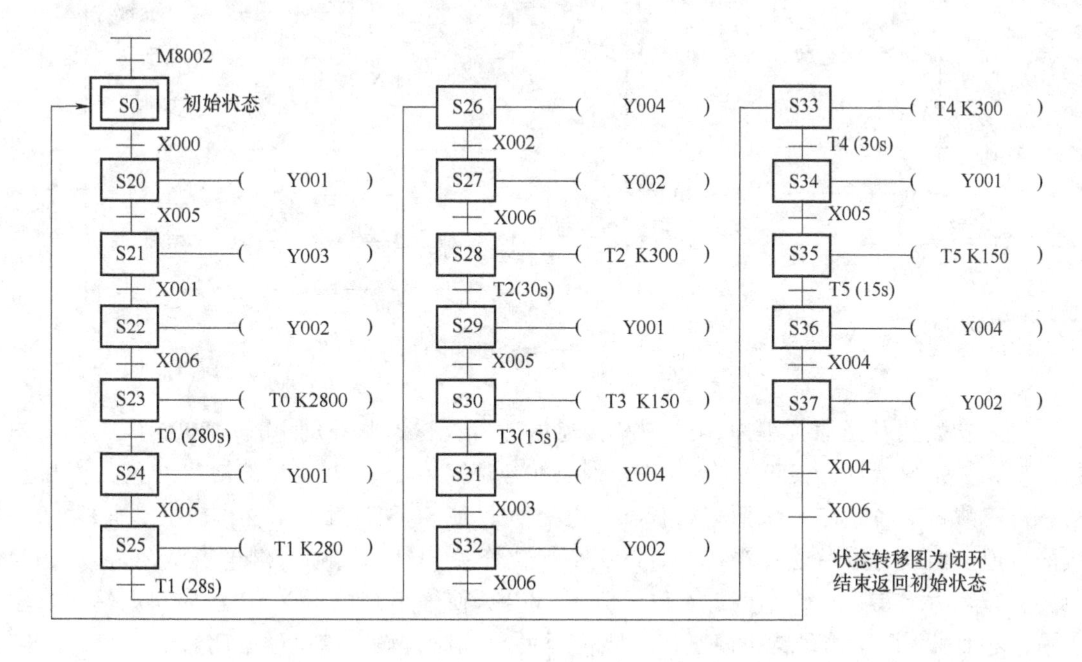

图 4-3-4　电镀生产线 PLC 控制状态转移图

3. 设计步进梯形图（STL图）

根据上述状态转移图，应用步进指令编程设计步进梯形图，如图4-3-5所示。

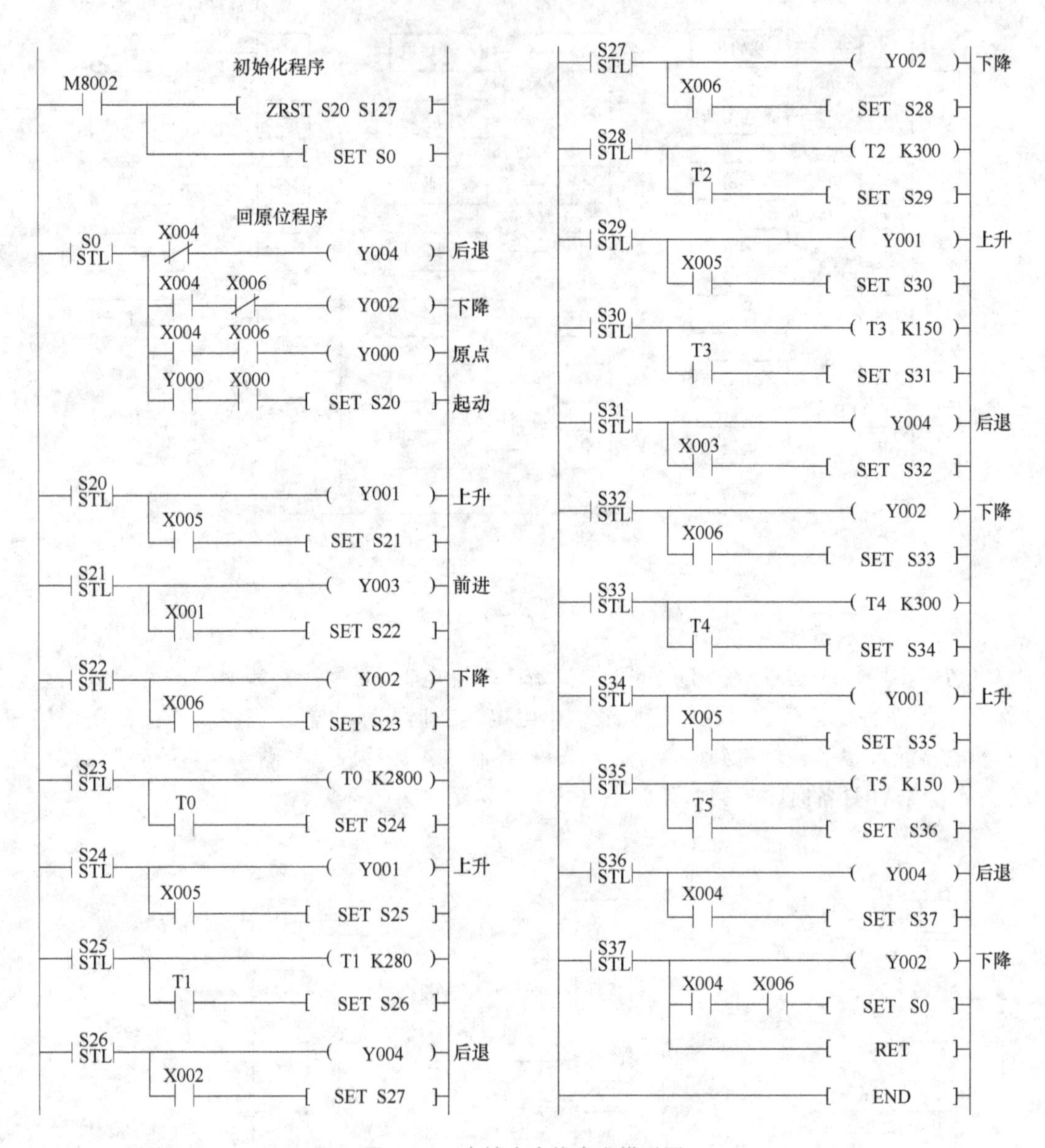

图4-3-5　电镀生产线步进梯形图

（1）初始化及回原位程序　当PLC接通电源后，初始脉冲继电器M8002接通一个扫描周期，一是执行期间复位指令ZRST，使S20～S127状态继电器全部清零复位，为后续的状态转移做准备；二是激活初始状态继电器S0，使S0 STL触点闭合，输出继电器Y004线圈接通，驱动行车后退；当行车后退压下限位开关SQ4时，输入继电器常闭触点X004断开，行车后退结束；行车后退到位，X004闭合，使输出继电器Y002线圈得电输出，驱动吊钩电动机下降；当吊钩下降至压下限位开关SQ6时，输入继电器常闭触点X006断开，吊钩停止下降；当X004和X006常开触点均闭合，输出继电器Y000线圈通电，原位指示灯点亮，表明行车回原位结束；行车回到原位，Y000 常开触点闭合，为行车起动运行做好准备。

（2）电镀工艺运行程序　按下起动按钮 SB1，输入继电器 X000 常开触点闭合，下一状态继电器 S20 被激活，则上一个状态继电器 S0 同时自动关闭。S20 STL 常开触点闭合，线圈 Y001 得电，吊钩上升，当吊钩上升到位压下行程开关 SQ5 时，输入继电器 X005 闭合，激活状态继电器 S21，关闭状态继电器 S20，吊钩上升停止；系统执行 S21 对应的程序，行车前进，当行车前进至电镀槽上方压下定位开关 SQ1 时，输入继电器 X001 闭合，激活状态继电器 S22，关闭状态继电器 S21，行车右行停止，执行 S22 逻辑行的相关程序……同理，电镀生产线的其他后续状态运行过程分析方法相同，不再赘述。

当行车完成全部工艺流程时，回到初始状态，激活初始状态继电器 S0，表明步进结束，勿忘使用 RET 指令；全部程序结束时，则使用 END 指令。

（四）接线与调试

接线时应严格按照接线示意图进行操作，要求安全可靠，工艺美观；接线完毕后要认真检查接线状况，确保正确无误；系统调试时应先进行模拟调试，检查程序设计是否满足控制要求，如果存在问题，需要重新修改与完善程序；如果控制功能满足需要，符合设计要求，则进一步带负载进行调试，检查电动机起动、停止是否符合要求。系统调试完毕即可交付使用。

➤【课题小结】

本课题的内容结构如下：

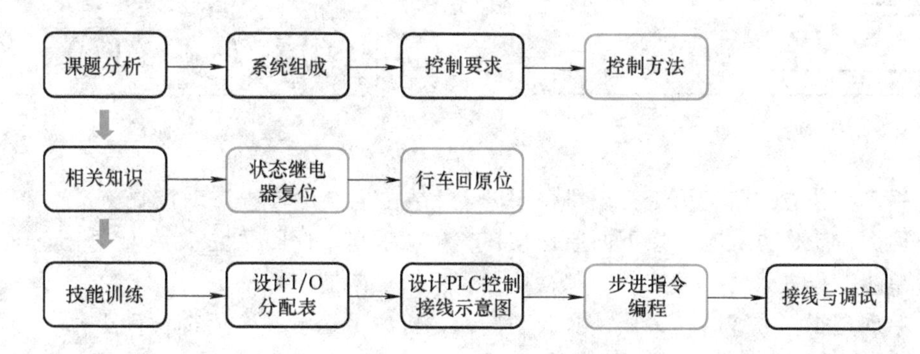

➤【效果测评】

学习效果测评表见表 1-1-1。

课题四　简易机械手步进指令编程控制

机械手在自动化流水线中的使用非常普遍。如图 4-4-1 所示，气动机械手的功能是从 A 处将工件移动到 B 处。机械手的升降和左右移动分别使用双线圈的电磁阀，在某方向的驱动线圈失电时能够保持，待驱动反方向的线圈得电时才能反向运动。下降、上升对应的电磁阀线圈分别为 YV1、YV2，右行、左行的电磁阀线圈分别为 YV3、YV4。机械手的夹钳使用单线圈电磁阀 YV5，通电夹紧，无电放松。限位开关 SQ1 ~ SQ4 分别对机械手的下降、上升、右行和左行进行限位。而夹钳不带限位开关，它通过延时 2s 来表示夹紧和松开动作的完成。在移送工件的过程中，机械手必须上升到最高位置才能左右移动，以防止机械手在较低位置运行时碰到其他工件。

图 4-4-2 所示为机械手操作面板，机械手能实现手动、回原位、单步、单周期和连续 5 种工作方式。

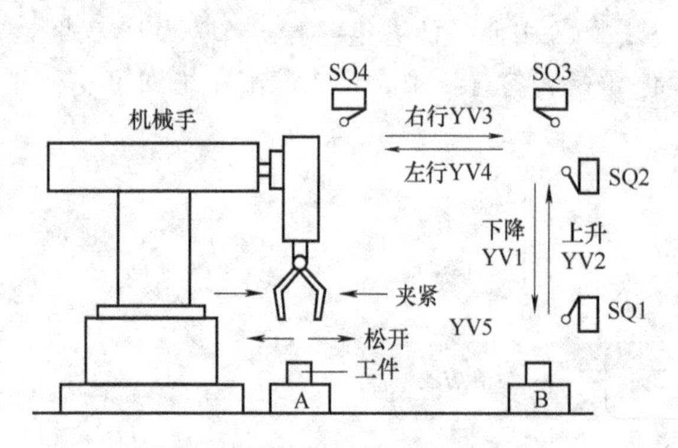

图 4-4-1　气动机械手工作示意图

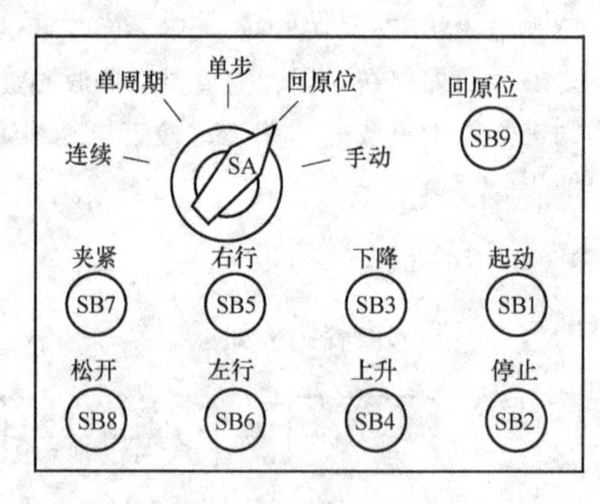

图 4-4-2　机械手操作面板

1）手动工作方式时，用于实现机械手的上下左右及夹紧放松点动控制。

2）回原位工作方式时，按下回原位按钮，机械手自动返回原位。

3）单步工作方式时，每按一次起动按钮，机械手向前执行一步。

4）单周期工作方式时，每按一次起动按钮，机械手运行一个周期便停下来，即从原点下降到下限位，在 A 位置夹起工件又上升至上限位，然后向右移动到右限位，之后下行至下限位后在 B 位置松开放下工件，然后上升，左移，回到原点。

5）连续工作方式时，每按一次起动按钮，机械手连续循环动作，直到按下停止按钮，机械手运行到原位并停下。

➤【学习目标】

1. 掌握状态初始化指令 IST 的基本格式和重要内涵。
2. 掌握与状态初始化指令 IST 有关的特殊辅助继电器的功能和用途。
3. 掌握机械手几种工作方式的概念及其作用。
4. 掌握特殊辅助继电器等效功能图的工作原理。
5. 掌握应用 IST 指令对几种工作方式进行编程的方法。

6. 掌握机械手 PLC 控制的 I/O 分配方法。
7. 掌握机械手 PLC 控制接线示意图和顺序功能图的设计方法。
8. 掌握机械手 PLC 控制步进梯形图的编程方法。
9. 掌握机械手 PLC 控制的接线与调试方法。
10. 培养爱岗敬业、甘于奉献的精神。

➢【教·学·做】

一、课题分析

（一）系统组成

通过分析题意得知，系统中无电动机等控制设备，因此本课题无主电路。控制电路由 PLC 及其输入、输出电路构成。输入电路由工作方式开关、回原位按钮、起动按钮、停止按钮、下降按钮、上升按钮、左行按钮、右行按钮、松开按钮、下限位开关、上限位开关、右限位开关和左限位开关共 18 路输入信号组成；输出电路由下降电磁阀、上升电磁阀、右行电磁阀、左行电磁阀和松紧电磁阀共 5 路输出。其中，上升下降电磁阀为双线圈控制，左右移动电磁阀为双线圈控制，夹紧放松电磁阀为单线圈控制。

（二）控制要求

根据题意，机械手应能够满足手动、回原位、单步、单周期和连续 5 种工作方式。

“手动”工作方式时，可以通过操作相应按钮，手动调整机械手的下降、上升、右行、左行、夹紧和放松。其余工作方式下不可以调整。

“回原位”工作方式时，按下回原位按钮 SB9，可以操作机械手回原位。其余方式下按下 SB9 是无效的。

“单步”工作方式时，按动一次起动按钮，机械手前进一个工步。

“单周期”工作方式时，在原点位置按起动按钮，自动运行一遍后再在原点停止。若在中途按停止按钮，则停止运行，再按起动按钮，机械手从停止处继续运行，回到原点处自动停止。机械手运行完一周期回到原位。

“连续”工作方式时，在原点位置按起动按钮，连续往复运行。若在中途按下停止按钮，运行到原点后停止。

（三）控制方法

气动机械手从 A 处往 B 处移动工件之后返回原位，整个过程依靠 4 个行程开关控制，符合顺序控制的基本特点，应优先采用步进指令编程控制。由于工作方式的多样化，致使控制过程复杂化，为此，FX 系列 PLC 专门使用指令 IST，用于实现系统的初始化控制，使各种工作方式的控制变得简便易行，机械手作为 IST 指令应用的范例，为多种工作方式的控制提供了一种最佳选择。

二、相关知识

（一）IST 指令主要用途

IST 指令也称为状态初始化指令，属于功能指令，其功能编号为 FNC60。对于需要设置多种运行方式的控制系统，FX 系列 PLC 采用 IST 指令与步进指令配合编程，可以简化复杂的顺序控制程序，使控制过程变得非常方便。IST 指令归入方便指令类别。IST 指令主要用于配合用户给定，自动赋予相对应的输入继电器特殊控制功能，并在相应条件满足时对应激活初始状态继电器，从而实现多种工作方式的控制。

（二）IST 指令结构与功能

FX 系列 PLC 状态初始化指令 IST（FNC60）的梯形图格式如图 4-4-3 所示。

梯形图中，M8000 是运行监视辅助继电器，当 PLC 运行时接通，执行 IST 指令，对用户定义的操作数赋予相应的功能。

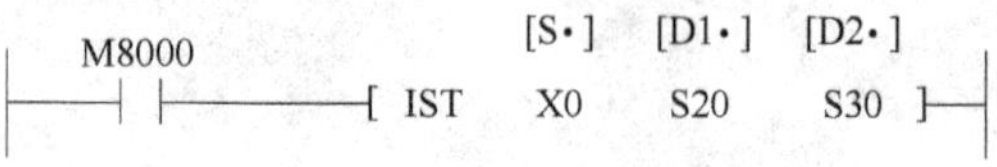

M8000 [IST X0 S20 S30]（[S·] [D1·] [D2·]）

图 4-4-3　IST 指令梯形图

操作数［S·］表示的是首地址号，可以取 X、Y 和 M，由 8 个号码相连的软元件组成。在图 4-4-3 中，首个操作数为 X000，则［S·］由输入继电器 X000~X007 组成。这 8 个输入继电器被赋予了 8 种控制功能，其中 X000~X004 代表 5 种不同的工作方式，5 种工作方式只能任选其一，即只能有一个接通，因此必须选用转换开关，以保证 5 个输入不同时为 ON；其余三个输入继电器 X005~X007 分别赋予回原位起动、自动起动和停止三个功能，提供给相应的控制按钮进行控制。8 个输入继电器功能配置见表 4-4-1。

表 4-4-1　输入继电器功能配置

输入继电器	功　能	输入继电器	功　能
X000	手动	X004	连续
X001	回原位	X005	回原位起动
X002	单步	X006	自动起动
X003	单周期	X007	停止

操作数［D1·］和［D2·］只能选用状态继电器 S，其范围为 S20~S899，其中［D1·］表示在自动工作方式时所使用的状态继电器最低编号，［D2·］表示在自动工作方式时所使用的状态继电器最高编号，［D2·］的地址号必须大于［D1·］的地址号。

编程时使用了状态初始化指令 IST，当执行条件满足时，初始状态继电器 S0~S2 被自动指定功能，其中 S0 是手动操作的初始状态，S1 是回原位方式的初始状态，S2 是自动运行的初始状态。编程时 S0~S2 只能按照指定功能进行，用户不能更改。

（三）特殊辅助继电器的功能

与状态初始化指令 IST 有关的特殊辅助继电器有 8 个，这些特殊辅助继电器与 IST 指令配合使用，有效地保证了步进顺序控制下各种工作方式运行的安全可靠。与指令 IST 有关的特殊辅助继电器及其功能见表 4-4-2。

表 4-4-2　与指令 IST 有关的特殊辅助继电器及其功能

序号	特殊辅助继电器	名　称	功能说明	备　注
1	M8040	禁止转移	线圈为 ON 时，状态禁止转移，但状态内的程序依然动作，输出线圈不会自动断开。线圈为 OFF 时，允许状态间转移	禁止状态之间转移

（续）

序号	特殊辅助继电器	名　称	功能说明	备　注
2	M8041	转移开始	线圈为 ON 时，允许在自动工作方式下，从［D1］所表示的最低位开始，进行状态转移；为 OFF 时，禁止从最低位开始进行状态转移	FNC60（IST）指令用运行标志位
3	M8042	起动脉冲	脉冲继电器，与它串联的触点接通时，产生一个扫描周期的脉冲宽度	
4	M8043	回原点结束	线圈为 ON 时，表示返回原点工作方式结束；为 OFF 时，表示返回原位工作方式还没有结束。进行回原点编程时，当回原点程序结束时，应使 M8043 线圈接通	
5	M8044	原点条件	回原点条件全部满足，线圈 M8044 为 ON。在编写回原点程序时，当各项条件满足时，系统回到原点，应使线圈 M8044 接通	
6	M8045	所有输出复位禁止	线圈为 ON 时，所有输出 Y 均不复位；为 OFF 时，所有输出 Y 允许复位	
7	M8046	STL 状态动作	当 M8047 为 ON 时，只要状态继电器 S0~S999 中任何一个状态为 ON，M8046 就为 ON；当 M8047 为 OFF 时，不论状态继电器 S0~S999 中有多少个为 ON，M8046 都为 OFF，且特殊数据寄存器 D8040~DD8047 内的数据不变	S0~S899 动作检测
8	M8047	STL 监控有效	为 ON 时，S0~S999 中正在动作的状态继电器号从最低号开始按顺序存入数据寄存器 D8040~D8047，最多可存 8 个状态号，也称为 STL 监控有效	D8040~D8047 有效化

指令 IST 一旦被编程，以上辅助继电器同初始状态一样被自动定义，不可再作他用。

（四）特殊辅助继电器的应用

1. 具有等效功能的特殊辅助继电器

根据状态初始化指令 IST 自动设置的部分特殊辅助继电器的动作内容如图 4-4-4 所示，该梯形图不需要用户编制，只是等效相应特殊辅助继电器的功能。其工作原理分析如下：

（1）禁止状态转移继电器 M8040　当 M8040 动作时，所有状态转移均被禁止。当 PLC 通电后，M8002 接通一个扫描周期，M8040 线圈接通自锁，禁止状态转移。禁止状态转移的情况还有：手动模式（X000）和单步（X002）、回原点（X001）或单周期（X003）时按下停止按钮，线圈 M8040 都会接通，从而禁止状态转移。

（2）状态转移起动继电器 M8041　在单步（X002）、单周期（X003）和连续运行（X004）三种工作方式下，按下起动按钮（X006），M8041 线圈接通，允许从最低位（自动运行的初始状态 S2）开始进行状态转移。但按下停止按钮，（X007）转移随之停止。

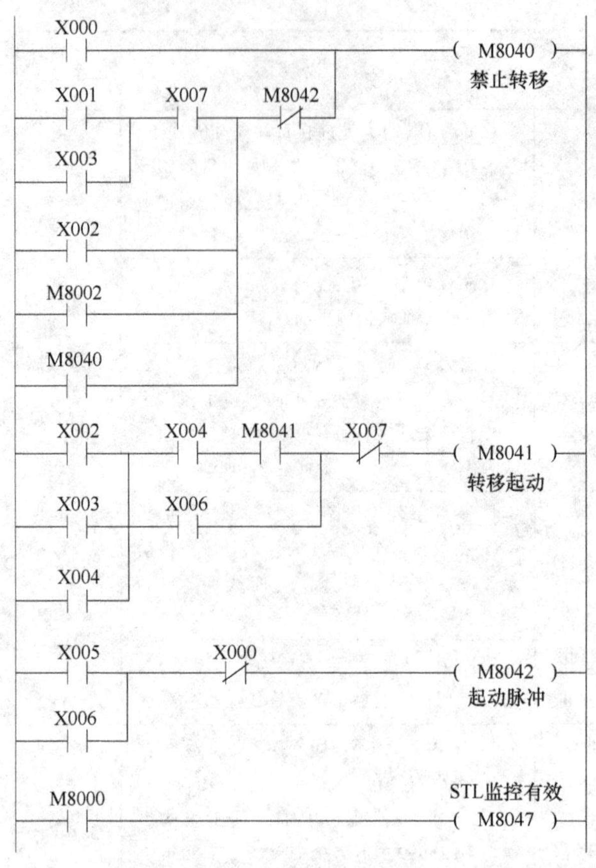

图 4-4-4　特殊辅助继电器等效功能图

（3）状态转移起动脉冲信号 M8042　当按下回原点起动（X005）和自动起动按钮（X006）时，起动脉冲继电器 M8042 瞬时接通，解除禁止转移，状态转移程序投入工作。M8042 仅在按下起动按钮的瞬时动作。

（4）STL 监视有效继电器 M8047　M8000 是运行监视辅助继电器，在 PLC 运行时接通。驱动 M8047 后，起动对执行元件的监控，正在动作的状态序号按照从小到大的顺序对应存入 D8040～D8047 中，由此监控 8 点的动作状态序号。

2. 编程时需要予以应答和控制的特殊辅助继电器

（1）回原点动作结束继电器 M8043　在回原点方式下，回原点动作结束 M8043 动作。可用其作为回原点结束之后程序工作的基本条件。

（2）原点到达继电器 M8044　检测原点条件是否符合，只有在原点条件符合时，M8044 才动作，自动程序才能执行。

（3）全部输出复位继电器 M8045　若在手动、回原点、自动模式之间切换时机器不在原点位置，则执行全部输出与动作状态的复位。但若已经驱动 M8045，则只有动作状态复位。

三、技能训练

（一）设计 I/O 分配表

通过分析课题内容及控制要求，列出 PLC 控制机械手 I/O 分配见表 4-4-3。

表 4-4-3 简易机械手 PLC 控制 I/O 分配

输入分配（I）			输入分配（I）		
输入元件名称	代 号	输入继电器	输入元件名称	代 号	输入继电器
手动	SA	X000	松开按钮	SB8	X015
回原位		X001	下限位开关	SQ1	X016
单步		X002	上限位开关	SQ2	X017
单周期		X003	右限位开关	SQ3	X020
连续		X004	左限位开关	SQ4	X021
回原位	SB9	X005	输出分配（O）		
起动按钮	SB1	X006			
停止按钮	SB2	X007	输出继电器	被控对象	作用及功能
下降按钮	SB3	X010	Y000	YV1	下降电磁阀
上升按钮	SB4	X011	Y001	YV2	上升电磁阀
右行按钮	SB5	X012	Y002	YV3	右行电磁阀
左行按钮	SB6	X013	Y003	YV4	左行电磁阀
夹紧按钮	SB7	X014	Y004	YV5	夹紧电磁阀

（二）设计 PLC 控制接线示意图

根据控制要求、I/O 分配表以及制图相关规定，所设计的简易机械手 PLC 控制接线示意图如图 4-4-5 所示。

SA 为转换开关，分别控制 5 种工作方式，可供用户根据实际需要灵活选择，任意时刻只有一种工作方式，不会出现两种工作方式并存的情况。

SA 转至“手动”工作方式时，通过操作下降、上升、右行、左行、夹紧和放松按钮，对机械手进行调整。其余工作方式下，不可以调整。

SA 转至“回原位”工作方式时，按下回原位按钮 SB9，可以操作机械手回原位。其余方式下，按下 SB9 无效。

SA 转至“单步”工作方式时，按一次起动按钮 SB1，机械手前进一个工步。

SA 转至“单周期”工作方式时，在原点位置按起动按钮，机械手运行完一周期回到原位停止。若在中途按停止按钮，则停止运行；再按起动按钮，机械手从停止处继续运行，回到原点处自动停止。

SA 转至“连续”工作方式时，在原点位置按起动按钮，机械手连续往复运行。若在中途按停止按钮，机械手运行到原点后停止。

（三）步进指令编程

1. 初始化程序

（1）原点位置条件编程　由于采用步进控制，机械手首先应回原点，才能执行状态转移操作。原点位置在气动机械手示意图的左上角，回原点需要满足三个条件：一是机械手上升压下 SQ2，二是左移压下 SQ4，三是机械手夹钳处于松开状态。

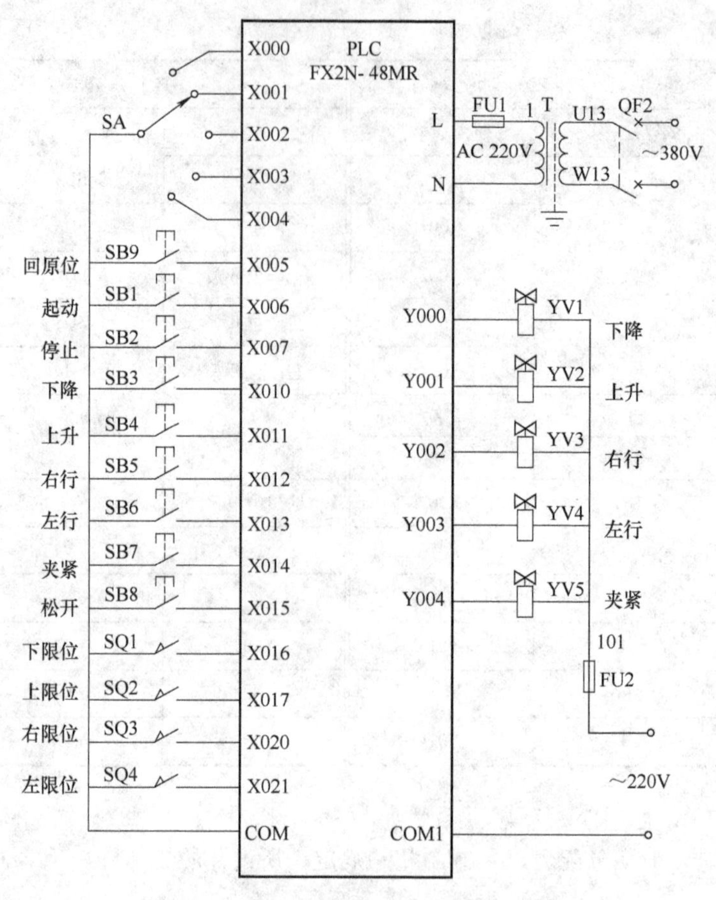

图 4-4-5　PLC 控制机械手接线示意图

简易机械手的初始化程序，就是设置原点位置条件和起动状态初始化指令 IST，为控制系统通电后能够正常工作做必要的准备。机械手初始化程序梯形图如图 4-4-6 所示。

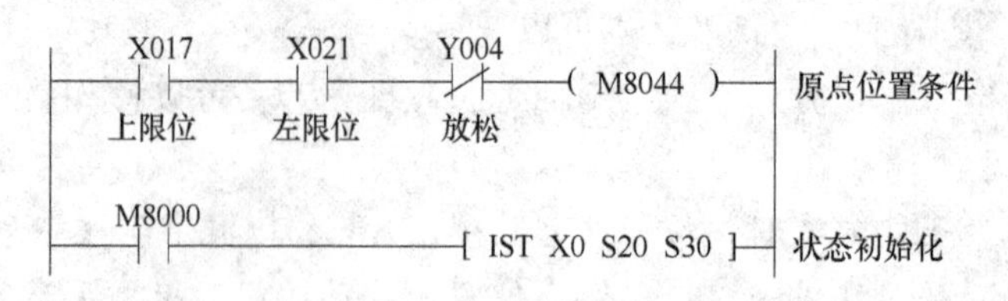

图 4-4-6　机械手初始化程序梯形图

辅助继电器 M8044 作为原点位置条件使用，当原点位置条件满足时，M8044 接通。即当机械手左移压下行程开关 X021，上升压下 X017，并且处于松开状态时（Y004 复位），表明机械手回到原点的三个条件满足，特殊辅助继电器线圈 M8044 接通，系统做好运行准备。

（2）状态初始化程序　状态初始化指令 IST 是专为多种工作方式编程服务的功能指令，应首先对其进行激活，通常采用 M8000 对其控制。当 PLC 通电后，继电器触点 M8000 闭合，IST 指令工作，特殊辅助继电器相关功能随之激活，状态继电器被赋予规定的功能，系统按照 IST 指令赋予的输入信号及对应的工作方式进入等待状态。

需要注意的是，初始化程序应放在程序开始的位置，被其控制的 STL 程序应放在它的后面。在一个程序中，IST 指令只能使用一次，不能多次出现。

2. 手动方式控制程序

手动工作方式是用于手动检查和调试机械手动作情况的工作方式。简易机械手的手动控制程序梯形图如图 4-4-7 所示。

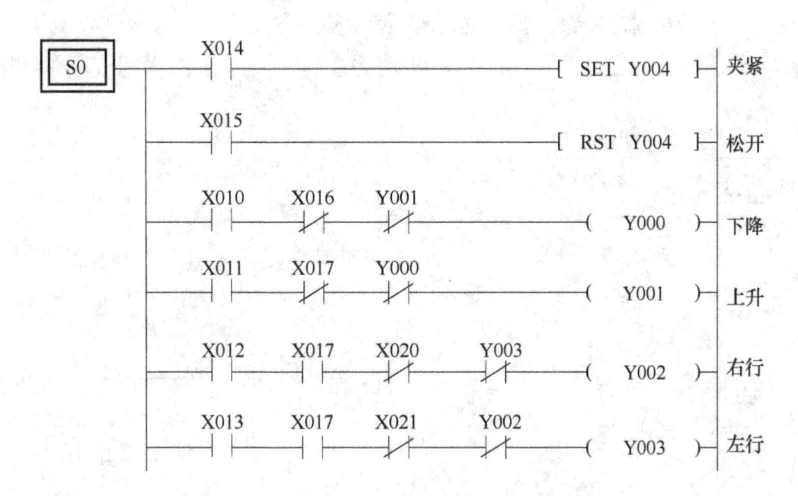

图 4-4-7　机械手手动控制程序梯形图

S0 为手动方式的初始状态，当转换开关转至“手动”方式时，X000 接通，状态继电器 S0 激活，机械手可进行夹紧、放松、下降、上升、右行和左行的手动操作。

3. 回原位程序

原位是顺序控制的起点。机械手进入工作状态之前，首先必须回原位，回原位结束，才能投入正式运行。简易机械手回原位的状态转移图及步进梯形图如图 4-4-8 所示。

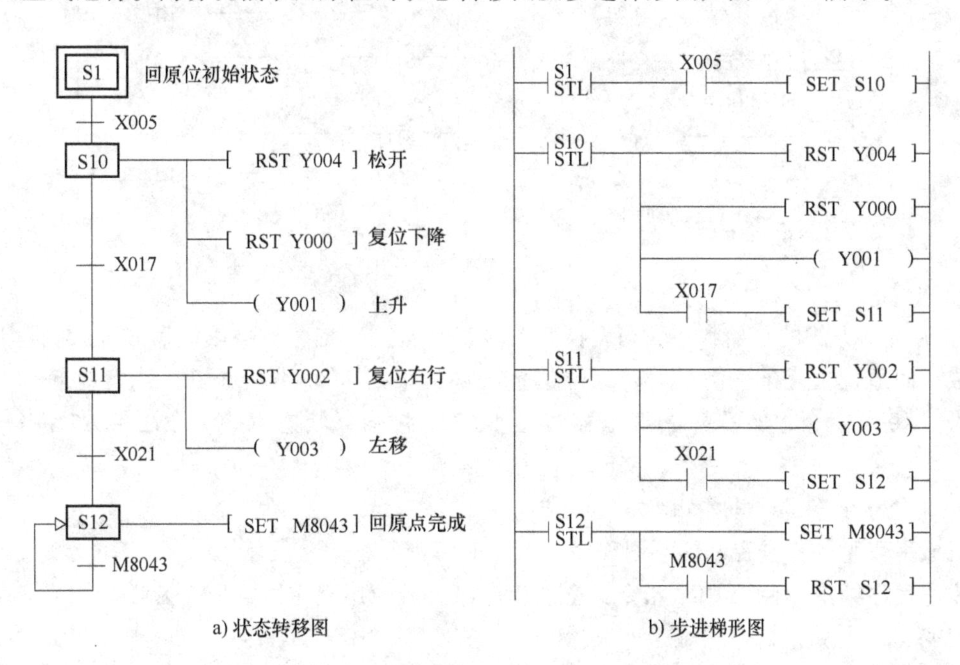

图 4-4-8　机械手回原位状态转移图及步进梯形图

S1 为回原位的初始状态，当转换开关转至“回原位”时，X001 接通，状态继电器 S1 激活，按下“回原位”按钮，X005 闭合，状态继电器 S10~S12 进行状态转移，当回原位完成时，M8043 线圈接通，并使状态继电器 S12 复位。

4. 自动方式程序

自动运行方式，是机械手从原位出发，到达 A 点，将工件从 A 点移动到 B 点，再回到原位，如此循环往复的运动过程。机械手自动方式状态转移图及步进梯形图如图 4-4-9 所示。

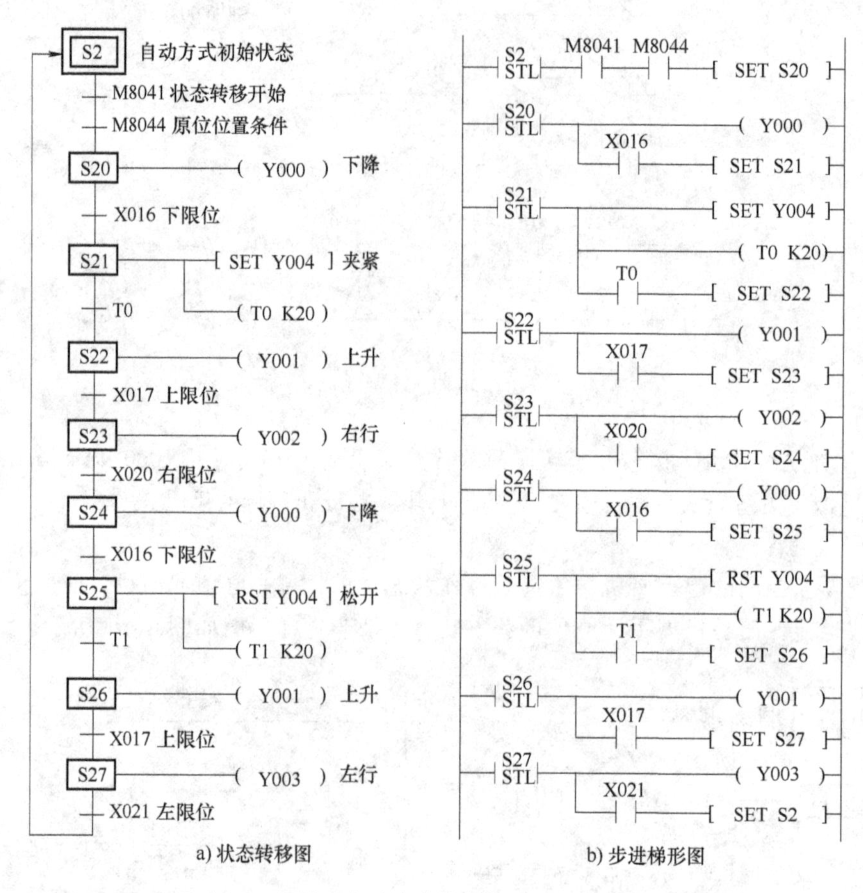

图 4-4-9　机械手自动方式状态转移图及步进梯形图

S2 为自动方式的初始状态，当转换开关转至“自动”时，状态继电器 S2 激活，当回原位完成，回原位位置条件满足时，原位位置条件继电器 M8044 触点闭合；当按下“起动”按钮时，X006 闭合，转移开始继电器线圈 M8041 接通，状态继电器 S20~S27 进行状态转移。

5. 机械手完整的步进控制梯形图程序

机械手完整的步进控制梯形图程序如图 4-4-10 所示。

步进程序结束，使用 RET 指令；全部程序结束，使用程序结束指令 END。

（四）接线与调试

接线时应严格按照接线示意图进行操作，要求安全可靠，工艺美观；接线完毕后要认真

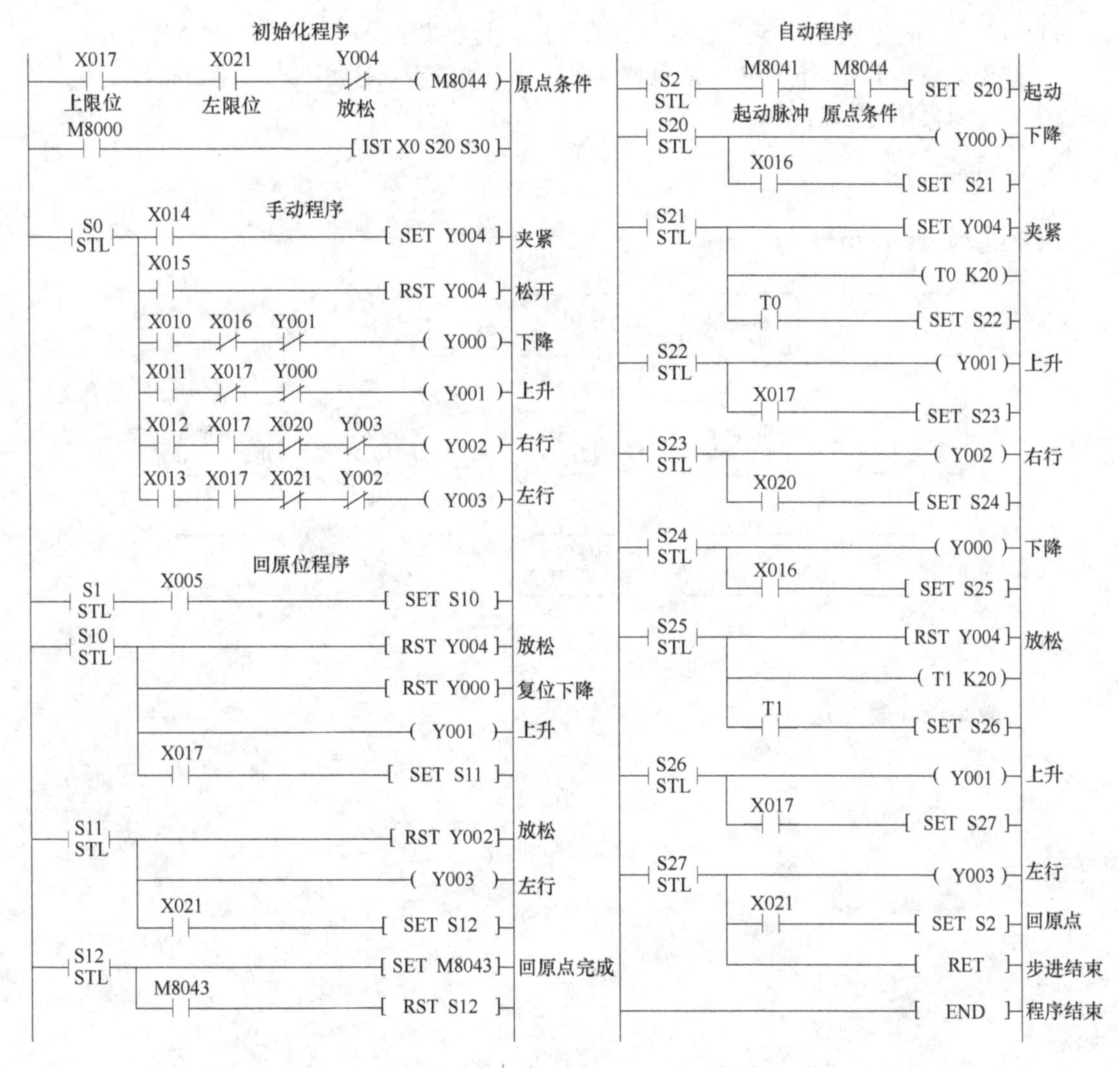

图 4-4-10　机械手步进控制梯形图

检查接线状况，确保正确无误。将梯形图程序输入到计算机，调试程序运行情况。系统调试时应先进行模拟调试，检查程序设计是否满足控制要求，如果存在问题，需要重新修改完善程序；如果控制功能满足需要，符合设计要求，则进一步带负载进行调试，检查电动机起动、停止是否符合要求。

1）将转换开关 SA 旋转至“手动”方式，按下相应的动作按钮，分别观察机械手的下降、上升、左移、右移、夹紧和放松等动作情况。

2）将转换开关 SA 旋转至“回原位”方式，按下回原位按钮，观察机械手是否回原位。

3）将转换开关 SA 旋转至“单步”方式，按下起动按钮，观察机械手是否向前执行下一动作。

4）将转换开关 SA 旋转至“单周期”方式，按下起动按钮，观察机械手是否运行一个周期后停下。

5）将转换开关SA旋转至“连续”方式，按下起动按钮，观察机械手是否连续运行。

系统调试完毕即可交付使用。通电调试时的安全注意事项这里不再赘述，应高度重视并养成安全文明操作的良好习惯。

➤【课题小结】

本课题的内容结构如下：

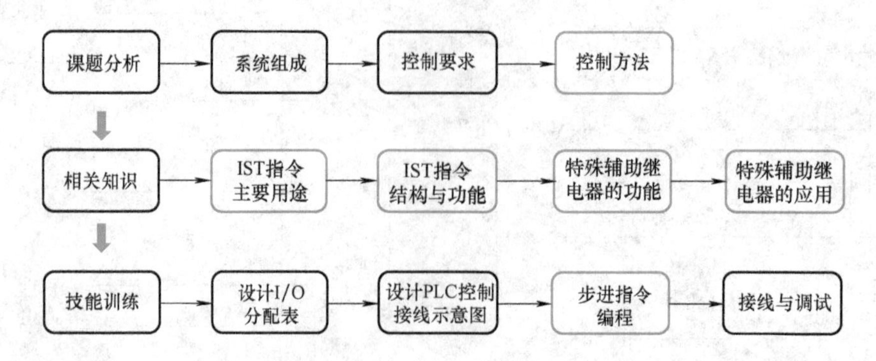

➤【效果测评】

学习效果测评表见表1-1-1。

课题五　四台换气扇步进指令编程控制

四台换气扇均由小功率三相交流异步电动机拖动，采用直接起动方式，用 PLC 步进指令对其进行编程控制。控制功能具体要求如下：

1）在手动工作方式下，每按一次起动按钮，换气扇顺序起动并增加一台，直到四台换气扇全部起动；每按一次停止按钮，换气扇依次逆序停止减少一台，直到四台全部停止。

2）在自动工作方式下，按下起动按钮，首先 1、3 号换气扇起动，间隔时间 5s 后 2、4 号换气扇起动；按下停止按钮，2、4 号换气扇首先停止，间隔时间 5s 后 1、3 号换气扇停止。

3）出现过载等紧急情况时能够立即停止运行。

➤【学习目标】

1. 掌握流程分类及相关概念。
2. 掌握单流程与多流程的区别与联系。
3. 掌握选择性分支与并行性分支的特点。
4. 掌握应用选择性分支与汇合的编程方法。
5. 掌握四台换气扇 PLC 控制的 I/O 分配方法。
6. 掌握四台换气扇 PLC 控制接线示意图和状态转移图的设计方法。
7. 掌握四台换气扇 PLC 控制步进控制梯形图的设计方法。
8. 掌握四台换气扇 PLC 控制的接线与调试方法。
9. 培养认真学习专业知识、研究技术的工匠精神。

➤【教·学·做】

一、课题分析

（一）系统组成

该系统的主电路由四台电动机直接拖动换气扇，因此由电动机、接触器主触点和热继电器组成。在 PLC 控制电路中，输入电路由工作方式开关、起动、停止、急停和过载保护停等组成；输出电路需要有 4 路输出，分别控制 4 个交流接触器，以实现对四台换气扇的起停控制。

（二）控制要求

四台换气扇要求具备两种工作方式，两种工作方式二选一，用一个三位转换开关（中间位为停止）进行控制。第一种工作方式依靠起动按钮和停止按钮手动完成，第二种工作方式下的起动和停止依靠时间继电器控制自动完成。此外，出现紧急情况时还要能够实现急停控制，需要设置急停按钮。

（三）控制方法

通过课题分析可知，本课题符合顺序控制的基本特点，可采用步进指令编程控制。但是，由于出现两种工作方式，相应地就出现了两条工序流程。这就涉及步进控制中对分支进行选择和处理的问题。因此，学习和掌握选择性分支的相关知识和方法是非常重要的。

二、相关知识

（一）流程分类及其基本概念

工序流程的分类如下：

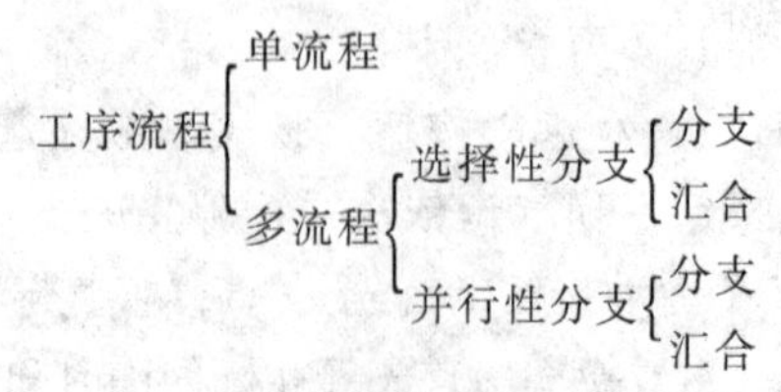

1）单流程：工作流程中只有一条工序路线的工序流程称为单流程结构，如前面几个课题的工序流程均为单流程结构。

2）多流程：工作流程中出现多条工序路线的流程称为多流程结构。多流程结构又分为选择性分支和并行性分支两种流程形式。

3）选择性分支：在多个并联流程中，只能选择其中之一工作的分支方式，称为选择性分支。

4）并行性分支：多个并联流程同时工作的分支方式称为并行性分支。

无论选择性分支还是并行性分支方式，都共同存在流程分支与汇合的问题。

5）分支：由单流程向并联多流程分离的结构。

6）汇合：由并联多流程向单流程进行合并的结构。

（二）单流程结构的特点

1）状态与状态之间采用的是串联。

2）状态转换的方向固定为自上而下（起始状态与结束状态除外）。

3）通常只可能有一个状态被激活处于工作状态，即只有一个有效状态。

4）采用单流程结构编程时可以使用重复线圈，如输出继电器以及内部继电器等。

5）在状态转移瞬间，存在一个扫描周期内的相邻两个状态同时工作的情况，因此，对于需要互锁的动作，应在程序中加入互锁触点。

6）在单流程中，原则上定时器可以重复使用，但不能在相邻两状态里使用同一定时器。

7）单流程结构的程序只有一个初始状态。

（三）多流程结构及其特点

多流程结构分为选择性分支结构与并行性分支结构，两种分支结构的状态转移图如图4-5-1所示。

两种分支结构的特点对比说明如下：

1）选择性分支用单线表示，并行性分支用双线表示。

2）选择性分支分离的状态转移条件位于分支线下端，各条分支转移条件各不相同；并行性分支分离的状态转移条件只有一个，位于分支线上端，为各条分支所共用。

3）选择性分支中各条分支流程不能同时工作，只能选择一条分支流程通道工作；并行性分支则正好相反，所有并联的流程通道同时进入工作状态。

4）选择性分支事实上只有一条流程通道在工作，分支汇合时各有各的转移条件，转移条件位于汇合线上端，分支之间互不影响；并行性分支的汇合，需要等待各条分支的任务完

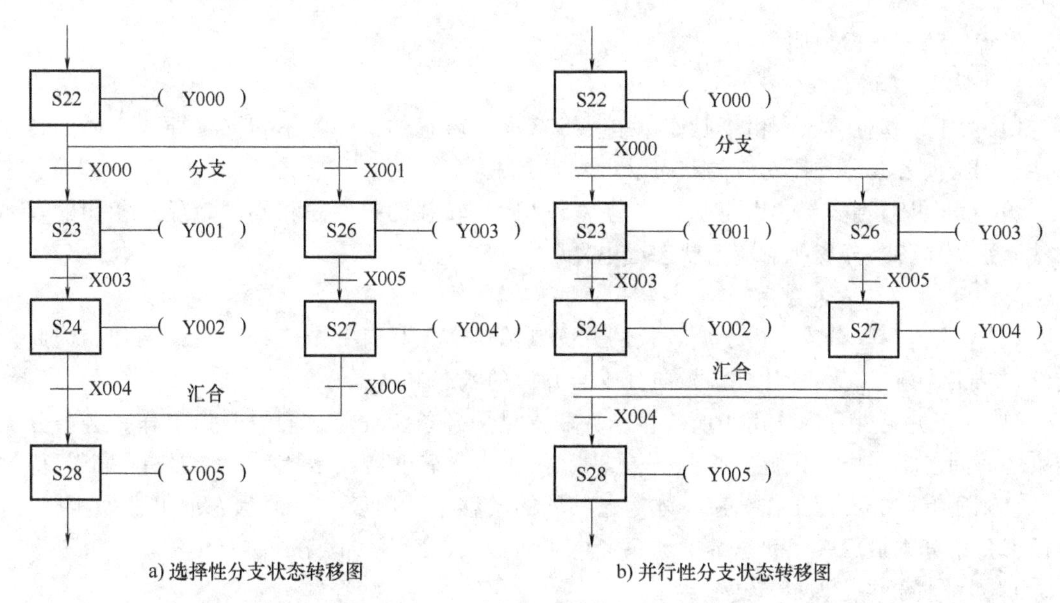

图 4-5-1　两种分支结构的状态转移图

成以后，才能合并连接，再使用共同的转移条件向下一状态进行转移，因此转移条件共用而且位于汇合线的下方。

5）无论选择性分支还是并行性分支，最大并联支路数都为 8 条。

（四）多流程结构的编程方法

对上述选择性分支和并行性分支的状态转移图进行编程，编程结果如图 4-5-2 所示。

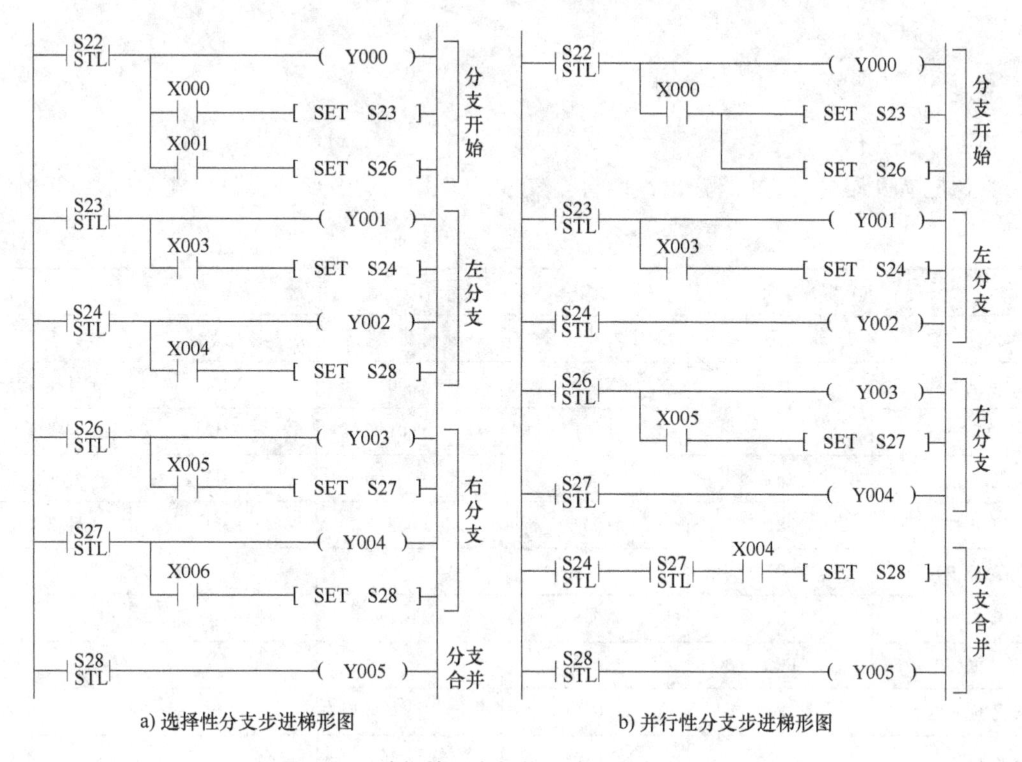

图 4-5-2　选择性分支与并行性分支步进梯形图

编程方法及步骤说明如下：

1. 对分支开始部分进行编程

1）对于选择性分支，由于状态继电器S22向下转移的条件各不相同，导致不同的转移条件分别指向各条分支所对应的状态继电器。

2）对于并行性分支，由于状态继电器S22向下转移的条件是相同的，导致相同的转移条件分别指向各条分支所对应的状态继电器。

2. 按照从左到右的顺序依次对各分支进行编程

1）对于选择性分支，由于所连接的并联支路事实上只有一个流程通道在工作，因此分支编程结束，通过转移条件直接指向分支合并后的状态继电器。

2）对于并行性分支，由于所连接的并联支路的各条流程通道同时开始工作，各条分支结束的时间各不相同，因此，每条分支最后一个状态继电器被激活后，需要有一个等待过程，直到所有的分支都工作结束，才通过共同的转移条件向合并后的状态继电器发生转移。所以，每条分支最后一个状态继电器只考虑驱动对象，不对转移条件进行编程。

3. 对分支合并汇合部分进行编程

分支流程编程完毕，最后编写分支合并程序。

1）对于选择性分支，直接编写分支合并之后的状态继电器（如S28）的步进梯形图即可。

2）对应并行性分支，首先要将各条分支最后的状态继电器串联，然后与合并后共同的转移条件（如X004）串联，作为并行性分支合并后向下转移的基本条件。当各条支路全部都完成状态转移，并且共同的转移条件（如X004）具备时，才能向下一状态（如S28）转移。

三、技能训练

（一）设计I/O分配表

本课题有9路输入、4路输出，四台换气扇PLC控制的I/O分配见表4-5-1。

表4-5-1　四台换气扇PLC控制的I/O分配

输入分配（I）			输出分配（O）		
输入元件名称	代号	输入继电器	输出继电器	被控对象	作用及功能
手动方式	SA	X000	Y000	KM1	1号换气扇
自动方式		X001	Y001	KM2	2号换气扇
起动按钮	SB1	X002	Y002	KM3	3号换气扇
停止按钮	SB2	X003	Y003	KM4	4号换气扇
急停按钮	SB3	X004			
1号热继电器	FR1	X005			
2号热继电器	FR2	X006			
3号热继电器	FR3	X007			
4号热继电器	FR4	X010			

（二）设计 PLC 控制接线示意图

根据控制要求、I/O 分配表以及制图相关规定，所设计的四台换气扇 PLC 控制接线示意图如图 4-5-3 所示。

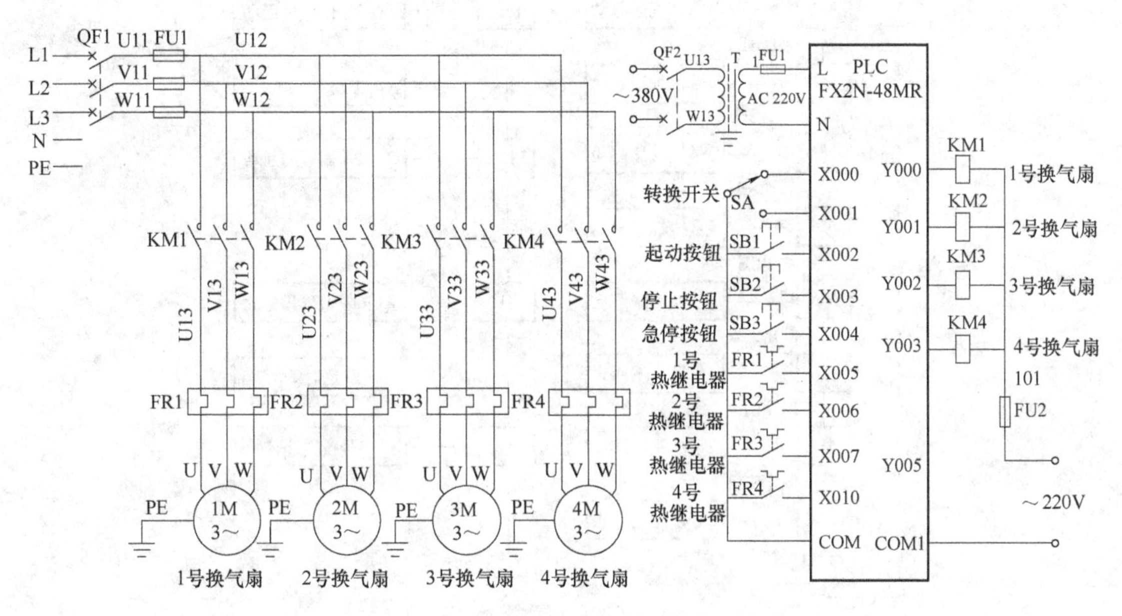

图 4-5-3　四台换气扇 PLC 控制接线示意图

（三）步进指令编程

1. 设计工序流程图

四台换气扇两种工作方式的控制，属于多流程控制，其工序流程具有选择性分支的特点，工序流程图如图 4-5-4a 所示。

2. 设计状态转移图（SFC 图）

与上述工序流程图对应的状态转移图如图 4-5-4b 所示。为使起动后的换气扇能够保持运行，起动时应用置位指令 SET 驱动输出继电器线圈，此为保持型输出线圈。保持型输出线圈不会随状态继电器的转移而自动关闭，若要复位关闭该继电器线圈，必须使用复位指令 RST 使其复位，因此停止时就应用 RST 指令使其复位。若采用 OUT 指令驱动线圈（非保持型输出线圈），则随着状态的转移，所对应的线圈会自动复位。

3. 设计步进梯形图（STL 图）

根据上述状态转移图编程，设计步进梯形图程序如图 4-5-5 所示。设计步骤及注意事项如下：

（1）初始化程序的设计　应用初始脉冲继电器 M8002 对编程所用的状态继电器清零复位，激活初始状态继电器 S0。

（2）选择性分支程序的设计　按照选择性分支的编程方法和步骤对照状态转移图进行编程，依次编写选择分支开始、左分支、右分支以及分支合并的程序。

（3）起动与停止控制信号的处理　作为起动控制的 X002 和作为停止控制的 X003，如果使用普通常开触点，则在手动控制方式下，当按下起动按钮或停止按钮后，四台换气扇会

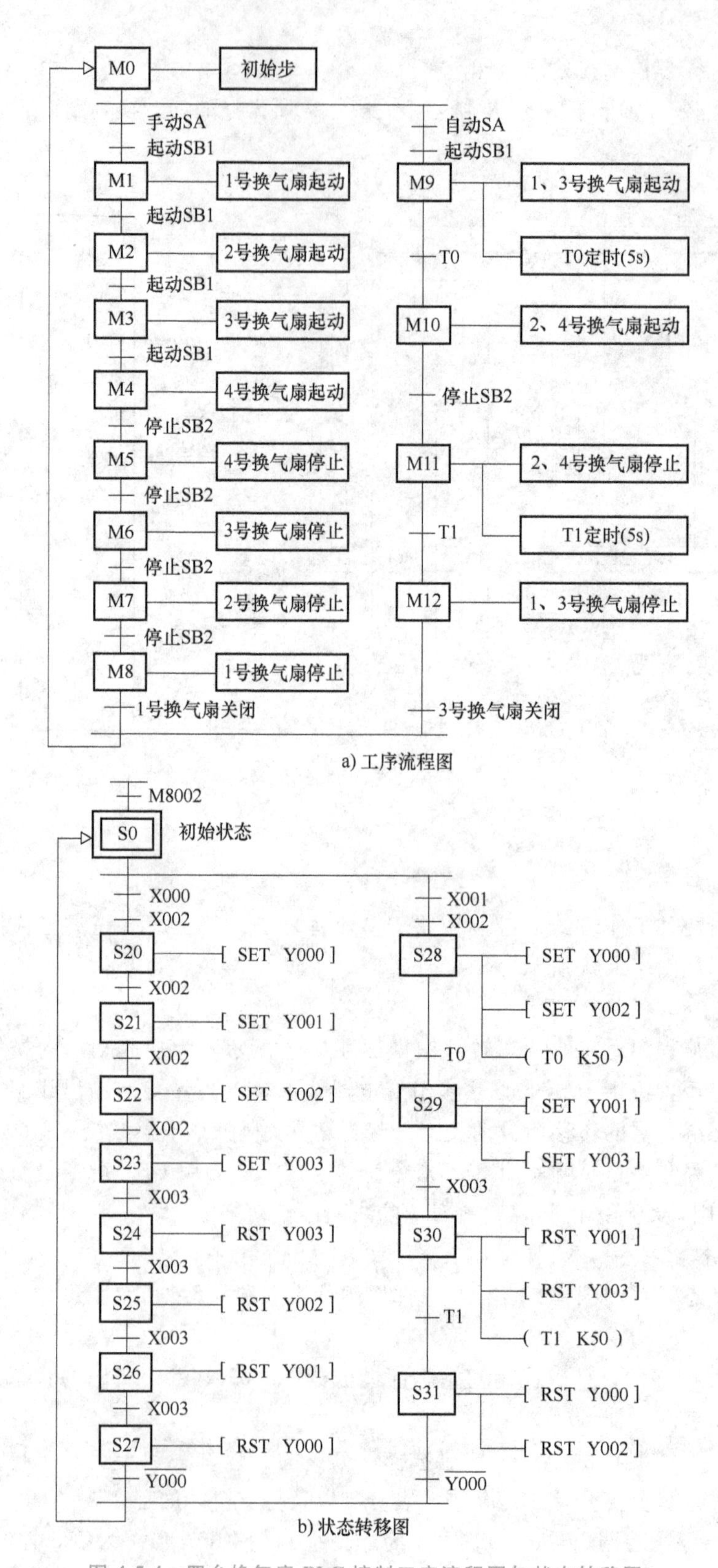

图 4-5-4 四台换气扇 PLC 控制工序流程图与状态转移图

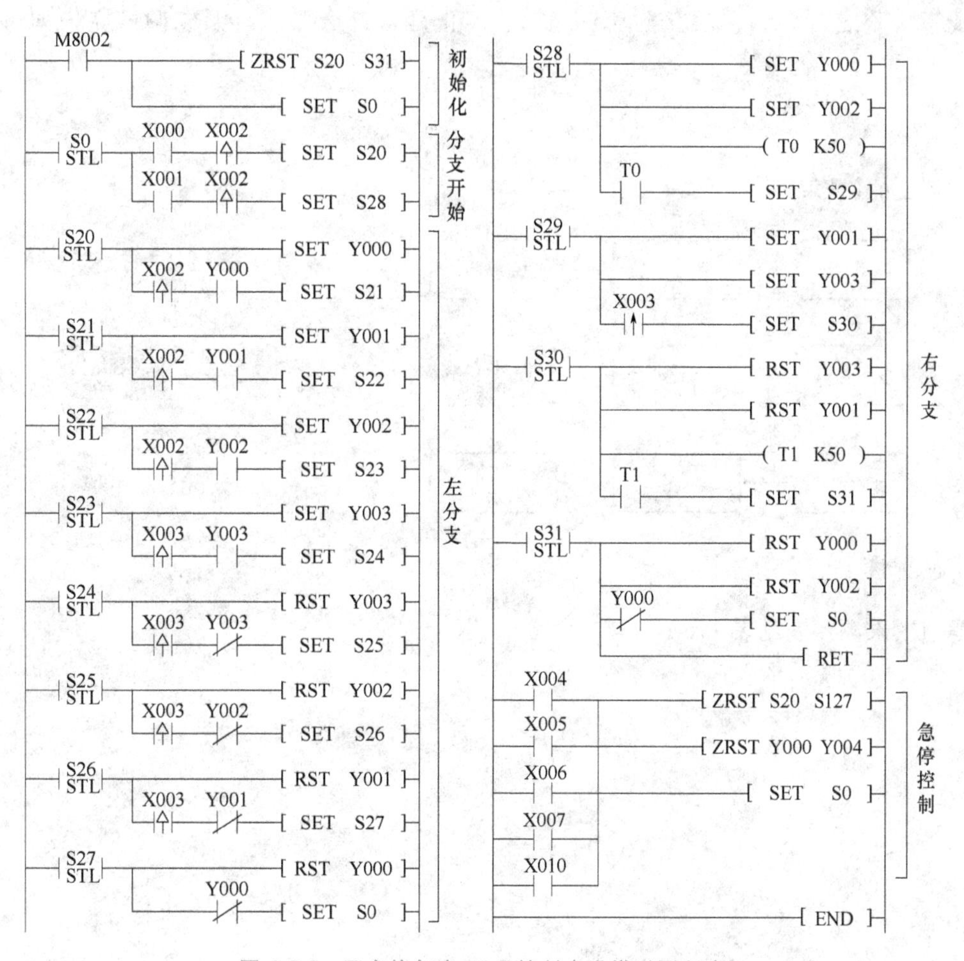

图 4-5-5　四台换气扇 PLC 控制步进梯形图程序

出现瞬间全部起动或全部停止，无法达到依次控制的情况。采用 X002 和 X003 的上升沿触点编程，当按钮按下一次，X002 和 X003 只接通一个扫描周期，只能激活一个状态继电器，从而实现了换气扇顺序起动和逆序停止的目的。

（4）急停程序的设计　当出现紧急情况（如换气扇过载）时，要立即断开换气扇电源。为此，在步进程序编写结束后，可另外编写一个辅助程序来实现这一控制要求。通常，可用期间复位指令 ZRST 进行编程，非常方便。如图 4-5-5 中所示的急停程序，当按下急停按钮或四台换气扇过载时，X004～X007 和 X010 五个输入继电器常开触点闭合，一是让全部状态继电器和全部输出继电器复位，从而断开换气扇电源；二是激活初始状态继电器 S0，为系统程序再次起动控制做好准备。

（四）接线与调试

接线时应严格按照接线示意图进行操作，要求安全可靠，工艺美观；接线完毕后要认真检查接线状况，确保正确无误。系统调试时应先进行模拟调试，检查程序设计是否满足控制要求。分别将转换开关 SA 置于手动和自动位置，按下起动按钮和停止按钮，观察 PLC 输入与输出是否满足控制要求。步进转移程序调试完毕，再调试急停控制是否满足要求。

如果存在问题，需要重新修改与完善程序；如果控制功能满足需要，符合设计要求，则进一步带负载进行调试，检查电动机起动、停止是否符合要求。系统调试完毕即可交付使用。

➤【课题小结】

本课题的内容结构如下：

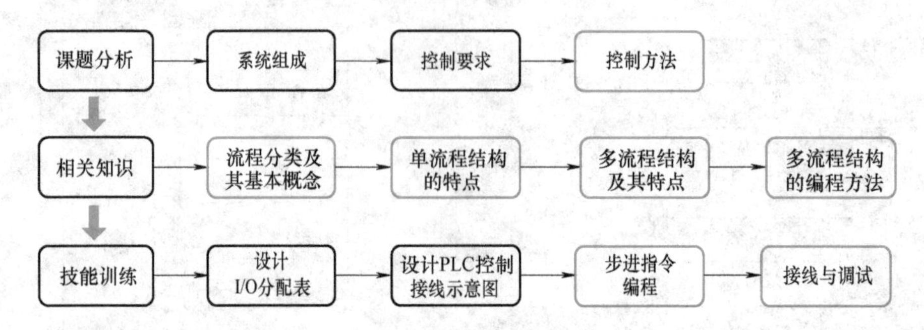

➤【效果测评】

学习效果测评表见表 1-1-1。

课题六　大小球分拣系统步进指令编程控制

图 4-6-1 所示为大小球分拣系统，可以分拣出大小铁球。如果传送机底部电磁铁吸住小铁球，则将小铁球放入小球筐；如果吸住大铁球，就将大铁球放入大球筐。传送机的上下运动由一台电动机带动，左右运动则由另外一台电动机带动。

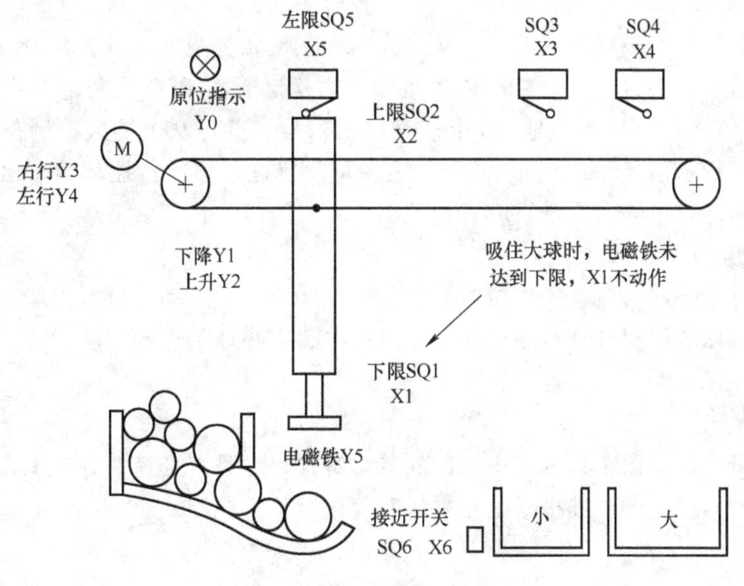

图 4-6-1　大小球分拣系统示意图

初始状态下，传送机停在左上角位置，电磁铁不得电。按下起动按钮后，传送机在电动机的带动下，下降至混合球筐中。机械臂下降 2s 后，当电磁铁压到大球时，不能压到下限位开关 SQ1；压到小球时，SQ1 接通，依此来判断压到的是大球还是小球。延时 1s 后，机械臂上升，到上限位 SQ2 处变为右行，若吸住的是小球，则压下 SQ3 时变为下降，若吸住的是大球，则压下 SQ4 时变为下降。接近开关 SQ6 为 ON 时停止下降，电磁铁断电，将球放至筐中。1s 后变为上升，压下 SQ2 时变为左行，压下左限位 SQ5 时，停止在初始位置。机械臂的下降、上升分别由 Y001、Y002 控制，右移和左移分别为 Y003、Y004 控制，电磁铁由 Y005 控制。用步进指令进行编程控制。

➤【学习目标】

1. 进一步巩固单流程、多流程的相关概念。
2. 进一步巩固单流程与多流程的特点、区别与联系。
3. 进一步巩固选择性分支与并行性分支的编程特点和要求。
4. 掌握选择性分支与汇合的编程方法。
5. 掌握大小球分拣系统 PLC 控制的 I/O 分配方法。
6. 掌握大小球分拣系统 PLC 控制接线示意图和顺序功能图的设计方法。
7. 掌握大小球分拣系统 PLC 控制步进控制梯形图的编程方法。

8. 掌握大小球分拣系统 PLC 控制的接线与调试方法。
9. 发扬团结合作、凝心聚力的团队精神。

➤【教 · 学 · 做】

一、课题分析

（一）系统组成

根据题意得知，大小球分拣系统主电路为两台正反转控制电动机，其中一台电动机带动传送机做上下运动，一台电动机带动传送机做左右运动。在 PLC 控制电路中，输入电路由 1 个起动信号、6 个限位控制信号、2 个过载保护信号，共计 9 个输入控制信号组成；输出电路由 1 个原位指示信号、4 个分别用于对两台电动机进行正反转控制的输出信号以及电磁铁控制信号，共计 6 个输出信号组成。

（二）控制要求

大小球分拣系统起动后首先要能够具备回原位功能，在起动后具有大球、小球两条工作流程，按照大小球的控制特点自动选择工作路径，将大小球传送到相应位置，完成一次分拣工作后回到原位。

（三）控制方法

通过分析可知，本课题具有顺序控制的基本特征，并具有选择性分支工作流程的基本特点，宜采用选择性分支的步进指令编程方法对其进行编程控制。

二、相关知识

本课题主要涉及选择性分支的编程方法，需要重点强化对选择性分支编程方法的认识，关键是要处理好分支开始与分支合并时的编程方法。下面对选择性分支的开始与分支合并的状态图分别进行图解法编程说明。

（一）选择性分支开始的编程

选择性分支开始的编程方法如图 4-6-2 所示。

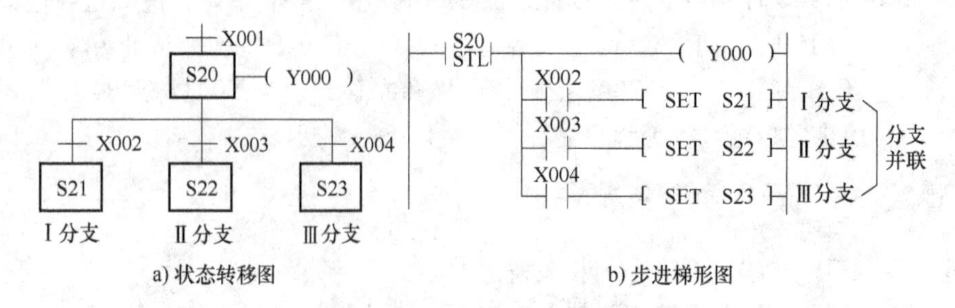

图 4-6-2　选择性分支开始的编程方法

选择性分支开始的状态转移图如图 4-6-2a 所示，选择性分支用单线表示，三条分支开始的转移条件各不相同，因此转移条件应位于分支下端。状态继电器 S20 分别通过转移条件 X002、X003 和 X004 激活三条分支，实现状态转移。三条分支不能同时工作，只能三选其一。

选择性分支开始的步进梯形图如图 4-6-2b 所示，步进开始指令 STL S20 与左母线相连，驱动对象为线圈 Y000，各分支的转移条件分别为 X002、X003 和 X004，置位对应的三条分支开始的状态继电器 S21、S22 和 S23。

（二）选择性分支合并的编程

选择性分支合并的编程方法如图 4-6-3 所示。

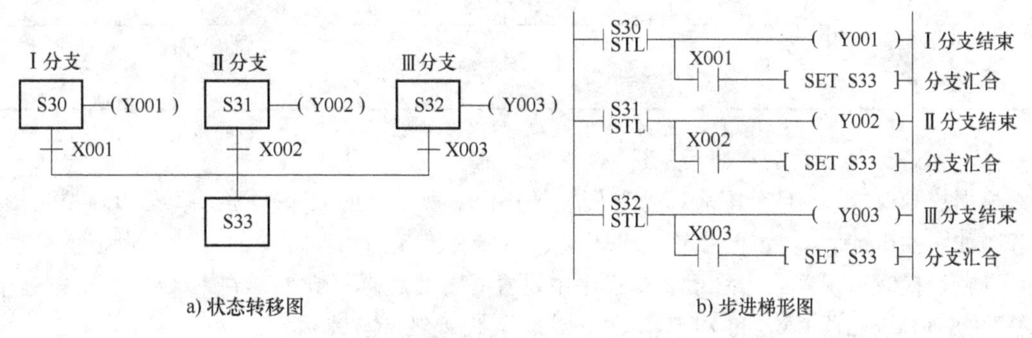

a) 状态转移图　　b) 步进梯形图

图 4-6-3　选择性分支合并的编程方法

选择性分支合并的状态转移图如图 4-6-3a 所示，三条分支结束后汇合，选择性分支汇合处用单线表示，三条分支流程工作任务结束后，通过各自的转移条件 X001、X002 和 X003 实现向下转移，因此转移条件位于分支线上端。

选择性分支合并的步进梯形图如图 4-6-3b 所示，三条分支结束时的步进编程方式相同，每条分支结束后都向同一状态继电器 S33 转移。

三、技能训练

（一）设计 I/O 分配表

如前所述，大小球分拣系统 PLC 控制共有 9 路输入信号，6 路输出信号，I/O 分配见表 4-6-1。

表 4-6-1　大小球分拣系统 PLC 控制 I/O 分配

输入分配（I）			输出分配（O）		
输入元件名称	代号	输入继电器	输出继电器	被控对象	作用及功能
起动按钮	SB1	X000	Y000	HL	原位指示
下限位开关	SQ1	X001	Y001	KM1	装置下降
上限位开关	SQ2	X002	Y002	KM2	装置上升
小球筐定位开关	SQ3	X003	Y003	KM3	装置右移
大球筐定位开关	SQ4	X004	Y004	KM4	装置左移
左限位开关	SQ5	X005	Y005	YV	电磁铁
接近开关	SQ6	X006			

（续）

输入分配（I）			输出分配（O）		
输入元件名称	代号	输入继电器	输出继电器	被 控 对 象	作用及功能
上下电动机过载保护	FR1	X010			
左右运动电动机过载保护	FR2	X011			

（二）设计 PLC 控制接线示意图

根据控制要求、I/O 分配表以及制图相关规定，所设计的大小球分拣系统 PLC 控制接线示意图如图 4-6-4 所示。由于装置上升下降、左移右移互为相反方向的运动，为防止接触器主触点在切换时出现短路，除了需要程序中设置必要的触点互锁外，在 PLC 的输出电路中，还需要分别对接触器 KM1 和 KM2、KM3 和 KM4 设置触点互锁。

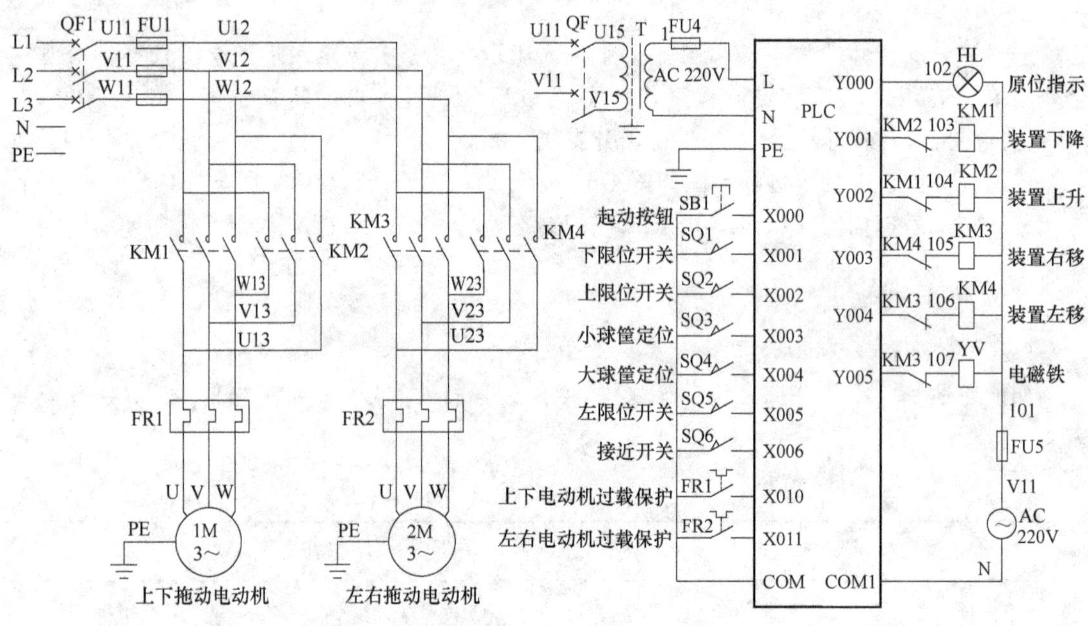

图 4-6-4　大小球分拣系统 PLC 控制接线示意图

（三）步进指令编程

1. 设计工序流程图

为避免重复，工序流程图此处省略，读者可在学习中自行设计。

2. 设计顺序功能图（SFC 图）

根据题意及 PLC 控制接线示意图，设计大小球分拣系统状态转移图如图 4-6-5 所示。

在初始状态下，系统回到原位；在回到原位的基础上，系统从原位出发，通过下降→吸球（分大、小球）→上升→右行→下行→放球→上升→左行→回到原位，完成一个周期的状态转移，回到初始状态。初始状态是状态转移的起点，也是终点，状态转移结束应通过有向连线回到初始状态，形成闭环。

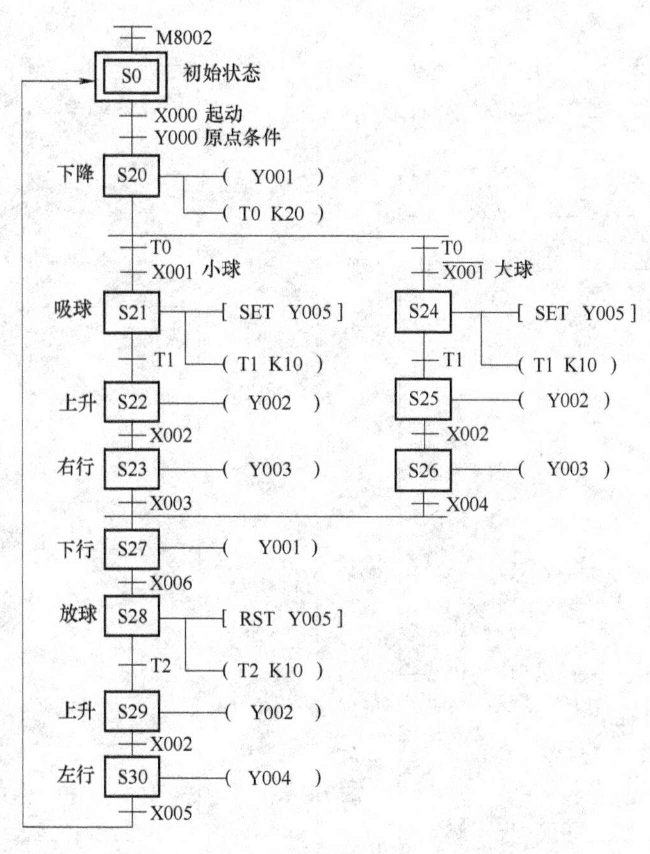

图 4-6-5 大小球分拣系统状态转移图

图中时间继电器，在不相邻的状态中可以使用相同编号。

3. 设计步进控制梯形图（STL 图）

大小球分拣系统步进控制梯形图如图 4-6-6 所示。

（1）设计初始化程序 首先，应用初始脉冲继电器 M8002 来实现系统的初始化。一是使 S20~S31 之间的状态继电器全部复位，为后续状态继电器的正常工作做准备；其次是激活初始状态继电器 S0，为状态转移做准备。

（2）设计回原位程序 回原位是在激活的初始状态条件下完成的。按照题意，回原位有三个条件：一是电磁铁复位放松，二是装置上升直到压下上限位开关（X002），三是装置左移直到压下左限位开关（X005）。三个条件环环相扣，依次进行，当三个条件具备时，说明回原位工作完成，原位指示灯点亮；只有在原位指示灯点亮的情况下，系统才能起动运行。

（3）设计分支开始程序 大小球分拣系统为选择性分支流程，应用选择性分支的编程方法，完成本课题的分支开始程序的编程。两条分支转移条件都在分支线下端，一个条件是时间继电器的触点，另一个条件是下限位开关触点，小球分支使用常开触点，大球分支使用常闭触点，两组分支转移条件分别指向不同的转移对象，分别激活两条分支。

（4）设计分支程序 一是按照分支顺序，从左到右依次编写各条分支程序；二是每条分支从上到下依次编写，直至分支结束。各条分支最后一个状态继电器的转移指向是相同的

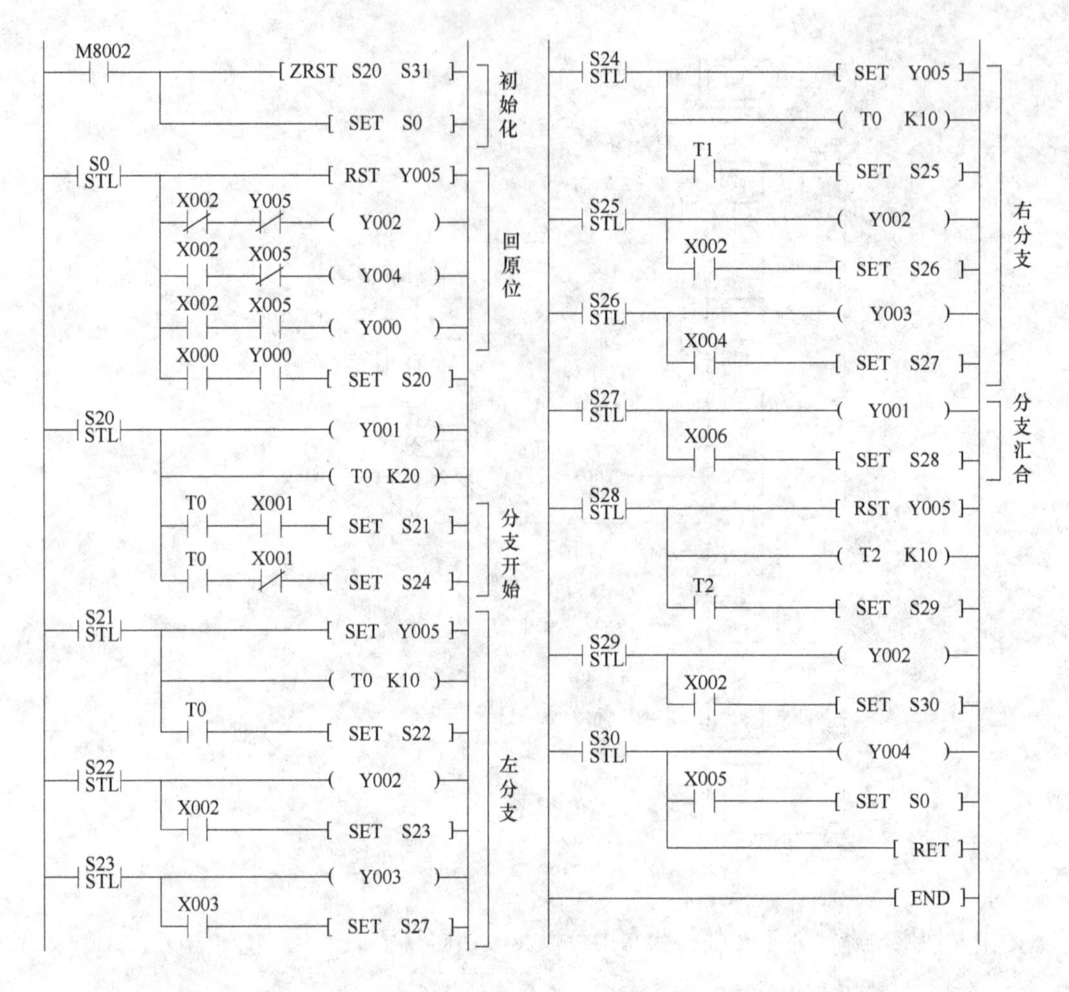

图 4-6-6　大小球分拣系统步进控制梯形图

（如 SET S27），具体不再赘述。

（5）设计分支汇合程序　对选择性分支汇合时共同指向的状态继电器（S27）进行编程；分支汇合后为单流程运行，对其进行编程；步进指令结束使用状态结束指令 RET；程序全部结束，使用程序结束指令 END。

（四）接线与调试

接线时应严格按照接线示意图进行操作，要求安全可靠，工艺美观；接线完毕后要认真检查接线状况，确保正确无误。系统调试时应先进行模拟调试，检查程序设计是否满足控制要求。准备工作结束，给 PLC 通电，编写步进梯形图程序，将 PLC 工作方式开关置于“编程”状态，写入所编写的程序，并单击工具栏的“程序监视”按钮，观察测试回原位程序运行状态。按下起动按钮，观察 PLC 输入与输出是否满足控制要求。如果存在问题，需要重新修改并完善程序；如果控制功能满足需要，符合设计要求，则进一步带负载进行调试，检查电动机起动、停止是否符合要求。系统调试完毕即可交付使用。

➤【课题小结】

本课题的内容结构如下：

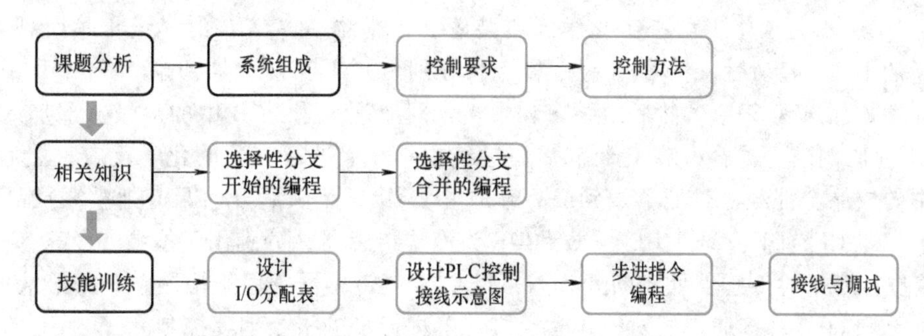

➤【效果测评】

学习效果测评表见表 1-1-1。

课题七　化学反应装置步进指令编程控制

图 4-7-1 所示为某化工厂一个化学反应装置。图中罐 A、罐 B 的容量相等而且为罐 C、罐 D 容量的 1/2。起动后，将溶液 A 和溶液 B 分别由泵 1 和泵 2 加到罐 A 和罐 B 中。罐 B 满后将溶液 B 加热到 60℃，然后由泵 3 和泵 4 分别把罐 A 和罐 B 中的溶液全部加入到罐 C 中以 1∶1 的比例进行混合，罐 C 装满后要继续搅拌 60s 进行充分的化学反应，然后由泵 5 把罐 C 中的成品全部经由过滤器送到成品罐 D 中，罐 D 装满后开启泵 6 把整罐成品全部抽走。AF、BF、CF、DF、AE、BE、CE 和 DE 为液位传感器，分别用于检测 A、B、C 和 D 四个罐的液位，罐空时传感器处于断开状态；TS 为温度传感器，用于检测罐 B 中溶液的温度，溶液 B 加热到 60℃时接通。试对该化学反应装置进行步进指令编程控制。

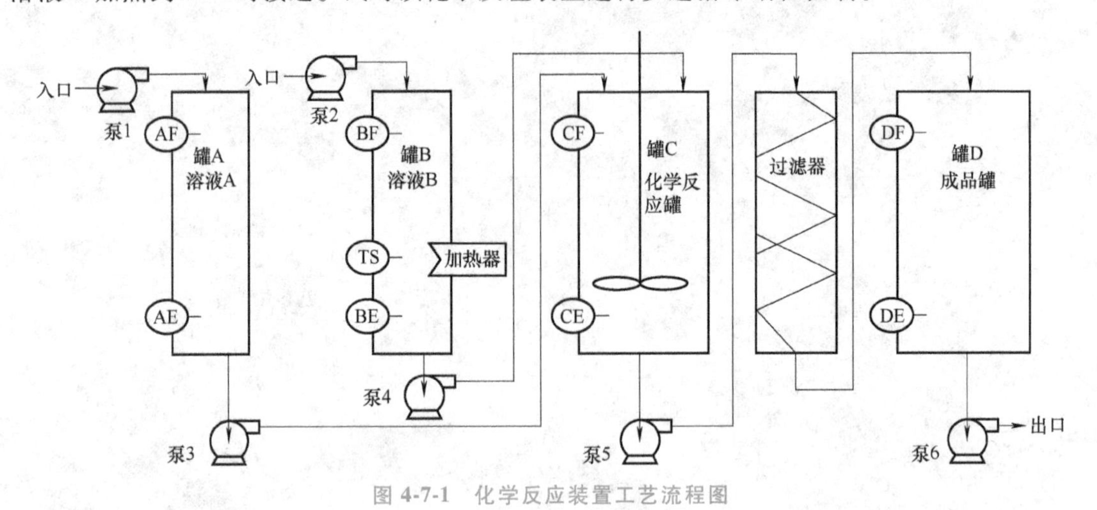

图 4-7-1　化学反应装置工艺流程图

➤【学习目标】

1. 进一步巩固单流程、多流程的相关概念。
2. 进一步巩固并行性分支的编程特点和要求。
3. 掌握并行性分支与汇合的编程方法。
4. 掌握化学反应装置 PLC 控制的 I/O 分配方法。
5. 掌握化学反应装置 PLC 控制接线示意图和顺序功能图的设计方法。
6. 掌握化学反应装置 PLC 控制步进控制梯形图的编程方法。
7. 掌握化学反应装置 PLC 控制的接线与调试方法。
8. 树立认真细致、精益求精的从业价值观。

➤【教·学·做】

一、课题分析

（一）系统组成

根据题意，化学反应装置的电气系统的主电路分别为 6 个接触器控制的 6 台泵组成的 6

条支路，其中 6 台泵的起动为直接起动。在 PLC 控制电路中，输入电路由起动按钮、8 个液位传感器和一个温度传感器，共计 10 个输入控制信号组成；输出电路对电加热器、6 台泵、一台搅拌电动机，共计 8 个对象的接触器通断进行控制。

（二）控制要求

化学反应装置起动后由传感器进行自动检测控制，罐 A 和罐 B 同时进液分别控制，之后在罐 C 中混合进行化学反应，然后输入成品罐 D，最后被抽空，完成一个周期的循环。之后开始新一周期的自动循环。

（三）控制方法

通过分析可知，本课题具有顺序控制的基本特征，并具有并行性分支工作流程的基本特点，宜采用并行性分支的步进指令编程方法对其进行编程控制。

二、相关知识

本课题主要涉及并行性分支的编程方法，需要重点强化对并行性分支编程方法的理解和认识，关键是要掌握好分支开始与分支合并时的编程方法。下面对并行性分支的开始与分支合并的状态转移图及步进梯形图进行图解说明。

（一）并行性分支开始的编程

并行性分支开始的编程方法如图 4-7-2 所示。

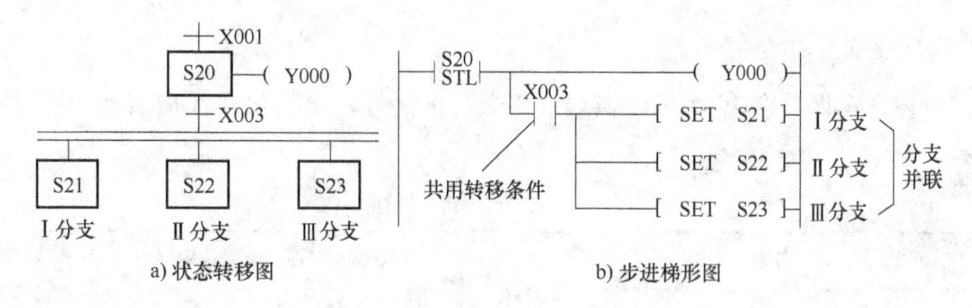

图 4-7-2 并行性分支开始的编程方法

并行性分支开始的状态转移图如图 4-7-2a 所示，并行性分支开始用双线表示，三条分支共用一个转移条件 X003，因此转移条件应位于分支上端。状态继电器 S20 通过转移条件 X003 同时激活三条分支，使三条分支同时开始工作。

并行性分支开始的步进梯形图如图 4-7-2b 所示，步进开始指令 STL S20 与左母线相连，驱动对象为线圈 Y000，向下转移条件为 X003，后面并联三条分支，置位对应的三条分支开始的状态继电器。

（二）并行性分支合并的编程方法

并行性分支合并的编程方法如图 4-7-3 所示。

并行性分支合并的状态转移图如图 4-7-3a 所示，三条分支结束后汇合，并行性分支汇合处用双线表示，三条分支合并之后共用一个转移条件 X011，因此转移条件 X011 应位于分支下端。三条分支流程工作任务完成后，通过转移条件 X011 激活汇合后的状态继电器 S33。值得注意的是，必须是三条分支流程的任务均已完成才能实现分支流程的合并和向下转移，先完成任务的分支需要在最后一步呈保持状态，等待其他分支流程的任务完成。

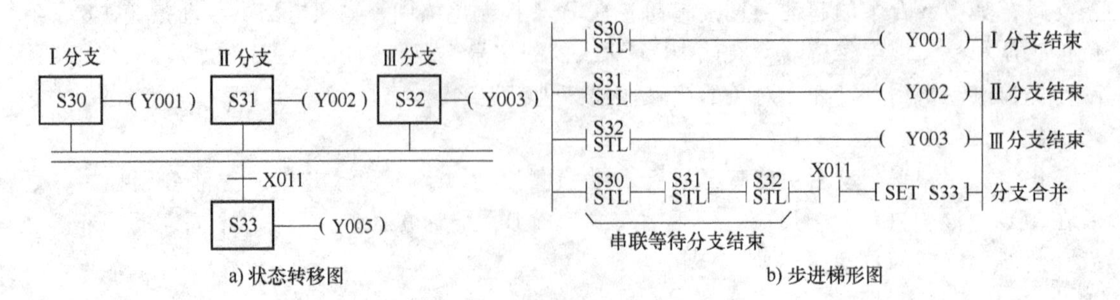

图 4-7-3　并行性分支合并的编程方法

并行性分支合并的步进梯形图如图 4-7-3b 所示，三条分支结束时的步进开始指令 STL 30、STL S31 和 STL S32 与左母线连接后均只有驱动对象，没有转移条件，表示分支结束处于保持状态。三条分支流程的任务都完成后，通过转移条件 X011 激活状态继电器 S33，实现分支合并向下转移。因此，三条并行性分支的合并，需要将三条分支结束时的状态继电器步进开始指令串联，再与转移条件 X011 串联，共同作为合并向后转移的条件。

总之，在并行分支汇合时，只有当所有分支的结束步均为活动步并满足转移条件时，才能激活后续步，并停止各分支结束步。

三、技能训练

（一）设计 I/O 分配表

如前所述，本课题有 10 个输入信号，8 个输出信号，设计化学反应装置 PLC 控制 I/O 分配见表 4-7-1。

表 4-7-1　化学反应装置 PLC 控制 I/O 分配

输入分配（I）			输出分配（O）		
输入元件名称	代　号	输入继电器	输出继电器	被控对象	被控设备
起动按钮	SB1	X000	Y000	KM0	电加热器
罐 A 空	AE	X001	Y001	KM1	泵 1
罐 A 满	AF	X002	Y002	KM2	泵 2
罐 B 空	BE	X003	Y003	KM3	泵 3
罐 B 满	BF	X004	Y004	KM4	泵 4
罐 C 空	CE	X005	Y005	KM5	泵 5
罐 C 满	CF	X006	Y006	KM6	泵 6
罐 D 空	DE	X007	Y007	KM7	搅拌器
罐 D 满	DF	X010			
温度传感器	TS	X011			

（二）设计 PLC 控制接线示意图

根据控制要求、I/O 分配表以及制图相关规定，设计的化学反应装置 PLC 控制接线示意图如图 4-7-4 所示。

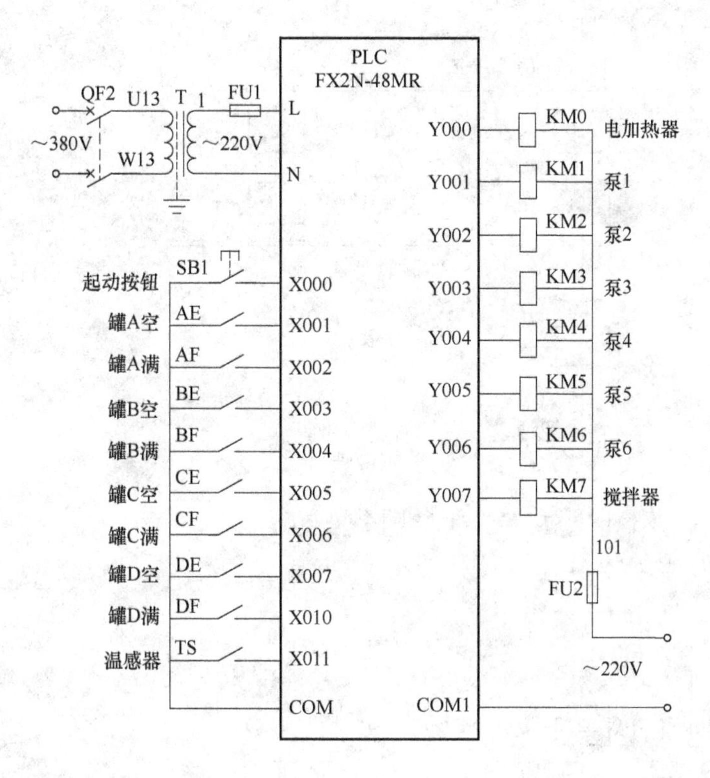

图 4-7-4 化学反应装置 PLC 控制接线示意图

该电气系统的主电路结构比较简单，受篇幅所限此处省略，请读者自行设计。在此只设计了控制电路接线示意图。

在空罐状态下，液位传感器触点均为断开状态，当液面接触到传感器时其常开触点闭合；温度传感器设定值为 60℃，当温度达到设定值时，温度传感器常开触点闭合。

电加热器、6 台泵以及搅拌器的电源均通过接触器控制通断。

（三）步进指令编程

1. 设计工序流程图

为避免重复，工序流程图在此省略，由读者在学习中自行设计。

2. 设计顺序功能图（SFC 图）

根据工艺要求及 PLC 控制接线示意图，设计该化学反应装置 PLC 控制步进顺序功能图如图 4-7-5 所示。

M8002 激活初始状态步 S0，系统进行初始化。

在 A、B 两罐同时为空的转移条件下，按下起动按钮，状态转移至并行性分支的 S20 步和 S22 步，即泵 1、泵 2 同时起动，将 A 液、B 液分别注入 A、B 两罐中。

由于 B 罐注满后要转为 S23 步，对溶液 B 进行加热，因此比 A 罐要多一步。为了在 A 罐满后及时关闭泵 1，便人为增加一个时间定时步 S21 作为过渡步，以完成对 S20 步的复

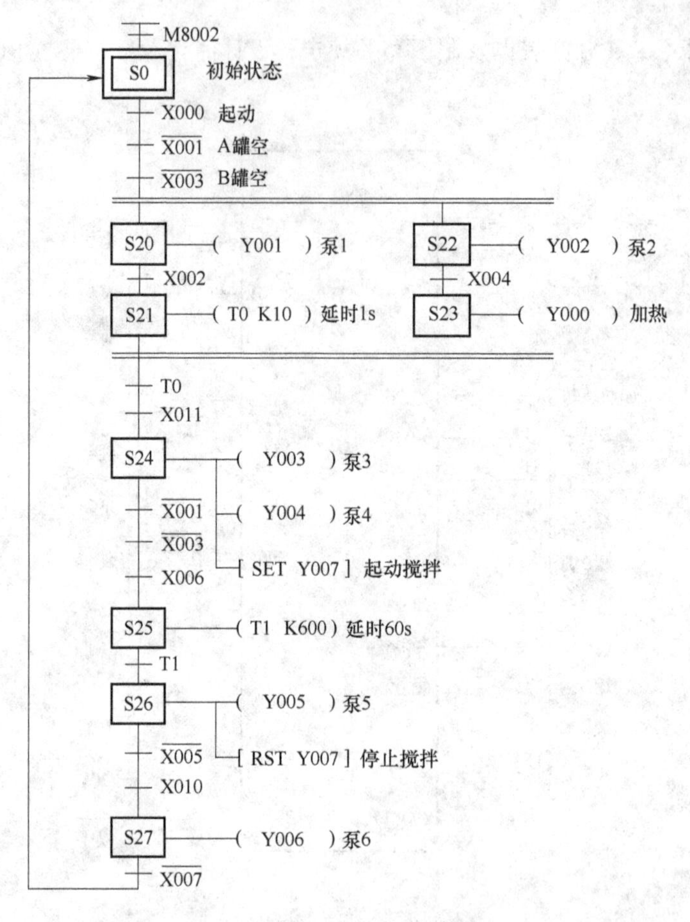

图 4-7-5　化学反应装置 PLC 控制步进顺序功能图

位。当罐 A 装满后 X002 常开触点闭合，S20 复位，激活 S21，时间继电器 T0 开始计时，T0 延时 1s 后闭合处于等待状态。当 B 罐加热到 60℃时，温度传感器常开触点 TS 闭合，使输入继电器常开触点 X011 闭合。

两个转移条件同时具备，两条并行分支合并，状态转移至 S24，泵 3、泵 4 分别将 A、B 两种液体注入 C 罐中进行化学反应，同时开启并保持搅拌器进行搅拌。

在 A、B 两种液体注入 C 罐的工作完成，即 A、B 两罐为空，且 C 罐装满的情况下，转入计时步 S25，进行 60s 的延时；60s 后状态转入 S26，开启泵 5 将 C 罐内的液体注入到 D 罐，同时复位关闭搅拌器。

在 C 罐抽空、D 罐装满的情况下，状态转移至 S27 步，开启泵 6 将 D 罐液体排出；当 D 罐抽空时，回到初始状态 S0，为系统下次起动做准备。

3. 设计步进梯形图（STL 图）

根据上述顺序功能图编写步进梯形图程序如图 4-7-6 所示。

（1）设计初始化程序　首先，应用初始脉冲继电器 M8002 实现系统的初始化。一是使 S20～S27 之间的状态继电器全部复位，为后续状态继电器的正常工作做准备；其次是激活初始状态继电器 S0，为状态转移做准备。

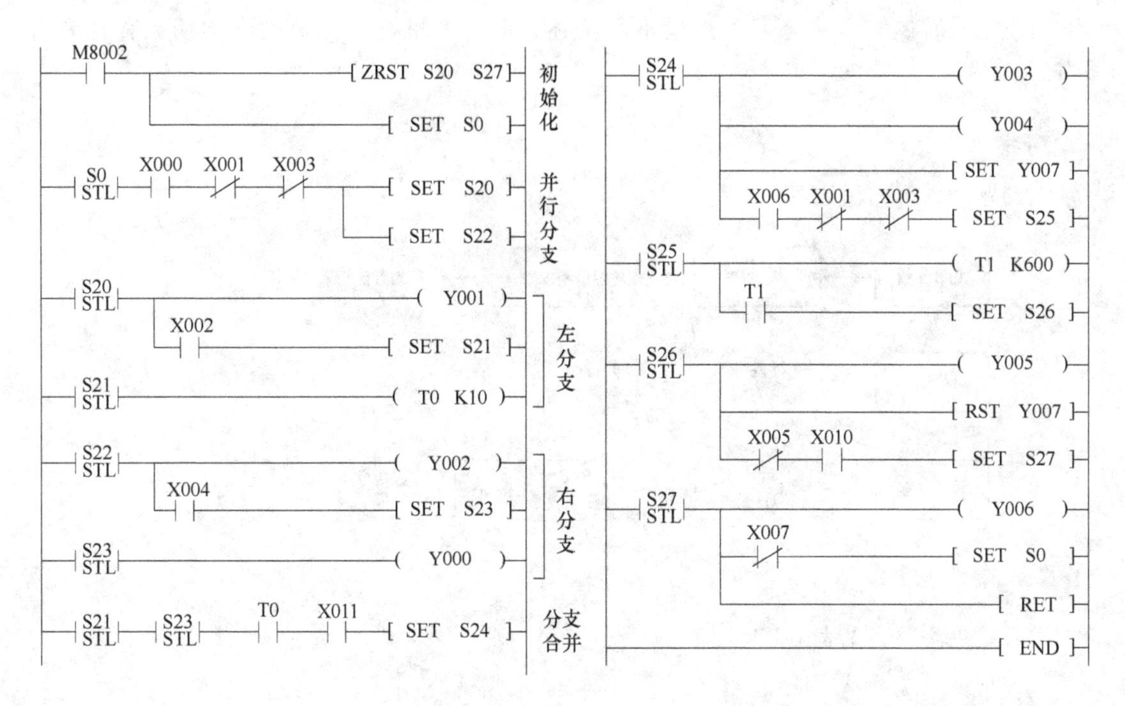

图 4-7-6　化学反应过程步进梯形图程序

（2）设计并行分支程序　化学反应装置控制系统为并行性分支流程，应用并行性分支的编程方法，完成本课题的并行分支程序的编程。三个转移条件都在两条分支线上端，一个是起动信号，另外两个是检测罐 A、罐 B 排空的传感器触点。三个条件串联作为两条并行性分支的转移条件，并行性分支为并联方式。

（3）设计分支程序　按照顺序功能图的两条分支顺序，从左到右依次编写罐 A、罐 B 两条流程步进程序。每条分支结束的步进编程，只对驱动对象进行编程，不对转移条件进行编程。

（4）设计分支合并程序　只有两条并行性分支状态转移结束，才能合并向下进行转移。为此，将两条分支的步进开始指令串联，作为向下转移的必要条件。

（5）对分支合并后续的流程进行编程　分支合并后为单流程运行，对其编程。步进指令结束使用状态结束指令 RET；程序全部结束，使用程序结束指令 END。

（四）接线与调试

接线时应严格按照接线示意图进行操作，要求安全可靠，工艺美观；接线完毕后要认真检查接线状况，确保正确无误。系统调试时应先进行模拟调试，检查程序设计是否满足控制要求。

准备工作结束，给 PLC 通电，编写步进梯形图程序，将 PLC 工作方式开关置于“编程”状态，写入所编写的程序，单击工具栏的“程序监视”按钮，观察与测试初始化工作状态。按下起动按钮，对系统进行模拟调试，观察 PLC 输入与输出是否满足控制要求。

如果存在问题，需要重新修改及完善程序；如果控制功能满足需要，符合设计要求，则进一步带负载进行调试，检查电动机起动、停止是否符合要求。系统调试完毕即可交付使用。

通电调试时的安全注意事项这里不再赘述，应高度重视并养成安全文明操作的良好习惯。

➤【课题小结】

本课题的内容结构如下：

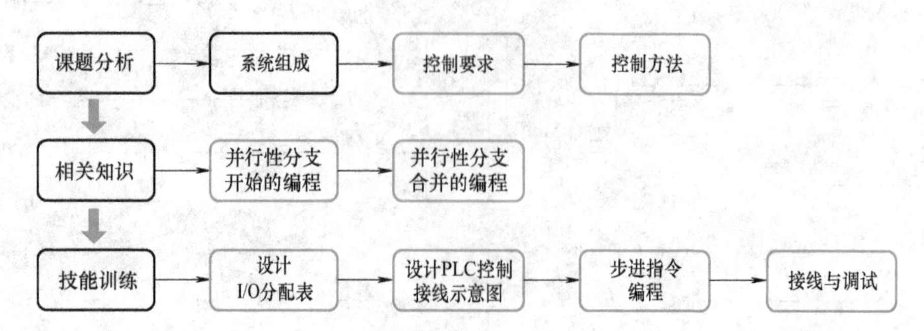

➤【效果测评】

学习效果测评表见表1-1-1。

课题八　液体混合装置步进指令编程控制

图 4-8-1 所示为液体混合装置示意图，阀门 A、B、C 为电磁阀，线圈通电时打开，断电时关闭；P1、P2、P3 为液位传感器，被淹没时为 ON，液面低于传感器所在位置时为 OFF。相关控制要求如下：

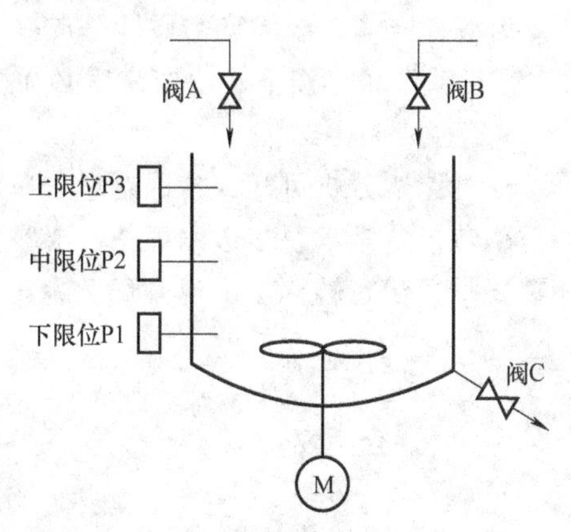

图 4-8-1　液体混合装置示意图

（1）初始状态　当装置投入运行时，液体 A、液体 B 阀门关闭，放液阀门 C 打开 20s，将容器中的液体放空后关闭。

（2）起动运行　按下起动按钮 SB1，液体混合装置开始按下列给定规律操作：

1）阀门 A 打开，液体 A 流入容器，液面上升。

2）当液面上升到 P2 时，阀门 A 关闭，打开阀门 B，流入液体 B，液面上升。

3）当液面上升到 P3 处时，阀门 B 关闭，搅拌电动机起动，搅拌 1min 后，停止搅拌，打开阀门 C 放出混合液体，液面开始下降。

4）当液面下降到下限位 P1 时，再过 20s，容器放空，关闭阀门 C，开始下一个循环周期。

（3）循环运行　每次起动，循环运行 5 次后自动停止。

（4）停止操作　在工作过程中，按下停止按钮，搅拌器并不立即停止工作，而要将当前容器内的混合工作处理完毕后（当前周期循环到底），才能停止操作，即停在初始位上，否则会造成浪费。

对其进行步进指令编程控制。

➤【学习目标】

1. 掌握循环、跳转、自复位的基本概念、流程样式及特点、编程方法。
2. 掌握液体混合装置 PLC 控制的 I/O 分配方法。
3. 掌握液体混合装置 PLC 控制接线示意图和顺序功能图的设计方法。
4. 掌握液体混合装置 PLC 控制步进梯形图的编程方法。
5. 掌握液体混合装置 PLC 控制接线与调试方法。
6. 具有理论联系实际、实事求是的工作作风。

➤【教·学·做】

一、课题分析

（一）系统组成

根据题意，该系统主电路为接触器控制一台搅拌电动机直接起动电路。在 PLC 控制电路中，其中输入电路由起动按钮、停止按钮和三个液位传感器及过载保护共计 6 个输入控制信号组成；输出电路由3个电磁阀和一台搅拌电动机共计4个控制对象共同组成。

（二）控制要求

根据题意，液体混合装置通电后首先要进行初始化运行，排空桶内剩余液体；起动后由传感器进行自动检测，对阀A、阀B进液分别控制，之后起动搅拌电动机搅拌，最后打开阀C排出混合液体，液体排空后即完成一个周期的循环；之后开始新一周期的自动循环，循环5次，自动停止；按下停止按钮后必须等完成一个周期后才能停下来。

（三）控制方法

通过课题分析可知，本课题属于单流程的步进顺序控制，但控制要求中出现了流程的循环与跳转，这是学习步进编程中需要掌握的新情况和新问题。因此，在步进编程的基础上，还需要掌握状态转移中出现循环和跳转等特殊情况的编程处理方法。

二、相关知识

（一）循环、跳转与自复位

1. 循环、跳转与自复位的顺序功能图

循环、跳转与自复位顺序功能图如图4-8-2所示。

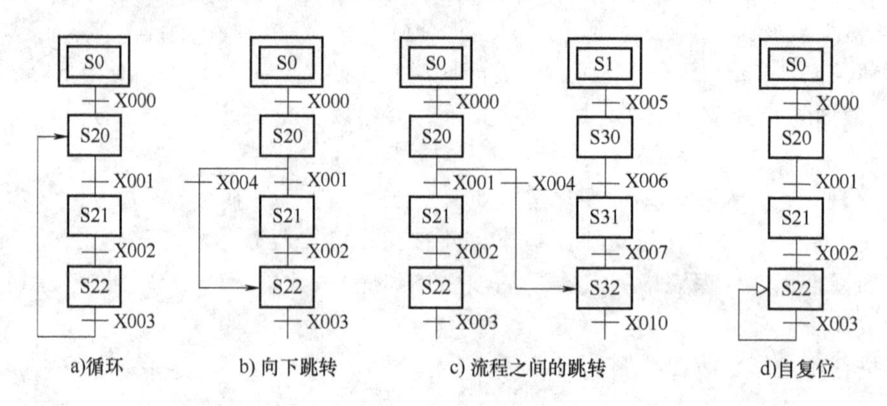

图4-8-2　循环、跳转与自复位顺序功能图

（1）循环　循环是指程序按照一定的顺序完成既定的工作流程，又返回去重复执行的过程。如图4-8-2a所示，当程序自初始状态S0开始向下转移至S22后，在S22处于激活状态，当转移条件X003闭合时，程序返回到前面的状态S20，再次执行S20～S22间的流程，不断循环，直至X003处于断开状态。

（2）跳转　就是指程序在执行过程中，当满足某一条件时，程序会跳过几个状态，往上或往下乃至跳到其他流程继续执行的过程，如图4-8-2b、图4-8-2c所示。

循环是向上跳转的一种特殊形式。循环和跳转都是选择性分支的一种特殊形式。

图4-8-2b为向下跳转的示意图，程序自初始状态S0开始向下转移至S20后，当X001闭合时，状态经S21向S22转移；当X001断开而X004闭合时，状态S22激活，程序跳过S21直接执行S22的程序。

图4-8-2c为不同流程之间跳转的示意图。程序自初始状态S0开始向下转移至S20后，当X001闭合时，状态经S21向S22转移；当X001断开而X004闭合时，另外一条流程的状态S32激活，程序跳到S32处执行S32的程序。

(3) 自复位 自复位是执行完程序后，自动复位最后一步的特殊结构形式。

图 4-8-2d 为 S22 自复位示意图，当程序自初始状态 S0 开始向下转移至流程最后一步 S22 后，需要将 S22 复位。

2. 循环、跳转与自复位的步进梯形图

设计顺序功能图时，循环和跳转采用实心箭头表示，自复位用空心箭头表示。

步进指令编程时，循环、跳转所指向的状态继电器可以直接用 OUT（输出）指令编程，自复位可以通过 RST（复位）指令编程。而其他状态继电器则用 SET 指令编程。

（二）步进编程中的计数器

在 PLC 的编程过程中，计数器的应用非常普遍。步进编程时，计数器在流程循环工作中充当着非常重要的控制角色。使用计数器编程时，首先要在初始状态下对所使用的计数器进行清零复位，其次计数器的位置应放在该工作流程完成的位置。

三、技能训练

（一）设计 I/O 分配表

本课题有 6 个输入信号、4 个输出控制信号，列出液体混合装置 PLC 控制 I/O 分配见表 4-8-1。

表 4-8-1 液体混合装置 PLC 控制 I/O 分配

输入分配（I）			输出分配（O）		
输入元件名称	代 号	输入继电器	输出继电器	被 控 对 象	作用及功能
起动按钮	SB1	X000	Y000	YV1	电磁阀 A
停止按钮	SB2	X001	Y001	YV2	电磁阀 B
下限位液位传感器	P1	X002	Y002	KM	搅拌电动机接触器
中限位液位传感器	P2	X003	Y003	YV3	电磁阀 C
上限位液体传感器	P3	X004			
搅拌电动机过载保护	FR	X005			

（二）设计 PLC 控制接线示意图

根据控制要求、I/O 分配表以及制图相关规定，设计的液体混合装置 PLC 控制接线示意图如图 4-8-3 所示。

（三）步进指令编程

1. 设计工序流程图（SFC 图）

通过分析题意，根据控制要求，将液体混合装置的控制过程分为 6 个工步，工序流程图如图 4-8-4 所示。

初始步对应于初始状态，也称为准备步，主要是为整个控制系统的起动运行做准备。

系统起动运行以后，按照运行顺序，整个工作过程依次分解为打开阀 A→打开阀 B→搅拌→打开阀 C→放液定时 5 个工步，工步用 M 表示；将每步的工作任务标注在右侧的方格

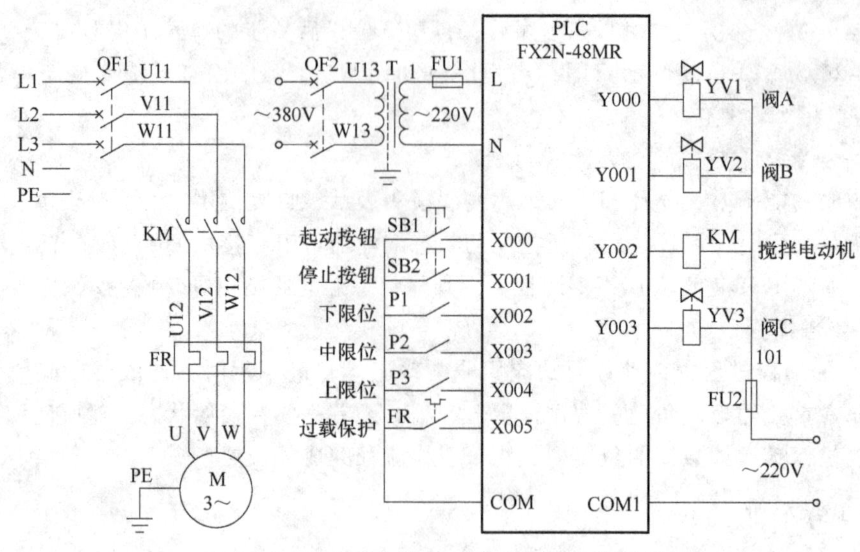

图 4-8-3　液体混合装置 PLC 控制接线示意图

里，各步的任务一目了然；最后对步与步之间的转换条件进行确定。于是一个清晰明了的工序流程图就设计完成了。

设计工序流程图时，重点考虑将整个工序从头到尾进行划分，其他具体问题留待后面在顺序功能图中再做考虑。

2. 设计顺序功能图（SFC 图）

根据上述工序流程图，再结合具体的控制要求，设计液体混合装置的顺序功能图如图 4-8-5 所示。

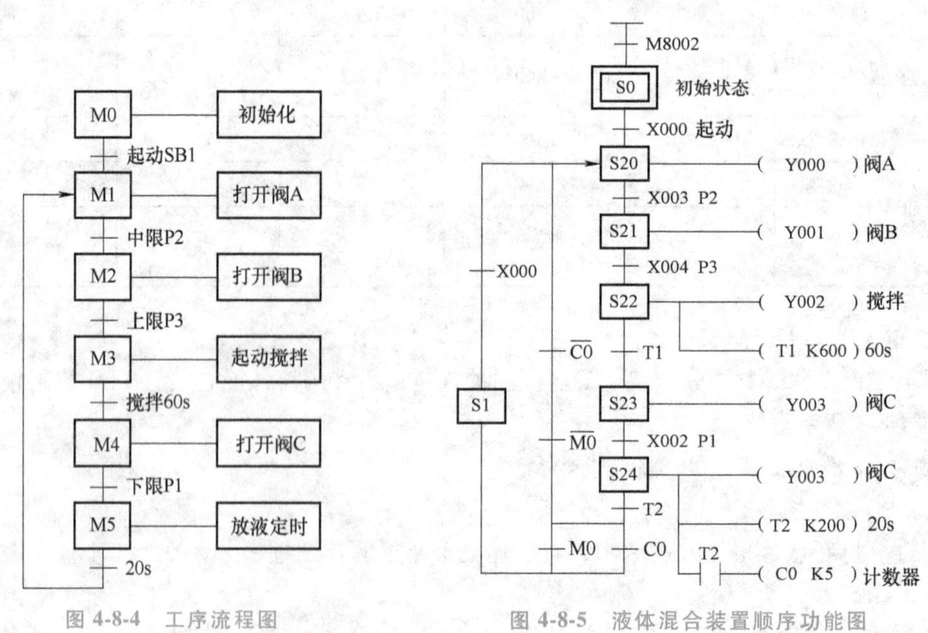

图 4-8-4　工序流程图

图 4-8-5　液体混合装置顺序功能图

设计顺序功能图时，首先设计初始状态步，用双线框表示，上接初始脉冲继电器 M8002；初始状态可能涉及的具体内容比较多，在此不宜一一展示，可在步进编程时再具体化，目前称之为“初始状态”即可。

将初始状态步用S0替换，其余各步分别用一般状态继电器S20~S24替换。

设计各个状态时，要明确列出驱动对象和向下转移条件，由于上一状态向下一状态转移时，要求上一状态的输出关闭，因此驱动对象使用非保持型输出即可。

具有循环和跳转的顺序功能图，首先对照工序流程图设计对应的顺序功能图，最后再考虑状态的循环和跳转。

由于需要对工作流程进行计数控制，因此应使用计数器，而计数器线圈宜安排在最后一个状态步，当最后一步放液完成后，时间继电器常开触点T2闭合，计数器开始计数。

循环由计数器进行控制，通过其常闭触点C0与S20状态继电器连接，实现自动循环运行，当循环达到5次后C0线圈动作，其常闭触点断开循环通路，结束循环；其常开触点C0激活初始状态继电器S1，等待再次起动。

根据课题控制要求，按下停止按钮后，程序应执行完一个流程才能停止。此种停止方式通常称为“结束停”。为达到程序结束停止的目的，可考虑在步进梯形图程序中使用一个中间继电器M0，设计一个起保停控制程序来实现。当M0动作，其常闭触点断开循环工作流程，激活初始状态继电器S1，等待再次起动。这样就保证了不论何时按下停止按钮，程序都将完成一次工作流程后停止。因此，M0的常开触点与C0常开触点并联，而M0的常闭触点与C0常闭触点串联。

3. 设计步进梯形图（STL图）

根据上述顺序功能图编写步进梯形图程序如图4-8-6所示。

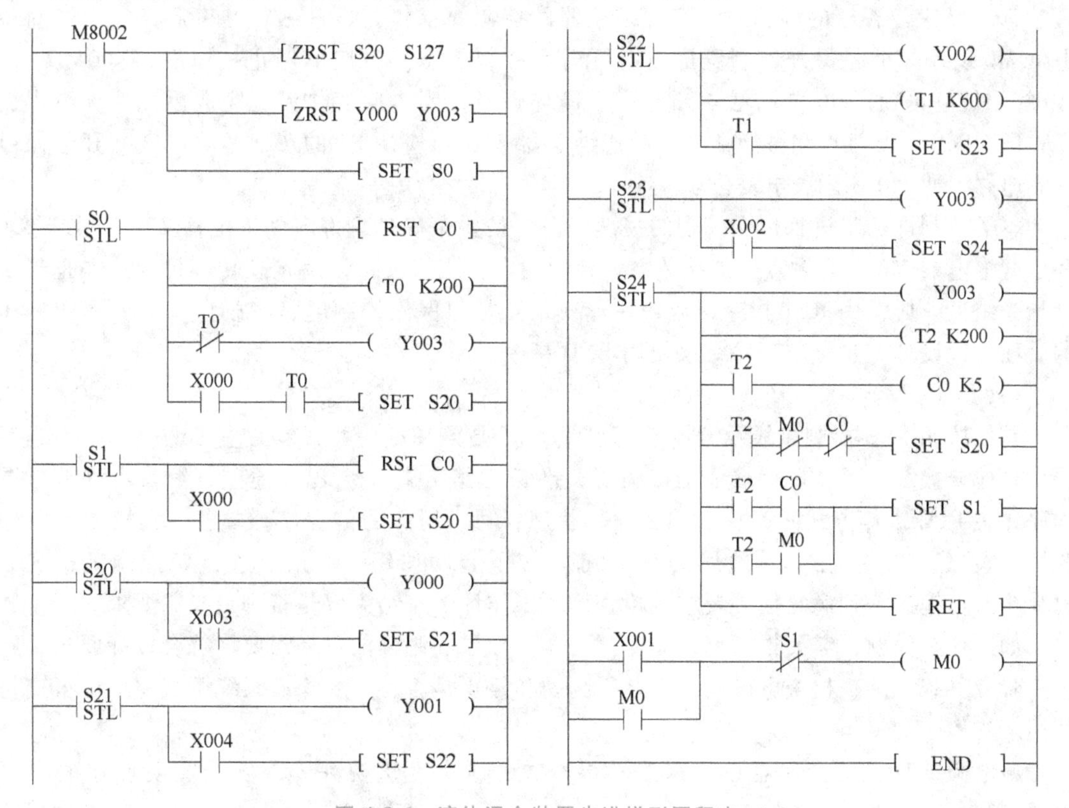

图4-8-6　液体混合装置步进梯形图程序

（1）设计初始化程序　当PLC通电后，应用初始脉冲继电器M8002来实现系统的初始化。根据课题控制要求，一是应用ZRST指令使S20~S127状态继电器全部复位清零，保证后续程序运行中状态转移的可靠运行；二是为确保装置投入运行时，阀A、阀B关闭，应用ZRST指令使Y000~Y003输出继电器线圈全部复位清零；三是激活初始状态继电器S0。

（2）设计排空桶内剩液程序　当状态继电器S0激活后，一是要对计数器C0复位清零，为后面的计数做准备；二是打开阀C并开始计时，20s后排空桶内剩液，阀C关闭，等待起动信号。

（3）起动运行程序的设计　按下起动按钮，状态继电器S20激活，S0自动关闭。Y000动作，打开阀A进液，依次往下编程，直至S24激活。S24激活后，继续放液20s，由于是本工作流程的最后一步，因此，计数器应设置在此，T0闭合标志着本次工作流程结束，C0进行加1计数。

（4）循环运行程序的设计　完成1次工作流程后，C0的常闭触点激活S20，S24自动关闭，执行第2次工作流程。当计数达到5次时，其常闭触点断开，不再循环，直到再次按下起动按钮，发出起动信号。

（5）等待步S1的设计　为使程序停止后能够再次起动并自动循环运行，在S24与S20之间加入一个等待步S1，当自动循环结束或按下停止按钮后，状态转移至S1，为系统再次起动和循环运行做准备。系统自动循环结束和结束停后，状态转移至S1而不是S0，其目的是避免状态回到初始状态S0，进行放液操作，因为在此之前，混合液已经放完，没有必要再次运行放液程序。放液程序只在液体搅拌装置每次刚开机的时候执行。

（6）结束停程序的设计　为实现结束停的控制要求，在步进编程结束后，应用中间继电器M0设计一个起保停控制程序，即可满足控制要求。当按下停止按钮后，X001闭合，M0线圈得电自锁，M0常闭触点断开自动循环路径，当本次工作流程完成后，系统不再循环；同时M0常开触点闭合激活初始状态继电器S1；再应用S1的普通常闭触点断开起保停控制电路，使M0线圈失电复位。

本类控制课题步进梯形图编程的关键是，一是要正确处理好时间继电器T2、计数器C0和中间继电器M0几对触点的连接关系，合理确定其逻辑关系以及状态转移目标；二是当步进指令结束，应使用RET指令，返回左母线；三是起保停控制电路应放在步进梯形图程序的后面进行设计，当全部程序结束使用END指令。

（四）接线与调试

首先按照PLC控制接线示意图进行接线，接线要求安全可靠，工艺美观；接线完毕后要认真检查接线状况，确保接线准确无误。准备工作结束，给PLC通电，编写步进梯形图程序，将PLC工作方式开关置于“编程”状态，写入所编写的程序，单击工具栏的“程序监视”按钮，观察与测试初始化工作状态。按下起动按钮，对系统进行模拟调试，观察PLC输入与输出是否满足控制要求。检查循环工作计数及结束停是否满足控制要求。

如果存在问题，需要重新修改与完善程序；如果控制功能满足需要，符合设计要求，则进一步带负载调试，检查电磁阀、电动机起动和停止是否符合要求。系统调试完毕即可交付使用。

通电调试时的安全注意事项这里不再赘述，应高度重视并养成安全文明操作的良好习惯。

➤【课题小结】

本课题的内容结构如下：

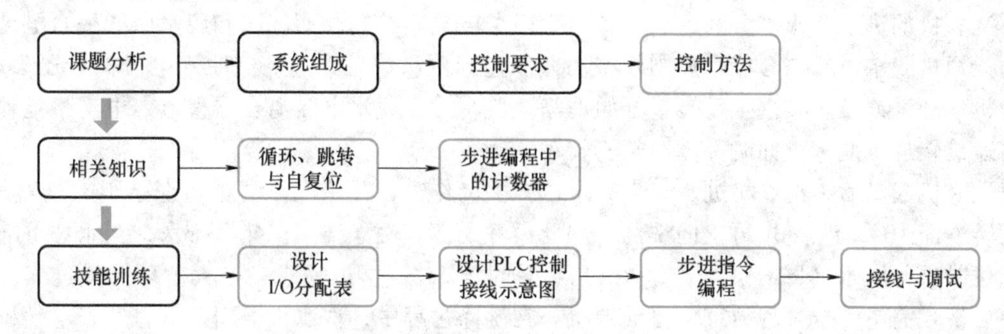

➤【效果测评】

学习效果测评表见表 1-1-1。

课题九　洗衣机步进指令编程控制

洗衣机的进水和出水分别由进水和出水两个电磁阀控制。而洗涤和脱水由同一台电动机拖动，通过脱水电磁离合器来控制，将动力传递到洗涤波轮或内筒。脱水电磁离合器失电，电动机拖动洗涤波轮实现正反转，开始洗涤；脱水时，脱水电磁离合器得电，电动机拖动内筒高速旋转进行脱水，此时洗涤波轮不转动。

洗衣机起动后，洗衣机进水，当高水位开关动作时，开始洗涤。正转洗涤10s，暂停3s后反转洗涤10s，暂停3s再正向洗涤，如此循环5次。洗涤结束，然后排水，当水位下降到低水位时进行脱水（同时进行排水），脱水时间为15s，这样完成一个大循环。经过3次大循环后洗衣完毕，全过程结束，自动停机。在洗涤过程中，洗衣机盖门一旦打开，电动机则停止转动，暂停洗涤，盖门闭合后继续洗涤。试对该控制系统进行步进编程控制。

➤【学习目标】

1. 掌握暂停的基本概念。
2. 掌握特殊辅助继电器M8034及M8040的特殊功能、应用方法及暂停功能的编程方法。
3. 掌握工业洗衣机PLC控制的I/O分配方法。
4. 掌握工业洗衣机PLC控制接线示意图、工序流程图和顺序功能图的设计方法。
5. 掌握工业洗衣机PLC控制步进梯形图的编程方法。
6. 掌握工业洗衣机PLC控制的接线与调试方法。
7. 在主动学习、规范操作的基础上进行创新创造。

➤【教·学·做】

一、课题分析

（一）系统组成

根据题意，系统主电路为一台接触器控制交流电动机正反转电路，电路由电动机、交流接触器主触点、热继电器等组成。在PLC控制电路中，输入电路由起动按钮、盖门开关、高低水位传感器和电动机过载保护共5个输入设备组成，分别与5个输入继电器连接；输出电路由6个输出继电器分别对两个电磁阀、一台正反转电动机、脱水电磁离合器和蜂鸣报警器共6个输出对象进行控制。

（二）控制要求

工业洗衣机通电后首先要进行初始化；起动后进水，由传感器进行自动检测，实施正反转自动洗涤，循环洗涤5次，进行排水、脱水。如此循环往复3次后，报警提示洗涤完毕。在洗涤过程中打开盖门，洗涤过程停止，关上盖门，继续洗涤直到结束。

（三）控制方法

通过分析可知，本课题具有顺序控制的特点，适宜采用步进编程控制。课题中出现的双重循环，应采用计数器配合进行计数控制。另外，在程序运行过程中，如果盖门打开，洗涤过程必须停止，关上盖门后洗涤过程才能继续进行，因此需要应用特殊辅助继电器 M8034 和 M8040 进行编程。

二、相关知识

（一）暂停的概念与用途

在步进程序的运行过程中，对停止的处理是个比较重要的问题。在前面的课题中已经介绍了急停、结束停的处理方法。急停是遇到紧急情况时让系统立即停止，这种停止方式一般使用期间复位指令 ZRST 对全部状态继电器和输出继电器复位，急停后控制系统要再次起动，首先必须初始化和回原位；结束停是当按下停止按钮后，程序不会立即停止，而是要运行完一个周期的工序流程后才能停止。

暂停与急停和结束停都不一样，暂停是指发出停止信号后，系统停止输出，当按下起动按钮后，程序从停止的工序恢复运行，继续往后执行相关程序。诸如洗衣机以及工厂的生产流水线等设备，运行中出现问题需要及时停止，当问题解决后又能够继续恢复运行。因此，对暂停控制的编程在步进控制中显得非常重要。

（二）M8034 和 M8040 的功能

为了实现暂停的控制效果，应使用 PLC 中配置的特殊辅助继电器 M8034 和 M8040 进行编程，可以实现运行中暂停的控制效果。M8034 和 M8040 的基本功能如下：

1. 禁止输出继电器 M8034

当 M8034 的线圈得电后，对 PLC 的所有输出继电器进行封锁；当 M8034 的线圈失电复位后，PLC 的输出继电器恢复输出。但时间继电器的计时功能不会受到 M8034 线圈得电的影响，也就是说，当 M8034 的线圈得电时，只封锁输出继电器输出，时间继电器计时照常进行。

2. 禁止状态转移继电器 M8040

当 M8040 的线圈得电后，对 PLC 的状态转移进行封锁，停止状态转移；当 M8040 的线圈失电复位后，PLC 的状态转移恢复工作。

一般地，为使控制过程能够可靠实现暂停，需要在禁止输出的同时也让状态转移停止，为此将 M8034 与 M8040 一起配合使用，更加可靠和有效。

（三）M8034 和 M8040 的应用

特殊辅助继电器 M8034 和 M8040 的编程方法如图 4-9-1 所示。

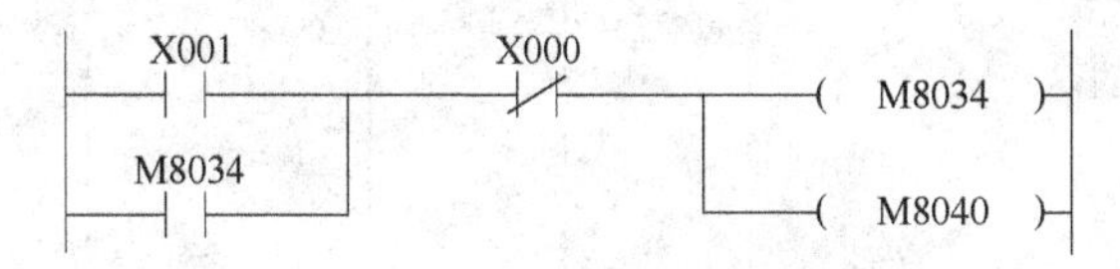

图 4-9-1　特殊辅助继电器 M8034 和 M8040 的编程方法

当按下停止按钮后，X001 常开触点闭合，M8034 线圈得电并自锁，PLC 输出继电器被全部封锁，禁止输出；同时 M8040 线圈得电，状态转移被禁止。

当按下起动按钮后，X000 常闭触点断开，M8034 线圈失电并解除自锁，PLC 恢复原来的状态，执行输出的输出继电器恢复输出；同时，M8040 线圈失电，解禁状态转移，步进程序依次往下执行。

将此梯形图程序编入步进梯形图程序中，就可以实现程序运行中的暂停和起动再运行。

三、技能训练

（一）设计 I/O 分配表

本课题有 5 路输入信号和 6 路输出，列出工业洗衣机 PLC 控制 I/O 分配见表 4-9-1。

表 4-9-1　工业洗衣机 PLC 控制 I/O 分配

输入分配（I）			输出分配（O）		
输入元件名称	代　号	输入继电器	输出继电器	被控对象	作用及功能
起动按钮	SB1	X000	Y000	YV1	进水电磁阀
盖门开关	SB2	X001	Y001	KM1	电动机正转
高水位传感器	SL1	X002	Y002	KM2	电动机反转
低水位传感器	SL2	X003	Y003	YV2	排水电磁阀
热继电器	FR	X004	Y004	YC	脱水电磁离合器
			Y005	HA	蜂鸣报警器

（二）设计 PLC 控制接线示意图

根据控制要求、I/O 分配表以及制图相关规定，设计的工业洗衣机 PLC 控制接线示意图如图 4-9-2 所示。

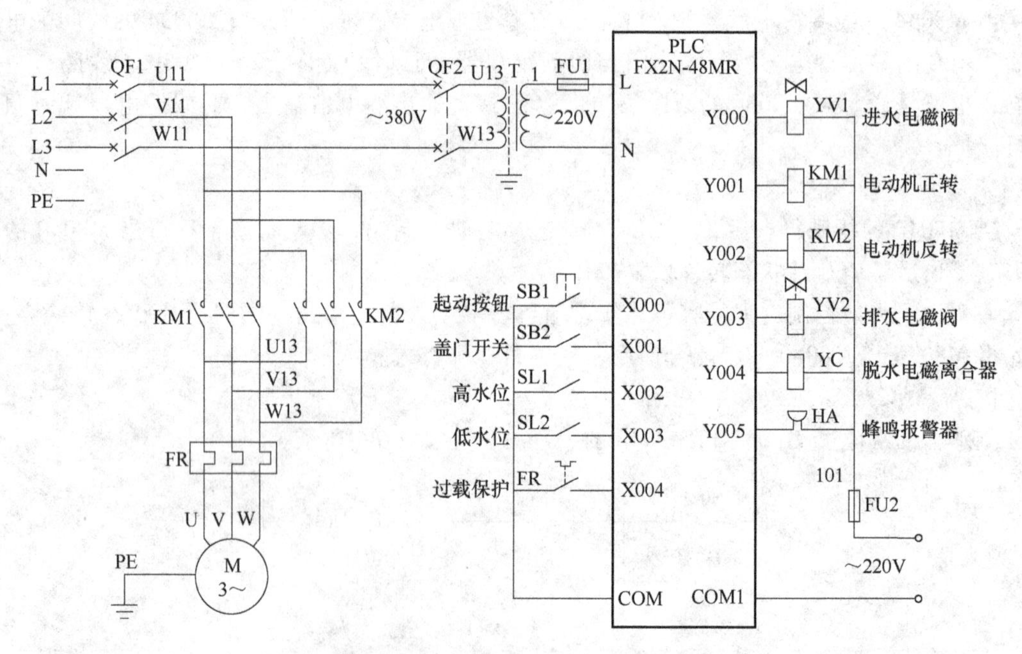

图 4-9-2　工业洗衣机 PLC 控制接线示意图

（三）步进指令编程

1. 设计工序流程图

通过分析题意，根据控制要求，将工业洗衣机的控制过程分为 9 个工步，工序流程图如图 4-9-3 所示。

初始步为准备步，在所有的步进编程中必不可少。

首先进水，当达到高水位时，进行正转洗涤 10s→停 3s→反转洗涤 10s→停 3s，如此循环 5 次；5 次后，进行排水，当排水至低水位时，进行脱水。

脱水结束返回从进水开始，进行第 2 次洗涤、排水和脱水。如此循环 3 次后，蜂鸣器报警提醒洗涤结束，10s 后返回初始状态。

洗涤过程中的停顿，也是一道工序，应作为单独的工步处理。

工序流程图只反映控制过程中各道工序的主要任务，不具体反映驱动的具体对象和控制的具体过程。

2. 设计顺序功能图（SFC 图）

根据工序流程图及控制要求设计的顺序功能图如图 4-9-4 所示。

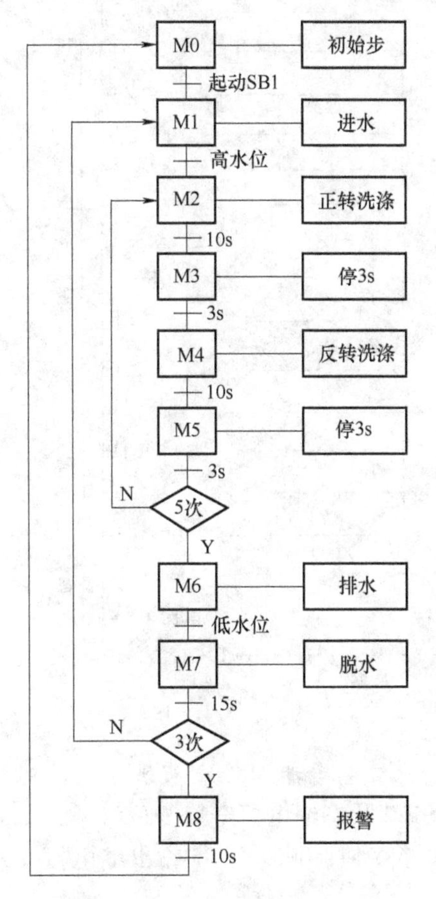

图 4-9-3　工业洗衣机工序流程图

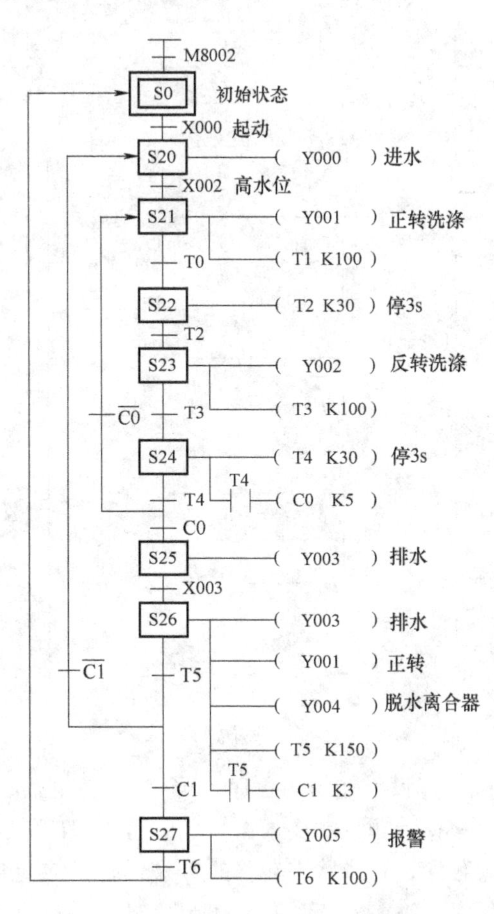

图 4-9-4　工业洗衣机顺序功能图

设计顺序功能图时，首先设计初始状态步，用双线框表示，上接初始脉冲继电器 M8002。初始状态用初始状态继电器 S0 表示。

随后，各步依次用一般状态继电器表示。与工序流程图不同的是，顺序功能图必须清楚地反映出驱动的对象和对应的转移条件。

有循环计数时应使用计数器进行控制。计数器应放置在一个周期完成的位置，如图 4-9-4 中的计数器 C0 放在状态步 S24，C1 放在 S26。

而计数器的复位一般放在循环运行的起始位置，留待步进编程时再做具体处理，设计顺序功能图时无须具体反映。

洗衣机全部流程结束，返回初始状态。

3. 设计步进梯形图（STL图）

工业洗衣机的步进梯形图程序如图4-9-5所示。

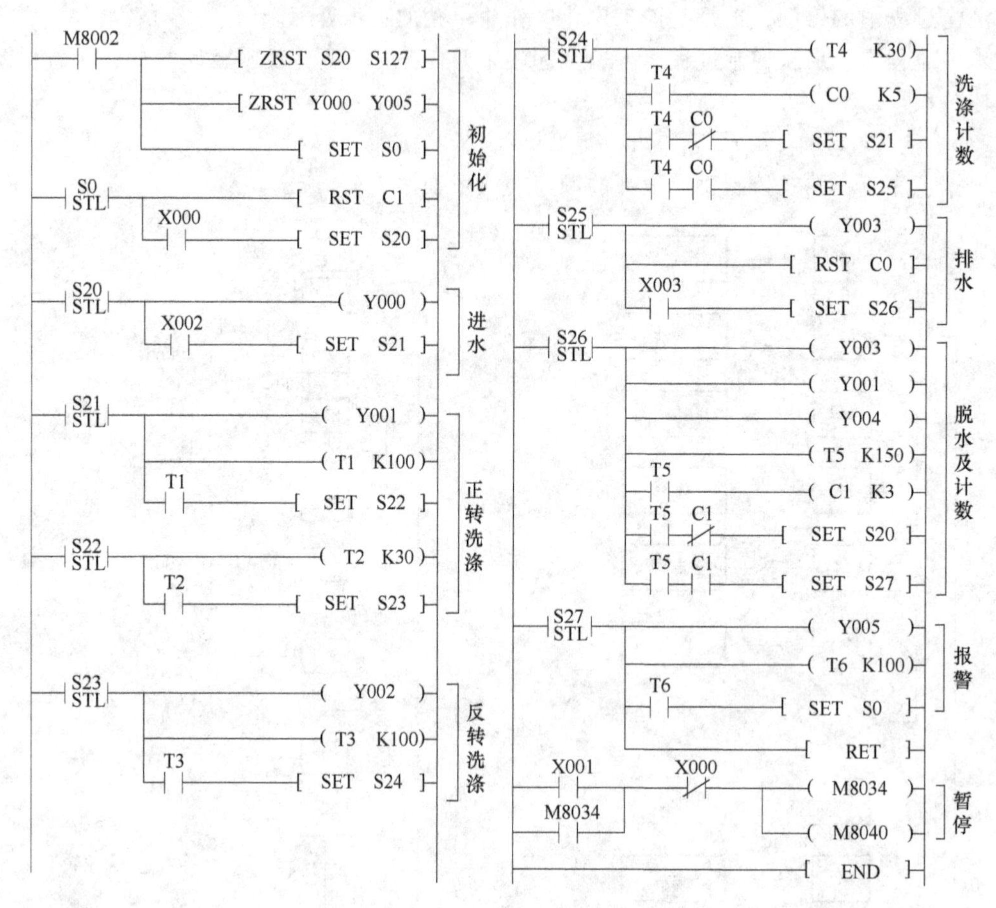

图4-9-5　PLC控制工业洗衣机步进梯形图程序

（1）设计初始化程序　当PLC通电后，应用初始脉冲继电器M8002实现系统的初始化。根据课题控制要求，一是应用ZRST指令使S20～S127状态继电器全部复位清零，保证后续程序运行中状态转移的可靠运行；二是应用ZRST指令使Y000～Y005输出继电器线圈全部复位清零；三是激活初始状态继电器S0。

当状态继电器S0激活后，一是对计数器C1进行复位清零，为后面的计数做准备；二是等待起动信号，做好状态转移准备。

（2）起动运行程序的设计　按下起动按钮后，状态继电器S20激活，S0自动关闭，洗衣机开始进水，之后依次进行正转、反转洗涤等运行；洗涤5次后激活S25，Y003动作打开排水电磁阀排水，同时对计数器C0清零复位；水位降至低水位后X003闭合，激活S26，Y003、Y001和Y004动作，分别打开排水电磁阀、起动电动机正转并同时驱动电磁脱水离合器，洗衣机脱水；脱水15s之后进行计数，再返回去从进水开始洗涤；如此循环3次后，洗衣机报警提醒洗涤结束，10s 后激活初始状态继电器 S0，清零复位计数器 C1，进入再次起动等待状态，放入衣物按下起动按钮，进行下一次洗涤。

（3）暂停程序的设计　当洗衣机打开盖门时，洗衣机应立即停止运行，当关闭盖门后应继续进行洗涤。在此，采用急停和结束停均不妥当，应采用暂停方式编程。因此，在步进指令编程结束后，应使用特殊辅助继电器 M8034 和 M8040，设计一个暂停控制程序，即可满足控制要求。当洗衣机打开盖门时，X001 闭合，M8034 线圈得电自锁，禁止输出继电器输出；同时 M8040 线圈得电，禁止状态继电器转移。当洗衣机盖门关闭后，按下起动按钮，X000 常闭触点断开，M8034 和 M8040 线圈失电并解除自锁。输出继电器恢复工作，能够正常输出；同时状态转移过程恢复，程序转入正常工作状态。

步进编程结束，使用 RET 指令；全部程序结束，使用 END 指令。

（四）接线与调试

按照接线示意图进行接线操作，要求安全可靠，工艺美观；接线完毕后要认真检查接线状况，确保正确无误。

安装接线完毕，用专业通信电缆将计算机与 PLC 连接，给 PLC 通电，将 PLC 工作方式开关置于“编程”状态，在计算机上应用编程软件进行梯形图编程，编程结束后将程序传送至 PLC。

调试时，先进行模拟调试。即断开 PLC 负载电源，将 PLC 工作方式开关置于“运行”状态，单击工具栏的“程序监视”按钮，观察测试初始化工作状态。按下起动按钮，对系统进行模拟调试，观察 PLC 输入与输出是否满足控制要求。检查循环工作计数及结束停是否满足控制要求。

如果存在问题，就需要重新修改与完善程序；如果控制功能满足需要，符合设计要求，则进一步带负载进行调试，检查电磁阀、电动机起动和停止是否符合要求。系统调试完毕即可交付使用。

通电调试时的安全注意事项这里不再赘述，应高度重视并养成安全文明操作的良好习惯。

➤【课题小结】

本课题的内容结构如下：

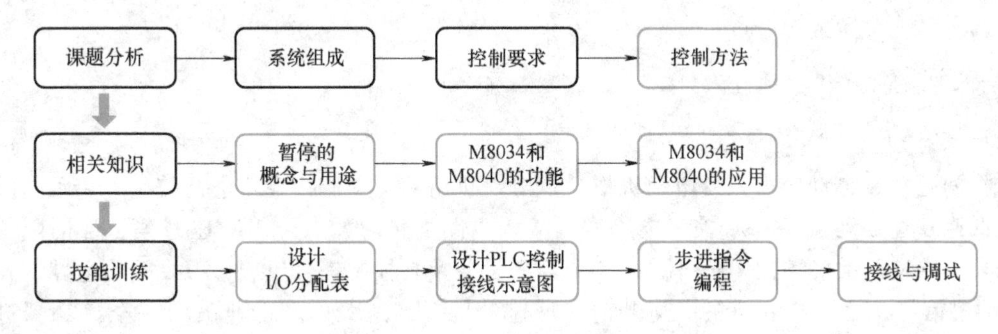

➤【效果测评】

学习效果测评表见表 1-1-1。

课题十　自动门步进指令编程控制

许多楼堂馆所都设有自动门。PLC 控制自动门工作示意图如图 4-10-1 所示。

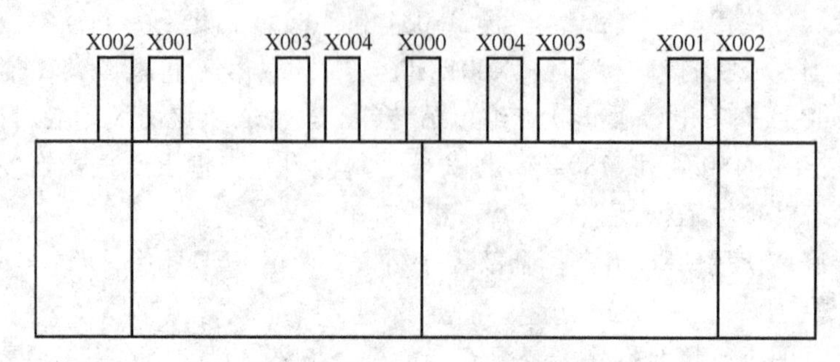

图 4-10-1　自动门工作示意图

当人靠近自动门时（X000 为 ON），传感器控制 PLC 驱动电动机高速开门，碰到开门减速开关时（X001 为 ON），变为低速开门；碰到开门限位开关时（X003 为 ON），开门结束。若在 0.5s 内传感器检测到无人，则起动电动机高速关门，碰到关门减速开关时（X003 为 ON），改为低速关门。碰到关门限位开关时（X004 为 ON），关门结束。若在关门期间检测到有人，应停止关门，延时 0.5s 后自动转换为高速开门。对其进行编程控制。

➤【学习目标】

1. 进一步巩固循环与跳转的基本概念。
2. 牢固掌握选择性分支的编程思路。
3. 掌握自动门 PLC 控制的 I/O 分配方法。
4. 掌握自动门 PLC 控制接线示意图和工序流程图的设计方法。
5. 掌握自动门 PLC 控制顺序功能图的设计方法和编程方法。
6. 掌握自动门 PLC 控制的接线与调试方法。
7. 树立认真细致、精益求精的从业价值观。

➤【教·学·做】

一、课题分析

（一）系统组成

根据题意，自动门由一台电动机拖动，电动机由 4 个交流接触器进行控制，实现正反转和高低速双速运动。在 PLC 控制电路中，输入电路由传感器、开门减速开关、开门限位开关、关门减速开关和关门限位开关共 5 个输入设备及其控制信号组成；PLC 输出电路应设置 4 路输出信号，分别对电动机高速开门、低速开门、高速关门和低速关门 4 个接触器进行控制。

（二）控制要求

自动门通电后首先要初始化；当检测到有人时 X000 闭合，快速开门，当压下减速开关

X001 时，改为慢速开门，当压下开门限位开关时，X002 闭合，开门结束；0.5s 后快速关门，当压下关门减速开关 X003 时，转为慢速关门，当压下关门限位开关 X004 时，关门减速。在关门过程中检测到有人时 X000 闭合，转为快速开门，执行上述开门和关门工作过程。

（三）控制方法

通过分析可知，本课题具有顺序控制的特点，控制过程较为复杂，适合采用步进编程控制。课题中出现循环与跳转，是选择性分支的综合运用。

二、相关知识

（一）双重选择性分支工序流程图

根据控制要求，在自动门高速关门和低速关门时，如果检测到有人进出，都要返回执行快速开门及慢速开门的程序，因此出现了双重选择性分支的控制流程，需要按照选择性分支的处理方式设计工序流程图。

（二）双重选择性分支顺序功能图

本课题为双重选择性分支流程控制的典型课题，对应选择性分支的工序流程图，设计顺序功能图，在此不再赘述。

（三）双重选择性分支步进编程

双重选择性分支，使循环与跳转关系显得复杂化。但是，只要厘清选择性分支的流程关系，明确其对应的顺序功能图中的状态转移关系，再复杂的关系也能迎刃而解。

三、技能训练

（一）设计 I/O 分配表

本课题有 5 个输入信号和 6 个输出信号，列出的 I/O 分配见表 4-10-1。

表 4-10-1 自动门 PLC 控制 I/O 分配

输入分配（I）			输出分配（O）		
输入元件名称	代　号	输入继电器	输出继电器	被控对象	作用及功能
传感器	SL	X000	Y000	KM1	电动机高速开门
开门减速开关	SQ1	X001	Y001	KM2	电动机低速开门
开门限位开关	SQ2	X002	Y002	KM3	电动机高速关门
关门减速开关	SQ3	X003	Y003	KM4	电动机低速关门
关门限位开关	SQ4	X004			

（二）设计 PLC 控制接线示意图

根据控制要求、I/O 分配表以及制图相关规定，设计的自动门 PLC 控制接线示意图如图 4-10-2 所示。

主电路可为直流电动机控制电路，双速可通过电枢串联电阻来实现，也可为交流变频器设定双速拖动交流异步电动机来实现，在此省略。本课题的重点为步进指令编程的顺序过程。由于存在正反转控制，因此在控制电路中对高速开与高速关、低速开与低速关的 4 个接触器设置触点联锁，预防主电路短路情况的出现。

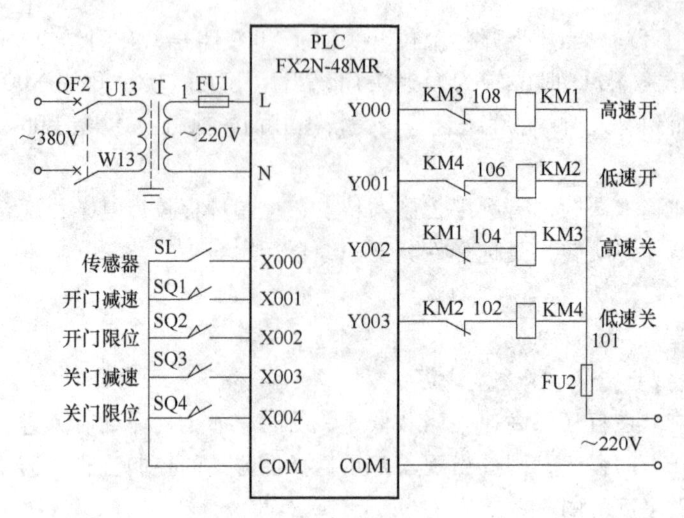

图 4-10-2　自动门 PLC 控制接线示意图

（三）步进指令编程

1. 设计工序流程图

通过分析题意，根据控制要求，将自动门控制过程分为 7 个工步，其工序流程图如图 4-10-3a 所示。

初始步对应于初始状态，也称为准备步，主要是为整个控制系统的起动运行做准备。

系统起动运行以后，按照运行顺序，整个工作过程依次分解为初始步→高速开门→低速开门→等待→高速关门→低速关门→等待 7 个工步。在高速关门和低速关门时，如果检测到有人进出，即跳转为等待步，然后返回执行开门、关门流程；当执行完低速关门后压下关门限位开关，系统返回初始步，处于等待状态。各步的任务及其转移条件一目了然。

2. 设计顺序功能图（SFC 图）

根据上述工序流程图，结合具体的控制要求，设计自动门的顺序功能图如图 4-10-3b 所示。

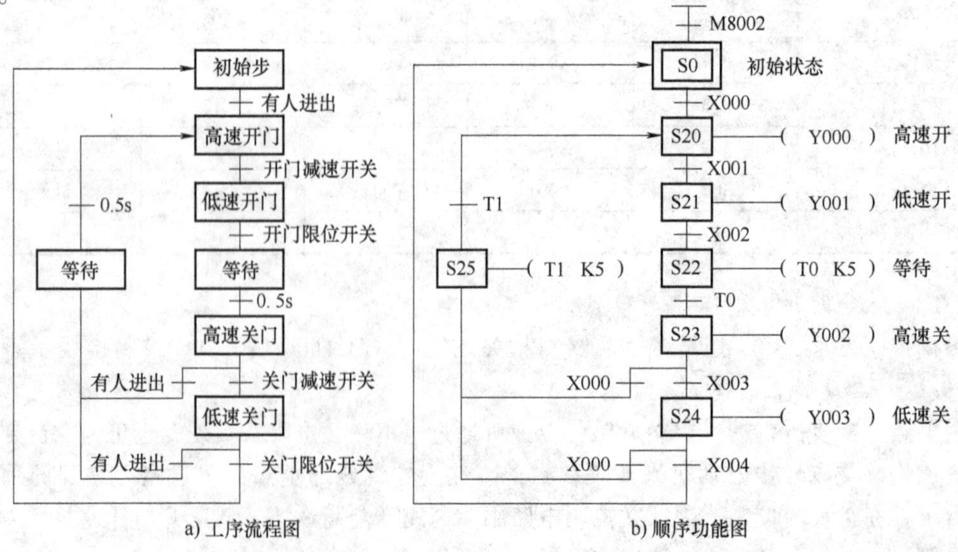

图 4-10-3　自动门 PLC 控制工序流程图与顺序功能图

设计顺序功能图时，首先设计初始状态步，用双线框表示，上接初始脉冲继电器 M8002。

随后设计各个状态时，要明确列出驱动对象和向下转移条件，由于上一状态向下一状态转移时，要求上一状态的输出关闭，因此驱动对象使用非保持型输出继电器即可。

具有循环和跳转的顺序功能图，首先对照工序流程图设计对应的顺序功能图，然后再考虑状态的循环和跳转。

3. 设计步进梯形图（STL 图）

根据上述工序流程图及顺序功能图，编写自动门 PLC 控制梯形图程序如图 4-10-4 所示。

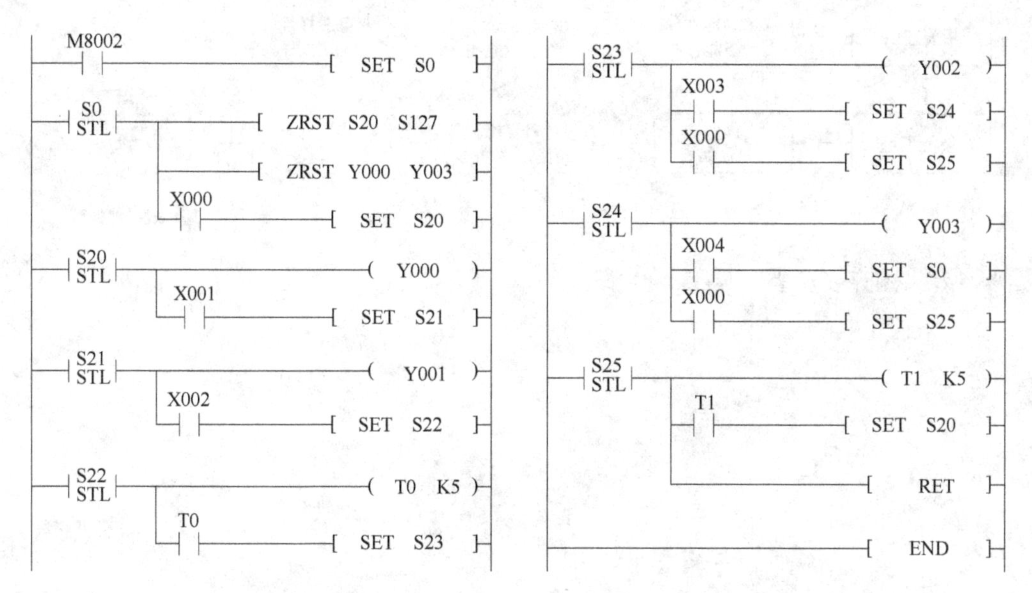

图 4-10-4 自动门 PLC 控制梯形图程序

（1）设计初始化程序 当 PLC 通电后，应用初始脉冲继电器 M8002 激活初始状态继电器 S0，实现系统的初始化。为使系统运行安全可靠，应用 ZRST 指令使 S20~S127 状态继电器全部复位清零，同时对 Y000~Y003 输出继电器线圈全部复位清零。

（2）设计状态转移程序 当检测到有人进出时，X000 闭合，激活状态继电器 S20，S0 自动关闭；依次设计快速开门、慢速开门程序；然后按照选择性分支的编程方法，设计高速关门和低速关门过程中有人进出的选择性分支程序 S23 及 S24；最后设计等待程序 S25。

步进程序编程结束，使用 RET 指令；全部程序结束使用 END 指令。

（四）接线与调试

按照接线示意图接线，要求安全可靠，工艺美观；接线完毕后要认真检查接线状况，确保正确无误。系统调试时应先进行模拟调试，检查程序设计是否满足控制要求。

准备工作结束，给 PLC 通电，编写步进梯形图程序，将 PLC 工作方式开关置于“编程”状态，写入所编写的程序，单击工具栏的“程序监视”按钮，观察测试初始化工作状态。按下起动按钮，对系统进行模拟调试，观察 PLC 输入与输出是否满足控制要求。

如果存在问题，就需要重新修改与完善程序；如果控制功能满足需要，符合设计要求，则进一步带负载进行调试，检查接触器动作是否符合控制要求。

通电调试时的安全注意事项这里不再赘述，应高度重视并养成安全文明操作的良好习惯。

➤【课题小结】

本课题的内容结构如下：

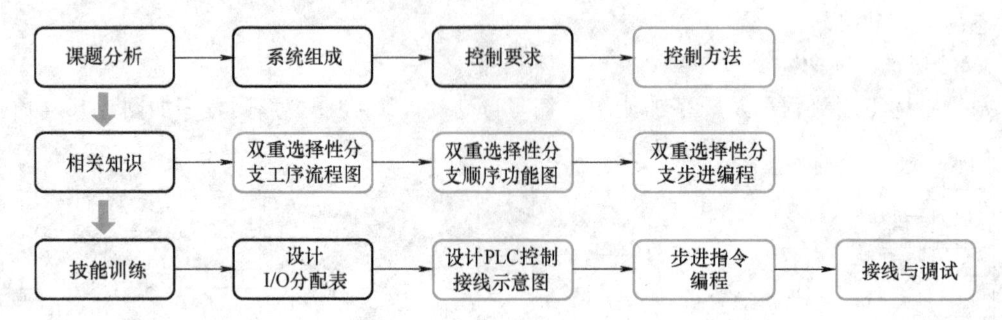

➤【效果测评】

学习效果测评表见表1-1-1。

课题十一　钻孔组合机床步进指令编程控制

某组合机床用来加工圆盘状零件上均匀分布的6个孔，PLC控制该钻孔组合钻床的工作示意图如图4-11-1所示。操作人员放好工件后，按下起动按钮，工件被夹紧，夹紧后压力继电器X001为“ON”，Y001和Y003使两支钻头同时开始向下进给。大钻头钻到由限位开关X002设定的深度时，Y002使它上升，待上升到由限位开关X003设定的起始位置时停止上行。小钻头钻到由限位开关X004设定的深度时，Y004使它上升，待上升到由限位开关X005设定的起始位置时停止上行。同时设定值为3的计数器的当前值加1。两个都到位后，Y005使工件旋转120°，旋转结束后又开始钻第二对孔。3对孔都钻完后，计数器的当前值等于设定值3，转换条件满足。Y006使工件松开，松开到位后，系统返回初始状态。

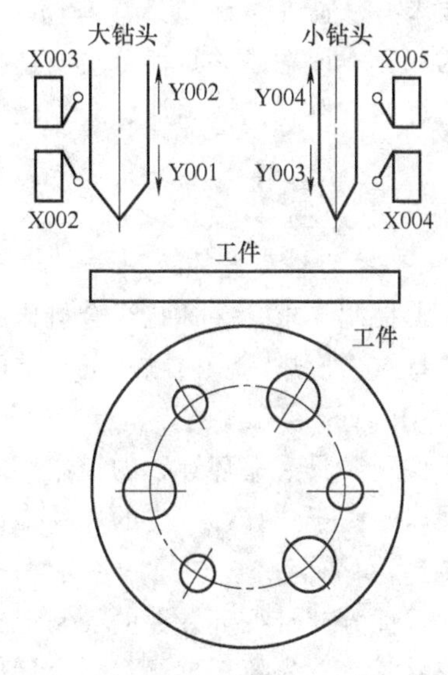

图4-11-1　钻孔组合机床的工作示意图

【学习目标】

1. 熟悉和了解钻孔组合机床的工作过程。
2. 进一步加强对并行性分支以及循环与跳转编程过程的理解和掌握。
3. 掌握钻孔组合机床PLC控制的I/O分配方法。
4. 掌握钻孔组合机床PLC控制接线示意图和工序流程图的设计方法。
5. 掌握钻孔组合机床PLC控制顺序功能图的设计方法和编程方法。
6. 掌握钻孔组合机床PLC控制的接线与调试方法。
7. 树立质量意识、责任担当和质量强国的理念。

【教·学·做】

一、课题分析

（一）系统组成

根据题意，钻孔组合机床的主电路由大钻头拖动电动机、小钻头拖动电动机和工作台旋转电动机三组电路构成，其中大钻头拖动电动机和小钻头拖动电动机需要进行正反转，工作台旋转电动机为单向运行；三台电动机均为直接起动控制。在PLC控制电路中，输入电路由起动按钮、压力继电器、大小钻头上下限位开关、旋转限位、松开限位以及过载保护等共11个输入设备及控制信号组成；在PLC输出电路中，应有7路输出信号分别对工件夹紧、大钻头下降上升、小钻头下降上升、工作台旋转和工件松开等电磁阀和接触器进行控制。

（二）控制要求

钻孔组合机床PLC控制系统通电后，首先要进行初始化；当按下起动按钮后，夹紧工件，随后大小钻头同时下降分别进行钻孔，当钻完一对孔时进行计数，并旋转工件120°钻第二对孔。当三对孔加工完成后松开工件，系统回到初始状态。

（三）控制方法

通过课题分析可知，本课题具有顺序控制的特点，适宜采用步进编程控制。另外，大小钻头同时开始工作的控制要求，使本课题具备并行性分支流程的工作性质。本课题还有计数控制要求，从而使本课题又具有循环与跳转的典型特征，即具有选择性分支流程的控制特点。因此，本课题是并行性分支与选择性分支并存的典型案例，具有并行性分支与选择性分支相结合的控制特点。本课题应采用并行性分支和选择性分支编程方法相结合进行控制。

二、相关知识

（一）并行性分支的控制

根据控制要求，在钻孔组合机床起动后，大小钻头同时下行进给钻孔，具有并行性分支流程的特点，应进一步回顾和巩固前面课题中关于并行性分支的相关知识及编程方法。

（二）选择性分支的控制

本课题又具有循环计数的控制要求，具备选择性分支的控制特点，应进一步复习与巩固前面课题中关于选择性分支的相关知识及编程方法。

（三）并行性分支与选择性分支混合控制

并行性分支带循环计数的控制课题，兼具并行性分支与选择性分支的控制特点。在进行设计编程时，首先要根据题意，设计出控制课题的主要工序流程，确定并行性分支流程开始与分支合并的转移条件，设计出并行性分支部分的工序流程图；其次，根据计数的特点和要求，完成循环与跳转部分（即选择性分支部分）的工序流程图的设计。在确认工序流程图全面、完整、准确的基础上，再进行顺序功能图及步进梯形图的设计。

三、技能训练

（一）设计I/O分配表

本课题有11个输入信号、7个输出信号，列出PLC控制钻孔组合机床I/O分配见表4-11-1。

表4-11-1　钻孔组合机床PLC控制I/O分配

输入分配（I）			输出分配（O）		
输入元件名称	代号	输入继电器	输出继电器	被控对象	作用及功能
起动按钮	SB	X000	Y000	YV1	工件夹紧
夹紧压力继电器	SL	X001	Y001	KM1	大钻头下降进给
大钻头下限位开关	SQ1	X002	Y002	KM2	大钻头上升
大钻头上限位开关	SQ2	X003	Y003	KM3	小钻头下降进给
小钻头下限位开关	SQ3	X004	Y004	KM4	小钻头上升
小钻头上限位开关	SQ4	X005	Y005	KM5	工作台旋转
工件旋转限位开关	SQ5	X006	Y006	YV2	工件松开
松开到位限位开关	SQ6	X007			
大钻头电动机过载	FR1	X010			
小钻头电动机过载	FR2	X011			
工作台电动机过载	FR3	X012			

（二）设计PLC控制接线示意图

根据控制要求、I/O分配表以及制图相关规定，设计的钻孔组合机床PLC控制接线示意图如图4-11-2所示。

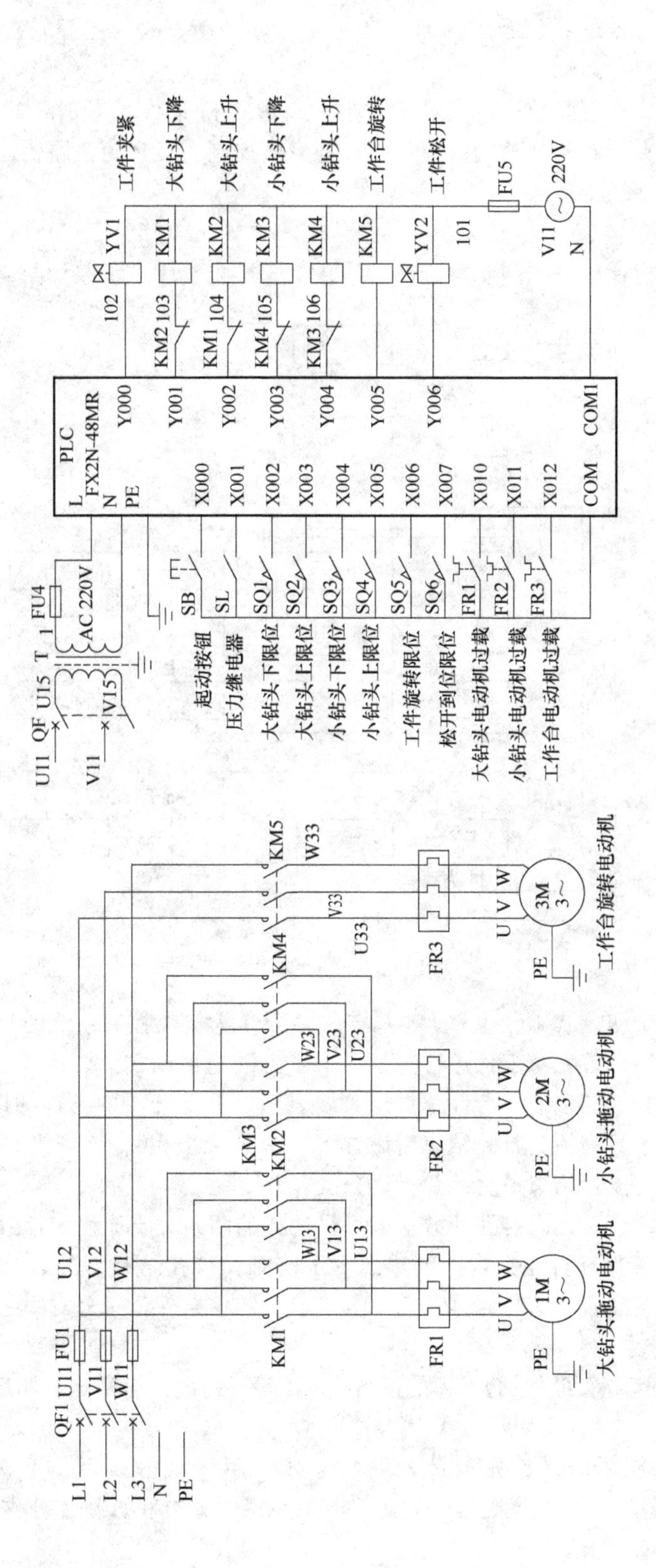

图 4-11-2　钻孔组合机床 PLC 控制接线示意图

主电路由大钻头电动机、小钻头电动机和工作台旋转电动机组成，其中，大、小钻头电动机带动大小钻头做进给和退回（即下降与上升）运动，故为正反转控制；工件旋转只有一个方向，故为单向运动。

为保证系统安全可靠地运行，对于大小钻头进给和退回，在 PLC 的输出电路中设计了触点联锁；工件夹紧和松开分别由两位四通电磁阀控制，设计为两路输出。

（三）步进指令编程

1. 设计工序流程图

通过分析题意，根据控制要求，设计钻孔组合机床工序流程图如图 4-11-3 所示。

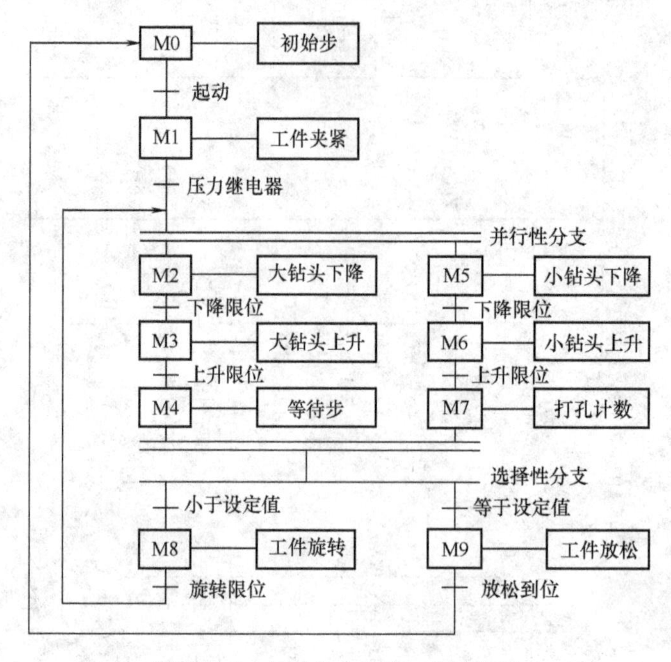

图 4-11-3　钻孔组合机床工序流程图

初始步对应于初始状态，也称为准备步，主要是为整个控制系统的起动运行做准备。

系统起动以后，首先对工件进行夹紧，当压力继电器动作后，大小钻头同时开始工作，形成两个并行性分支流程，并行性分支用双线表示，分支开始的条件共用，位于双线上方。大钻头分支流程中，大钻头打孔结束后设置了一个等待步 M4，该步没有任何输出，其目的是等待小钻头分支流程结束，合并并行性分支。

并行性分支结束后，由打孔计数形成可供选择的两条分支流程，计数小于设定值时工作台旋转 120°后继续循环打孔；当计数达到设定值时，打孔结束，放松工件，状态回归初始步，为下次打孔做准备。选择性分支用单线表示，转移条件位于分支线之下。

2. 设计顺序功能图（SFC 图）

根据上述工序流程图，结合具体的控制要求，设计打孔组合机床的顺序功能图如图 4-11-4 所示。

设计顺序功能图时，首先设计初始状态步，用双线框表示，上接初始脉冲继电器 M8002。其他状态步对应工序流程图设计即可。并行性分支和选择性分支用单线表示，驱动对象使用非保持型输出。

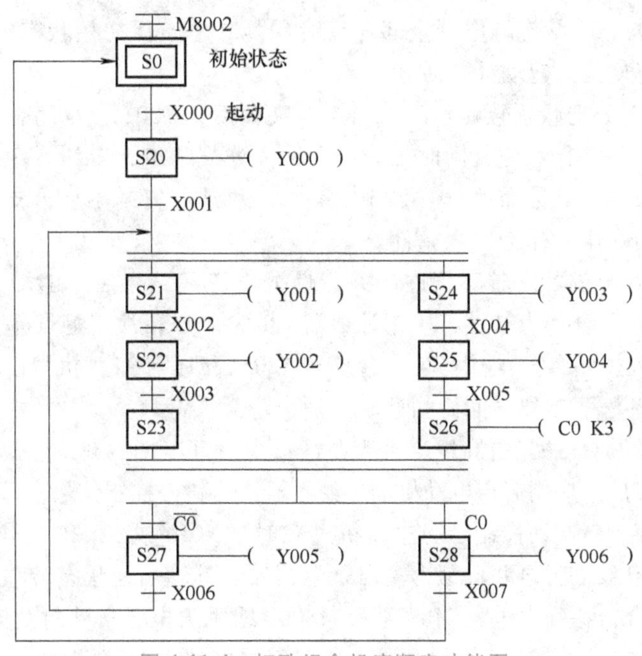

图 4-11-4　打孔组合机床顺序功能图

3. 设计步进梯形图（STL 图）

根据上述工序流程图及顺序功能图，设计编写打孔组合机床步进控制梯形图程序如图 4-11-5 所示。

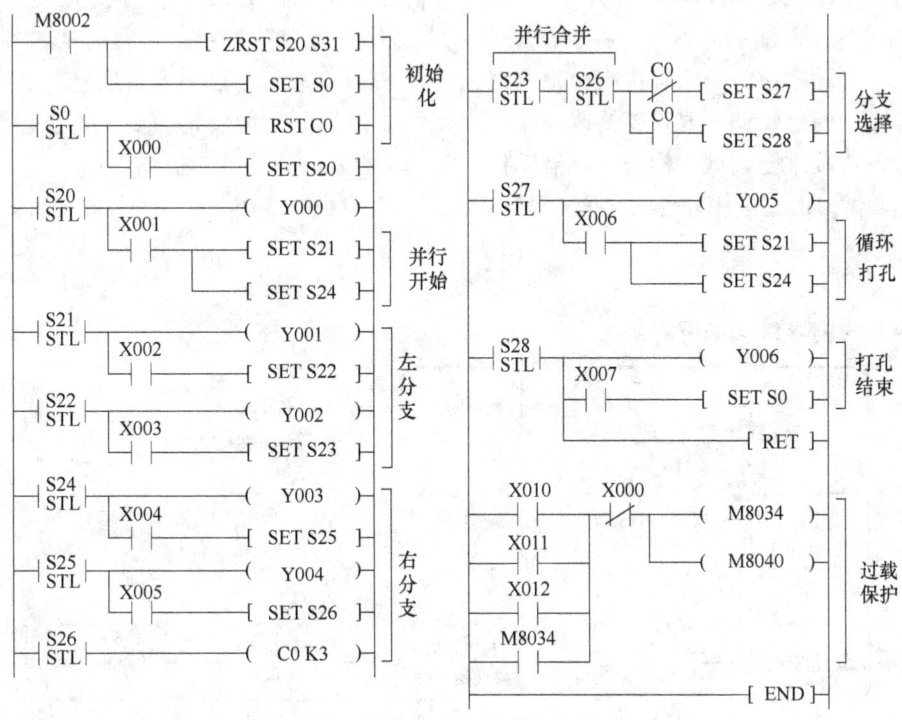

图 4-11-5　打孔组合机床步进梯形图程序

（1）设计初始化程序　当 PLC 通电后，初始脉冲继电器 M8002 接通一个扫描周期，一是 ZRST 指令使 S20~S31 状态继电器全部复位清零；二是激活初始状态继电器 S0。S0 激活后，计数器 C0 清零复位，起动计数做好准备。

（2）设计并行性分支状态转移程序　当工件夹紧后，X001 触点闭合，同时激活状态继电器 S21 和 S24，两条并行性分支同时工作；大钻头分支结束，激活 S23 作为等待步；小钻头分支结束，激活 S26，计数器执行“加 1”操作；两条分支结束后分支合并，应将 S23 和 S26 两个步进开始指令串联作为转移条件。

（3）设计选择性分支状态转移程序　并行性分支流程结束后，随即出现选择性分支步进编程，以并行性分支合并为基础，应用计数器 C0 的常开和常闭触点作为两条选择性分支的转移条件进行编程，一条分支执行工作台旋转 120°后回到 S21，执行循环打孔程序；另外一条分支为打孔结束松开工件并回到初始状态。

（4）设计过载保护程序　打孔组合机床在运行中一旦出现过载，应使程序暂停运行。为此，在步进程序结束后，应用三台电动机的热继电器作为暂停控制信号，设计一个过载保护程序，实现暂停和程序重新起动控制。当电动机过载时（X010 或 X011 或 X012 闭合），特殊继电器 M8034 和 M8040 线圈得电并自锁，输出继电器被封锁输出，状态转移被禁止；当按下起动按钮后，X000 闭合，特殊继电器 M8034 和 M8040 线圈失电，解除封锁恢复输出。

步进程序编程结束，使用 RET 指令；全部程序结束使用 END 指令。

（四）接线与调试

按照接线示意图接线，要求安全可靠，工艺美观；接线完毕后要认真检查接线状况，确保正确无误。

准备工作结束，给 PLC 通电，编写步进梯形图程序，将 PLC 工作方式开关置于“编程”状态，写入所编写的程序，并单击工具栏的“程序监视”按钮，观察测试初始化工作状态。按下起动按钮，对系统进行模拟调试，观察 PLC 输入与输出是否满足控制要求。

如果存在问题，就需要重新修改与完善程序；如果控制功能满足需要，符合设计要求，则进一步带负载进行调试，检查接触器动作是否符合控制要求。

通电调试时的安全注意事项这里不再赘述，应高度重视并养成安全文明操作的良好习惯。

➤【课题小结】

本课题的内容结构如下：

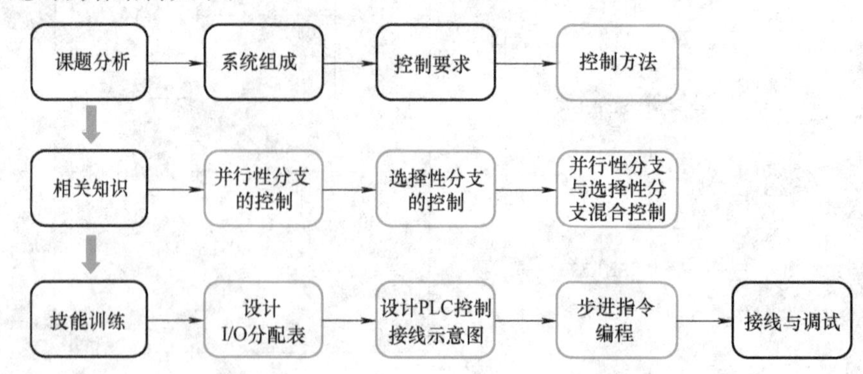

➤【效果测评】

学习效果测评表见表 1-1-1。

单元五 常用功能指令编程控制

随着可编程序控制器技术的不断发展，应用领域不断拓宽，实现了从单体设备简单控制到复杂设备过程控制及集散控制等多种跨越；控制功能由弱到强，实现了由逻辑控制到数字控制的进步。除了基本逻辑指令和步进指令，还有一类很重要的指令叫作功能指令。功能指令（也称为应用指令）专门用于工业自动化控制中的数据传送、比较、运算、转换和特殊处理，是一类功能强大的编程指令。这些功能指令实际上是许多功能不同的子程序，往往一条功能指令就可以实现几十条基本逻辑指令才可以实现的功能，许多功能指令具有基本逻辑指令难以实现的功能，显著扩大了可编程序控制器的应用范围，可实现更加复杂的控制，以满足复杂多变的工业自动化控制需要。功能指令为编写复杂的程序提供了方便，充分利用这些功能指令，可以使编程更加方便和快捷。

FX2N 系列 PLC 具有大量功能强大的功能指令，可分为传送与比较、算术与逻辑运算、循环与移位、数据处理、高速处理、方便指令、外围设备 I/O、外围设备 SER、浮点运算、定位、时钟运算、触点比较和程序流程控制等，共 128 种。由于篇幅限制，本单元仅对部分常用功能指令结合典型案例进行介绍。

课题一　三相交流异步电动机Y/△减压起动传送指令编程控制

前面已经学习了应用基本指令和步进指令对三相交流异步电动机Y/△减压起动进行控制，为了更好地理解和领会功能指令中传送指令的功能和应用方法，本课题介绍了应用传送指令对三相交流异步电动机Y/△减压起动进行控制，旨在帮助学生建立数据处理的基本概念，掌握数据传送的具体应用方法，同时通过对比学习，进一步深化对基本指令、步进指令和功能指令编程的理解和掌握。

➤【学习目标】

1. 掌握功能指令的基本格式和执行形式。
2. 掌握数据类型及其特点。
3. 掌握字元件与位元件的定义，理解和掌握位元件的组合方式。
4. 熟悉数制的种类及其特点，掌握十进制数与二进制数的转换方法。
5. 掌握传送指令的基本格式及其含义。
6. 掌握应用传送指令对三相交流异步电动机Y/△减压起动控制编程的基本方法。
7. 掌握应用传送指令对三相交流异步电动机Y/△减压起动控制编程的基本步骤。
8. 对比基本指令、步进指令和传送指令对三相交流异步电动机Y/△减压起动进行控制的编程控制过程，辨析三种编程控制方法的特点，深化对 PLC 传送指令编程方法和步骤的理解。

9. 树立创新意识，培养改革创新责任感。

➤【教·学·做】

一、课题分析

（一）系统组成

正如前面课题所述，三相交流异步电动机Y/△减压起动，主电路应用 3 个接触器对电动机进行控制，其中一个控制电源通断，另外一个控制Y联结，第三个控制△联结。用于控制的信号有起动、停止及过载保护控制 3 个信号。采用 PLC 控制实现Y/△减压起动，控制电路应有 3 路输出信号和 3 路输入信号，I/O 分配时宜分配 3 个输入继电器和 3 个输出继电器。

（二）控制要求

根据三相交流异步电动机Y/△减压起动控制的基本特性，整个控制过程分为两个阶段：第一阶段为减压起动阶段，即在起动时将三相交流异步电动机呈Y联结进行减压起动；第二阶段为全压运行阶段，即当电动机减压起动旋转起来后，再将其切换为△联结全压运行。

（三）控制方法

本课题除了可以采用基本指令和步进指令编程控制外，还可以应用功能指令中的传送指令进行编程控制。应用数据传送指令编程控制，就是分别通过传送不同的数据对 PLC 的输出进行赋值，使 PLC 获得不同的输出结果对 3 个接触器进行控制，以实现Y/△起动的控制功能。

二、相关知识

（一）功能指令简介

1. 功能指令的基本格式

功能指令的格式与基本指令和步进指令都不相同。首先，功能指令用相应的编号 FNC00~FNC246 表示；其次，每条功能指令都有对应的助记符和操作元件，为了方便记忆，助记符一般用英文名称或缩写表示。

功能指令的基本格式如图 5-1-1 所示。功能指令由功能指令助记符和操作元件组成。其中，功能指令助记符是用来反映功能指令类型及其功能指令特征的英文简写字符，如传送指令用 MOV 表示。

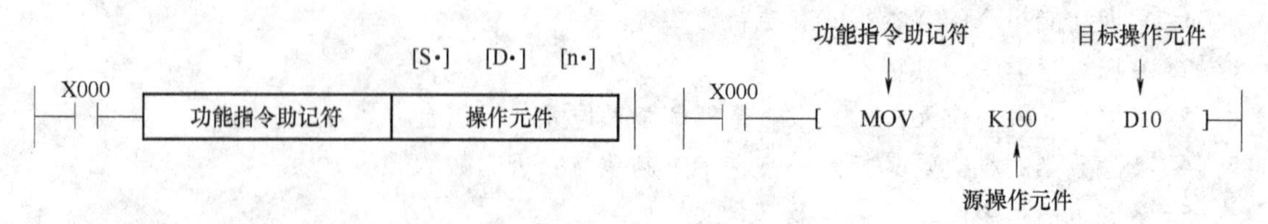

图 5-1-1　功能指令的基本格式

功能指令操作元件是根据功能指令要求，执行相关操作的存储元件。

1）源操作元件：用 S 表示，是用来存放源操作数的存储元件。在有的功能指令中，源操作元件不止一个，可用 S1、S2 和 S3 表示。

2）目标操作元件：用 D 表示，是用来存放目标操作数的存储元件。在有的功能指令中，目标操作元件不止一个，可用 D1、D2 和 D3 表示。

3）其他操作元件：用 n 表示，用来表示常数。常数前冠以 K 表示是十进制数，常数前冠以 H 表示是十六进制数。

源操作元件和目标操作元件需要注释的项目较多时，可采用 n1、n2 等表示。

操作元件默认为无“■”，表示不使用变址方式；若加“■”，则表示使用变址方式。

每条功能指令的助记符、功能号和操作元件在指令表语言中都与之对应地反映出来。

操作元件中存放的数据又称为操作数，源操作元件中的数据通常称为源操作数，目标操作元件中的数据称为目标操作数。

2. 功能指令执行方式

功能指令有连续执行型和脉冲执行型两种方式。

1）连续执行型：连续执行型的功能指令，当条件满足时，每个扫描周期都被重复执行。

2）脉冲执行型：脉冲执行型的功能指令，仅在满足执行条件的上升沿到来时执行一次。

对于脉冲执行型的功能指令，在助记符后面加“P”以示与连续执行型功能指令相区别，如图 5-1-2 所示。

图 5-1-2　脉冲执行型功能指令结构示意图

若功能指令后面不加“P”，则为连续执行型功能指令。对于不需要每个周期都执行的指令，用脉冲执行方式可以缩短脉冲执行时间。

3. 数据类型与指令变化

功能指令是专门用于对数据进行处理的一类专用指令。在 PLC 中，数据寄存器中存放的数据均为二进制数据，一般分为 16 位数据和 32 位数据两种类型。16 位数据和 32 位数据结构示意图如图 5-1-3 所示。

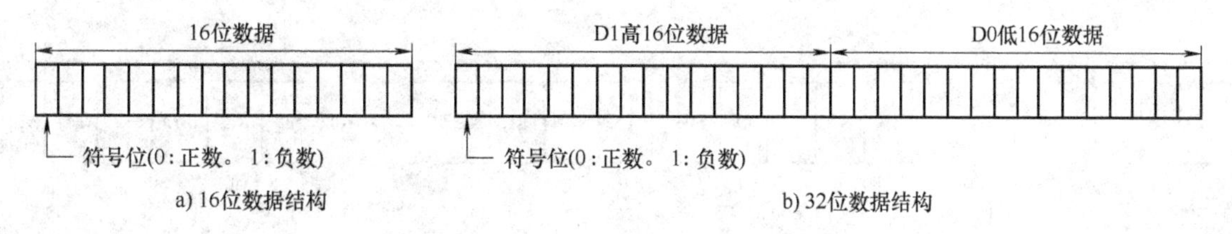

图 5-1-3　16 位数据和 32 位数据结构示意图

（1）16 位数据　在 FX 系列 PLC 中，数据寄存器 D、计数器 C0~C199 的当前值寄存器存储的数据都是 16 位数据。在一个数据寄存器中，每位都用二进制“0”或“1”表示，靠左方向为高位，靠右方向为低位。数据寄存器 D0 即为 16 位二进制数据，如图 5-1-3a 所示。

（2）32位数据 FX系列PLC中，相邻两个数据寄存器可以组合起来形成元件对，用来存储32位数据。编程时，为避免错误，元件对的首元件统一采用偶数编号，如图5-1-3b所示。

（3）16位功能指令与32位功能指令的区别与联系 根据处理数据的类型，功能指令分为16位功能指令和32位功能指令。其中，32位指令在其功能指令助记符前加“D”表示，以示与16位功能指令的区别；若助记符前无“D”，则为16位功能指令，如图5-1-4所示。

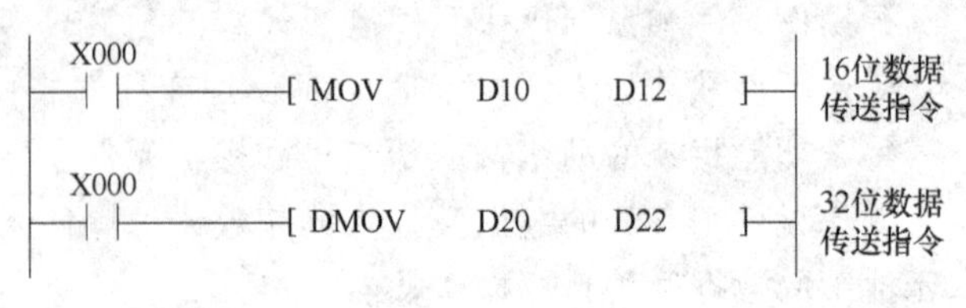

图5-1-4 16位与32位功能指令比较示意图

4. 位元件与位组合元件

功能指令的操作对象可以是字元件，也可以是位组合元件。

（1）字元件 处理数据的元件称字元件，例如数据寄存器D、定时器T和当前值寄存器等。

（2）位元件 处理闭合和断开状态的元件为位元件，例如输入继电器X、输出继电器Y、辅助继电器M和状态继电器S等。基本指令和步进指令编程，使用的基本都是位元件。

（3）位组合元件 将位元件按照一定的组合方式组合起来，即构成位组合元件。位组合元件也可以构成字元件，进行数据处理。FX系列PLC中，对位元件进行组合时，每4个位元件为一组，组合为一个单元；组合形式用Kn加首元件表示，“n”为单元组数，如KnX0、KnY0、KnM0等。“n”为1时，组合的位元件只有1组，并由首元件开始的前4个位元件组成；“n”为2时，组合的位元件有2组，由首元件开始的前8个位元件组成；依此类推，如果“n”为4，组合的位元件有4组，由首元件开始的前16个位元件组成；如果“n”为8，组合的位元件有8组，由首元件开始的前32个位元件组成。

例如：K1Y0表示由1组4位（Y0~Y3）组成的字元件；K2Y0表示由2组8位（Y0~Y7）组成的字元件；K8M0则表示由8组32位（M0~M31）组成的字元件。位元件的组合方式如图5-1-5所示。

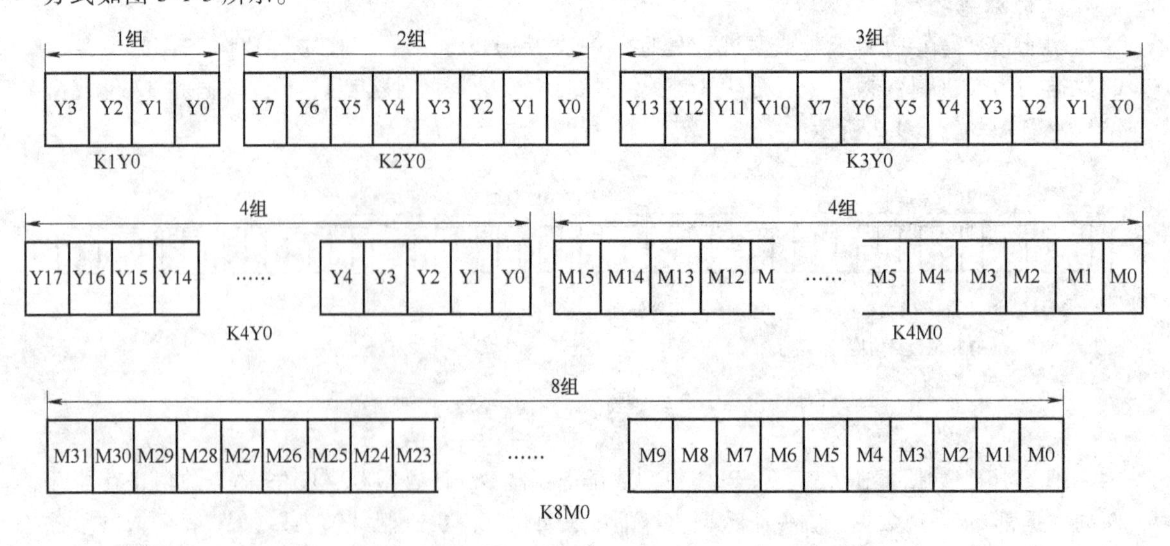

图5-1-5 位元件的组合方式

位组合元件的首元件可以任选，但为了避免混乱，建议采用 0 开头的元件为好，例如 M0、X0、Y10 和 S20 等。

（二）数制及其转换

在 PLC 的编程中，经常会用到二进制、八进制、十进制和十六进制等不同进制的数值，应对其特点及相互关系有所了解和掌握。

1. 数制的类型及其特点

（1）十进制数　十进制即逢十进一。十进制数是使用 10 个数字符号（0，1，2，…，9）的不同组合来表示的数。用 K 表示的十进制数 N 可表示为

$$KN = \sum i\times10^{i}$$

如：$K138.5=1\times10^{2}+3\times10^{1}+8\times10^{0}+5\times10^{-1}$。

日常生活中应用最频繁的就是十进制数。在 FX 系列 PLC 中，M、T、C、S 等都采用十进制编号。

（2）二进制数　二进制即逢二进一。二进制数是使用 2 个数字符号（0，1）的不同组合来表示的数。用 B 表示的二进制数 N 可表示为

$$BN=\sum i\times2^{i}$$

如：$B1101.11=1\times2^{3}+1\times2^{2}+0\times2^{1}+1\times2^{0}+1\times2^{-1}+1\times2^{-2}=K13.75$。

二进制是计算机广泛采用的一种数值，FX 系列 PLC 所有存储器中的数值都是二进制数。

（3）八进制数　八进制即逢八进一。八进制数是使用 8 个数字符号（0，1，2，…，7）的不同组合来表示的数。FX 系列 PLC 的输入继电器和输出继电器均采用八进制进行编号，如：X0～X7，X10～X17；Y0～Y7，Y10～Y17 等。

（4）十六进制数　十六进制即逢十六进一。十六进制数是使用 16 个数字符号（0，1，2，…，A，B，C，D，E，F）的不同组合来表示的数，其中 A～F 表示 10～15。用 H 表示十六进制数。

有的 PLC 的输入、输出继电器即采用十六进制进行编号（如松下系列 PLC）。

2. 数制的转换

不同数制的数据是可以互相转换的。在 PLC 中，通常用十进制数对寄存器进行赋值，因此，重点要熟悉和掌握十进制数与二进制数之间的转换方法。

（1）十进制数转换为二进制　十进制数转换为其他进制数，要依次对整数部分和小数部分进行转换。整数部分的转换采用“除基取余”法进行，小数部分的转换采用“乘基取整”法进行。下面以十进制转换为二进制数作为例加以说明。

1）整数部分的转换：整数部分转换采用“除基取余”法，如要转换为二进制数，基数就是 2；要转换为八进制数，基数就是 8；如要转换为十六进制数，基数就是 16。总之，转换为 n 进制，基数就是 n。基数确定后，列出算式进行计算，能够整除则记为 0，出现余数则取余数，最后反向读出结果，即为转换后的 n 进制数。

如十进制的 12 转换为十六进制，则 12 除以 16 商 0 余 12，但十六进制是用 C 来表示的，所以十进制的 12 就是 16 进制的 C。

又如十进制 30 转换为十六进制，则 30 除以 16 商 1 余 14，第二次用商 14 除以 16 商 0 余 14，则十进制 30 转化为十六进制为 1E（由后往前取），其他类推。

例如，将十进制整数K53转换为二进制数，采用“除2取余倒记法”进行转换，其转换过程如图5-1-6a所示。

十进制整数转二进制数，基数为2(n进制基数为n)				
方法	列式分析	余数	系数	结果：110101
除基取余	2 | 53	1	d0	反向读写
	2 | 26（商）	0	d1	
	2 | 13（商）	1	d2	
	2 | 6（商）	0	d3	
	2 | 3（商）	1	d4	
	1	1	d5	
先写商后取余，无余数取0				

a) 十进制整数转二进制数

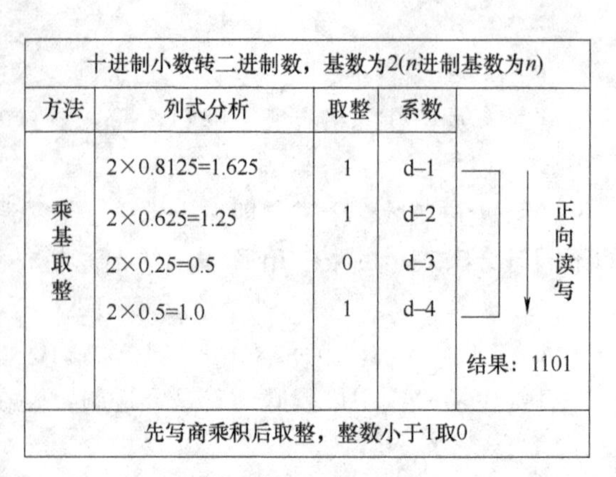

b) 十进制小数转二进制数

图5-1-6　十进制整数及十进制小数转换为二进制数示意图

第一步，53除以2，写下商26，余1，将余数1在右侧写出；第二步，26除以2，写下商13，余数为0，将余数0在右侧写出；第三步，13除以2，写下商6，余1，将余数1在右侧写出；第四步，6除以2，写下商3，余数为0，将余数0在右侧写出；第五步，3除以2，写下商1，余1，并将余数1在右侧写出。至此，除数取余分析结束。转换后的二进制数表示为：d5d4d3d2d1d0=110101，即如图5-1-6a中箭头所示，反向顺序（倒记法）读写余数得110101，即为K53转换为二进制之后的二进制数值K53=B110101。

此方法可扩展为除n取余法，如将n设为16，则可将十进制整数转变为十六进制整数。

2）小数部分的转换：十进制小数转换为二进制数时采用乘2取整数表示法。具体方法是：把给定的十进制小数乘以2，取其整数部分作为二进制小数的小数点后的第一位系数；然后再将乘积的小数部分继续乘以2，取所得乘积的整数部分作为小数后的第二位系数；依次重复做下去，就可以得到二进制小数部分。乘以2后，整数大于或等于1的取1，整数小于1的取0。

例如：将K0.8125转换成二进制数，转换过程如图5-1-6b所示。通过转换后，将K0.8125=d-1d-2d-3d-4=B0.1101，具体过程不再赘述。

同理，此方法可以扩展为乘n取整法，如将n变为16，则可将十进制小数部分直接变为十六进制小数。

（2）二进制数转换为十进制数　任意数制转换为十进制，转换方法可以概括为“按权展开”，然后“求和汇总”。所谓“权”可以这样理解：一种进制的某一个数的每位都有一个权值m，并且权值为位数减一，如个位上的数的权值为0（位数1−1=0），十位为1（位数2−1=1）。

知道了权值m，就可以转换了。首先，每一位的位数乘以基数n的m次方，如八进制个位4，$4\times8^0=4$；百位4，$4\times8^2=256$，最后加总即得十进制数。

二进制数转换为十进制数，方法也是如此，从高位到低位依次展开，然后加总即为十进制数。

例如：$K123.45=1\times10^{2}+2\times10^{1}+3\times10^{0}+4\times10^{-1}+5\times10^{-2}$。

等号左边为并列表示法，等号右边为多项式表示法，显然这两种表示法表示的数是等价的。在右边多项式表示法中，1、2、3、4、5 被称为系数项，而 10^{2}、10^{1}、10^{0}、10^{-1}、10^{-2} 等被称为该位的“权”。

例如：$B11010=1\times2^{4}+1\times2^{3}+0\times2^{2}+1\times2^{1}+0\times2^{0}=16+8+0+2+0=K26$。

（三）传送指令

传送指令的助记符为 MOV，指令的名称、编号、操作数和梯形图形式见表 5-1-1。

表 5-1-1 传送指令

编号	助记符	指令名称	操作数		梯形图形式
			（S·）	（D·）	
FNC12	MOV	字传送指令	K、H、KnX、KnY、KnM、KnS、T、C、D、V、Z	KnX、KnY、KnM、KnS、T、C、D、V、Z	X000 [MOV [S·] [D·]]

执行传送指令 MOV 时，将源操作元件［S·］中的数据传送到目标操作元件［D·］中。

1. 传送指令的结构和功能

图 5-1-7a 为传送指令的结构，图 5-1-7b 为传送指令的应用案例。

X000 [MOV [S·] [D·]]

a) 结构

X000 [MOV K100 D10]

b) 应用案例

图 5-1-7 传送指令的应用

当 X000 闭合（为 ON）时，执行传送指令（MOV），将十进制常数 K100（源操作数）传送至目标操作元件 D10 中。在执行指令时，常数 K100 会自动转换为二进制数。当 X000 断开（为 OFF）时，指令不执行，数据保存不变。

2. 传送指令的两种执行形式

以传送指令为例，连续执行型和脉冲执行型两种执行形式及其功能对比说明如图 5-1-8 所示。

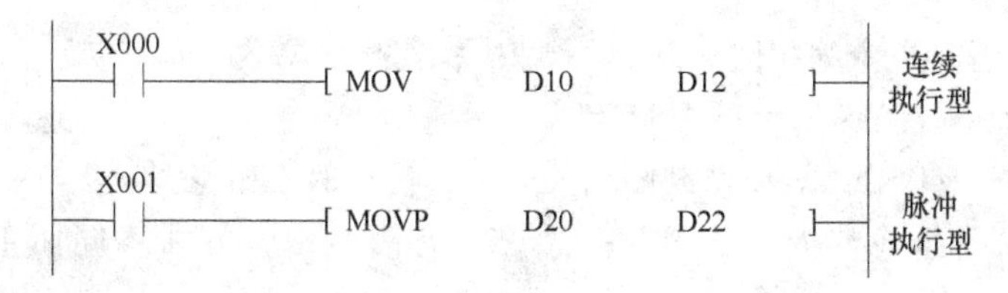

图 5-1-8 传送指令两种执行形式

当 X000 常开触点闭合时，执行 MOV 指令，将数据寄存器 D10 中的数据传送至数据寄存器 D12 中，而且每个扫描周期执行一次；当 X001 常开触点闭合时，执行 MOVP 指令，将数据寄存器 D20 中的数据传送至数据寄存器 D22 中，X001 触点每闭合一次，传送指令只执行一次。由此可见，对于连续执行型指令，当满足执行条件时，每个扫描周期执行 1 次；对于脉冲执行型指令，当满足条件时，只执行一次。

3. 传送指令对两类数据的处理

对16位数据和32位数据传送指令进行编程的对比说明如图5-1-9所示。

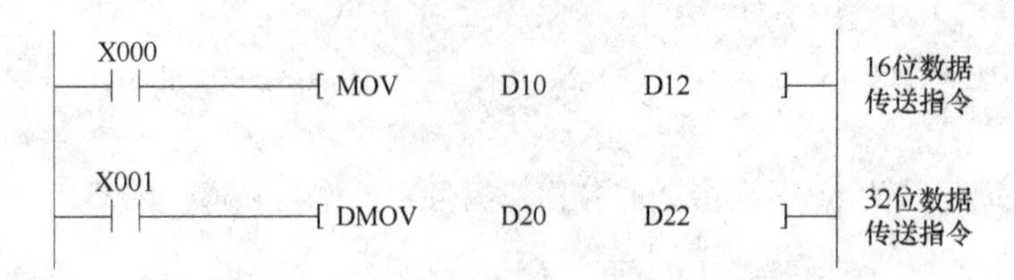

图5-1-9　处理两类数据的传送指令编程

当X000常开触点闭合时，执行MOV指令，将数据寄存器D10中的16位数据传送至数据寄存器D12中；当X001常开触点闭合时，执行DMOV指令，将数据寄存器D21和D20中的32位数据传送至数据寄存器D23和D22中。通过对比可以看出，16位数据只占一个数据寄存器；32位数据占两个相邻的数据寄存器，编程时，只需标明低位的寄存器，而高位的寄存器被隐含了。

值得注意的是，在功能指令中，脉冲执行符号P和数据处理符号D可以同时使用。传送指令如此，其他功能指令也如此。

三、技能训练

（一）设计I/O分配表

通过课题分析得知，三相笼型异步电动机Y/△减压起动控制，有3路输入、3路输出，列出I/O分配见表5-1-2。

表5-1-2　三相笼型异步电动机Y/△减压起动PLC控制I/O分配

输入分配（I）			输出分配（O）		
输入元件名称	代　号	输入继电器	输出继电器	被控对象	作用及功能
起动按钮	SB2	X000	Y000	KM	电源接触器
停止按钮	SB1	X001	Y001	KMY	Y联结接触器
过载保护	FR	X002	Y002	KM△	△联结接触器

I/O分配表与基本指令编程时一致，不会因为编程方式不同而不同。

（二）设计PLC控制接线示意图

根据控制要求、I/O分配表以及制图相关规定，设计的三相笼型异步电动机Y/△减压起动PLC控制接线示意图与基本指令编程时一致，没有因为编程方式不同而不同，如图5-1-10所示。

（三）设计梯形图程序

采用“功能指令”对Y/△减压起动”进行编程，最简便的办法就是运用数据传送指令将一个合适的十进制数值传送到由位元件组成的输出继电器位组合元件中，PLC会自动将这个十进制数转变为二进制数存入该位组合元件，使各个输出的位元件得到相应的输出结果。

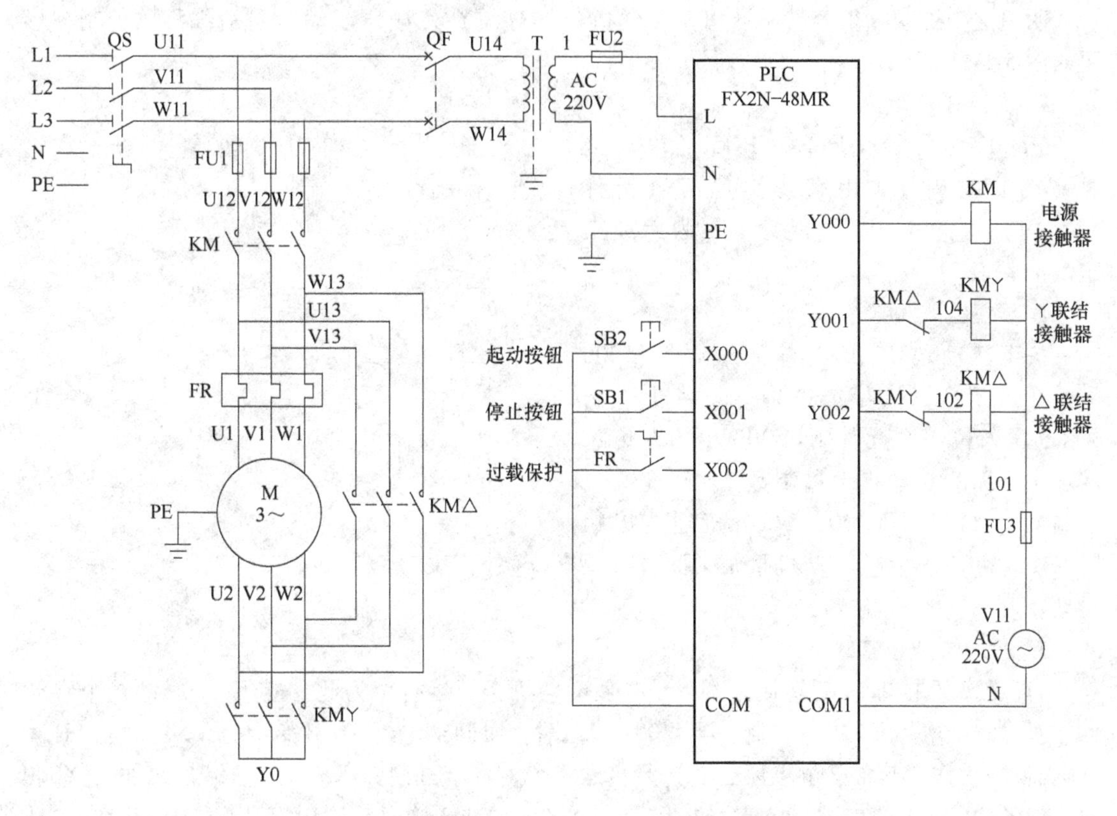

图 5-1-10　三相笼型异步电动机Y/△减压起动 PLC 控制接线示意图

那么究竟应该赋予什么数值给位组合元件，才能够符合控制所需要的对外输出？这就要从所需要的位组合元件的二进制数值反推回去。例如，在 K1Y0 这个位组合元件中，如果所需要的输出为 0011（即 Y0＝1，Y1＝1，Y2＝0，Y3＝0），则按照 8421 码的变化规律，将其转换为十进制数即为 K3（0011＝8×0＋4×0＋2×1＋1×1＝3）；如果所需要的输出为 0101（即 Y0＝1，Y1＝0，Y2＝1，Y3＝0），则将其转换为十进制数即为 K5（0101＝8×0＋4×1＋2×0＋1×1＝5）。

由此可见，只需要给 K1Y0 这个位组合元件赋入十进制数 K3，前面所述的电动机就能实现Y联结起动（Y0＝Y1＝ON）；同理，只需要给 K1Y0 这个字元件赋入十进制数 K5，即可实现电动机△联结全压运行（Y0＝Y2＝ON）。如果要让电动机停止，则给 K1Y0 这个位组合元件赋入十进制数 K0 即可（Y0＝Y1＝Y2＝OFF）。Y/△减压起动数据传送赋值情况分析见表 5-1-3。

表 5-1-3　Y/△减压起动数据传送赋值情况分析

工作方式	输出情况 K1Y0				对应常数	备　注
	Y3	Y2	Y1	Y0		
Y联结减压起动	0	0	1	1	K3	Y0、Y1 为 ON，其余为 OFF
△联结全压运行	0	1	0	1	K5	Y0、Y2 为 ON，其余为 OFF
停止	0	0	0	0	K0	全为 OFF

明白这个道理，很容易设计出“传送指令”对“Y/△减压起动”进行编程的控制梯形图如图5-1-11所示。

1. 初始化程序

M8002为初始化脉冲，PLC通电时接通一个扫描周期，用来清扫位组合元件K1Y000，保证其内存数据为零，为后续工作做准备。

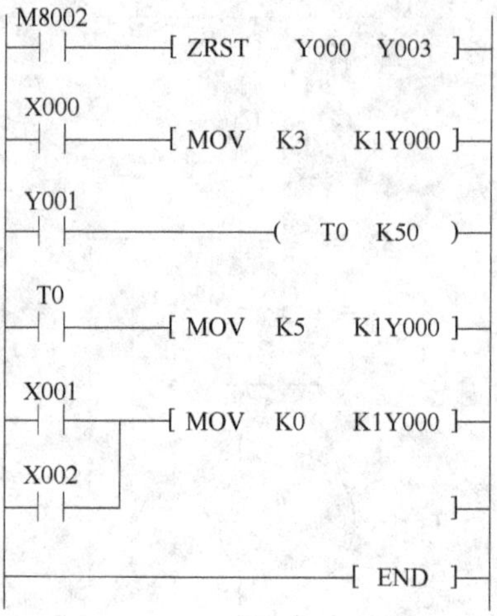

2. Y联结减压起动

按下起动按钮SB2，输入继电器X000常开触点闭合，执行传送指令，将十进制数K3送入位组合元件K1Y000中，在传送过程中，PLC自动将十进制数K3转变为二进制数0011，即Y000、Y001接通，接触器KM、KMY得电，电动机接成Y联结减压起动。

```
M8002
─┤├─────[ ZRST   Y000   Y003 ]─
X000
─┤├─────[ MOV    K3     K1Y000 ]─
Y001
─┤├──────────────( T0   K50 )─
T0
─┤├─────[ MOV    K5     K1Y000 ]─
X001
─┤├──┬──[ MOV    K0     K1Y000 ]─
X002 │
─┤├──┘
──────────────────[ END ]─
```

图5-1-11　PLC控制梯形图

3. △联结全压起动

Y联结减压起动5s后转接为△联结，使电动机全压运行。为此，应用Y001的一个常开触点对时间继电器T0进行控制。当Y001接通后，时间继电器T0开始计时，5s以后，时间继电器T0动作，其常开触点闭合，执行传送指令，将十进制数K5送入位组合元件K1Y000中，使K1Y000中的二进制数变为0101，即Y000、Y002接通，KM、KM△得电闭合，电动机接成△联结全压运行。

4. 停止程序

当按下停止按钮SB1（或者电动机过载造成热继电器FR动作），执行传送指令，将十进制数K0送入位组合元件K1Y000中，则K1Y000中的二进制数变为0000，接触器线圈全部失电复位，电动机断电停转。

同理，应用传送指令可以很方便地实现电动机正反转、Y/△减压起动带能耗制动、双速电动机起动和三速电动机起动等课题的控制。

（四）接线与调试

按照接线示意图接线，要求安全可靠，工艺美观；接线完毕后要认真检查接线状况，确保正确无误。之后通过编程软件在计算机上编写梯形图程序，编程结束后用专业通信电缆将计算机与PLC连接，给PLC通电，将PLC工作方式开关置于“编程”状态，输入所编写的程序。

系统调试时，要将PLC工作方式开关置于“运行”状态，单击工具栏的“程序监视”按钮，观察测试初始化工作状态。然后按下起动按钮和停止按钮，对系统进行模拟调试，仔细观察程序运行情况，观察PLC输入与输出是否满足控制要求。如果存在问题，需要进一步修改与完善程序；如果控制功能满足要求，则进一步带负载调试，检查接触器动作是否符合控制要求，检查电动机起动、停止是否符合要求。系统调试完毕即可交付使用。

➢【课题小结】

本课题的内容结构如下：

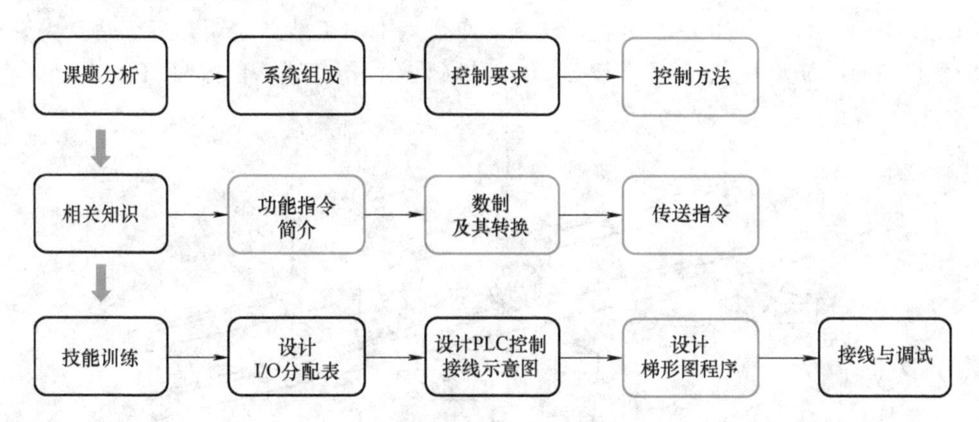

➢【效果测评】

学习效果测评表见表 1-1-1。

课题二　六站送料小车比较指令编程控制

如图 5-2-1 所示，某矿山有一部电动送料小车供六个加工站点使用，每个站点均设有与站点编号相同的限位开关 SQ 和呼车按钮 SB。限位开关为滚轮式，能够自动复位。

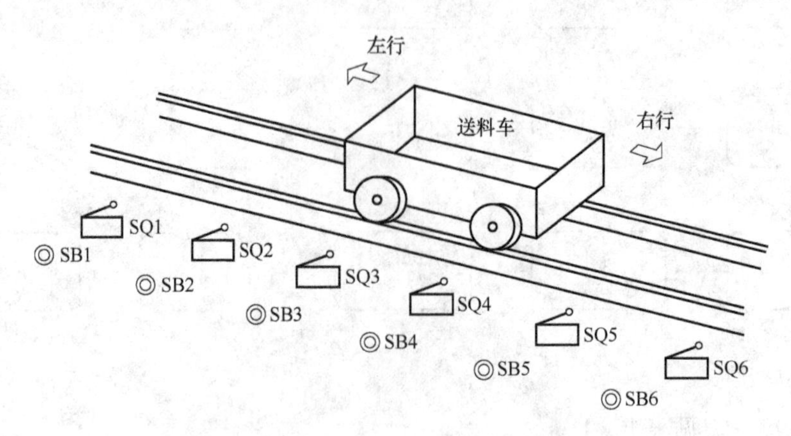

图 5-2-1　六站送料小车工作示意图

没有呼车信号时，则各工位的呼车指示灯亮，表示可以呼车；当有站点按下呼车按钮后，工位指示灯熄灭，表示其他站点再按呼车按钮无效；当按下呼车按钮后，若呼车位号大于停车位号，小车自动向高位号方向行驶（右行）；若呼车位号小于停车位号，小车自动向低位号方向行驶（左行）；若呼车位号等于停车位号，小车停在该工位。当小车抵达呼车对应的站点后，停留 30s 供该站点使用，之后其他站点呼车信号方可有效。试对其进行编程控制。

➤【学习目标】

1. 掌握比较指令的基本格式及其功能含义。
2. 熟悉和巩固传送指令的基本格式与应用方法。
3. 掌握六站送料小车 PLC 控制的 I/O 分配方法。
4. 掌握六站送料小车 PLC 控制接线示意图的设计方法。
5. 掌握六站送料小车比较指令控制梯形图的设计方法。
6. 掌握六站送料小车步进编程控制的接线与调试方法。
7. 具有理论联系实际、实事求是的工作作风。

➤【教·学·做】

一、课题分析

（一）系统组成

系统由主电路和 PLC 控制电路组成。送料小车在轨道上能够实现来回往复运动，故主电路宜用两个接触器对电动机正反转进行控制；考虑到小车到达呼车站点时要能够尽快停下来，有必要对小车电动机实施必要的制动。在 PLC 控制电路中，输入电路除了要具备起动、停止和电动机过载保护功能外，还包括有 6 站呼车按钮和 6 站行程开关控制功能；在输出电路中，应满足呼车指示、小车电动机正反转和制动控制等功能。

（二）控制要求

根据课题要求，在呼车指示灯点亮的情况下，表示可以进行呼车操作；当有站点按下呼车按钮后，呼车指示灯熄灭，表示已有站点呼车成功，其他站点再按呼车按钮无效；无论是呼车处于站点左边还是右边，都应能够自动地驶向发出呼车信号的站点，当到达站点后制动并停留 30s，进行装卸物料；在此期间其他站点呼车无效。

（三）控制方法

如上所述，小车工作出现三种状态，即左行、右行和停止。通过分析发现，整个控制过程，是由送料小车所在位置同呼车信号发出位置进行比较后控制小车运行的过程。当呼车信号发出时，如果送料小车在站点的左边，意味着小车所在位置数小于呼车站号数，小车应向右行；若呼车信号发出，送料小车在站点的右边，意味着小车所在位置数大于呼车站点号数，则小车应向左行；当小车运行至呼车号与对应的行程开关号相等时，小车制动停止。

本课题如果采用基本指令或步进指令编程，编程过程非常复杂。如果采用功能指令中的比较指令编程，则比较简单。因此，诸如此类的控制课题（比如电梯控制也是如此），宜采用比较指令进行编程控制为宜。

二、相关知识

（一）比较指令的结构及功能

比较指令是十分常用的一类功能指令。常用的比较指令有比较指令（CMP）和期间比较指令（ZCP）两种。结构格式与功能含义分别说明如下。

1. 比较指令（CMP）

比较指令（CMP）是用于对两个数进行比较的指令。比较指令（CMP）的指令编号、助记符、操作数和梯形图形式见表 5-2-1。

表 5-2-1 比较指令说明

指令编号	助记符	功能	操作数			梯形图形式
			（S1·）	（S2·）	（D·）	
FNC10	CMP	两数比较	K、H、KnX、KnY、KnM、KnS、T、C、D、V、Z		Y、M、S 三个连续元件	X000 ─┤├─[CMP (S1·) (S2·) (D·)]

CMP 指令是用源操作数（S1·）中的内容与（S2·）的数据进行比较，并将比较结果（大于、等于和小于）分别放到目标操作数（D·）中首元件开始的连续三个软元件中。

2. 期间比较指令（ZCP）

期间比较指令（ZCP）主要用于一个数与两个期间数据进行比较。期间比较指令（ZCP）的指令编号、助记符、操作数和梯形图形式见表 5-2-2。

表 5-2-2　期间比较指令说明

指令编号	助记符	功能	操作数				梯形图形式
			(S1·)	(S2·)	(S·)	(D·)	
FNC11	ZCP	一个数与两数比较	K、H、KnX、KnY、KnM、KnS、T、C、D、V、Z			Y、M、S 三个连续元件	X000 ─┤├─[ZCP (S1·) (S2·) (S·) (D·)]

ZCP 指令是将目标操作数（S·）中的内容与源操作数（S1·）与（S2·）中的内容所构成的期间数值进行比较，比较结果（S<S1，S1≤S≤S2，S>S2）分别放到目标操作数（D·）中首元件开始的连续三个软元件中。

（二）比较指令的用法

1. 比较指令（CMP）的用法

比较指令（CMP）的功能及用法如图 5-2-2 所示。

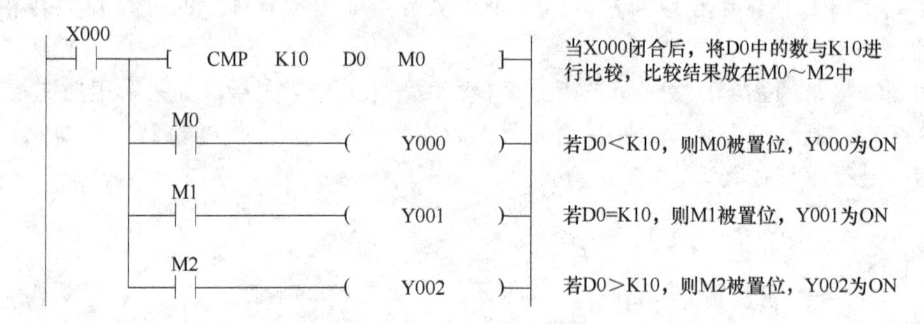

图 5-2-2　比较指令（CMP）的功能及用法

当 X000 常开触点闭合时，执行比较指令（CMP），将 D0 中的数据与 K10 进行比较，比较后的结果分别保存到 M0 起始的三个中间继电器中，当比较结果成立时，置位相应的继电器。如果用其控制其他对象（如 Y000、Y001、Y002），则被控对象随之得到相应的结果。

值得注意的是，执行完 CMP 指令，即使 X000 再断开，比较结果 M0～M2 也将保持不变。清除比较结果需使用 RST 或 ZRST。

2. 期间比较指令（ZCP）

期间比较指令（ZCP）的功能及用法如图 5-2-3 所示。

X001
[ZCP K10 K100 C0 M10]
当X001闭合后，将C0中的数据与期间数据(K10，K100)比较,比较结果放在M10～M12中
M10
Y003
若C0<K10, M10被置位，Y003为ON
M11
Y004
若K10≤C0≤K100，M11被置位，Y004为ON
M12
Y005
若C0>K100，M12被置位，Y005为ON

图 5-2-3　期间比较指令（ZCP）的功能及用法

当 X001 常开触点闭合时，执行期间比较指令（ZCP），将 C0 中的数据与期间数据（K10，K100）进行比较，比较后的结果分别保存到 M10 起始的三个中间继电器中，当比较结果成立时，置位相应的继电器。如果用其控制其他对象（如 Y003、Y004、Y005），则被控对象随之获得相应的结果。

值得注意的是，执行完 ZCP 指令，即使 X001 再断开，比较结果 M10～M12 也将保持不变。清除比较结果需使用 RST 或 ZRST。

三、技能训练

（一）设计 I/O 分配表

通过课题分析得知，六站运料小车 PLC 控制，有 15 路输入，其中 3 路分别为起动按钮、停止按钮及过载保护控制，其余 12 路分别接 6 站呼车按钮和 6 站行程开关。4 路输出分别为呼车指示灯、小车电动机正反转接触器和能耗制动接触器。列出 I/O 分配见表 5-2-3。

表 5-2-3　六站运料小车 PLC 控制 I/O 分配

输入分配（I）			输出分配（O）		
输入元件名称	代　　号	输入继电器	输出继电器	被 控 对 象	作用及功能
起动按钮	SB0	X000	Y000	HL	呼车指示灯
1 号站呼车按钮	SB1	X001	Y001	KM1	小车电动机正转（左行）
2 号站呼车按钮	SB2	X002	Y002	KM2	小车电动机反转（右行）
3 号站呼车按钮	SB3	X003	Y003	KM3	小车制动
4 号站呼车按钮	SB4	X004			
5 号站呼车按钮	SB5	X005			
6 号站呼车按钮	SB6	X006			
停止按钮	SB7	X007			
1 号站行程开关	SQ1	X011			
2 号站行程开关	SQ2	X012			
3 号站行程开关	SQ3	X013			
4 号站行程开关	SQ4	X014			
5 号站行程开关	SQ5	X015			
6 号站行程开关	SQ6	X016			
过载保护	FR	X017			

（二）设计 PLC 控制接线示意图

根据控制要求、I/O 分配表以及制图相关规定，所设计的六站运料小车 PLC 控制接线示意图如图 5-2-4 所示。

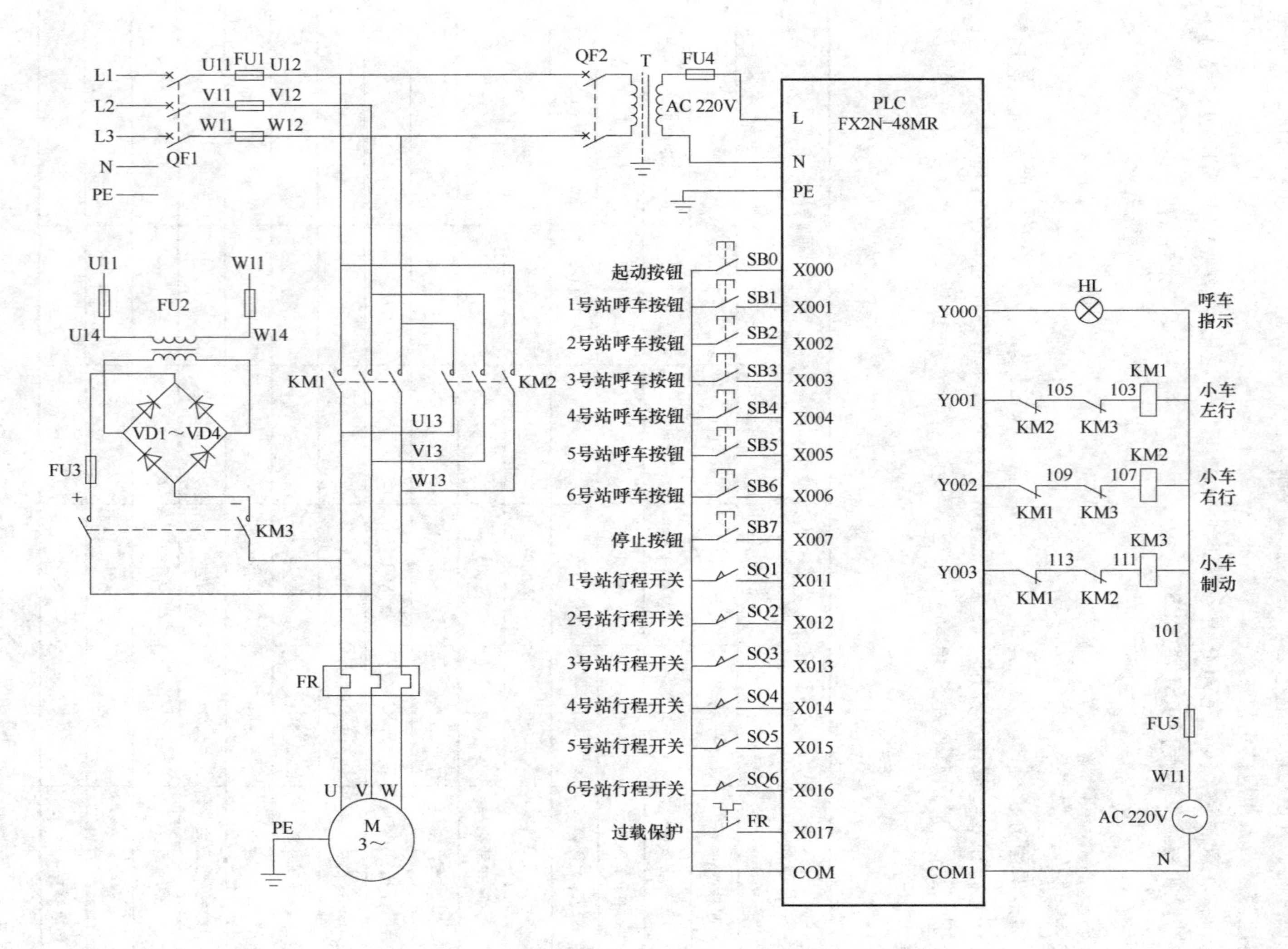

图 5-2-4　六站运料小车 PLC 控制接线示意图

（三）比较指令编程

通过学习比较指令的功能特点与应用方法，对比本课题的控制特点和要求，设计六站运料小车 PLC 控制梯形图，如图 5-2-5 所示。

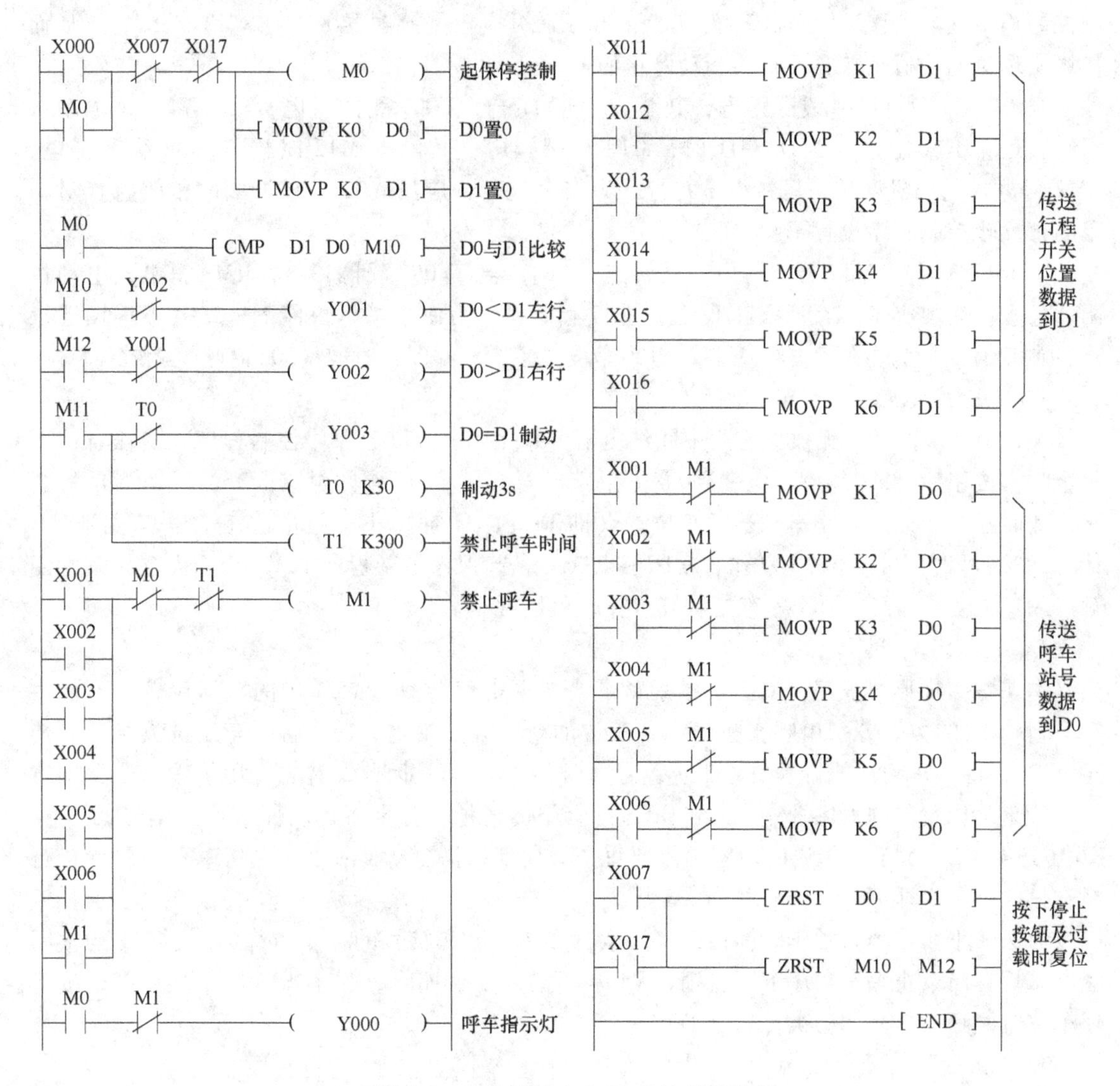

图 5-2-5 六站运料小车 PLC 控制梯形图

1. 起保停控制程序

为了方便对整个系统进行起动和停止控制，首先应用中间继电器 M0 设计一段起保停控制程序。当按下起动按钮 SB0 后，中间继电器 M0 线圈得电，其触点自锁，系统起动；当按下停止按钮 SB7 或电动机过载（FR 动作）时，中间继电器 M0 线圈失电，解除自锁，系统停止运行。

当系统起动后，首先使用传送指令分别将十进制数 0 传送至接触器 D0 和 D1，对寄存器 D0 和 D1 进行清零处理。传送指令采用脉冲执行型，即在系统起动后只执行一次，不影响后面的数据传送与数据比较。

2. 比较指令控制程序

起动后，M0的常开触点闭合，执行比较指令，对呼车工位号给定数据与停车位置给定数据进行比较，将比较结果存储在首地址为M10的中间继电器中，由M10、M11和M12分别控制输出继电器Y001、Y002和Y003，再分别对应控制接触器KM1、KM2和KM3，从而最终实现对电动机正转、反转和制动停止的控制。

当D0<D1时，M10线圈得电，其触点M10闭合，Y001线圈得电，KM1得电，电动机正转，运料小车左行；当D0>D1时，M12线圈得电，其触点M12闭合，Y002线圈得电，KM2得电，电动机反转，运料小车右行。为安全起见，应用Y001和Y002的常闭触点对小车的正反转控制程序设置了触点联锁。

当D0=D1时，M11线圈得电，其触点M11闭合，Y003线圈得电，KM3得电，电动机制动停止，运料小车停在所需工位上，进行上下料。为使小车尽快停下来，对小车设置了3s的制动时间；为方便小车上下料，对小车设置了30s的停止时间，30s内呼车无效。

3. 禁止呼车与呼车指示控制程序

为保证30s内呼车无效，应用中间继电器M1设计了一段起保停控制程序。当任意按下一个呼车按钮后，M1线圈得电，M1常开触点闭合自锁；M1常闭触点断开，呼车指示灯熄灭，此时呼车无效。当小车到达呼车位置（即D0=D1）时，小车停止，禁止呼车时间开始计时，30s后时间继电器T1动作，常闭触点断开，起保停控制程序中M1线圈失电，其常闭触点M1复位，解除自锁，呼车指示灯点亮，可以呼车。

4. 数据传送指令控制程序

本课题的梯形图程序，从头至尾紧紧围绕数据寄存器D0和D1中的数据比较展开。由于D0和D1的数据分别由呼车按钮和各工位的行程开关给定，需要将呼车工位编号适时传送至D0，将小车到达的行程位置工位编号适时传送至D1。因此，首先应用传送指令分别将代表呼车工位编号的K1～K6传送至D0，再应用传送指令分别将代表停车位置编号的K1～K6传送至D1。由于所传送的内容不需要每个周期都扫描更新，所以传送指令采用脉冲执行型，只执行一次即可。

为保证小车在禁止呼车时间内呼车无效，在传送呼车信号的指令前都加上了M1的常闭触点。只有当禁止呼车程序解除自锁，M1常闭触点复位闭合，呼车指示灯才会点亮，按下呼车按钮，呼车信号才会被传送至D0。

5. 停止后的清零复位

根据比较指令的特点及注意事项，在执行完比较指令ZCP后，当按下停止按钮时，即使M0常开触点已经断开，但比较结果M10～M12也将保持不变，需使用RST或ZRST清除比较结果。本课题当按下停止按钮或电动机出现过载时，输入继电器常开触点X007或X017闭合，执行期间复位指令ZRST，分别将D0和D1中的数据、M10～M12中的数据进行清零处理，为再次起动做准备。

（四）接线与调试

按照接线示意图接线，要求安全可靠，工艺美观；接线完毕后要认真检查接线状况，确保正确无误。

安装接线完毕，用专业通信电缆将计算机与PLC连接，给PLC通电，将PLC工作方式开关置于“编程”状态，在计算机上应用编程软件进行梯形图编程，编程结束后将程序传送至 PLC。

系统调试时，要将 PLC 工作方式开关置于“运行”状态，单击工具栏的“程序监视”按钮，观察与测试初始化工作状态。然后按下起动按钮和停止按钮，对系统进行模拟调试，仔细观察程序运行情况，观察 PLC 输入与输出是否满足控制要求。如果存在问题，就需要进一步修改和完善程序；如果控制功能满足要求，则进一步带负载进行调试，检查接触器动作是否符合控制要求，检查电动机起动、停止是否符合要求。系统调试完毕即可交付使用。

➤【课题小结】

本课题的内容结构如下：

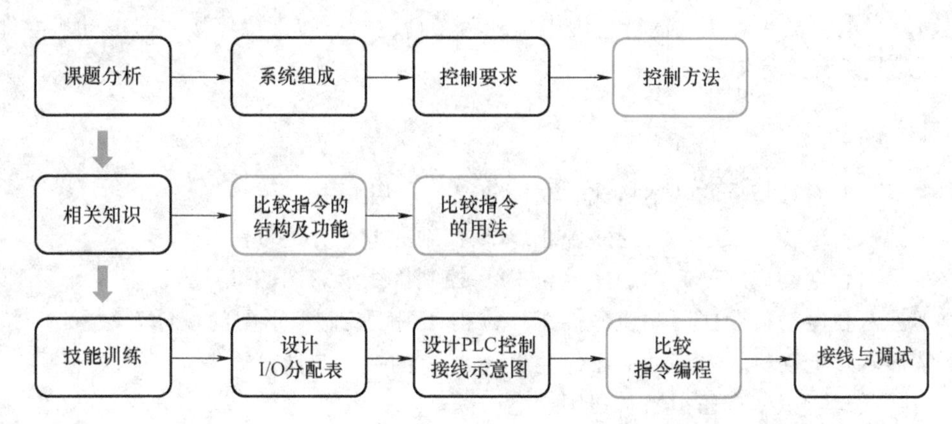

➤【效果测评】

学习效果测评表见表 1-1-1。

课题三　八台电动机顺序起动逆序停止移位指令编程控制

对八台电动机实施顺序起动逆序停止控制。在手动控制方式下，每按一次起动按钮，则顺序起动一台电动机，直至八台电动机全部起动；每按一次停止按钮，则逆序停止一台电动机，直至八台电动机全部停止；在起动过程中按下停止按钮，电动机由顺序起动改为逆序停止；在停止过程中按下起动按钮，电动机由逆序停止改为顺序起动。在自动控制方式下，按下起动按钮，每隔3s顺序起动一台电动机，直至八台电动机全部起动；按下停止按钮，每隔3s逆序停止一台电动机，直至八台电动机全部停止；在起动过程中按下停止按钮，电动机由顺序起动改为自动逆序停止；在停止过程中按下起动按钮，电动机由逆序停止改为自动顺序起动。当电动机在起动或运行过程中出现紧急情况时，按下急停按钮，电动机立即全部停止。试对其进行编程控制。

➤【学习目标】

1. 掌握位左右移指令的基本格式、功能含义及应用方法。
2. 掌握八台电动机顺序起动逆序停止PLC控制的I/O分配方法。
3. 掌握八台电动机顺序起动逆序停止PLC控制接线示意图的设计方法。
4. 掌握八台电动机顺序起动逆序停止移位指令编程控制梯形图的设计方法。
5. 掌握八台电动机顺序起动逆序停止PLC控制的接线与调试方法。
6. 增强质量意识、责任担当和强国理念。

➤【教·学·做】

一、课题分析

（一）系统组成

该系统由主电路和PLC控制电路组成。主电路为八台电动机直接起动，分别由8个接触器对其进行控制。在PLC控制电路中，输入电路应设置工作方式开关、起动按钮、停止按钮和急停按钮，为简化输入控制电路，八台电动机的热继电器触点可并联后作为一路输入；输出电路共有八路信号，分别对八台电动机的电源通断接触器进行控制。

（二）控制要求

根据题意，八台电动机有手动、自动两种工作方式。手动控制方式下，每按一次起动按钮，顺序增加起动一台电动机，每按一次停止按钮，逆序停止一台电动机；在自动工作方式下，按下一次起动按钮，电动机每隔3s顺序起动一台；按下一次停止按钮，电动机每隔3s停止一台。无论是手动还是自动，在起动过程中按下停止按钮，系统都能够由顺序起动改为逆序停止。在出现过载等特殊情况时，能够立即封锁输出，保证设备安全及人身安全。

（三）控制方法

通过课题分析发现，整个控制过程的关键是，起动时PLC的8个输出按照顺序在逐步增加，停止时该8路输出则逆序逐步减少。

本课题如果采用基本指令或步进指令编程，编程过程会比较复杂，如果采用功能指令中的位左右移指令进行编程，就比较简单。因此，对于这类课题，学习和掌握位左右移指令意义重大。

二、相关知识

（一）位左右移指令的结构及功能

位左右移指令是用途广泛的一类功能指令。常用的位左右移指令包括位右移指令（SFTR）和位左移指令（SFTL）两种。位左右移指令的指令编号、助记符、操作数和梯形图形式见表 5-3-1。

表 5-3-1 位左右移指令说明

指令编号	助记符	功能	操作数				梯形图形式
			（S·）	（D·）	n1	n2	
FNC34	SFTR（位右移）	将寄存器中一位或多位位元件置换内容后整体右移	X、Y、M、S	Y、M、S	K、HN2≤n1≤1024		X000 ─┤├─[SFTR (S·) (D·) n1 n2]
FNC35	SFTL（位左移）	将寄存器中一位或多位位元件置换内容后整体左移					X000 ─┤├─[SFTR (S·) (D·) n1 n2]

当执行位右移指令 SFTR 时，是对指定的 n1 位寄存器（D·）中的内容，从高位向低位依次置换为（S·）的 n2 位数据内容并向右移动 n2 位。当执行位左移指令 SFTL 时，是对指定的 n1 位寄存器（D·）中的内容，从低位向高位依次置换为（S·）的 n2 位数据内容，并向左移动 n2 位。

在位左右移指令中，无论是源操作元件还是目标操作元件，均只标注首地址，而位数则由 n1 和 n2 确定。

（二）位左右移指令的用法

1. 位左移指令（SFTL）

位左移指令（SFTL）的功能及用法如图 5-3-1 所示。

该位左移指令的操作数由 M15～M0 组成的 16 位寄存器和 X3～X0 组成的 4 位寄存器构成。当 X010 闭合时，X3～X0 的 4 位数据移入到 16 位数据 M15～M0 的低 4 位，高 4 位数据则由左端移出丢失。

需要注意的是，在编程时，如果采用连续性指令，则在 X010 闭合后，每个扫描周期都会移动 K4 位，底端移进，高端移出；如果采用脉冲执行型指令，则 X010 每闭合一次，指令仅执行一次，即数据仅只向左移动一次位左移指令（SFTL）。

2. 位右移指令（SFTR）

位右移指令（SFTR）的功能及用法如图 5-3-2 所示。

该位右移指令的操作数由 M15～M0 组成的 16 位寄存器和 X3～X0 组成的 4 位寄存器构

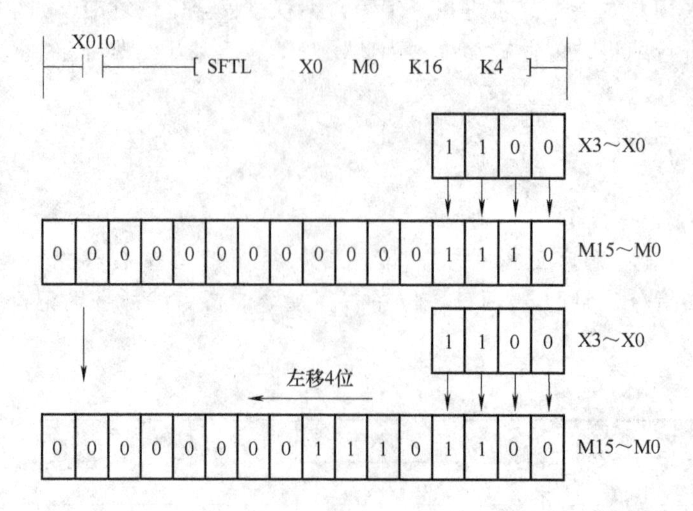

图 5-3-1　位左移指令 SFTL 的功能及用法

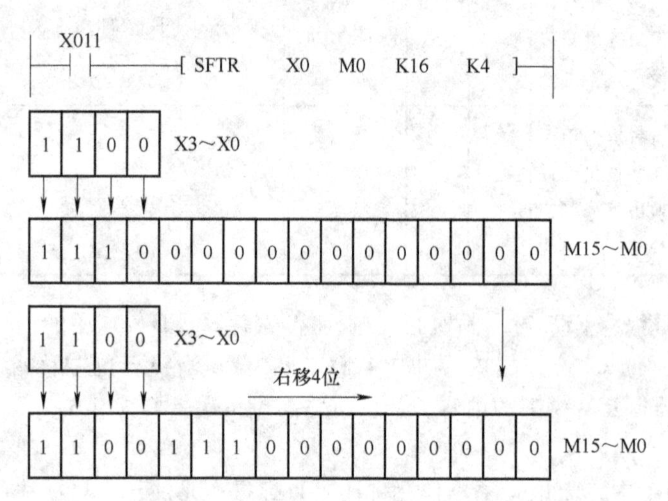

图 5-3-2　位右移指令 SFTR 的功能及用法

成。当 X011 闭合时，X3～X0 的 4 位数据移入到 16 位数据 M15～M0 的高 4 位，低 4 位数据则由右端移出丢失。

需要注意的是，在编程时，如果采用连续性指令，则在 X010 闭合后，每个扫描周期都会移动 K4 位，高端移进，低端移出；如果采用脉冲执行型指令，则应在指令后面加“P”，当 X011 每闭合一次，则指令仅执行一次，即数据仅只向右移动一次。

三、技能训练

（一）设计 I/O 分配表

通过课题分析得知，八台电动机顺序起动逆序停止 PLC 控制，有 5 路输入，分别为工作方式开关、起动按钮、停止按钮、急停按钮及过载保护；8 路输出分别控制八台电动机的电源通断接触器线圈。I/O 分配见表 5-3-2。

表 5-3-2　八台电动机顺序起动逆序停止 PLC 控制 I/O 分配

输入分配（I）			输出分配（O）		
输入元件名称	代　号	输入继电器	输出继电器	被控对象	作用及功能
工作方式开关	SB0	X000	Y000	KM1	1 号电动机
起动按钮	SB1	X001	Y001	KM2	2 号电动机
停止按钮	SB2	X002	Y002	KM3	3 号电动机
急停按钮	SB3	X003	Y003	KM4	4 号电动机
过载保护	FR	X004	Y004	KM5	5 号电动机
			Y005	KM6	6 号电动机
			Y006	KM7	7 号电动机
			Y007	KM8	8 号电动机

（二）设计 PLC 控制接线示意图

根据控制要求、I/O 分配表以及制图相关规定，所设计的八台电动机顺序起动逆序停止 PLC 控制接线示意图如图 5-3-3 所示。

图 5-3-3 中，工作方式开关采用两位转换开关，转换开关断开为手动控制工作方式，转换开关闭合为自动控制工作方式。过载保护为八台电动机热继电器常开触点并联后的接入状态，其中任意一个热继电器动作，X004 常开触点均闭合。

（三）设计梯形图程序

通过学习位左右移指令的功能特点与应用方法，对比本课题的控制特点和要求，设计八台电动机顺序起动逆序停止 PLC 控制梯形图如图 5-3-4 所示。

1. 起动准备控制程序

为保证系统工作的安全可靠，利用 PLC 的初始脉冲继电器 M8002 及期间复位指令设计一个清零程序，对 PLC 的 8 个输出继电器 Y000～Y007 进行复位清零。

此外，考虑到首先要应用位左移指令实现 PLC 的 8 个输出位继电器 Y0～Y7 从低位到高位的输出为“1”，就需要为低位的 Y000 在起动前预置好一个可供调用的数据“1”。

根据位左移指令（SFTL）中操作数［S·］的寄存器选用规则，选用 M0 作为数据置位输入对象，利用 PLC 上电的初始脉冲 M8002 将 M0 置 1，为顺序起动做好准备。

2. 手动顺序起动控制程序

转换开关 SB0 置于手动位置，按下起动按钮 SB1，X001 闭合，执行位左移指令 SFTLP。因按下起动按钮一次位左移指令只需要执行一次，故位左移指令不必采用连续型指令，而应采用脉冲型指令。由于对外输出有 8 个位继电器，故需要移动的数据有 8 位，在此确定以 Y000 为首位的 8 位输出继电器；又因整体移位的数据有 8 位，所以位数为 K8；再则移入的数据为 M0 的内容，而每次移动的数据位数为一位，所以每次移动位数为 K1。

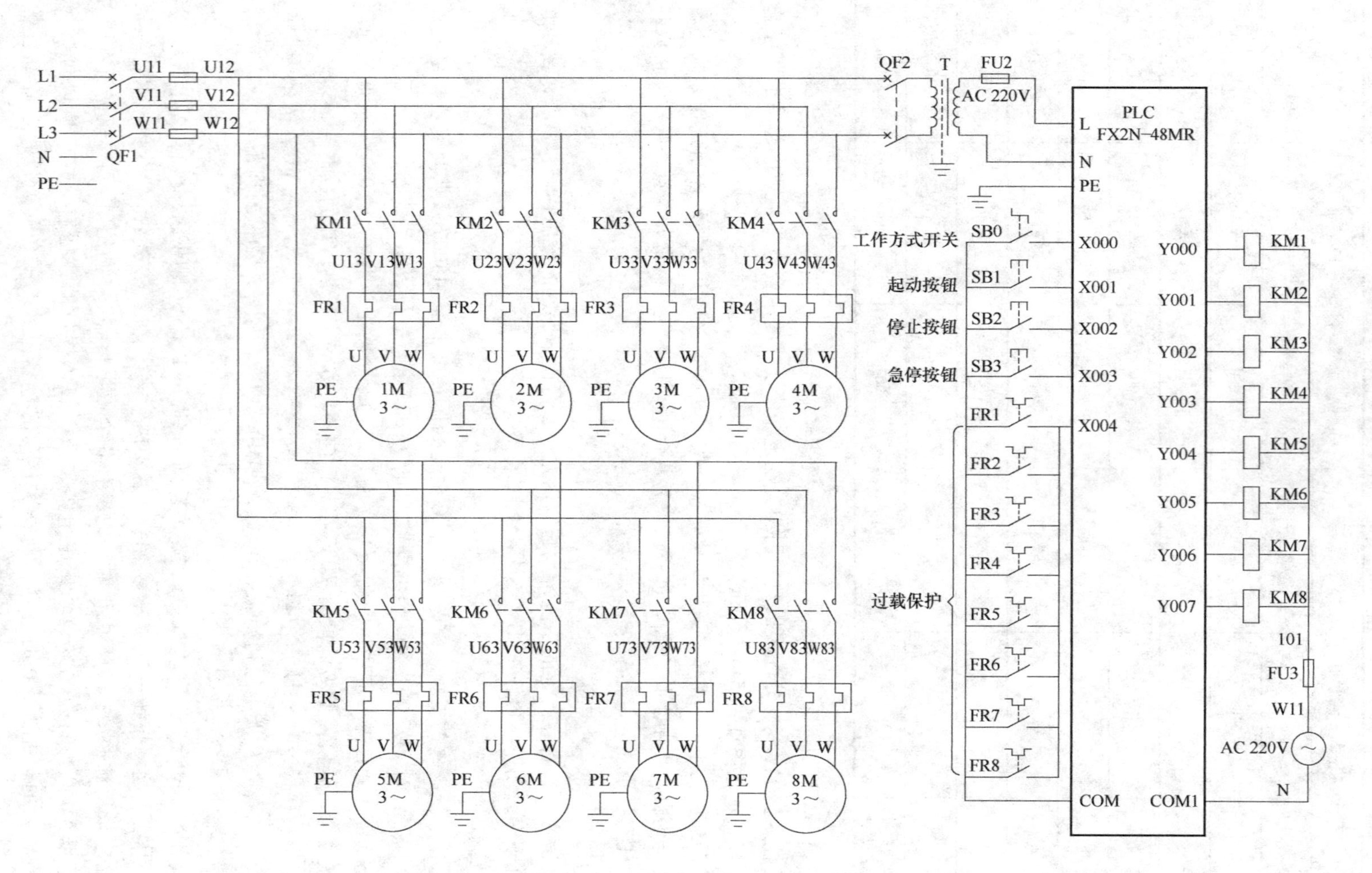

图 5-3-3　八台电动机顺序起动逆序停止 PLC 控制接线示意图

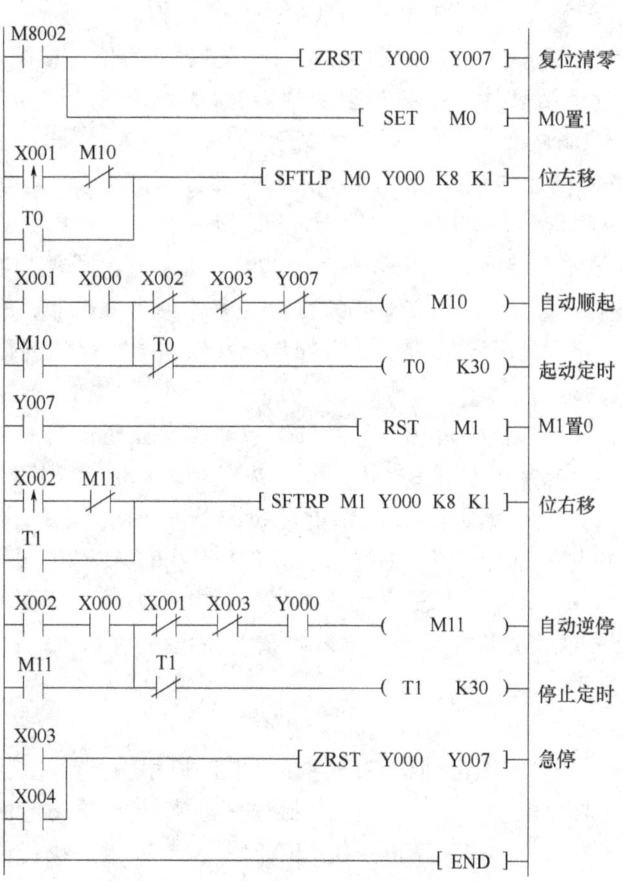

```
M8002
─┤ ├─┬──────────────[ ZRST  Y000  Y007 ]─ 复位清零
     └──────────────[ SET   M0         ]─ M0置1
X001   M10
─┤↑├──┤/├─┬─────────[ SFTLP M0 Y000 K8 K1 ]─ 位左移
T0        │
─┤ ├──────┘
X001  X000  X002  X003  Y007
─┤ ├──┤ ├─┬─┤/├──┤/├──┤/├──( M10 )─ 自动顺起
M10       │ T0
─┤ ├──────┴─┤/├────────────( T0  K30 )─ 起动定时
Y007
─┤ ├────────────────[ RST   M1         ]─ M1置0
X002   M11
─┤↑├──┤/├─┬─────────[ SFTRP M1 Y000 K8 K1 ]─ 位右移
T1        │
─┤ ├──────┘
X002  X000  X001  X003  Y000
─┤ ├──┤ ├─┬─┤/├──┤/├──┤ ├──( M11 )─ 自动逆停
M11       │ T1
─┤ ├──────┴─┤/├────────────( T1  K30 )─ 停止定时
X003
─┤ ├─┬──────────────[ ZRST  Y000  Y007 ]─ 急停
X004 │
─┤ ├─┘
────────────────────[ END ]─
```

图 5-3-4　八台电动机顺序起动逆序停止 PLC 控制梯形图

当第一次执行位左移指令时，自 Y000 为首地址的八位数据首先整体向左移动一位，然后在低位 Y000 中移入 M0 中的内容 1，则 Y000 为“ON”，KM1 线圈接通得电闭合，第一台电动机起动；当第二次按下起动按钮时，Y000 中的“1”移动到 Y001 中，M0 中的内容 1 移入到 Y000 中，使得 Y000、Y001 中的内容都为“1”，KM2 线圈接通得电闭合，第二台电动机起动。同理，当第 8 次按下起动按钮，八台电动机全部得以起动。

3. 自动起动控制程序

为实现自动控制电动机顺序起动，专门应用中间继电器 M10 设计了一段由时间继电器自动控制八台电动机顺序起动控制程序。当转换开关 SB0 置于自动位置时，X000 常开触点闭合。当第一次按下起动按钮 SB1 时，执行位左移指令，第一台电动机起动，同时 M10 线圈得电，断开手动控制程序并使自动控制回路自锁，时间继电器 T0 开始计时。此后时间继电器触点每隔 3s 动作一次，控制位左移指令执行位左移操作，实现后面七台电动机依次顺序起动。当第八台电动机起动后，Y007 线圈动作，其常闭触点断开 M10 控制程序，自动起动完毕。

4. 手动停止控制程序

分析八台电动机逆序停止的控制要求得知，当按下停止按钮时，应将 Y007 首先置零，之后从高位到低位，依次将 Y007～Y000 中的数据置为零，即可实现电动机的停止。为此采用位右移指令（SFTR）对Y007~Y000中的数据进行移位控制。

为保证停止控制的顺利进行，在起动结束时，需要提前为位右移指令预置一个可供调用的数值0，故此，在起动结束时，选取合适的置位对象M1，并应用Y007的常开触点对其进行置0操作，为停止控制做准备。

与起动控制程序的设计同理，当转换开关SB0置于手动位置时，按下停止按钮SB2，X002闭合，执行位右移指令SFTRP。因按下停止按钮一次位右移指令只需要执行一次，故位右移指令不必采用连续型指令，而应采用脉冲型指令。由于对外输出有8个位继电器，故需要移动的数据有8位，因此确定以Y000为首位的8位输出继电器，所以整体移位的数据有8位，位数确定为K8；又因移入的数据为M1的内容，每次移动的数据位数为一位，所以每次移动位数确定为K1。

当执行位右移指令时，自Y000为首地址的8位数据首先整体向右移动一位，然后在高位Y007中移入M1中的内容；当第一次按下停止按钮时，Y007中因移入M1中的内容而变为“0”，KM8线圈失电复位断开，第八台电动机停止运行；当第二次按下停止按钮时，Y007中的“0”移动到Y006中，M1中的内容“0”再次移入Y007中，使得Y007、Y006中的内容都为“0”，KM7线圈失电复位断开，第七台电动机停止运行。同理，每按下一次停止按钮，指令执行一次位右移操作，当第八次按下停止按钮时，八台电动机全部得以断电停止。

5. 自动停止控制程序

为实现时间继电器自动控制电动机逆序停止，专门应用中间继电器M11设计了一段由时间继电器自动控制八台电动机逆序停止控制程序。当转换开关SB0置于自动位置时，X000常开触点闭合。当第一次按下停止按钮SB2时，位右移指令执行位右移操作，第八台电动机停止运行，之后M11线圈得电，断开手动停止控制程序并使自动停止控制回路自锁，时间继电器T1开始计时。时间继电器触点每隔3s动作一次，由此控制位右移指令执行位右移操作，实现后面七台电动机依次逆序停止。当第一台电动机停止后，Y000线圈复位断开，其常开触点断开M11自动控制程序，自动停止完毕。

6. 急停控制程序

在起动、停止和运行过程中，当出现电动机过载等紧急情况时，需要电动机全部断开电源停止运行。当按下急停按钮或热继电器常开辅助触点闭合时，期间复位指令ZRST对Y000~Y007执行清零复位操作，使八台电动机的接触器KM1~KM8全部失电复位，八台电动机全部断电停止运行。

此外，无论是手动控制还是自动控制，该程序都满足了由停止转为起动或由起动转为停止的操作需要，操作灵活，控制可靠。

（四）接线与调试

首先按照接线示意图进行接线，要求安全可靠，工艺美观；接线完毕后要认真检查接线状况，确保正确无误。然后在计算机上应用编程软件进行梯形图编程，编程结束后用专业通信电缆将计算机与PLC连接，给PLC通电，将PLC工作方式开关置于“编程”状态，写入所编写的程序。

调试时先断开PLC输出电源进行模拟调试。将PLC工作方式开关置于“运行”状态，单击工具栏的“程序监视”按钮，观察测试初始化工作状态。

按照先手动控制方式，后自动控制方式的调试顺序调试。在两种工作方式下，分别按下起动按钮和停止按钮，观察 PLC 输入输出情况是否满足控制要求。如果存在问题，需要进一步修改与完善程序。如果控制功能满足要求，则进一步带负载调试，检查接触器动作是否符合控制要求，检查电动机起动、停止是否符合要求。系统调试完毕即可交付使用。

➤【课题小结】

本课题的内容结构如下：

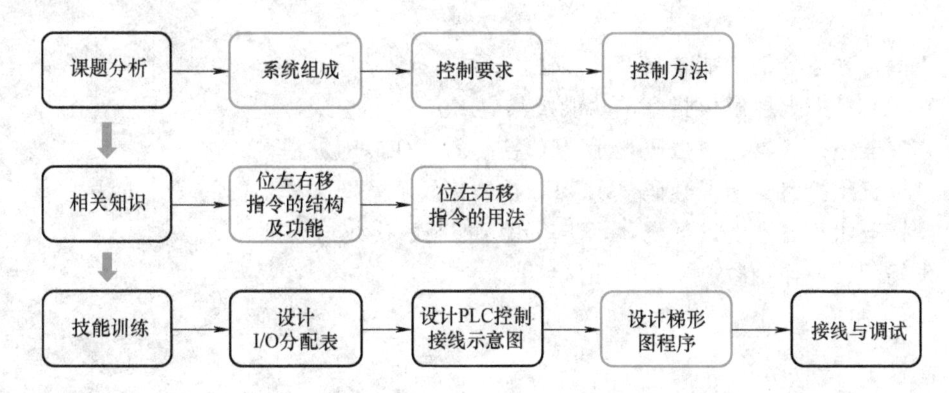

➤【效果测评】

学习效果测评表见表 1-1-1。

课题四　五组抢答器七段数码解码显示控制

知识大赛需要制作一个五组抢答器，当主持人发出开始指令时，五组参赛选手进行抢答，最先按下按钮的竞赛组获得抢答资格，其他组再按无效。获得抢答资格的组别号通过七段数码管向观众显示。抢答完毕，主持人按下复位按钮，显示器显示为零，为再次抢答做准备。试对其进行编程控制。

➤【学习目标】

1. 巩固传送指令的功能含义及其用法。
2. 熟悉和掌握七段解码指令的功能及其应用方法。
3. 掌握五组抢答器七段数码显示 PLC 控制的 I/O 分配方法。
4. 掌握五组抢答器七段数码显示 PLC 控制接线示意图和梯形图的设计方法。
5. 掌握五组抢答器七段数码显示步进编程控制的接线与调试方法。
6. 发扬团结合作、凝心聚力的团队精神。

➤【教 · 学 · 做】

一、课题分析

（一）系统组成

本课题的系统构成比较简单，主持人发出的抢答信号由蜂鸣器的声音信号发出，五个参赛组的组别号由七段数码管显示。蜂鸣器及七段数码管可直接与 PLC 的输出端子相接；主持人宣布开始按钮和复位按钮以及五组抢答按钮分别接至 PLC 输入端子。

（二）控制要求

根据题意，抢答器设置有主持人控制开始及复位按钮，另外还设置有五个抢答控制按钮。当主持人宣布抢答开始并按下抢答开始按钮后，五组抢答按钮方可有效；当其中一组按下抢答按钮后，其余各组再按下抢答按钮则无效；当一个问题抢答完毕，主持人按下复位按钮，系统复位，可进行下一个问题的抢答。取得抢答资格的组别号通过七段数码管加以显示。

（三）控制方法

通过课题分析发现，整个控制过程的关键，一是组别之间的联锁，二是通过七段数码管向外显示。

本课题如果采用基本指令编程，编程过程比较复杂。在功能指令中，专门设有七段解码指令，用于对数据进行解码并通过七段数码显示器显示。学习和掌握七段解码指令，对于实现此类需要通过七段数码显示的课题是非常必要的。

二、相关知识

（一）七段解码指令的结构与功能

七段解码指令是用途广泛的一类功能指令。七段解码指令包括显示一位数据的指令和显示多位数据的指令。本课题只涉及一位数据的对外输出，这里只介绍显示一位数据的七段解码指令 SEGD。

七段解码指令的编号为 FNC73，助记符为 SEGD，用于解码显示一位十六进制数据（0~F）。其指令编号、操作数、梯形图形式见表 5-4-1。

表 5-4-1 七段解码指令说明

指令编号	助记符	功 能	操作数		梯形图形式
			（S·）	（D·）	
FNC73	SEGD	将寄存器中一位十六进制数据解码	K、H、KnX、KnY、KnM、KnS、T、C、D、V、Z	KnX、KnY、KnM、KnS、T、C、D、V、Z	X000 ┤├─[SEGD (S·) (D·)]

（S·）是指定的低四位（只用低四位）存放的待显示的十六进制数据；（D·）为解码后的七段码数据，存放在（D·）指定的数据的低 8 位中。当 X000 闭合时，将（S·）中的一位十六进制数（0~F）进行解码，变为七段码数据存放在（D·）的低 8 位中，而高 8 位保持不变。

（二）七段解码指令的用法

七段解码指令（SEGD）的功能及用法如图 5-4-1 所示。

当 X000 闭合时，执行七段解码指令 SEGD，对 D0 中的数据进行解码，结果放置到位组合元件低 8 位 K2Y000 中，高 8 位的数据则保持不变。

该指令的执行结果需要不断刷新，故采用连续执行型指令。

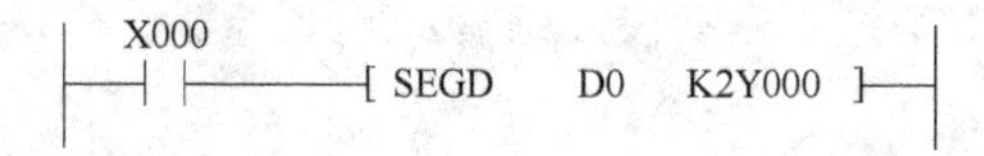

图 5-4-1 七段解码指令（SEGD）的功能及用法

（三）七段码解码情况对照

（S·）中的十进制数（0~9）或十六进制数（0~F）或二进制数（0000~1111），执行七段解码后变为七段码数据存放于（D·）中指定的低 8 位。七段码数据（B0~B6）通过组合，就能够得到所需要待显示的数据。七段码解码情况对照见表 5-4-2。

表 5-4-2 七段码解码情况对照

（S·）		（D·）								七段码组合	显示数据
十六进制数	二进制数	B7	B6	B5	B4	B3	B2	B1	B0		
0	0000	0	0	1	1	1	1	1	1	B0 B5 B1 B6 B4 B2 B3	0
1	0001	0	0	0	0	0	1	1	0		1
2	0010	0	1	0	1	1	0	1	1		2
3	0011	0	1	0	0	1	1	1	1		3
4	0100	0	1	1	0	0	1	1	0		4
5	0101	0	1	1	0	1	1	0	1		5
6	0110	0	1	1	1	1	1	0	1		6
7	0111	0	0	0	0	0	1	1	1		7

（续）

(S·)		(D·)								七段码组合	显示数据
十六进制数	二进制数	B7	B6	B5	B4	B3	B2	B1	B0		
8	1000	0	1	1	1	1	1	1	1	B0 B5 B1 B6 B4 B2 B3	8
9	1001	0	1	1	0	1	1	1	1		9
A	1010	0	1	1	1	0	1	1	1		A
B	1011	0	1	1	1	1	1	0	0		B
C	1100	0	0	1	1	1	0	0	1		C
D	1101	0	1	0	1	1	1	1	0		D
E	1110	0	1	1	1	1	0	0	1		E
F	1111	0	1	1	1	0	0	0	1		F

表中，十六进制数（0~F）或二进制数（0000~1111），通过七段码解码指令进行解码后，变为能为七段数码显示的数据，通过七段数码管组合显示出对应的十六进制数据（0~F）。由于十进制数（0~9）包含在十六进制数中，因此十进制数（0~9）的七段码解码情况与十六进制数中（0~9）解码情况相同。

三、技能训练

（一）设计 I/O 分配表

通过课题分析得知，五组抢答器七段数码显示 PLC 控制，有 7 路输入，8 路输出。列出 I/O 分配见表 5-4-3。

表 5-4-3　五组抢答器七段数码显示 PLC 控制 I/O 分配

输入分配（I）			输出分配（O）		
输入元件名称	代号	输入继电器	输出继电器	被 控 对 象	作用及功能
抢答开始按钮	SB0	X000	Y000	B0	B0 B5 B1 B6 B4 B2 B3
一组抢答按钮	SB1	X001	Y001	B1	
二组抢答按钮	SB2	X002	Y002	B2	
三组抢答按钮	SB3	X003	Y003	B3	
四组抢答按钮	SB4	X004	Y004	B4	
五组抢答按钮	SB5	X005	Y005	B5	
抢答复位按钮	SB6	X006	Y006	B6	
			Y007	HA	蜂鸣器

（二）设计 PLC 控制接线示意图

根据控制要求、I/O 分配表以及制图相关规定，所设计的五组抢答器七段数码显示 PLC 控制接线示意图如图 5-4-2 所示。

图中，PLC 输出端子 Y000~Y006 为解码后 7 位数据的 7 个指定输出端，只能接七段数码显示器的 7 个引脚，不能被其他输出端占用。

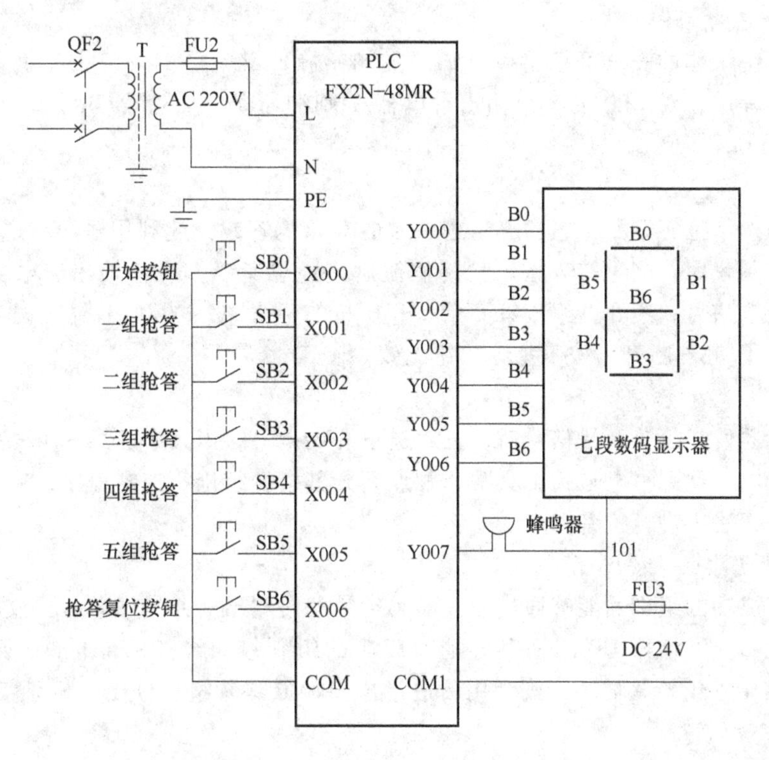

图 5-4-2　PLC 控制五组抢答器七段数码显示接线示意图

（三）设计梯形图程序

通过学习七段解码指令的功能特点与应用方法，对比本课题的控制特点和要求，设计五组抢答器七段数码显示 PLC 控制梯形图如图 5-4-3 所示。

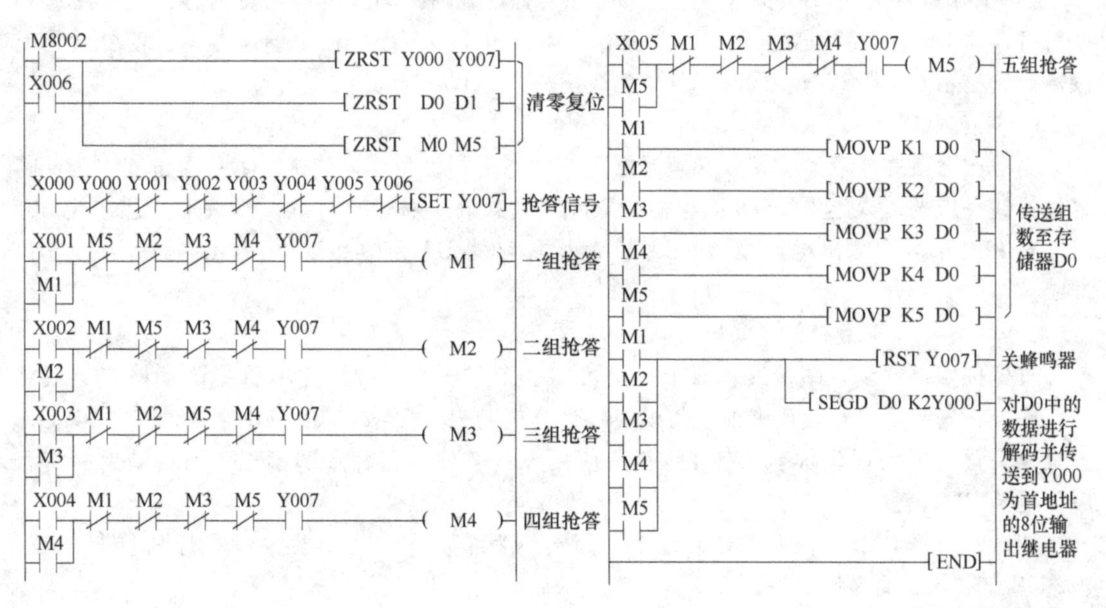

图 5-4-3　五组抢答器七段数码显示 PLC 控制梯形图

1. 起动准备控制程序

为保证系统工作的安全可靠，利用 PLC 的初始脉冲继电器 M8002 及期间复位指令设计一个清零复位程序，对 PLC 的 8 个输出继电器 Y000～Y007、寄存器 D0、中间继电器 M0～M5 复位清零。

2. 抢答控制程序

当主持人按下抢答开始按钮，五组选手才能开始抢答，为此利用输出继电器 Y007 设计一个起保停控制程序。当主持人按下抢答按钮后，置位指令 SET 使输出继电器 Y007 置位，蜂鸣器发出抢答信号，通知五组抢答开始。开始抢答后 Y000～Y006 有输出时，该条支路被 Y000～Y006 常闭触点断开，按下抢答按钮无效。

3. 五组抢答控制程序

听到蜂鸣器发出抢答开始信号后，五组选手开始抢答。当其中任意一组先按下抢答按钮后，对应的继电器线圈得电自锁，其常闭触点断开其余四组抢答控制程序，使后按下抢答按钮的其余各组无法再进行抢答。

4. 组别传送程序

为使抢答成功的组别号能够通过七段解码指令解码输出，并最终在七段数码管上显示出来，特设置了一个寄存器 D0 用来存放抢答成功的组别号。将一～五组的组数分别设置为 K1～K5，当其中一组抢答成功，则利用传送指令 MOVP 将其组别号传送至寄存器 D0。

5. 七段解码程序

利用七段解码指令对寄存器 D0 中的组别号进行解码，变为七段数码显示的数据，此数据用来驱动七段数码管，因此通过解码指令解码的数据就应存放在输出继电器中。根据规定，应选择存放在首地址为 Y000 的 8 位输出继电器中，存放的输出继电器位元件组合就应该为 K2Y000。

当一～五组中任何一组抢答成功，M1～M5 中对应的中间继电器触点闭合，七段解码指令对寄存器 D0 中的组别数据解码，并保存在 K2Y000 的 8 个位输出继电器中，使外接的七段数码管显示对应的组数。同时，复位指令 RST 使 Y007 复位。

6. 复位控制程序

当一次七段完毕后，主持人必须对之前的状态进行复位，才能进行下一次抢答。为此将复位按钮对应的输入继电器 X006 与初始脉冲继电器触点 M8002 并联。当按下复位按钮 SB6 时，对 PLC 的 8 个输出继电器 Y000～Y007、寄存器 D0 和中间继电器 M0～M5 进行复位清零。

（四）接线与调试

首先按照接线示意图接线，要求安全可靠，工艺美观；接线完毕后要认真检查接线状况，确保正确无误。然后用专业通信电缆将计算机与 PLC 连接，给 PLC 通电，将 PLC 工作方式开关置于“编程”状态，在计算机上应用编程软件进行梯形图编程，编程结束后将程序传送至 PLC。

调试时，将 PLC 工作方式开关置于“运行”状态，单击工具栏的“程序监视”按钮，观察 PLC 输入、输出情况。

按下抢答开始按钮，观察输出继电器 Y007 的输出情况；之后逐一按下各组抢答按钮，观察 PLC 输出情况；同时测试程序互锁情况，看看是否满足控制要求；最后测试复位按钮，观察按下复位按钮 SB6 后的输出情况。

如果存在问题，需要进一步修改与完善程序，直到满足控制要求为止。

➤【课题小结】

本课题的内容结构如下：

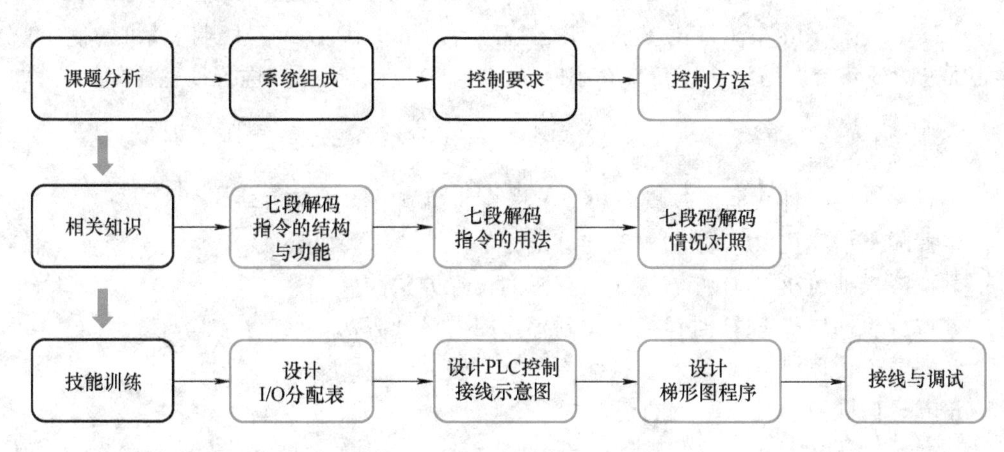

➤【效果测评】

学习效果测评表见表 1-1-1。

课题五　隧道风机时钟指令编程控制

高速公路的某隧道内从前到后安装有4台抽风机，编号为1~4且分为两组，其中1号、2号为第一组，3号、4号为第二组。7:30到21:30车流量比较大，两组4台抽风机全部投入运行；21:30至7:30车流量比较小，只运行两台抽风机即可。考虑到抽风机的使用寿命，两组抽风机中的4台两两组合，每2.5小时轮流起动运行。试对其进行编程控制。

➤【学习目标】

1. 熟悉和掌握时钟数据比较指令和读出指令的功能及其应用方法。
2. 掌握隧道抽风机PLC控制的I/O分配方法。
3. 掌握隧道抽风机PLC控制接线示意图的设计方法。
4. 掌握隧道抽风机PLC时钟指令控制梯形图的设计方法。
5. 掌握隧道抽风机PLC控制的接线与调试方法。
6. 培养爱岗敬业、甘于奉献的精神。

➤【教·学·做】

一、课题分析

（一）系统组成

本课题的主电路由4台抽风机直接起动电路组成，4个接触器分别控制4台电动机的电源通断，对其进行起动、停止控制。采用PLC对其进行控制，输入电路应有起动、停止控制信号，还应有4台电动机的过载保护控制信号；输出电路应设置5路输出，4路控制4台电动机的接触器，一路为工作指示灯。

（二）控制要求

根据题意，4台抽风机分为两个时间段进行工作。在第一时间段，4台抽风机全部投入运行；第二时间段4台抽风机只开启两台，每组一台两两组合起动运行，为此可将第二时间段再均匀分为4个小的时间段，然后两两轮流起动工作。

（三）控制方法

通过课题分析发现，整个控制过程的关键，是根据时间变化实现4台抽风机的按时起停。在PLC的功能指令中，有一类专门用于对时钟进行控制的指令，应用时钟控制指令对此类有关时钟控制问题的课题进行编程，非常便捷。因此，学习和掌握时钟控制指令是非常必要的。

二、相关知识

（一）时钟数据比较指令（TCMP）

时钟数据运算指令共有6条，指令编号分别为FNC160、FNC161、FNC162、FNC163、FNC166和FNC167，用于时钟数据比较及运算，另外还可以对可编程序控制器内置的时间进行校准和格式化操作。时钟数据比较指令是用途非常广泛的一类功能指令。

1. 时钟数据比较指令（TCMP）的结构及功能

时钟数据比较指令（TCMP）用于将源操作元件（S1·）（S2·）（S3·）中设定的时间时、分、秒与时钟时间（S·）中的时、分、秒时间进行比较，比较结果存放到目标操作元件（D·）中，以达到相应的控制目的。其指令编号、操作数和梯形图形式，见表 5-5-1。

表 5-5-1 时钟数据比较指令说明

指令编号	助记符	功能	操作数					梯形图形式
			(S1·)	(S2·)	(S3·)	(S·)	(D·)	
FNC 160	TCMP	将设定时间与运行时间进行比较，对相关对象进行控制	K、H、KnX、KnY、KnM、KnS、T、C、D、V、Z			T、C、D	Y、M、S 三个连续元件	X000 ┤├─[TCMP (S1·) (S2·) (S3·) (S·) (D·)]

（S1·）（S2·）（S3·）分别存放设定时间时、分、秒的数据；（S·）中连续三个指定元件分别存放时钟运行时间时、分、秒的数据；设定时间与时钟时间进行比较，比较结果存放到由（D·）指定的三个连续元件中。

2. 时钟数据比较指令（TCMP）的使用方法

时钟数据比较指令（TCMP）的使用方法如图 5-5-1 所示。

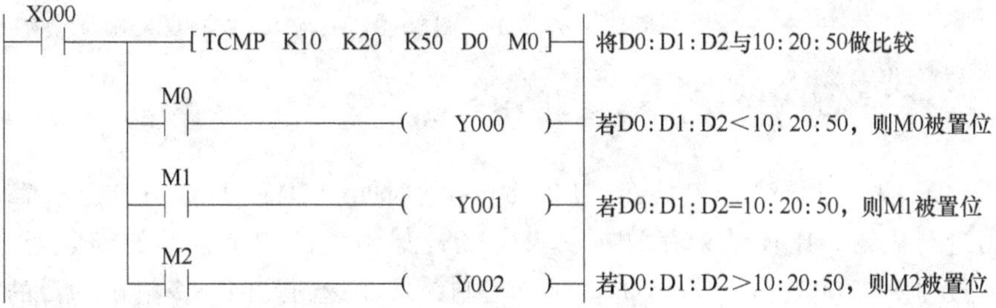

X000 [TCMP K10 K20 K50 D0 M0] 将D0:D1:D2与10:20:50做比较
M0 (Y000) 若D0:D1:D2<10:20:50，则M0被置位
M1 (Y001) 若D0:D1:D2=10:20:50，则M1被置位
M2 (Y002) 若D0:D1:D2>10:20:50，则M2被置位

图 5-5-1 时钟数据比较指令（TCMP）的使用方法

当 X000 常开触点闭合时，执行 TCMP 指令，将时钟时间 D0（时）:D1（分）:D2（秒）与设定时间 10:20:50 进行比较，从而产生大于、等于或小于三个结果，比较结果存放在首地址为 M0 的连续编号元件中，根据控制需要应用 M0、M1、M2 分别对 Y000、Y001、Y002 进行控制，从而得到所需要的输出结果。

（二）时钟数据期间比较指令（TZCP）

1. 时钟数据期间比较指令（TZCP）的结构及功能

时钟数据期间比较指令（TZCP）用于将源操作元件（S·）中指定的时钟数据与（S1·）和（S2·）构成的时间期间做比较，比较结果由三个连续的继电器显示。其指令编号、操作数和梯形图形式，见表 5-5-2。

表 5-5-2 时钟数据期间比较指令说明

指令编号	助记符	功能	操作数				梯形图形式
			(S1·)	(S2·)	(S·)	(D·)	
FNC 161	TZCP	将设定时间与运行时间期间进行比较，获得相应的比较结果，用于对相关对象进行控制	T、C、D 三个连续元件（S1·）≤（S2·）			Y、M、S 三个连续元件	X000 ─┤├─[TZCP (S1·) (S2·) (S·) (D·)]

（S1·）（S2·）分别存放两组设定时间数据（时、分、秒）；（S·）中连续三个指定元件分别存放时钟运行时间数据（时、分、秒）；设定时间与时钟时间进行比较，比较结果存放到由（D·）指定的三个连续元件中。

2. 时钟数据期间比较指令（TZCP）的使用方法

时钟数据期间比较指令（TZCP）的使用方法如图 5-5-2 所示。

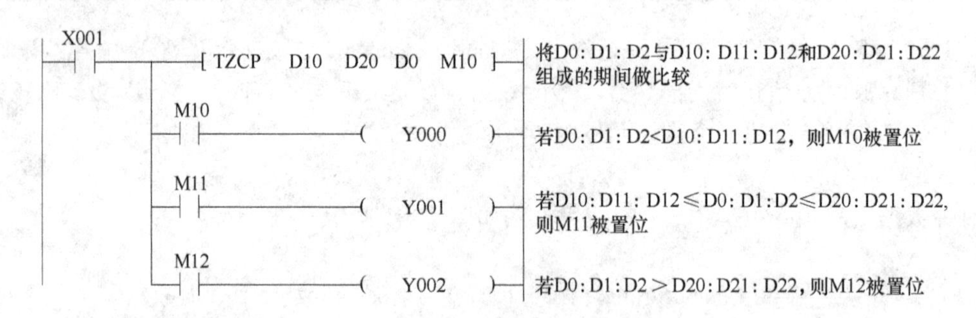

图 5-5-2 时钟数据期间比较指令（TZCP）的使用方法

当 X001 闭合时，执行 TZCP 指令，D0~D2 中的时间同 D10~D12 与 D20~D22 构成的时间期间数据进行比较，比较结果存放在以 M10 为起始地址的三个连续的继电器 M10、M11 和 M12 中，分别对 Y000、Y001 和 Y002 进行控制，从而达到控制三个输出的目的。

（三）时钟数据读出指令（TRD）

1. 时钟数据读出指令（TRD）的结构及功能

时钟数据读出指令（TRD）用于将内置实时时钟数据星期、年、月、日、时、分、秒 7 个数据读出到由（D·）或（S·）指定的 7 个连续元件中。其指令编号、操作数、梯形图形式，见表 5-5-3。

表 5-5-3 时钟数据读出指令（TRD）指令说明

指令编号	助记符	功能	操作数		梯形图形式
			(D·)	(S·)	
FNC 166	TRD	将内置时钟时间读出到由（D·）或（S·）指定的 7 个连续元件中，便于进行比较	T、C、D 七个连续元件		X000 ─┤├─[TRD (D·)]

在 FX 系列 PLC 中，时钟数据星期、年、月、日、时、分、秒 7 个参数分别存放在 7 个数据寄存器 D8019~D8013 中，其中低位编号的 3 个寄存器 D8015、D8014 和 D8013 分别存放时、分、秒的数值。当 X000 闭合时，执行时钟数据读出指令，将存放在 D8019~D8013 寄存器中的 7 个内置时钟数据，读出到（D·）指定的 7 个连续编号元件中。

2. 时钟数据读出指令（TRD）的使用方法

时钟数据读出指令（TRD）的使用方法如图 5-5-3 所示。

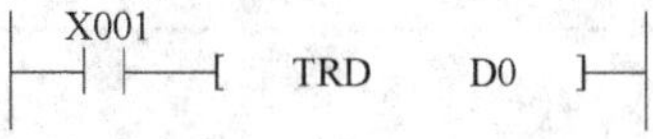

X001 [TRD D0]

图 5-5-3 TRD 的使用方法

当 X001 闭合时，执行时钟数据读出指令，将存放在 D8019~D8013 寄存器中的内置时钟数据星期、年、月、日、时、分、秒对应读出到以 D0 为首元件所指定的 7 个连续元件 D6~D0 中。其对应关系见表 5-5-4。

表 5-5-4 时钟数据读入对应关系

时钟数据	元件	时间	时 钟 数 据	读入	元件	时间	备 注
7 个时钟数据	D8019	星期	0（日）~6（六）	→	D6	星期	
	D8018	年	0~99（公历后两位）	→	D0	年	
	D8017	月	1~12	→	D1	月	
	D8016	日	1~31	→	D2	日	
	D8015	时	0~23	→	D3	时	常用
	D8014	分	0~59	→	D4	分	常用
	D8013	秒	0~59	→	D5	秒	常用

从表 5-5-4 中看出，7 个时钟数据读出到 D0 开始的 7 个寄存器中，其中 D8019（星期）读入到高位数据 D6 中，而时、分、秒则分别对应地读入到 D3、D4、D5 中。时、分、秒常常作为比较的三大要素，因此 D3、D4、D5 是应重点关注的数据寄存器。

假如时钟数据读入到从 D10 开始的 7 个寄存器中，则时、分、秒读入的寄存器就是 D13、D14 和 D15；假如时钟数据读入到 D20 开始的 7 个寄存器中，则时、分、秒读入的寄存器就是 D23、D24 和 D25。

三、技能训练

（一）设计 I/O 分配表

通过课题分析得知，隧道抽风机 PLC 时钟指令编程控制，应有 6 路输入，5 路输出。列出 I/O 分配，见表 5-5-5。

表 5-5-5　隧道抽风机 PLC 控制 I/O 分配

输入分配（I）			输出分配（O）		
输入元件名称	代　号	输入继电器	输出继电器	被控对象	作用及功能
起动按钮	SB0	X000	Y000	KM1	控制 1 号抽风机起停
停止按钮	SB1	X001	Y001	KM2	控制 2 号抽风机起停
1 号抽风机过载保护	FR1	X002	Y002	KM3	控制 3 号抽风机起停
2 号抽风机过载保护	FR2	X003	Y003	KM4	控制 4 号抽风机起停
3 号抽风机过载保护	FR3	X004	Y010	HL	起动运行指示灯
4 号抽风机过载保护	FR4	X005			

（二）设计 PLC 控制接线示意图

根据控制要求、I/O 分配表以及制图相关规定，所设计的隧道抽风机 PLC 时钟指令控制接线示意图，如图 5-5-4 所示。

（三）时钟数据指令编程

通过学习时钟数据比较指令、时钟数据期间比较指令和时钟数据读出指令的功能特点与应用方法，对比本课题的控制特点和要求，本课题将应用到时钟数据期间比较指令（TZCP）和时钟数据读出指令（TRD）。设计隧道抽风机 PLC 时钟指令控制梯形图如图 5-5-5 所示。

1. 时钟数据读出程序

为了便于进行时间数据比较，首先应将 PLC 内置时钟数据读出到指定的数据存储器中。假定本次指定的数据寄存器为从 D0 开始的 7 个寄存器中，则进行比较的时、分、秒数据就存放在 D3、D4、D5 3 个数据寄存器中。由于时钟数据是动态变化的，因此，应及时更新 D3、D4、D5 中的数据，为此使用了时钟脉冲继电器 M8012 控制时钟数据读出指令，每 100ms 闭合一次，进行数据更新。

2. 期间比较数据传送程序

4 台抽风机的工作是以规定的时间节点有序进行的，用各个规定时间与时钟数据进行比较，就得到所需要的运行方式。为了便于进行时间数据比较，首先应将几个时间段的数据传送至相应的数据寄存器中，为此需要应用到数据传送指令。为了便于分析，将各个时间段、工作风机台数、PLC 输出继电器状态以及期间比较数据存储元件的设定情况等列于表 5-5-6 中。

表 5-5-6　隧道抽风机工作时间及存储器设定一览表

时间段	工作风机	Y003	Y002	Y001	Y000	十进制数	（S1·）	（S2·）	（S·）	（D·）
7:30~21:30	1 号、2 号、3 号、4 号	1	1	1	1	K15	D13	D23	D3	M0
21:30~0:00	1 号、3 号	0	1	0	1	K5	D23	D33	D3	M10
0:00~2:30	2 号、4 号	1	0	1	0	K10	D33	D43	D3	M20
2:30~5:00	1 号、4 号	1	0	0	1	K9	D43	D53	D3	M30
5:00~7:30	2 号、3 号	0	1	1	0	K6	D53	D13	D3	M40

根据表中的设定情况，应用传送指令将各个时间节点的时、分、秒分别传送到以 D13~D53 开始的连续 3 个数据寄存器中，为后面的期间比较做准备。

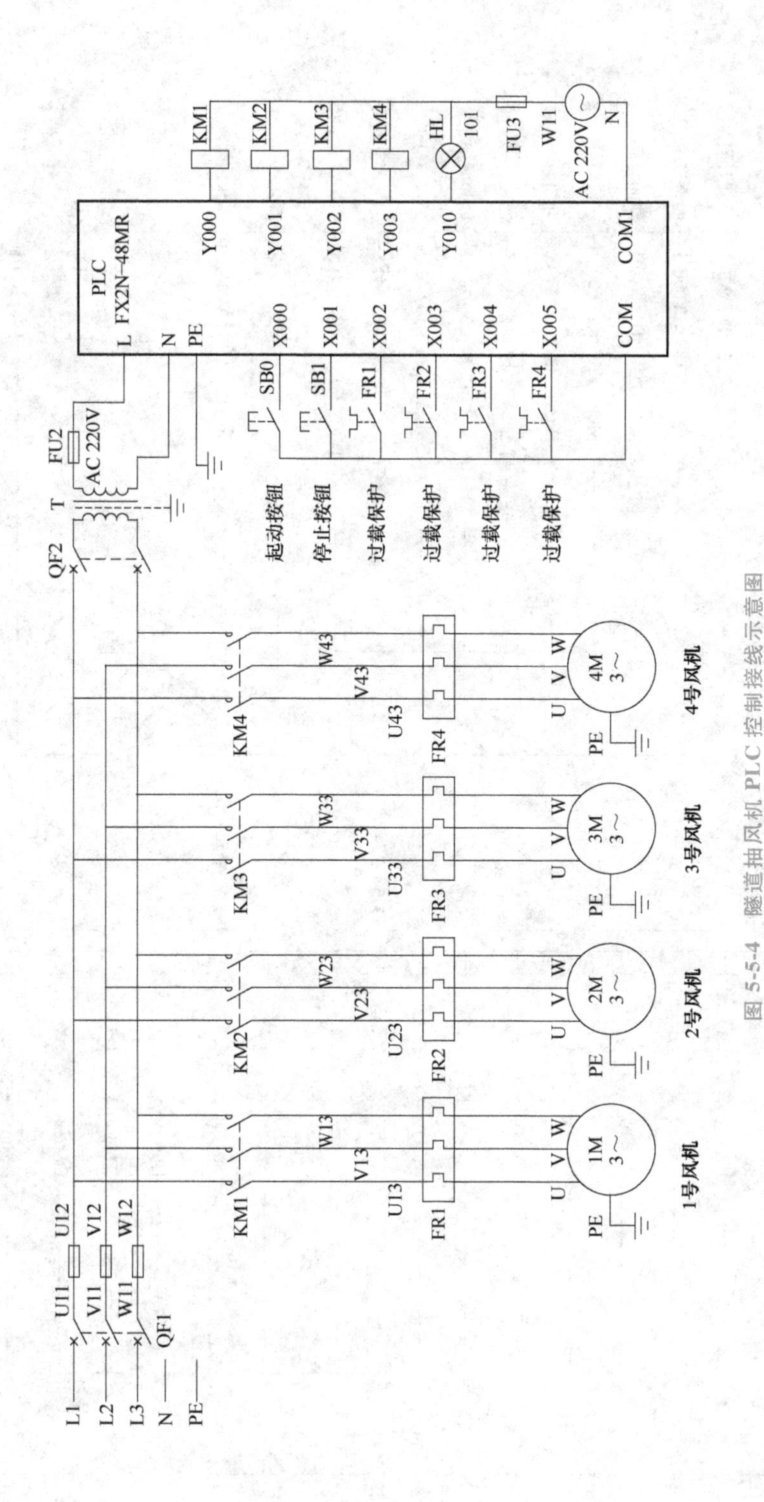

图 5-5-4　隧道抽风机 PLC 控制接线示意图

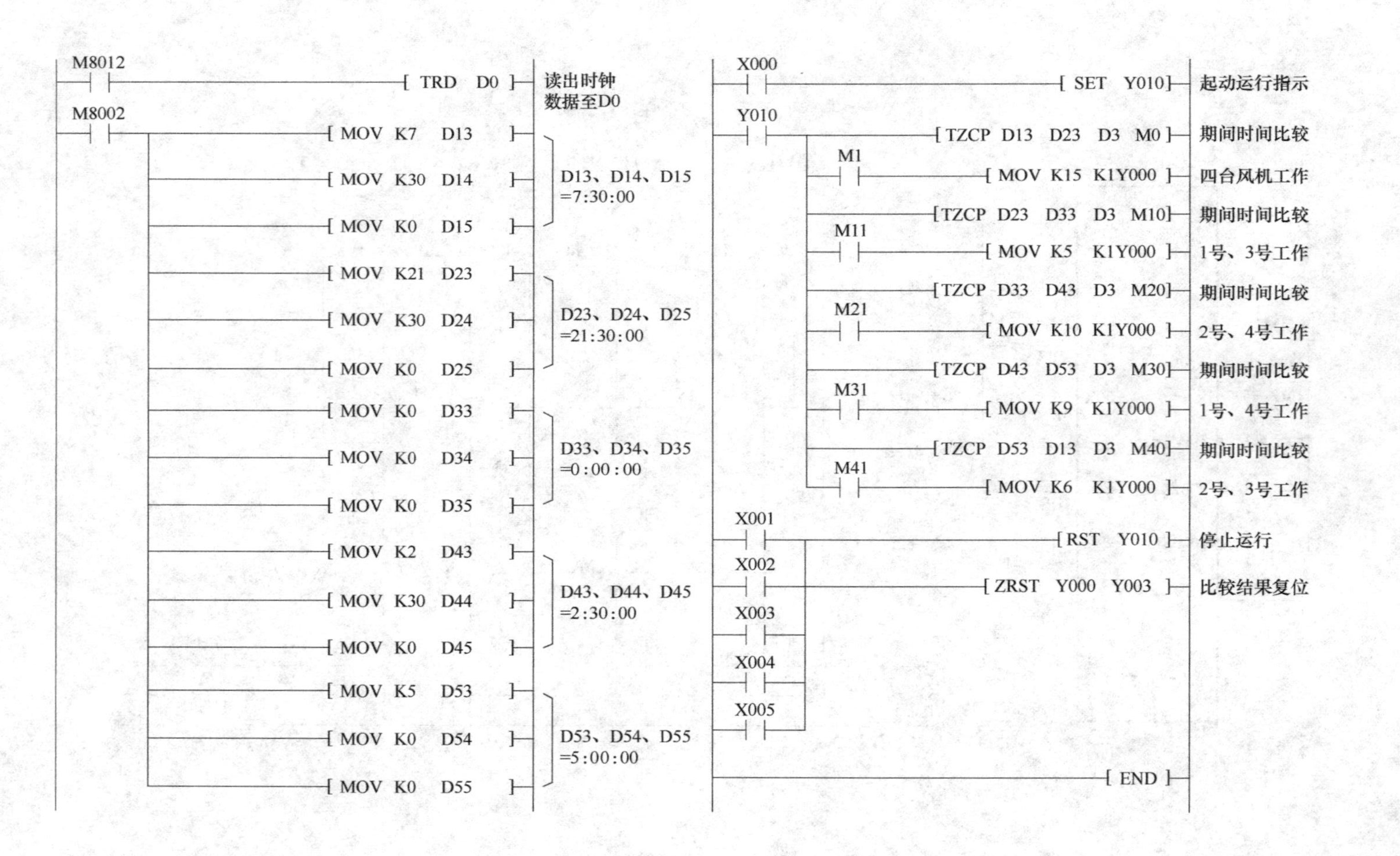

图 5-5-5　隧道抽风机 PLC 时钟数据指令编程控制梯形图

为了使表中设定的时间数据及时进行传送，使用初始脉冲继电器 M8002 的常开触点作为数据传送的控制触点，当 PLC 上电以后，M8002 闭合，时间设定数据立即传送到相关的数据寄存器 D13～D53 中。

3. 期间比较指令控制程序

当按下起动按钮 SB0 时，输入继电器 X000 常开触点闭合，输出继电器 Y010 置位，起动运行指示灯显示控制系统开始工作，同时开始执行时钟数据期间比较指令（TZCP），比较结果分别送到指定元件 M0、M10、M20、M30 和 M40 开始的连续 3 个中间继电器中。

4. 输出继电器控制程序

当时钟数据处于两个时间节点之间的条件符合时，其比较结果分别使 M1、M11、M21、M31 和 M41 常开触点闭合，应用其控制传送指令，将相应的十进制数据传送至 K0Y000 中，得到所需要的输出，从而使各时间段所需工作的抽风机起动运行。

5. 停止及复位控制程序

当按下停止按钮或抽风机出现过载时，复位指令使 Y010 复位，同时期间复位指令使 Y000～Y003 全部复位，为下次起动做准备。

（四）接线与调试

首先按照接线示意图接线，要求安全可靠，工艺美观；接线完毕后要认真检查接线状况，确保正确无误。然后用专业通信电缆将计算机与 PLC 连接，给 PLC 通电，将 PLC 工作方式开关置于“编程”状态，在计算机上应用编程软件进行梯形图编程，编程结束后将程序传送至 PLC。

调试时，先进行模拟调试。断开 PLC 负载电源，将 PLC 工作方式开关置于“运行”状态，单击工具栏的“程序监视”按钮，观察 PLC 输入、输出情况。

按下起动按钮，观察输出继电器 Y010 的输出情况；按照时钟时间对照输出继电器输出是否满足要求；按下停止按钮，观察输出状态。如果存在问题，需要进一步修改与完善程序，直到满足控制要求为止。

模拟调试结束，最后带负载调试，观察接触器动作情况，符合控制要求，即交付投入使用。

➤【课题小结】

本课题的内容结构如下：

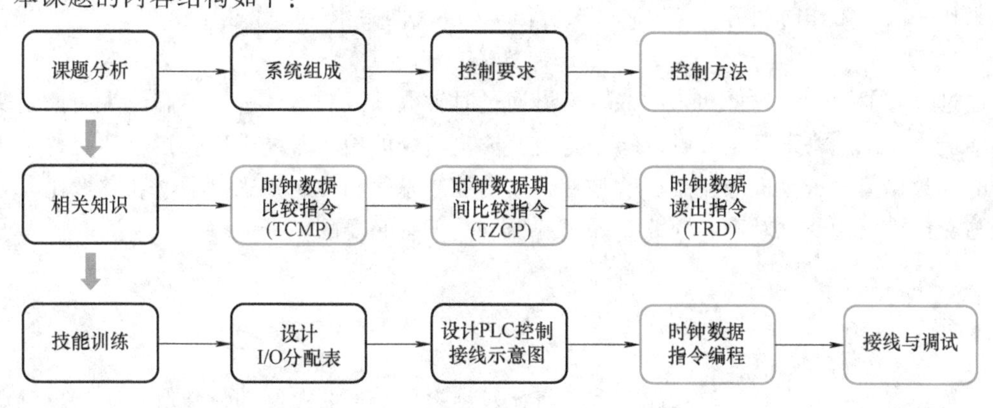

➤【效果测评】

学习效果测评表见表 1-1-1。

课题六　植物喷淋灌溉比较触点指令编程控制

某公园对A、B两类植物进行定时喷淋灌溉。其中A类植物在7:00~7:30、22:00~22:30两个时段进行灌溉；B类植物则每隔一天的23:30灌溉一次，每次灌溉20min。试对其进行编程控制。

➤【学习目标】

1. 熟悉和掌握比较触点指令的功能及其应用方法。
2. 熟悉和掌握交替输出指令的功能及其应用方法。
3. 掌握植物喷淋灌溉PLC控制的I/O分配方法。
4. 掌握植物喷淋灌溉PLC控制接线示意图的设计方法。
5. 掌握植物喷淋灌溉PLC控制比较触点指令、交替输出指令编程应用方法。
6. 掌握植物喷淋灌溉PLC控制的接线与调试方法。
7. 培养踏实肯干的务实精神。

➤【教·学·做】

一、课题分析

（一）系统组成

本课题的主电路由两台水泵直接起动电路构成，两个接触器分别控制两台水泵的电源通断，对其进行起动、停止控制。采用PLC对其进行控制，输入电路应有起动、停止控制，还应有两台水泵的过载保护控制；输出电路应设置三路输出，其中一路控制指示灯，作为系统工作指示灯，另外两路分别对两台水泵的电源接触器进行控制。

（二）控制要求

根据题意，其中一台水泵分为7:00~7:30、22:00~22:30两个时段工作；另一台水泵隔天工作一次，工作时间为23:30，每次工作20min。两台水泵工作互不影响。

（三）控制方法

通过学习前面的课题得知，本课题可以通过时钟数据控制指令进行控制。为使控制变得更加便捷，本课题将学习比较触点指令与交替输出指令的用法，采用比较指令和交替指令并配合时钟数据读出指令进行控制，这是一种新的控制思路和控制方法。学习和掌握比较触点指令与交替输出指令，对于实现此类课题的控制是很有必要的。

二、相关知识

（一）比较触点指令

比较触点是一类具有比较功能并直接将比较结果用于通断控制的特殊触点。比较触点有三种形式：母线起始比较触点、串联比较触点和并联比较触点。每种比较触点又有6种比较方式：=（等于）、>（大于）、<（小于）、<>（不等于）、<=（小于或等于）和>=（大于或等于）。比较触点是根据两个数据的比较结果而动作的，比较的数据也有 16 位数据和 32 位数据两种。比较触点指令见表 5-6-1。

表 5-6-1　比较触点指令

起始比较触点指令		串联比较触点指令		并联比较触点指令		触点动作条件	触点形式
FNC224	LD(D)=	FNC232	AND(D)=	FNC240	OR(D)=	(S1·)=(S2·)	常开触点
FNC225	LD(D)>	FNC233	AND(D)>	FNC241	OR(D)>	(S1·)>(S2·)	常开触点
FNC226	LD(D)<	FNC234	AND(D)<	FNC242	OR(D)<	(S1·)<(S2·)	常开触点
FNC228	LD(D)<>	FNC236	AND(D)<>	FNC244	OR(D)<>	(S1·)<>(S2·)	常开触点
FNC229	LD(D)<=	FNC237	AND(D)<=	FNC245	OR(D)<=	(S1·)≤(S2·)	常开触点
FNC230	LD(D)>=	FNC238	AND(D)>=	FNC246	OR(D)>=	(S1·)≥(S2·)	常开触点

比较触点指令后缀（D）表示比较数据为 32 位数据，用 D=、D>、D<来表示。比较型触点与此前使用的基本指令触点不同，此前使用的触点为位元件，而比较型触点相当于字元件。比较的两个元件（S1·）和（S2·）都必须是字元件。

1. 比较触点指令的结构及功能

比较触点指令共有 3 类 18 种指令，用于将两操作元件（S1·）与（S2·）中的数据进行比较，比较结果符合触点动作条件时，该触点动作，以达到相应的控制目的。其指令编号、类型、操作数和梯形图形式，见表 5-6-2。

表 5-6-2　比较触点指令说明

指令编号	类　型	功　能	操作数		梯形图形式
			(S1·)	(S2·)	
FNC224~246	LD(D)=、>、<、<>、<=、>= AND(D)=、>、<、<>、<=、>= OR(D)=、>、<、<>、<=、>=	将两个源数据进行比较，比较结果决定触点通断	K、H、KnX、KnY、KnM、KnS、T、C、D、V、Z		[触点比较指令（S1·）（S2·）]

2. 比较触点指令的使用方法

比较触点指令的使用方法如图 5-6-1 所示。

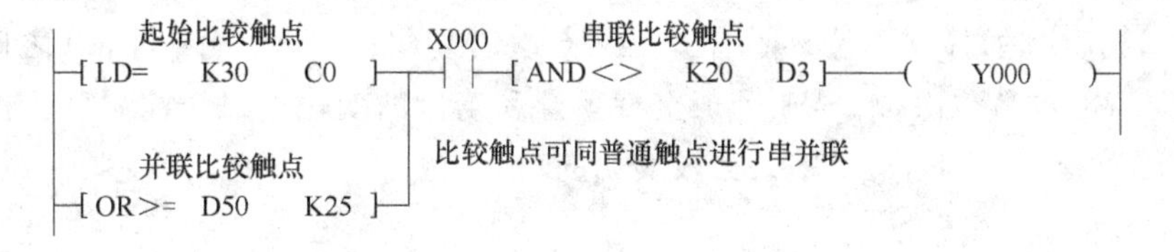

图 5-6-1　比较触点指令的使用方法

与左母线连接的比较触点为起始比较触点；与其他触点并联的比较触点为并联比较触点；与其他触点串联的比较触点为串联比较触点；比较触点可以同普通触点进行串并联。

在图5-6-1中，当计数器C0中的数值等于30时，该起始比较触点闭合；当数据寄存器D50中的数值≥25时，该并联比较触点闭合；当数据寄存器D3中的数值不等于20时，该串联比较触点闭合。当起始比较触点或并联比较触点闭合，且当X000闭合以及串联比较触点都闭合后，输出继电器线圈Y000得电，向外接通相关控制对象。

（二）交替输出指令

交替输出指令是专门用于控制输出状态呈现规律变化的指令。

1. 交替输出指令的结构及功能

交替输出指令（ALT）用于将目标操作元件（D·）的输出状态产生交替变化。其指令编号、操作数和梯形图形式，见表5-6-3。

表5-6-3　交替输出指令说明

指令编号	助记符	功　能	操作数 (D·)	梯形图形式
FNC 66	ALT	控制输出状态发生交替变化，用于对输出需要交替变化的对象进行控制	Y、M、S	X000 ─┤├─[ALTP M0]

当X000第1次闭合时M0被置位；当X000第2次闭合时M0被复位；当X000第3次闭合时M0被置位；当X000第4次闭合时M0被复位。依此类推，当X000每次接通，M0都会变为相反状态。

2. 交替输出指令的使用方法

交替输出指令的使用方法如图5-6-2所示。

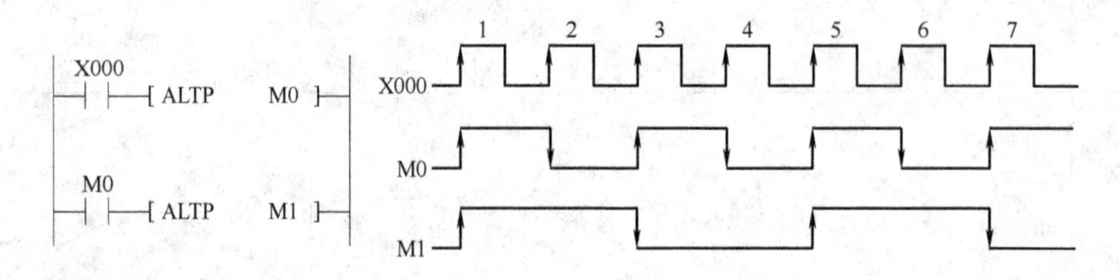

图5-6-2　交替输出指令的使用方法

X000闭合时，执行ATLP指令，M0的输出根据X000的输入情况呈交替变化，X000闭合第1、3、5、7次时，M0置位，闭合2、4、6次时复位；同理，M1与M0之间的关系也是如此，随着M0的置位次数，M1呈现交替置位和复位的变化。对于需要间隔输出的控制要求，交替输出指令（ALT）是一条比较实用的功能指令。

三、技能训练

（一）设计I/O分配表

通过课题分析得知，植物喷淋灌溉PLC控制，有4路输入，3路输出。列出I/O分配见表5-6-4。

表 5-6-4 植物喷淋灌溉 PLC 控制 I/O 分配

输入分配（I）			输出分配（O）		
输入元件名称	代　号	输入继电器	输出继电器	被控对象	作用及功能
起动按钮	SB0	X000	Y000	HL	工作指示灯
停止按钮	SB1	X001	Y001	KM1	控制 1 号水泵起停
1 号水泵过载保护	FR1	X002	Y002	KM2	控制 2 号水泵起停
2 号水泵过载保护	FR2	X003			

（二）设计 PLC 控制接线示意图

根据控制要求、I/O 分配表以及制图相关规定，所设计的植物喷淋灌溉 PLC 控制接线示意图如图 5-6-3 所示。

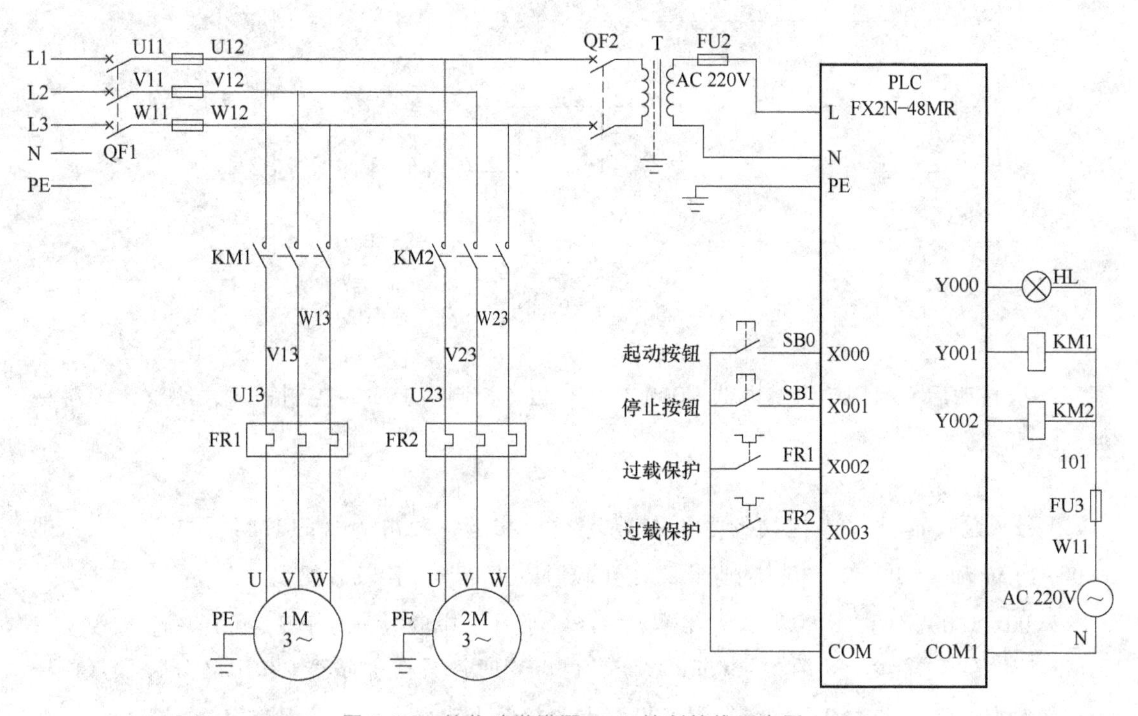

图 5-6-3 植物喷淋灌溉 PLC 控制接线示意图

（三）设计 PLC 控制梯形图

通过学习时钟数据比较指令、时钟数据读出指令、比较触点指令和交替输出指令等功能指令的功能特点与应用方法，对比本课题的控制特点和要求，设计的植物喷淋灌溉 PLC 控制梯形图如图 5-6-4 所示。

1. 起保停控制程序

为了便于进行起停控制，首先设计一段起保停控制程序。当按下起动按钮 SB0 时，输出继电器 Y000 线圈得电，触点自锁，工作指示灯点亮，显示系统已经起动；当按下停止按钮 SB1 或当两台水泵运行中过载时，输出继电器 Y000 线圈失电，触点复位，解除自锁。

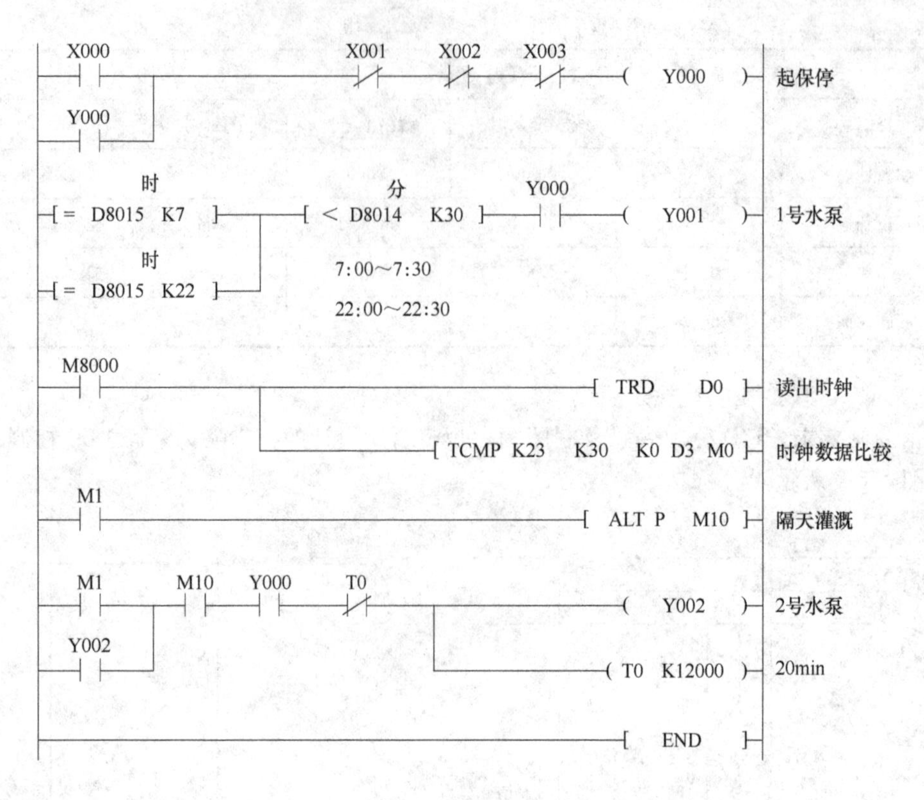

图 5-6-4　植物喷淋灌溉 PLC 控制梯形图

系统起动后，利用输出继电器 Y000 的常开触点控制两台水泵控制程序，使整个控制更加安全有效。

2. 1号水泵控制程序

1号水泵负责对A类植物的灌溉，对A类植物进行喷淋灌溉的时间为每天两次，即7:00~7:30和22:00~22:30。对此，采用比较触点指令编程比较方便。

7:00~8:00之间，时钟数据寄存器 D8015（小时）中的数值等于7，可用一个比较触点（D8015=K7）进行编程；在0~30min之间，可以用时钟数据寄存器 D8014（分钟）形成一个比较触点（D8014<K30）进行编程。将两个比较触点串联，即可满足在7:00~7:30之间，两个比较触点均闭合的控制效果。

同理，22:00~23:30之间，时钟数据寄存器 D8015（小时）中的数值等于22，可用一个比较触点（D8015=K22）进行编程；在0~30min之间，可用时钟数据寄存器 D8014（分钟）形成一个比较触点（D8014<K30）进行编程。将两个比较触点串联，即可满足在22:00~23:30之间，两个比较触点均闭合的控制效果。

由于上述两段时间控制程序中均有比较触点（D8014<K30），通过简化控制程序，可将两个比较触点（D8015=K7）与（D8015=K22）并联，之后再与比较触点（D8014<K30）串联，作为控制1号水泵的输出继电器 Y001 的基本条件。

在此基础上同常开触点 Y000 串联，构成1号水泵的控制程序。按下起动按钮，只要时间满足比较触点的条件，1号水泵即自动起动和关闭。

3. 2号水泵控制程序

2号水泵负责对B类植物的灌溉，对B类植物进行喷淋灌溉的时间为隔天一次，23:30开始灌溉，每次灌溉20min。对此，宜采用时钟数据比较指令与交替指令相结合进行编程控制。

（1）时钟数据读出程序　为便于进行时间数据比较，首先应将PLC内置时钟数据读出到指定的数据存储器中。假定本次指定的数据寄存器为D0开始的7个寄存器中，则进行比较的时、分、秒三个数据就分别存放在D3、D4、D5三个数据寄存器中。由于时钟数据是动态变化的，因此，应及时更新D3、D4、D5中的数据，为此使用了M8000常开触点，当PLC运行时，时钟数据读出并及时进行扫描更新。

（2）时钟数据比较程序　由于B类植物的喷淋浇灌时间起始于每天的23:30，因此应将23:30:00作为给定时间与D3连续的三个数据寄存器（D3、D4、D5）中的时钟数据进行比较，比较结果存放在M0为首的三个继电器（M0、M1、M2）中。当时钟到23:30:00（即比较结果相等）时，M1被置位，可以用其控制2号水泵的起动。

（3）隔天浇灌控制程序　由于B类植物是隔天浇灌，因此采用交替输出控制指令ALT参与编程是必要的。应用M1作为交替指令ALT的控制信号，再用交替指令ALT的交替输出信号M10控制输出继电器Y002，即可实现对Y002的交替输出控制。

第一天M1闭合时，执行交替输出ALT指令，M10置位闭合，输出继电器Y002线圈得电并自锁，2号水泵工作；与此同时，时间继电器T0开始计时，20min后其常闭触点T0断开，Y002线圈失电解除自锁，2号水泵喷淋完毕。

第二天M1闭合时，执行交替输出ALT指令，M10复位断开，2号水泵保持停止状态。

第三天M1闭合时，执行交替输出ALT指令，M10置位闭合，输出继电器Y002线圈得电并自锁，2号水泵工作；与此同时，时间继电器T0开始计时，20min后其常闭触点T0断开，Y002线圈失电解除自锁，2号水泵喷淋完毕。后面隔天交替工作，不再赘述。

（四）接线与调试

首先按照接线示意图接线，要求安全可靠，工艺美观；接线完毕后要认真检查接线状况，确保正确无误。安装接线完毕，用专业通信电缆将计算机与PLC连接，给PLC通电，将PLC工作方式开关置于“编程”状态，在计算机上应用编程软件进行梯形图编程，编程结束后将程序传送至PLC。

由于比较触点指令在梯形图编程时的输入较为复杂，在此以比较触点指令“D8015=K7”在梯形图编程中的输入为例加以说明，其输入步骤如下。

1. 打开输入指令对话框

按下快捷键“F8”，或者打开“功能键”或“功能图”，打开“输入指令”对话框为输入比较触点指令做好准备，如图5-6-5所示。

2. 选择比较指令类别

单击“参照”按钮，进入“指令表”对话框，如图5-6-6所示。

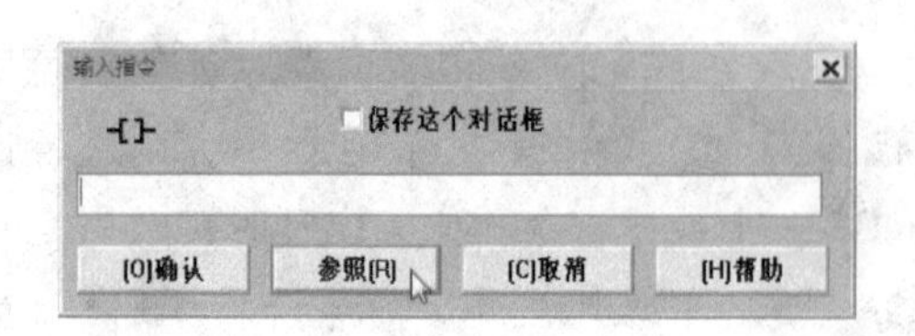

图 5-6-5　“输入指令”对话框

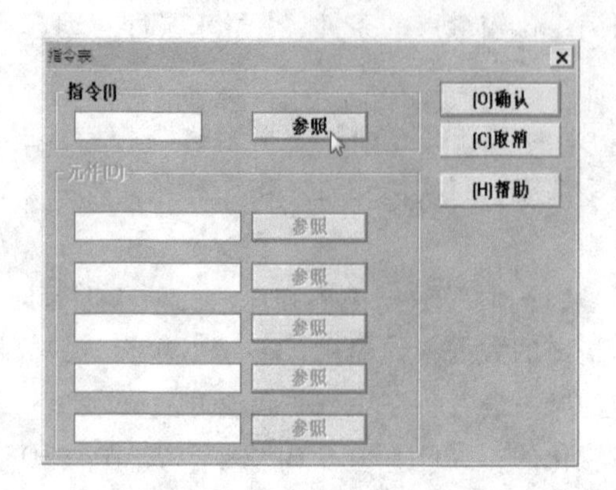

图 5-6-6　“指令表”对话框

单击“参照”按钮，进入“指令参照”对话框，在“指令类型”栏查找并单击“比较触点”类型指令，在其右侧的“指令”栏中，选中并单击所需要的比较触点指令（如“=”），所需要的比较触点指令随即进入左上角的文本框，如图 5-6-7 所示。

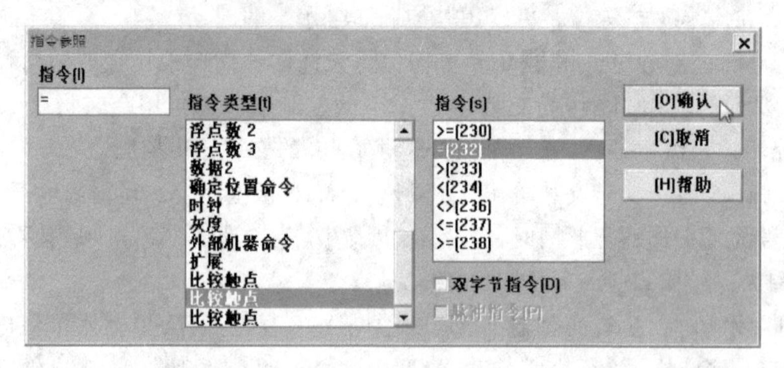

图 5-6-7　“指令参照”对话框

3. 选择编程所需存储元件

单击“确认”按钮，回到“指令表”对话框，此时在“指令”一栏就出现了所需要的比较指令符号“=”，如图 5-6-8 所示。

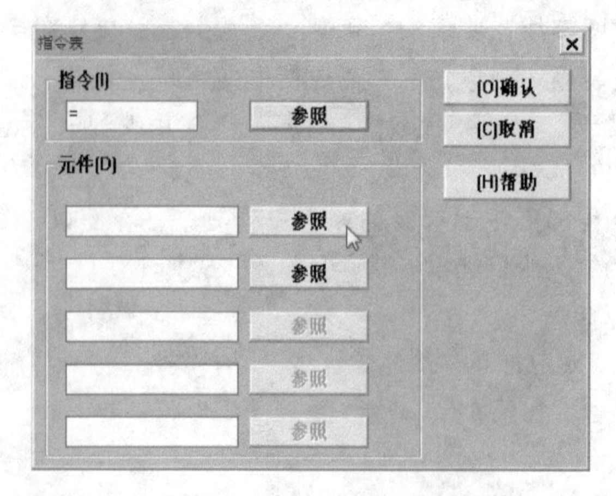

图 5-6-8　已选择比较指令的指令对话框

在其下面的“元件”栏右侧，单击“参照”按钮，进入“元件说明”对话框，如图 5-6-9 所示。

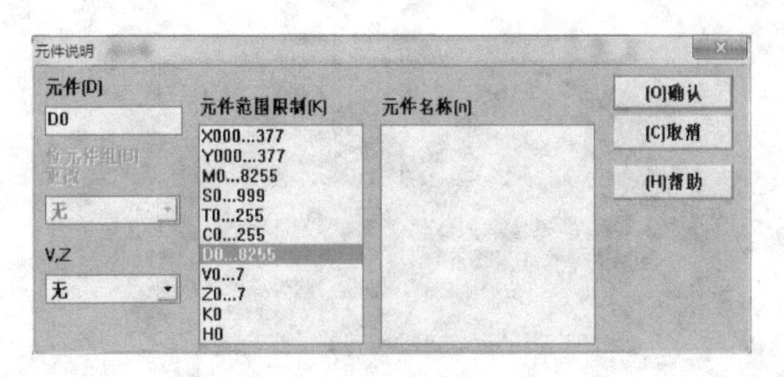

图 5-6-9　“元件说明”对话框

在其“元件范围限制”栏中查找和选择所需编程元件，由于比较触点指令的元件为数据寄存器 D8015，因此元件选择并单击数据寄存器栏“D0...8255”，之后在左上角文本框中出现“D0”，将光标移到“D0”栏，输入所需要的存储器 D8015，单击“确认”按钮，元件 D8015 输入完毕，如图 5-6-10 所示。

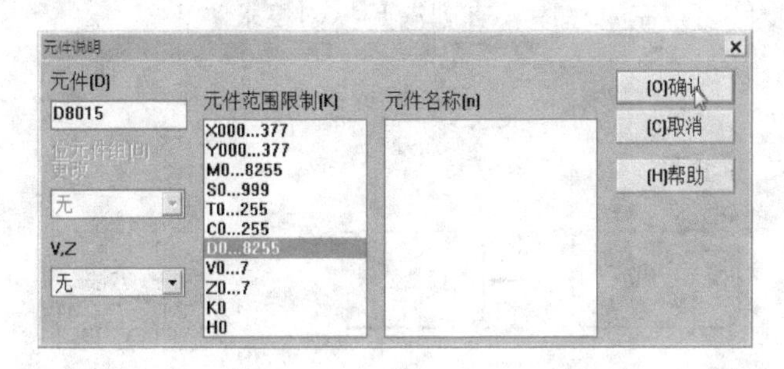

图 5-6-10　D8015 输入示意图

单击“确认”按钮，返回“指令表”对话框，单击第二栏“元件”对话框右侧的“参考”按钮，再次进入“元件说明”对话框，在“元件范围限制”栏查找所需编程元件，由于比较触点指令的第二个元件为 K7，因此元件选择并单击数据寄存器栏“K0”，之后在左上角对话框中出现“K0”，将光标移到“K0”栏，输入所需要的数据 K7，单击“确认”按钮，返回“指令表”对话框，如图 5-6-11 所示。

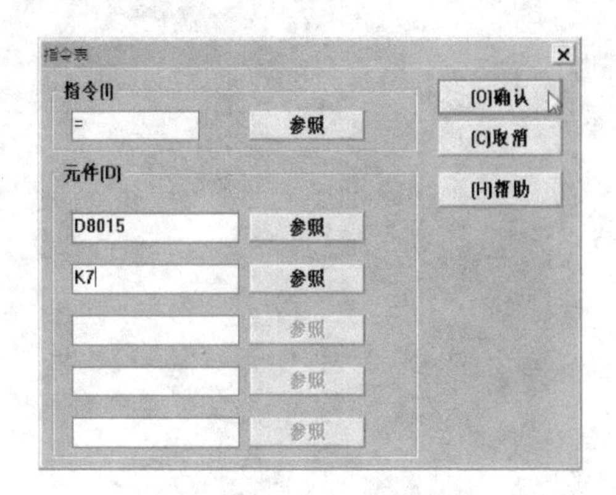

图 5-6-11　K7 输入示意图

单击“确认”按钮，返回“输入指令”对话框，出现“=D8015　K7”的式子，如图5-6-12所示，即为“D8015=K7”。单击“确认”按钮，在梯形图中得到所需比较触点指令对应的图形符号。

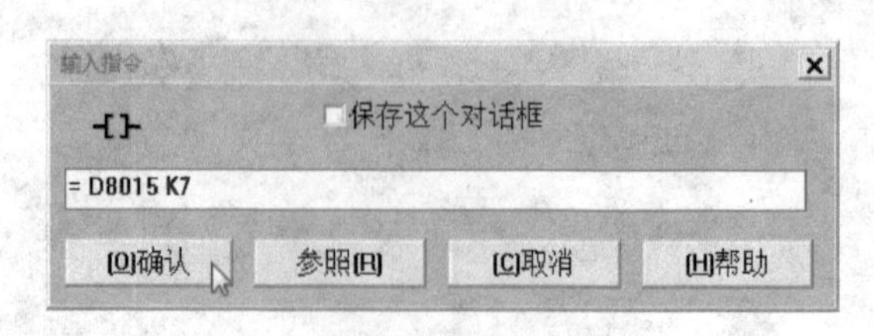

图5-6-12　完成指令输入示意图

同理，“D8015=K22”及“D8014<K30”两个比较触点指令的输入方法与此相同，不再赘述。

调试时，先进行模拟调试，即断开PLC负载电源，将PLC工作方式开关置于“运行”状态，单击工具栏的“程序监视”按钮，观察PLC输入、输出情况。

模拟调试结束，最后带负载调试，观察接触器动作情况。符合控制要求即可，如果存在问题，则需要进一步修改与完善程序，直到满足控制要求为止。

【课题小结】

本课题的内容结构如下：

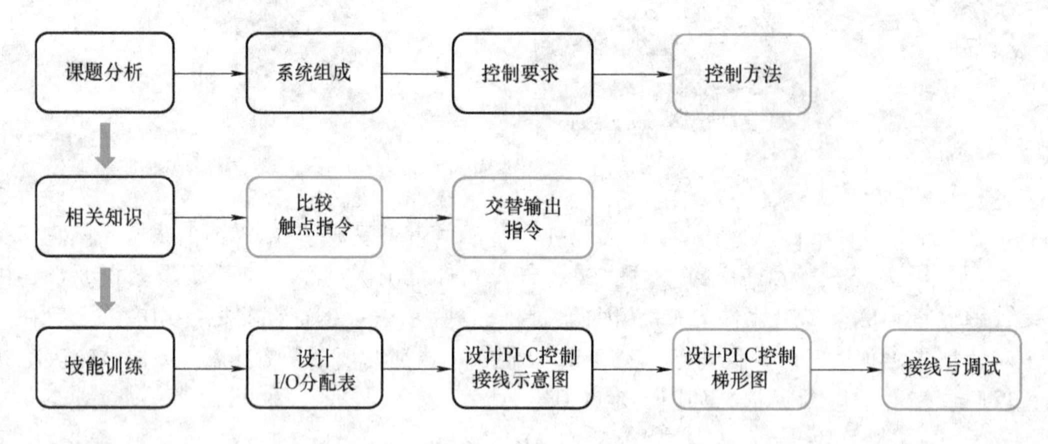

【效果测评】

学习效果测评表见表1-1-1。

课题七 自动售货机算术运算指令编程控制

某自动售货机销售A、B、C三种商品，销售价格分别为6元、9元和12元，消费者可通过投币口进行投币购买所需商品。操作步骤为：投入钱币→选择商品→取出商品→找回零钱。

设备设有两个投币口，分别为硬币投币口和纸币投币口，硬币投币口能够投入5角、1元硬币，纸币投币口能够投入1元、5元和10元纸币。当投币金额达到A、B、C三种商品的价格时，商品对应的指示灯点亮，按下所需商品取货按钮，出货机构工作，推动相应商品移动至取物口。当按下取货按钮而投币金额不足时，蜂鸣器报警，提示消费者继续投入货币；再过5s若再无投币，则找余指示灯点亮，可进行退币操作，按下退币手柄，货币余额自找余取币口送出。自动售货机面板示意图如图5-7-1所示，试对其进行编程控制。

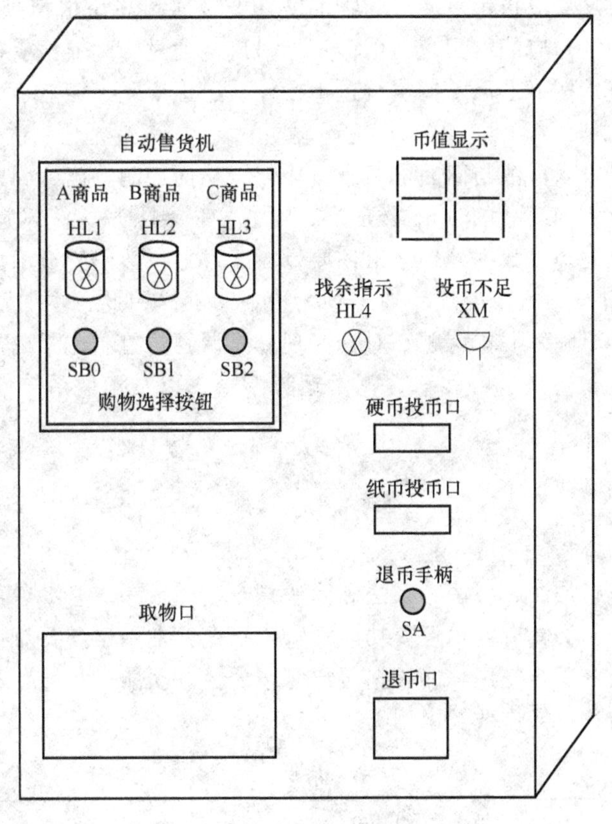

图5-7-1 自动售货机面板示意图

➤【学习目标】

1. 进一步巩固比较触点指令的功能及其应用方法。
2. 熟悉和掌握算术运算指令的功能及其应用方法。
3. 掌握自动售货机PLC控制的I/O分配方法。

4. 掌握自动售货机 PLC 控制接线示意图和梯形图的设计方法。
5. 掌握自动售货机 PLC 控制的接线与调试方法。
6. 树立认真细致、精益求精的从业价值观。

➤【教·学·做】

一、课题分析

（一）系统组成

本课题采用 PLC 对其进行控制，输入端外接有三个购物按钮及一个退币按钮，还设置有硬币投币口及纸币投币口。输出端外接三种商品指示灯、蜂鸣器、找余指示灯、取物口及退币口动作机构，还外接七段数码管，用于显示投入的金额和购物后的余额。

（二）控制要求

根据题意，投币之后应指示可购买的物品，还要及时反映币值情况；按下取物按钮后，如果币值足够，应输出对应的物品，当币值不够时应能通过蜂鸣器报警提示，可继续投币购买所需商品，也可直接按下退币手柄执行退币操作，退出所剩余额。

（三）控制方法

本课题中，通过投入币值与商品价格进行比较，从而控制输出，因此需要应用到比较指令；同时，币值的投入和商品的输出，还要涉及加减（乘除）等算术运算，需要应用算术运算指令进行编程；此外，数据处理结果还要及时通过七位数码管显示出来，这就需要对数据处理结果通过 BCD 变换指令处理后输出到七段显示器。因此，本课题需要应用到多种功能指令进行控制。学习和掌握本课题，对于实现此类课题的控制，无论是对于进一步巩固前面所学相关功能指令，还是学习和掌握算术运算指令，以及拓展系统性思维，都是非常重要的。

二、相关知识

（一）算术运算指令

算术运算指令包括加法、减法、乘法和除法指令。

算术运算指令是一类具有算术运算功能的特殊指令，常用于需要对数据进行算术运算的场合，与其他功能指令配合使用，能够拓展出复杂的控制功能。几种算术运算指令的指令编号、助记符、指令名称、操作数及说明见表 5-7-1。

表 5-7-1 算术运算指令

指令编号	助记符	指令名称	操作数		梯形图形式
			（S1·）（S2·）	（D·）	
FNC20	ADD	加法	K、H、KnX、KnY、KnM、KnS、T、C、D、V、Z	KnX、KnY、KnM、KnS、T、C、D、V、Z	X000 ─┤├─[ADD (S1·) (S2·) (D·)]
FNC21	SUB	减法			X000 ─┤├─[SUB (S1·) (S2·) (D·)]

（续）

指令编号	助记符	指令名称	操作数 (S1·)(S2·)	操作数 (D·)	梯形图形式
FNC22	MUL	乘法	K、H、KnX、KnY、KnM、KnS、T、C、D、V、Z（Z只有16位乘法时可用，32位不可用）	KnX、KnY、KnM、KnS、T、C、D、V、Z（Z只有16位乘法时可用，32位不可用）	X000 ─┤ ├─[MUL (S1·) (S2·) (D·)]
FNC23	DIV	除法			X000 ─┤ ├─[DIV (S1·) (S2·) (D·)]

1. 加法指令 ADD 的功能与应用

加法指令是将两个源操作数［S1］和［S2］的数据内容相加，结果送到目标操作数［D］中。如图 5-7-2 所示，当 X000 为 ON 时，执行 D10 与 D12 中的数据相加，结果存放到 D14 中。

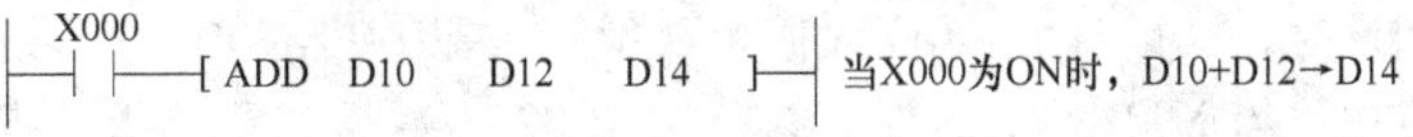

X000 ─┤ ├─[ADD D10 D12 D14] 当X000为ON时，D10+D12→D14

图 5-7-2　加法指令的应用

加法指令可对 16 位数据和 32 位数据执行加法操作，分为脉冲执行型和连续执行型两种执行方式。

两个源数据进行二进制加法后传递到目标处，各数据的最高位为正（0）、负（1）的符号，以代数式形式进行加法运算，如 5+(−8)=−3。

ADD 指令有 4 个标志位，M8020 为 0 标志位，M8021 为借位标志位，M8022 为进位标志位，M8023 为浮点标志位。如果运算结果为 0，则 M8020 置 1；如果运算结果小于−32767（16 位运算）或者是−2147483647（32 位运算），则借位标志位 M8021 置 1；如果运算结果超过 32767（16 位运算）或者是 2147483647（32 位运算），则进位标志位 M8022 置 1。

在 32 位运算中，若已指定字软元件低 16 位的编号，则将这些软元件编号后的软元件作为高位。为了防止编号重复，建议将软元件指定为偶数编号。

2. 减法指令 SUB 的功能与应用

减法指令是将两个源操作数［S1］和［S2］的数据内容相减，结果送到目标操作数［D］中。如图 5-7-3 所示，当 X000 为 ON 时，执行 D10 与 D12 中的数据相减，结果存放到 D14 中。

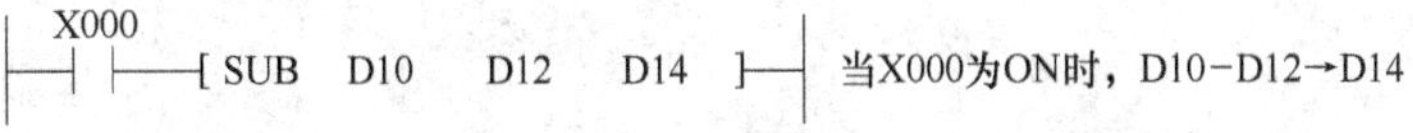

X000 ─┤ ├─[SUB D10 D12 D14] 当X000为ON时，D10−D12→D14

图 5-7-3　减法指令的应用

减法指令也可对 16 位数据和 32 位数据执行减法操作，分为脉冲执行型和连续执行型两种执行方式。

两个源数据进行二进制减法后传递到目标处，各数据的最高位为正（0）、负（1）的符号，以代数式形式进行减法运算，如 5−(−8)=13。

减法指令的标志位动作情况、32位的软元件指定方法等与加法指令相同。

3. 乘法指令MUL的功能与应用

乘法指令是将两个源操作数［S1·］和［S2·］的数据内容相乘，结果送到目标操作数［D·］中；若［S1·］、［S2·］为16位，则运算结果变成32位，存放在［D+1］~［D］中；若［S1·］、［S2·］为32位，则运算结果变成64位，存放在［D+3］~［D］中。

乘法指令的应用如图5-7-4所示。

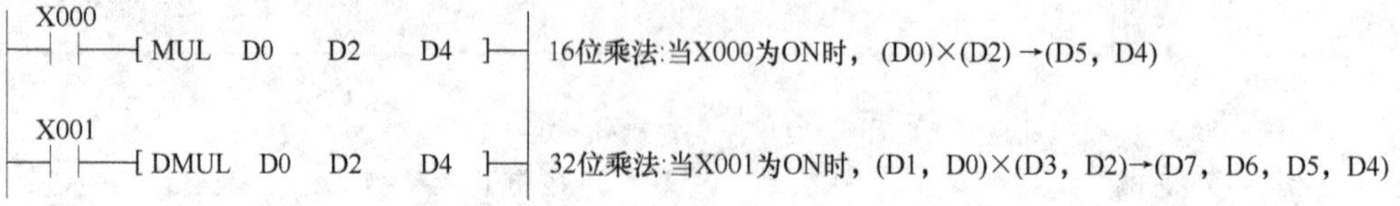

X000 ─┤ ├─［MUL D0 D2 D4］ 16位乘法：当X000为ON时，(D0)×(D2)→(D5，D4)

X001 ─┤ ├─［DMUL D0 D2 D4］ 32位乘法：当X001为ON时，(D1，D0)×(D3，D2)→(D7，D6，D5，D4)

图5-7-4 乘法指令的应用

当X000为ON时，执行两个16位数据相乘指令，即D0与D2中的数据相乘，结果存放到（D5，D4）中；当X001为ON时，执行两个32位数据相乘指令，即（D1，D0）与（D3，D2）中的数据相乘，结果存放到（D7，D6，D5，D4）中。

需要注意的是，在执行32位乘法运算时，如果目标元件为位元件，则只能得到低32位的结果，不能得到高32位的结果。解决的方法是先把运算目标指定为字元件，再将字元件的内容通过传送指令传送至位元件组合中。

4. 除法指令DIV的功能与应用

除法指令DIV是将两个源操作数［S1］和［S2］的数据内容相除，结果送到目标操作数［D］中。

若［S1］、［S2］为16位，则［S1］指定元件的内容是被除数，［S2］指定元件的内容是除数，［D］所指定元件存入运算结果的商，［D+1］元件存入余数；若［S1］、［S2］为32位，则被除数是［S1］和［S1+1］元件对的内容，除数是［S2］和［S2+1］元件对的内容，商存入［D1］和［D1+1］元件中，余数存于［D1+2］和［D1+3］元件对中。除法指令的应用如图5-7-5所示。

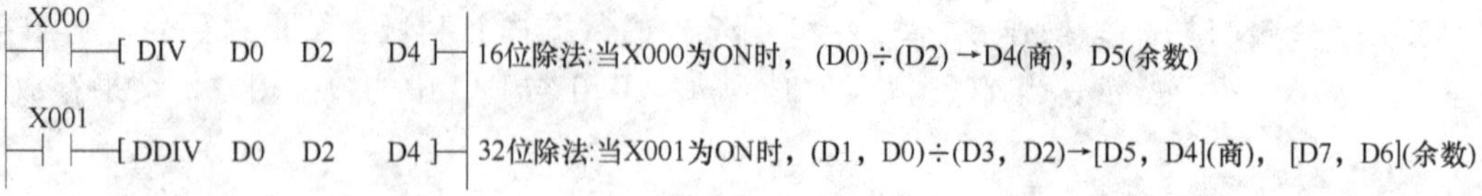

X000 ─┤ ├─［DIV D0 D2 D4］ 16位除法：当X000为ON时，(D0)÷(D2)→D4(商)，D5(余数)

X001 ─┤ ├─［DDIV D0 D2 D4］ 32位除法：当X001为ON时，(D1，D0)÷(D3，D2)→[D5，D4](商)，[D7，D6](余数)

图5-7-5 除法指令的应用

当X000为ON时，执行两个16位数据相除指令，即D0除以D2，结果存放到（D5，D4）中，其中商存放在D4中，余数存放在D5中；当X001为ON时，执行两个32位数据相乘指令，即（D1，D0）除以（D3，D2），结果存放到（D7，D6，D5，D4）中，其中商存放在（D5，D4）中，余数存放在（D7，D6）中。

乘法指令DIV的［S2］不能为0，否则运算会出错。目标［D］指定为位元件组合时，对于32位运算，将无法得到余数。

5. 算术运算指令的综合应用

加减乘除四则算术运算指令的综合应用如图 5-7-6 所示。

当 X000 为 ON 时，执行传送指令 MOV，将 K40 传送至数据寄存器 D1 中，将 K20 传送至数据寄存器 D3 中。

当 X001 为 ON 时，执行加法指令 ADD，将数据寄存器 D1 中的数据与数据寄存器 D3 中的数据相加，结果送至数据寄存器 D10 中，D10＝60。

当 X002 为 ON 时，执行减法指令 SUB，将数据寄存器 D1 中的数据与数据寄存器 D3 中的数据相减，结果送至数据寄存器 D11 中，D11＝20。

当 X003 为 ON 时，执行乘法指令 MUL，将数据寄存器 D1 中的数据与数据寄存器 D3 中的数据相乘，结果送至数据寄存器 D12 中，D12＝800。

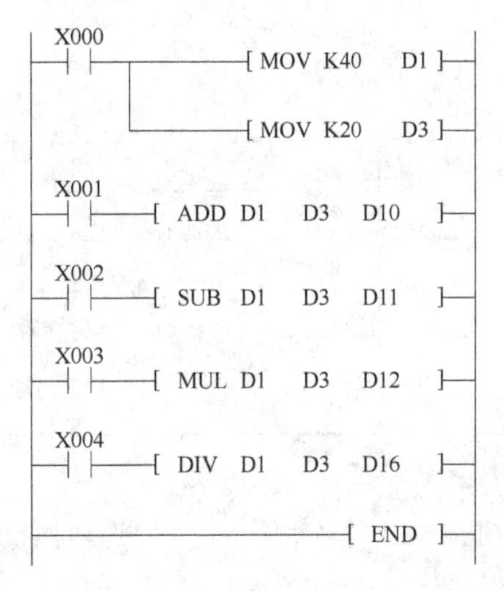

图 5-7-6　四则运算指令的综合应用

当 X004 为 ON 时，执行除法指令，将数据寄存器 D1 中的数据与数据寄存器 D3 中的数据相除，结果送至数据寄存器 D16 中，D16＝2，D17＝0（余数为 0）。

（二）加 1 和减 1 指令

1. 加 1 和减 1 指令的结构和功能

加 1 和减 1 指令，是对指定的目标操作数［D］中的数据内容执行加 1 和减 1 操作的指令。加 1 和减 1 指令的指令编号、助记符、指令名称、操作数及梯形图形式见表 5-7-2。

表 5-7-2　加 1 和减 1 指令

指令编号	助记符	指令名称	操作数 （D·）	梯形图形式
FNC24	INC	加 1	KnY、KnM、KnS、T、C、D、V、Z	X000 ［ INC D10 ］
FNC25	DEC	减 1		X001 ［ DEC D11 ］

加 1 和减 1 指令，可对 16 位数据和 32 位数据执行加 1 和减 1 操作，分为脉冲执行型和连续执行型两种执行方式。使用连续执行型指令时，每个扫描周期都执行加 1 或减 1 运算。

2. 加 1 和减 1 指令的应用

如图 5-7-7 所示，当 X000 为 ON 时，执行 INCP 指令，数据寄存器 D10 中的数据加 1；当 X001 为 ON 时，执行 DECP 指令，数据寄存器 D15 中的数据减 1。

（三）数据变换指令

数据变换指令包括 BCD 变换指令和 BIN 变换指令。其指令编号、助记符、指令名称、操作数及梯形图形式见表 5-7-3。

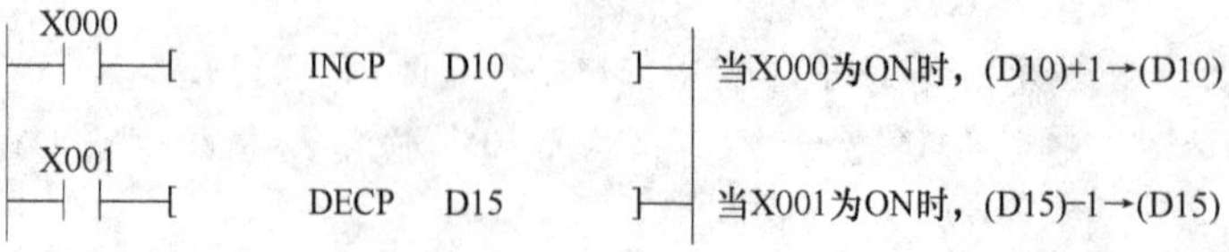

X000 [INCP D10] 当X000为ON时，(D10)+1→(D10)

X001 [DECP D15] 当X001为ON时，(D15)-1→(D15)

图 5-7-7 加 1 与减 1 指令的应用

表 5-7-3 数据变换指令

指令编号	助记符	指令名称	操作数		梯形图形式
			（S·）	（D·）	
FNC18	BCD	BCD变换指令	KnX、KnY、KnM、KnS、T、C、D、V、Z	KnY、KnM、KnS、T、C、D、V、Z	X000 [BCD (S·) (D·)]
FNC19	BIN	BIN变换指令			X001 [BIN (S·) (D·)]

1. 变换指令的结构与功能

（1）BCD 变换指令　该指令是将源操作数［S·］中的二进制数转换成为 BCD 码送到目标操作数［D·］中。

4 个二进制总共有 16 种不同的组合，可以得到 0~F 共 16 个数值，见表 5-7-4。

表 5-7-4 4 个二进制的组合方式

组合方式	4个二进制数	十六进制数	备注
1	0000	0	
2	0001	1	
3	0010	2	
4	0011	3	
5	0100	4	
6	0101	5	
7	0110	6	
8	0111	7	
9	1000	8	
10	1001	9	
11	1010	A	
12	1011	B	
13	1100	C	
14	1101	D	
15	1110	E	
16	1111	F	

从表 5-7-4 中选取前 10 个组合方式，表示十进制的 0~9 这 10 个数据，这就是 BCD 码的原理。由此可见，可以将 4 位二进制数，直接转换为十进制数 0~9。其中，4 位 2 进制数最高位为 1 表示十进制的 8，第二位为 1 表示十进制的 4，第三位为 1 表示十进制的 2，最低位为 1 表示十进制的 1。具备这种规律的 BCD 码简称 8421BCD 码，这也是最常用的 BCD 码。利用 8421BCD 码的原理，将二进制数转换为十进制 10 个数的具体换算方法如下。

如二进制数为 1001，则利用 8421BCD 码进行换算，其结果就是 8+0+0+1=9，也就是 K9；如二进制数为 0101，则利用 8421BCD 码进行换算，其结果就是 0+4+0+1=5，也就是 K5。

这种编码形式利用了 4 个位元件来储存一个十进制的数码，使二进制和十进制之间的转换得以快捷地进行。

在 PLC 中，算术运算采用二进制数进行，需要显示运算结果或者是数据寄存器中的参数时，就可应用数据变换指令 BCD，将二进制数转换成为 BCD 码，然后通过输出继电器外接 7 段数码显示器，显示出 0~9 的十进制数。

BCD 指令的应用如图 5-7-8 所示，当 X000 为 ON 时，执行 BCD 变换，将 D10 中的二进制数变换为 BCD 码，送至输出继电器 Y000~Y007。

（2）BIN 变换指令　该指令是将源操作数［S·］中的 BCD 码转换成二进制数送到目标操作数［D·］中，常用于将 BCD 数字开关的设定值输入 PLC 的内部寄存器中。

BIN 指令的应用如图 5-7-9 所示，当 X001 为 ON 时，执行 BIN 变换，将与 BCD 数字开关连接的 X000~X007 中的 BCD 码变换为二进制数，送至数据寄存器 D12 中。

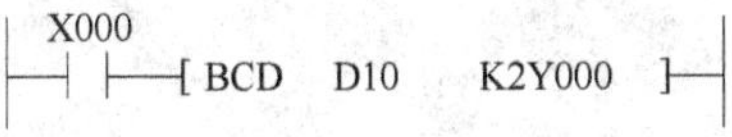

X000
BCD D10 K2Y000

图 5-7-8　BCD 指令的应用

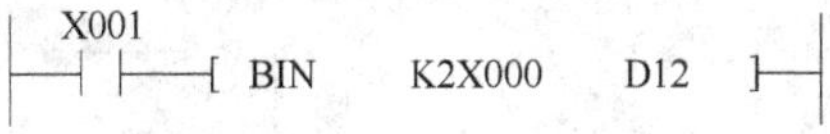

X001
BIN K2X000 D12

图 5-7-9　BIN 指令的应用

2. 数据变换指令的应用

（1）PLC 输入与输出数据的处理　大多数情况下，PLC 接收的外部数据为 BCD 数，如用 BCD 数字开关输入数据等，而 PLC 中的数据寄存器只能存放二进制数，因此需要将 BCD 数转换为二进制数，这就需要应用到 BIN 指令；此外，常常需要用 4 位数码管显示 PLC 内部寄存器中的运算结果，这就需要将数据寄存器中的二进制数转换为 BCD 数向外输出，因此必须使用 BCD 指令才能实现。

如图 5-7-10 所示，当 PLC 上电后，M8000 触点闭合，外部的 BCD 数据通过输入继电器进入 PLC，经过 BIN 指令变换为二进制数存入数据寄存器 D0 中；时钟脉冲继电器 M8013 每隔 1s 闭合一次，执行 BCD 指令 1 次，使数据寄存器 D5 中的二进制数据转换为 BCD 码，通过输出继电器向外输出。例如：拨码开关及数码管的接线情况如图 5-7-11 所示。

M8000
BIN K4X000 D0
M8013
BCD D5 K4Y000
END

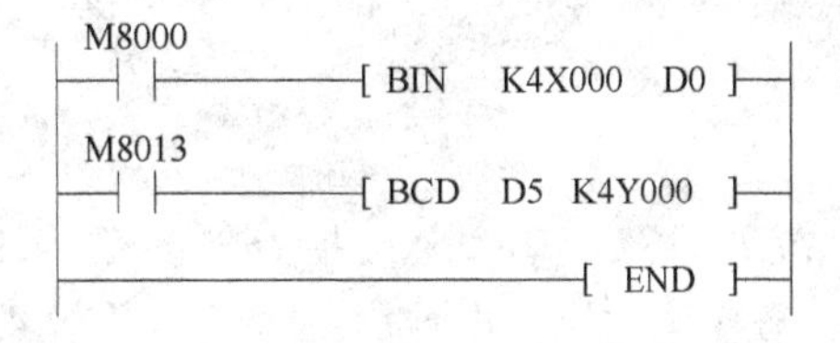

图 5-7-10　BIN 与 BCD 指令的应用

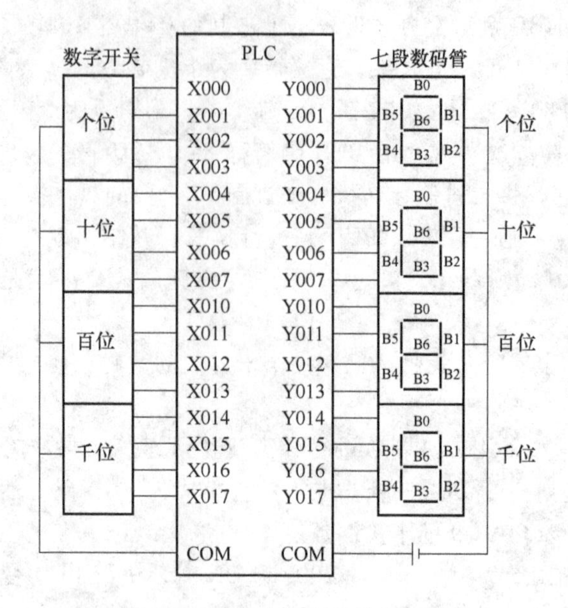

图 5-7-11　拨码开关与数码管的接线情况

（2）BCD 变换指令的执行过程　图 5-7-12 所示为 BCD 数据变换指令的应用。当 X000 为 ON 时，首先执行传送指令 MOV，将 K5028 传送至 D0 中，其次执行变换指令 BCD，将 D0 的内容变换为 BCD 码，并送至字元件 K4Y000（Y000～Y017）中。

```
 X000
--| |----+--------[ MOV K5028 D0 ]--
         |
         +--------[ BCD D0 K4Y000 ]--

-------------------------[ END ]-----
```

图 5-7-12　BCD 变换指令的应用

BCD 变换指令的执行过程如图 5-7-13 所示。

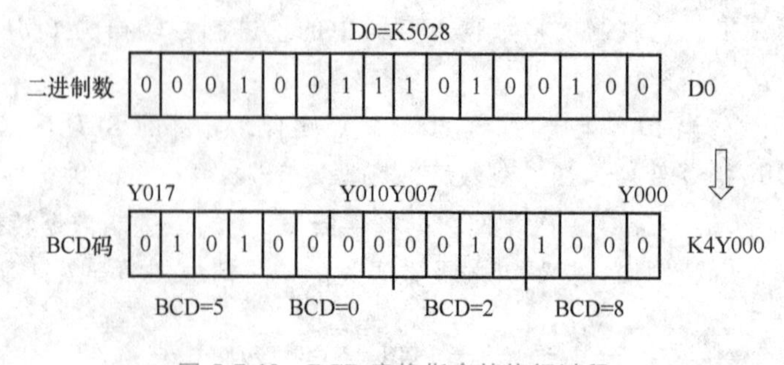

图 5-7-13　BCD 变换指令的执行过程

D0 中的数据为二进制数据，通过 BCD 变换指令转换后为 BCD 码，送至输出继电器 K4Y000（Y000～Y017）后，每 4 位输出继电器为一组。当外接 4 个七段数码显示器时，可看到千位显示为 5、百位显示为 0、十位显示为 2、个位显示为 8，即显示数据寄存器 D0 中的内容为 K5028。

3. 四则混合运算的编程

在一些控制程序中，需要应用四则混合运算进行编程，掌握应用可编程序控制器对四则混合运算编程的方法也是非常必要的。编程的方法如下：

1）“X”用输入端口 K4X000 表示，“Y”用输出端口 K4Y000 表示，用 X020 作为起停开关，编程的梯形图程序如图 5-7-14 所示。

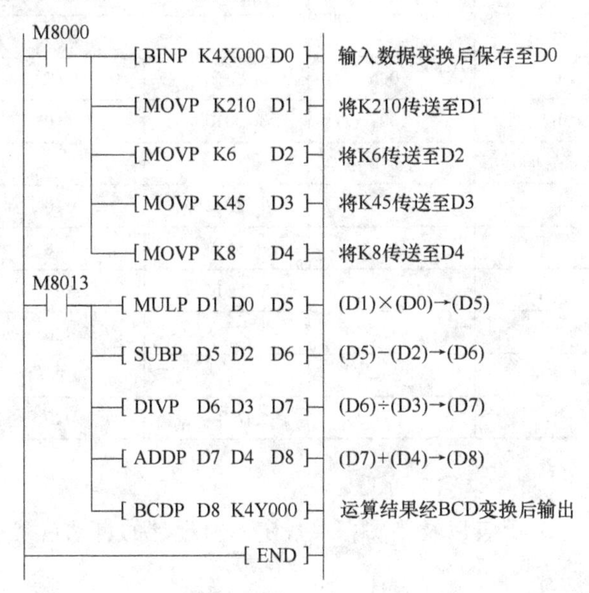

图 5-7-14　四则混合运算的编程

2）当 PLC 上电后，M8000 触点闭合，首先将拨码开关送入的 8421BCD 码进行 BIN 变换处理，变换为二进制数据存入数据存储器 D0 中；其次将算式中的十进制数据分别存入 D1～D4 中。

3）时钟脉冲继电器 M8013 触点闭合后，按照算式结构及计算顺序，执行四则算术运算，结果为二进制数存入数据寄存器 D8 中；最后执行 BCD 指令，将 D8 中的二进制数据变换为 8421BCD 码，通过输出继电器向外输出，当输出继电器外接 4 个七段数码显示器时，即可看到最终运算结果。

三、技能训练

（一）设计 I/O 分配表

通过课题分析得知，自动售货机 PLC 控制，有 9 路输入，15 路输出，见表 5-7-5。

表 5-7-5　自动售货机 PLC 控制 I/O 分配

输入分配（I）			输出分配（O）		
输入元件名称	代号	输入继电器	输出继电器	被控对象	作用及功能
5 角硬币输入	SL1	X000	Y000	HL1	商品 A 显示
1 元硬币输入	SL2	X001	Y001	HL2	商品 B 显示

（续）

输入分配（I）			输出分配（O）		
输入元件名称	代号	输入继电器	输出继电器	被控对象	作用及功能
1元纸币输入	SL3	X002	Y002	HL3	商品C显示
5元纸币输入	SL4	X003	Y003	HL4	找余指示
10元纸币输入	SL5	X004	Y004	XM	投币不足
商品A选择按钮	SB0	X005	Y005	KA1	商品输出
商品B选择按钮	SB1	X006	Y006	KA2	退币输出
商品C选择按钮	SB2	X007	Y010	A10	B0
退币按钮	SA	X010	Y011	B10	B5 B1 B6
			Y012	C10	B4 B2
			Y013	D10	B3
			Y014	A20	B0
			Y015	B20	B5 B1 B6
			Y016	C20	B4 B2
			Y017	D20	B3

（二）设计PLC控制接线示意图

根据控制要求、I/O分配表以及制图相关规定，所设计的自动售货机PLC控制接线示意图如图5-7-15所示。

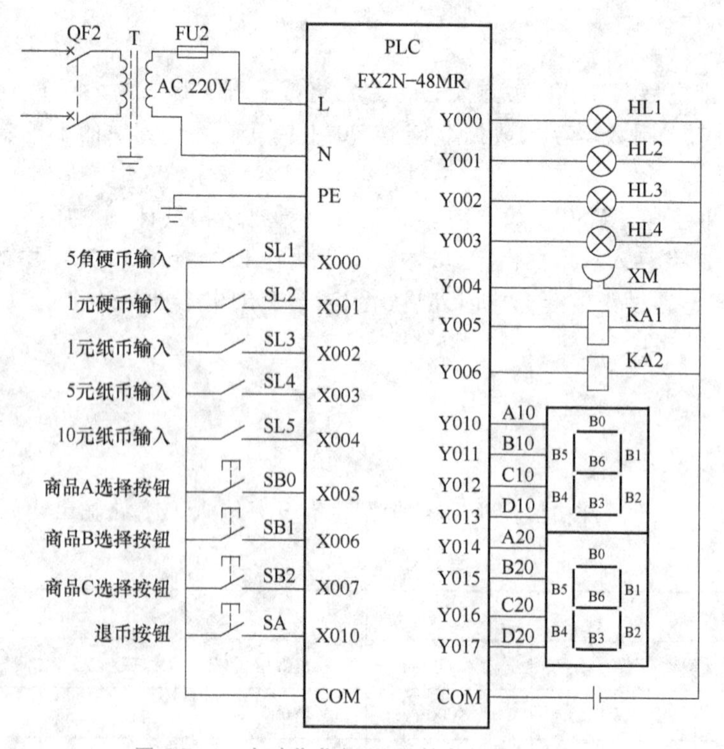

图5-7-15　自动售货机PLC控制接线示意图

SL1～SL5分别为硬币和纸币传感器的输入端口。当硬币和纸币进入输入端口后，各通道接口接收到的信号参数与原寄存起来的信号参数进行比较、判断，信号相同时送出对应的信号，致使触点SL1～SL5闭合，输入开关信号，起动算术运算程序，进行累加操作，币值通过PLC外接数码管显示。

当输入的币值分别超过商品A、商品B、商品C的购买币值时，对应的指示灯HL1～HL3点亮；按下相应的商品选择按钮SB0～SB2时，出货输出继电器KA1动作，驱动出货机构，从货物输出端口送出所需商品；与此同时总币值减去所输出商品的价格，显示结果为剩余币值。当币值小于商品价格时按下商品选择按钮，蜂鸣器XM报警，提示继续投币；若5s内未投币，找余指示灯HL4点亮，可进行退币操作；当按下退币手柄SA时，退币继电器KA2动作，起动退币机构，从退币输出端口送出，数码显示为零。

（三）设计PLC控制梯形图

本课题的程序主要由投币累加、币值比较、商品选择与币值相减、退币控制等程序组成。设计自动售货机PLC控制梯形图如图5-7-16所示。

1. 初始化程序

PLC通电后，首先利用M8002接通一个扫描周期，一是应用传送指令MOV对数据寄存器D0进行清零；二是应用期间复位指令ZRST复位Y000～Y017输出继电器；其次是利用1s时钟继电器M8013控制BCD数据转换指令，将D0中的二进制数据转换为8421BCD码，传送至输出继电器Y010～Y017，并在外接七段数码管上显示出十进制数据，而且每1s进行一次刷新。

2. 投币累加程序

当消费者投入不同的硬币和纸币后，传感器检测信号触发对应的继电器，与之相应的常开触点SL1～SL4闭合，输入继电器X000～X004触点闭合，分别执行加法运算指令ADD，对投入的币值进行累加操作，币值数量可通过七段数码管显示出来。

3. 币值比较与商品选择指示程序

应用比较触点，将数据寄存器D0中的数据与商品价格进行比较，当D0中的数据分别大于和等于A、B、C三种商品价格时，对应的指示灯HL1～HL3点亮，表示可以进行商品选择操作。

4. 商品选择与减法运算程序

当商品指示灯点亮后，根据需要，按下A、B、C三种商品对应的选择按钮SB0～SB2，输入继电器X005～X007触点闭合，减法运算指令SUB相应对数据寄存器D0执行-6、-9、-12操作，执行减法运算后的剩余币值依然存入数据寄存器D0中。与此同时，输出继电器Y005线圈得电，驱动出货继电器KA1工作，推出所需商品至出货口。

5. 币值不足报警程序

按下商品选择按钮，当币值小于所选商品价格，即币值不足时，输出继电器Y004动作，蜂鸣器报警，表示币值不足，提示消费者进行投币；若5s之内继续投币，则计时程序解除运行，可继续选择所需商品；若5s之内未投币，则退币余额指示灯亮，可进行退币操作。

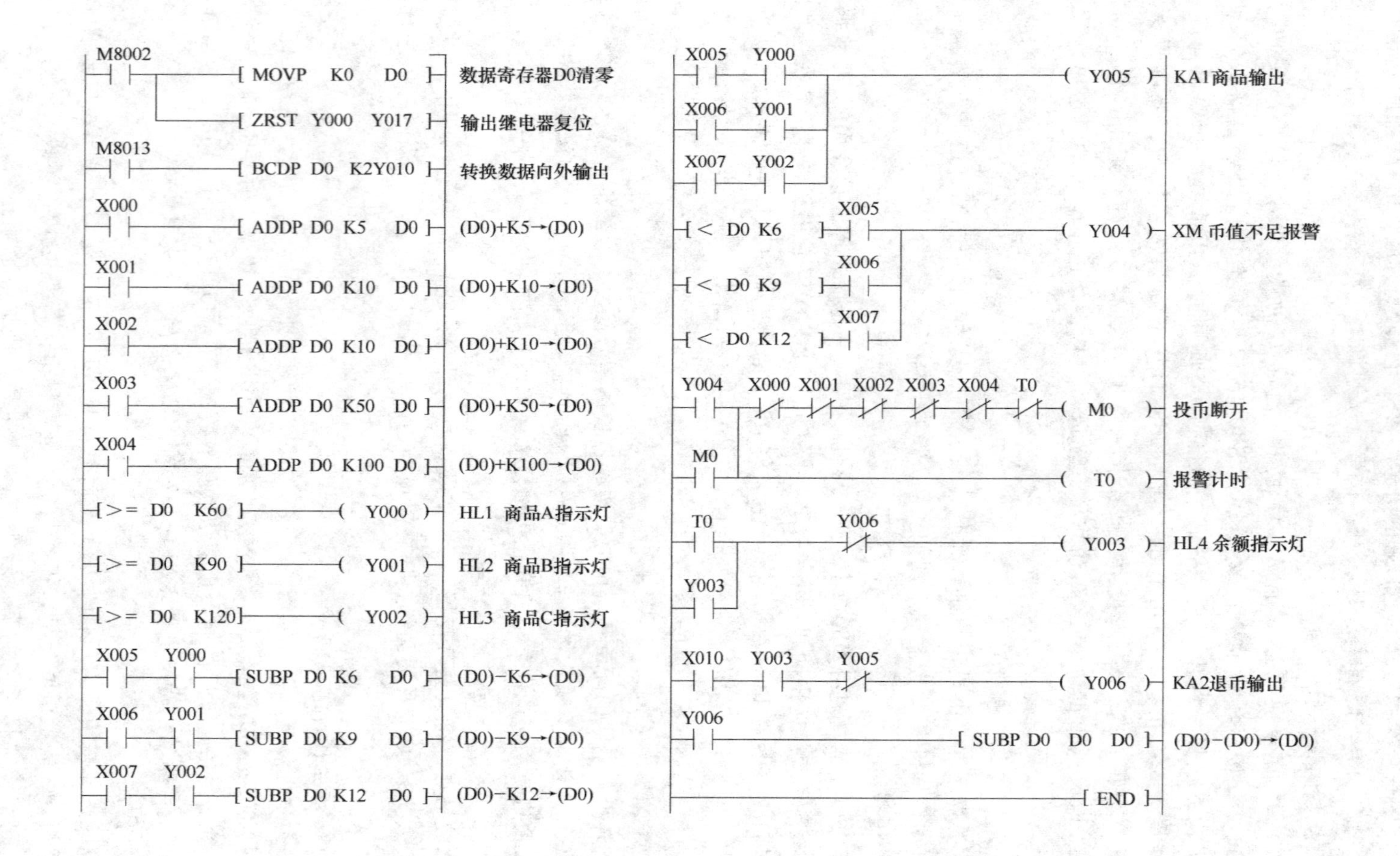

图 5-7-16　自动售货机 PLC 控制梯形图

6. 退币程序

当退币余额指示灯点亮后，按下退币按钮 SA，输入继电器常开触点 X010 闭合，输出继电器 Y006 线圈得电，退币继电器 KA2 工作，起动退币机构执行退币操作，从退币口排出货币。为避免误操作，在进行商品输出和报警时不能进行退币操作。进行退币操作的同时，数据寄存器 D0 执行减法运算，币值归零。

（四）接线与调试

按照接线示意图接线，要求安全可靠，工艺美观；接线完毕后应认真检查接线状况，确保正确无误。

安装接线完毕，用专业通信电缆将计算机与 PLC 连接，给 PLC 通电，将 PLC 工作方式开关置于“编程”状态，在计算机上应用编程软件进行梯形图编程，编程结束后将程序传送至 PLC。

比较指令的录入参照本单元课题六的方法说明进行操作，此处不再赘述。

调试时，先进行模拟调试。即断开 PLC 负载电源，将 PLC 工作方式开关置于“运行”状态，单击工具栏的“程序监视”按钮，观察 PLC 输入、输出情况。

模拟调试结束，最后带负载调试，观察接触器动作情况。符合控制要求即可，如果存在问题，则需要进一步修改与完善程序，直到满足控制要求为止。

➤【课题小结】

本课题的内容结构如下：

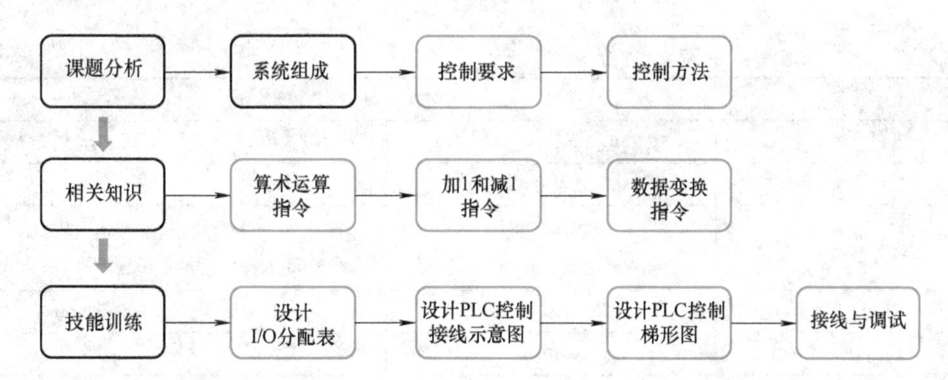

➤【效果测评】

学习效果测评表见表 1-1-1。

附　录

FX2N系列PLC的主要性能指标

FX2N 系列 PLC 输入/输出继电器的种类与编号见表 1。

表 1　FX2N 系列 PLC 输入/输出继电器的种类与编号

类别	FX2N-16M	FX2N-32M	FX2N-48M	FX2N-64M	FX2N-80M	FX2N-128M	带扩展（合计）	
输入继电器 X	X000～X007 8 点	X000～Y017 16 点	X000～X027 24 点	X000～X037 32 点	X000～X047 40 点	X000～X077 64 点	X000～ X267（X177） 184 点（128 点）	输入输出合计 256 点
输出继电器 Y	Y000～Y007 8 点	Y000～Y017 16 点	Y000～Y027 24 点	Y000～Y037 32 点	Y000～Y047 40 点	Y000～Y077 64 点	Y000～ Y267（Y177） 184 点（128 点）	

FX2N 系列 PLC 输入/输出接口规格见表 2。

表 2　FX2N 系列 PLC 输入/输出接口规格

项　目		继电器输出	晶体管输出	晶闸管输出
负载电源		AC 250 以下；DC 30V 以下	DC 5～30V	AC 85～242V
信号传递		触点输出	光耦合	光耦合
负载电流		2A/1 点 8A/4 点公用	0.5A/1 点 0.8A/4 点	0.3A/1 点 0.8A/4 点
响应时间	断→通	≈10ms	<0.2ms	<1ms
	通→断	≈10ms	<0.2ms	<10ms

FX2N 系列 PLC 性能规格见表 3。

表 3　FX2N 系列 PLC 性能规格

项　目	规　格
运算控制方式	反复扫描程序（监视定时器 D8000 初始值 200ms）
输入输出控制方式	批处理方式（在 END 指令执行时成批刷新），但是有输入输出刷新指令、脉冲捕捉功能
操作处理时间	基本指令：0.08μs/指令。功能指令：1.52μs/指令至几百微秒/指令
程序语言	梯形图、指令表、流程图（SFC）
程序容量/存储器类型	8K 步/RAM（内置锂电池）

（续）

项　　目		规　　格
最大存储容量		16K 步，可配 EEPROM
指令种类		基本指令 27 条，步进指令 2 条，功能指令 132 种 309 条
输入/输出点数	扩展并用时输入点数	X000～X267，184 点，采用 8 进制编号
	扩展并用时输出点数	Y000～Y267，184 点，采用 8 进制编号
	扩展并用时合计点数	256 点
输入/输出继电器		见表 1
辅助继电器	一般用	M0～M499，500 点
	保持用	M500～M1023，524 点
	保持用	M1024～M3071，2048 点
	特殊用	M8000～M8255，256 点
状态继电器	初始状态继电器	S0～S9，10 点
	回零状态继电器	S10～S19，10 点
	通用状态继电器	S20～S499，480 点
	保持状态继电器	S500～S899，400 点
	报警状态继电器	S900～S999，100 点
定时器（ON 延时）	100ms	T0～T199，200 点（0.1～3276.7s）
	10ms	T200～T245，46 点（0.01～327.67s）
	1ms 累积型	T246～T249，4 点（0.001～32.767s）
	100ms 累积型	T250～T255，6 点（0.1～32767.7s）
计数器	16 位增计数	C0～C99，100 点（0～32767 的计数），通用型
	16 位增计数	C100～C199，100 点（0～32767 的计数），掉电保持型
	32 位双向计数	C200～C219，20 点（-2147 483648～+2147 483647 的计数），通用型
	32 位双向计数	C220～C234，15 点（-2147 483648～+2147 483647 的计数），掉电保持型
	32 位高速双向计数	C235～C255，21 点（只有 6 个高速计数输入端），掉电保持型
数据寄存器（成对使用则 32 位）	16 位一般用	D0～D199，200 点，通用型
	16 位保持用	D200～D511，312 点，掉电保持型（可用程序变更）
	16 位保持用	D512～D7999，7488 点（以 500 点为单位，将 D1000 以后的软元件设定为文件寄存器）
	16 位特殊用	D8000～D8195，196 点，特殊用
	16 位变址	V0～V7、Z0～Z7，16 点

（续）

项　目		规　格
指针	JAMP、CALL分支用	P0～P127，128点
	输入中断	I00□～I50□，6点
	定时中断	I6□□～I8□□，3点
	计时中断	I010～I060，6点
嵌套	主控指令	N0～N7，8点
常数	十进制K	16位：-32768～+32767。32位：-2147 483648+～2147 483 647
	十六进制H	16位：H0～HFFFF。32位：H0～HFFFFFFFF

基本指令与步进指令的种类与功能见表4。

表4　基本指令与步进指令的种类与功能

助记符	指令名称	指令功能	目标元件
LD	取	运算开始常开触点	XYMSTC
LDI	取反	运算开始常闭触点	XYMSTC
LDP	取上升沿脉冲	上升沿检测运算开始	XYMSTC
LDF	取下降沿脉冲	下降沿控制运算开始	XYMSTC
AND	与	串联常开触点	XYMSTC
ANI	与非	串联常闭触点	XYMSTC
ANDP	与脉冲	上升沿检测串行连接	XYMSTC
ANDF	与脉冲（F）	下降沿检测串行连接	XYMSTC
OR	或	并联常开触点	XYMSTC
ORI	或非	并联常闭触点	XYMSTC
ORP	或脉冲	并联上升沿脉冲常开触点	XYMSTC
ORF	或脉冲（F）	并联下降沿脉冲常开触点	XYMSTC
ANB	电路块与	电路块与电路块之间串联	每两个电路块串联后使用一次
ORB	电路块或	电路块与电路块之间并联	每两个电路块并联后使用一次
OUT	输出	线圈驱动指令	YMSTC
SET	置位	线圈接通并保持指令	YMS
RST	复位	解除线圈接通并保持指令	YMSTCD
PLS	线圈上升沿	线圈上升沿输出指令	YM
PLF	线圈下降沿	线圈下降沿输出指令	YM
MC	主控	公共串联触点控制指令	N　YM

（续）

助记符	指令名称	指令功能	目标元件
MCR	主控复位	公共串联触点控制解除指令	MCR　N
MPS	推入堆栈	保存运算结果并运用	出现分支时保存信息并运用信息
MRD	读出堆栈	读出堆栈信息并运用	读出并运用分支处保存的信息
MPP	弹出堆栈	运用并删除堆栈信息	读出、应用、并删除分支处保存的信息
INV	反向	将运算结果取反	—
NOP	空操作	无操作步骤	用于删除程序或留出程序空间
END	结束	程序结束	程序结束，返回第0步
STL	步进开始	用于步进触点编程	S
RET	步进结束	步进结束时返回左母线	

FX2N系列PLC功能指令见表5。

表5　FX2N系列PLC功能指令

分类	FNC	助记符	指令操作格式	功能	D	P
程序流程	00	CJ	S·	有条件跳转		○
	01	CALL	S·	子程序调用		○
	02	SRET		子程序返回		
	03	IRET		中断返回		
	04	EI		开中断		
	05	DI		关中断		
	06	FEND		主程序结束		
	07	WDT		监视定时器刷新		
	08	FOR	S·	循环区起点		○
	09	NEXT		循环区终点		
传送指令	10	CMP	S1·S2·D·	比较	○	○
	11	ZCP	S1·S2·S·D·	期间比较	○	○
	12	MOV	S·D·	传送	○	○
	13	SMOV	S·m1 m2 D·n	移位传送		○
	14	CML	S·D·	反向传送	○	○
	15	BMOV	S·D·n	块传送		○
	16	FMOV	S·D·n	多点传送	○	○
	17	XCH	D1·D2	交换	○	○
	18	BCD	S·D·	求BCD码	○	○
	19	BIN	S·D·	求BIN码	○	○

（续）

分　类	FNC	助记符	指令操作格式	功　能	D	P
四则逻辑运算	20	ADD	S1 · S2 · D ·	BIN 加	○	○
	21	SUB	S1 · S2 · D ·	BIN 减	○	○
	22	MUL	S1 · S2 · D ·	BIN 乘	○	○
	23	DIV	S1 · S2 · D ·	BIN 除	○	○
	24	INC	D ·	BIN 增 1	○	○
	25	DEC	D ·	BIN 减 1	○	○
	26	WAND	S1 · S2 · D ·	逻辑字“与”	○	○
	27	WOR	S1 · S2 · D ·	逻辑字“或”	○	○
	28	WXOR	S1 · S2 · D ·	逻辑字“异或”	○	○
	29	NEG	D ·	求补码	○	○
循环移位	30	ROR	D · n	循环右移	○	○
	31	ROL	D · n	循环左移	○	○
	32	RCR	D · n	带进位右移	○	○
	33	RCL	D · n	带进位左移	○	○
	34	SFTR	S · D · n1　n2	位右移		○
	35	SFTL	S · D · n1　n2	位左移		○
	36	WSFR	S · D · n1　n2	字右移		○
	37	WSFL	S · D · n1　n2	字左移		○
	38	SFWR	S · D · n	“先进先出”写入		○
	39	SFRD	S · D · n	“先进先出”读入		○
数据处理	40	ZRST	D1 · D2	区间复位		
	41	DECO	S · D · n	解码		
	42	ENCO	S · D · n	编码		
	43	SUM	S · D ·	ON 位总数	○	○
	44	BON	S · D · n	ON 位判别	○	○
	45	MEAN	S · D · n	平均值	○	○
	46	ANS	S · mD ·	报警器置位		
	47	ANR		报警器复位		○
	48	SQR	S · D ·	BIN 平方根	○	○
	49	FLT	S · D ·	浮点数与十进制切换	○	○

（续）

分　类	FNC	助记符	指令操作格式	功　能	D	P
高速处理	50	REF	D·n	刷新		○
	51	REFE	n	刷新和滤波调整		○
	52	MTR	S·D1·D2·n	矩阵输入		
	53	HSCS	S1·S2·D·	比较置位（高速计数器）	○	
	54	HSCR	S1·S2·D·	比较复位（高速计数器）	○	
	55	HSZ	S1·S2·S·n	区间比较（高速计数器）	○	
	56	SPD	S1·S2·D·	速度检测		
	57	PLSY	S1·S2·D·	脉冲输出	○	
	58	PWM	S1·S2·D·	脉冲幅度调整		
	59	PLSR	S1·S2·S3·D·	加减速脉冲输出	○	
方便指令	60	IST	S·D1·D2·	状态初始化		
	61	SER	S1·S2·D·n	数据检索	○	○
	62	ABSD	S1·S2·D·n	绝对值凸轮顺控	○	
	63	INCD	S1·S2·D·n	增量式凸轮顺控		
	64	TTMR	D·n	示教定时器		
	65	STMR	S·mD·	特殊定时器		
	66	ALT	D·	交替输出		○
	67	RAMP	S1·S2·D·n	斜坡信号		
	68	ROTC	S·m1 m2 D·	旋转台控制		
	69	SORT	S·m1 m2 D·n	列表数据排列		
外部设备I/O	70	TKY	S·D1·D2·	0~9数键输入	○	
	71	HKY	S·D1·D2·D3·	16键输入	○	
	72	DSW	S·D1·D2·n	数字开关		
	73	SEGD	S·D·	七段编码		
	74	SEGL	S·D·n	带锁存的7段显示		
	75	ARWS	S·D1·D2·n	矢量开关		
	76	ASC	S·D·	ASCⅡ转换		
	77	PR	S·D·	ASCⅡ代码打印输出		
	78	FROM	m1 m2 D·n	特殊功能代码读出	○	○
	79	TO	m1 m2 S·n	特殊功能代码写入	○	○

（续）

分　类	FNC	助记符	指令操作格式	功　能	D	P
外部设备 SER	80	RS	S·m D·n	串行数据传送		
	81	PRUN	S·D·	并联运行	○	○
	82	ASCI	S·D·n	HEX→ASCⅡ转换		○
	83	HEX	S·D·n	ASCⅡ→HEX 转换		○
	84	CCD	S·D·n	校验码		○
	85	VRRD	S·D·	FX-8AV 变量（0~255）读取		○
	86	VRSC	S·D·	FX-8AV 刻度（0~10）读取		○
	87					
	88	PID	S1·S2·S3·D	PID 运算		
	89					
浮点运算	110	ECMP	S1·S2·D	二进制浮点数比较	○	○
	111	EZCP	S1·S2·S·D	二进制浮点数区间比较	○	○
	118	EBCD	S·D·	二进制浮点→十进制浮点交换	○	○
	119	EBIN	S·D·	十进制浮点→二进制浮点交换	○	○
	120	EADD	S1·S2·D·	二进制浮点数加	○	○
	121	ESUB	S1·S2·D·	二进制浮点数减	○	○
	122	EMUL	S1·S2·D·	二进制浮点数乘	○	○
	123	EDIV	S1·S2·D·	二进制浮点数除	○	○
	127	ESQR	S·D·	二进制浮点平方	○	○
	129	INT	S·D·	二进制浮点数→BIN 整数交换	○	○
	130	SIN	S·D·	浮点数 SIN 运算	○	○
	131	COS	S·D·	浮点数 COS 运算	○	○
	132	TAN	S·D·	浮点数 TAN 运算	○	○
数据处理 2	147	SWAP	S·	上下字节转换	○	○
时钟运算	160	TCMP	S1·S2·S3·S·D	时钟数据比较		○
	161	TZCP	S1·S2·S·D	时钟数据区间比较		○
	162	TADD	S1·S2·D	时钟数据加		○
	163	TSUB	S1·S2·D	时钟数据减		○
	166	TRD	D·	时钟数据读出		○
	167	TWR	S·	时钟数据写入		○
格雷码转换	170	GRY	S1·D	格雷码转换	○	○
	171	GBIN	S1·D	格雷码逆转换	○	○

（续）

分 类	FNC	助记符	指令操作格式	功 能	D	P
触点比较	224	LD=	S1・S2・	(S1) = (S2)	○	
	225	LD>	S1・S2・	(S1) > (S2)	○	
	226	LD<	S1・S2・	(S1) < (S2)	○	
	228	LD<>	S1・S2・	(S1) ≠ (S2)	○	
	229	LD<=	S1・S2・	(S1) ≤ (S2)	○	
	230	LD>=	S1・S2・	(S1) ≥ (S2)	○	
	232	AND=	S1・S2・	(S1) = (S2)	○	
	233	AND>	S1・S2・	(S1) > (S2)	○	
	234	AND<	S1・S2・	(S1) < (S2)	○	
	236	AND<>	S1・S2・	(S1) ≠ (S2)	○	
	237	AND<=	S1・S2・	(S1) ≤ (S2)	○	
	238	AND>=	S1・S2・	(S1) ≥ (S2)	○	
	240	OR=	S1・S2・	(S1) = (S2)	○	
	241	OR>	S1・S2・	(S1) > (S2)	○	
	242	OR<	S1・S2・	(S1) < (S2)	○	
	244	OR<>	S1・S2・	(S1) ≠ (S2)	○	
	245	OR<=	S1・S2・	(S1) ≤ (S2)	○	
	246	OR>=	S1・S2・	(S1) ≥ (S2)	○	

FX2N 系列 PLC 特殊扩展设备见表 6。

表 6 FX2N 系列 PLC 特殊扩展设备

类型	型 号	名 称	占用点数			消耗电流（DC 5V）
			输 入		输 出	
特殊功能模块	FX-16NP	M-NET/MIN 用（光纤）	16		8	80mA
	FX-16NT	M-NET/MIN 用（绞线）	16		8	80mA
	FX-16NP-S3	M-NET/MIN-S3 用（光纤）	8	8	8	80mA
	FX-16NT-S3	M-NET/MIN-S3 用（绞线）	8	8	8	80mA
	FX-2DA	2 通道模拟量输出	—	8	—	30mA
	FX-4DA	4 通道模拟量输出	—	8	—	30mA
	FX-4AD	4 通道模拟量输入	—	8	—	30mA
	FX-2AD-PT	2 通道温度传感器用输入（PT-100）	—	8	—	30mA
	FX-4AD-TC	4 通道温度传感器用输入（热电偶）	—	8	—	40mA
	FX-1HC	50kHz 2 相高速计数	—	8	—	70mA
	FX-1PG	100kHz 脉冲输出模块	—	8	—	55mA
	FX-1DIF	ID 接口	8	8	8	130mA

（续）

类型	型　号	名　称	占用点数			消耗电流（DC 5V）
			输　入		输　出	
特殊功能单元	FX-1GM	定位用的脉冲输出单元（1轴）	—	8	—	自给
	FX10GM	定位用的脉冲输出单元（1轴）	—	8	—	自给
	FX-20GM	定位用的脉冲输出单元（2轴）	—	8	—	自给

参考文献

[1] 蔡红斌. 电气与 PLC 控制技术［M］. 北京：清华大学出版社，2007.

[2] 张玉华，陈金艳，贾玉芬. 可编程序控制器原理与应用［M］. 北京：北京大学出版社，2009.

[3] 姜治臻. PLC 项目实训：FX2N 系列［M］. 北京：高等教育出版社，2012.

[4] 杜从商. PLC 编程应用基础［M］. 北京：机械工业出版社，2011.

[5] 郭丙君. 深入浅出三菱 FX 系列 PLC 技术与应用实例［M］. 北京：中国电力出版社，2010.

[6] 龚运新，解晓飞. 三菱 PLC 实用技术教程［M］. 北京：北京师范大学出版社，2018.

[7] 李宁. 电气控制与 PLC 应用技术［M］. 北京：北京理工大学出版社，2011.

[8] 徐铁. 电气控制与 PLC 实训［M］. 北京：中国电力出版社，2012.

[9] 史宜巧，孙业明，景绍学. PLC 技术与应用项目教程［M］. 北京：机械工业出版社，2012.

[10] 郑凤翼. PLC 程序设计方法与技巧：三菱系列［M］. 北京：机械工业出版社，2014.

[11] 魏小林，张跃东，竺兴妹. PLC 技术项目化教程［M］. 北京：清华大学出版社，2010.

[12] 刘敏，钟苏丽. 可编程序控制器技术项目化教程［M］. 北京：机械工业出版社，2011.

[13] 肖明耀. 三菱 FX 系列 PLC 应用技能实训［M］. 北京：中国电力出版社，2010.

[14] 龚仲华. 三菱 FX 系列 PLC 应用技术［M］. 北京：人民邮电出版社，2010.

[15] 蔡杏山. 图解 PLC 技术一看就懂［M］. 北京：化学工业出版社，2015.

[16] 王阿根. 电气可编程控制原理与应用［M］. 北京：清华大学出版社，2007.